内蒙古师范大学
70周年校庆
70th ANNIVERSARY OF
INNER MONGOLIA NORMAL UNIVERSITY

内蒙古师范大学七十周年校庆学术著作出版基金资助出版
2013 年国家社科基金一般项目"蒙古族服饰文化史研究"
（项目编号：13BMZ041）

蒙古族服饰文化史考

MENGGUZU FUSHI WENHUA SHIKAO

李莉莎◎著

中国纺织出版社有限公司

内 容 提 要

本书是全面研究蒙古族服饰文化史的学术著作。全书将蒙古族服饰的发展过程分为大蒙古国时期、元代、明代蒙古时期以及清代几个历史阶段，以史料、考古资料、壁画、文物等文字、图像和服饰实物为基础，用以图证史和图、史、物互证的手段阐明蒙古族服饰文化发展过程中所蕴含的丰富内容、文化底蕴、民族审美与时代精神。从文化的角度对蒙古族服饰的款式种类、结构特征、装饰图案、服饰材料、制作技艺等问题进行深入探讨，从而揭示蒙古族服饰发展与演变过程的实质内涵。

本书适宜相关研究者、蒙古族服饰爱好者及高校专业师生参考使用。

图书在版编目（CIP）数据

蒙古族服饰文化史考 / 李莉莎著 . -- 北京：中国纺织出版社有限公司，2022.7

ISBN 978-7-5180-9174-4

Ⅰ. ①蒙… Ⅱ. ①李… Ⅲ. ①蒙古族－民族服饰－服饰文化－文化史 Ⅳ. ① TS941.742.812

中国版本图书馆 CIP 数据核字（2021）第 238349 号

责任编辑：华长印　刘美汝　　责任校对：江思飞
责任印制：王艳丽

中国纺织出版社有限公司出版发行
地址：北京市朝阳区百子湾东里 A407 号楼　邮政编码：100124
销售电话：010—67004422　传真：010—87155801
http://www.c-textilep.com
中国纺织出版社天猫旗舰店
官方微博 http://weibo.com/2119887771
北京华联印刷有限公司印刷　各地新华书店经销
2022 年 7 月第 1 版第 1 次印刷
开本：710×1000　1/16　印张：31.5
字数：393 千字　定价：398.00 元

序
PREFACE

在中国的大历史上,"蒙元"其实一直被连起来统称。因为从1206年铁木真统一蒙古各部落并号称成吉思汗起,到1271年忽必烈建立元朝前,一般我们都称其为"蒙古时期",如再下接整个元朝,至1368年亡,我们就称其为"蒙元时期"。在这一时期,站在中国历史舞台、甚至是世界历史舞台C位的,自然就是蒙古族人。

李莉莎教授的大作,写的就是蒙古族的服饰文化史。

我平时学习和研究服饰史相对较少,而关心少数民族服饰史的就更少。但这一部《蒙古族服饰文化史考》却给了我关于数百年蒙古族服饰史的总体概念。时间上,它从匈奴、鲜卑等北方少数民族开始,一直写到清朝时的蒙古族;空间上,涉及中国北方草原,甚至是欧亚北方草原所罕见的广度。在中国所有的少数民族服饰史中,时空有如此宏大跨度的,影响有如此重要广远的,写作能如此具体深入的,为数极少。

但很明显,此书的核心是在真正的蒙元时期,从1206年始,到1368年止。全书洋洋约500页,却有350页左右是写真正的蒙元时期的纺织与服饰,约占全书的70%。特别是作为标识性的史考部分,其实都集中在这一时期。所以,此书更可以看作一部蒙元时期蒙古族服饰研究的专著。

近年来,关于蒙元时期的纺织品和服饰专著其实也不算少见,展览图录也不少,国内国外对其关注的热度一直不减。我所知道大都会艺术博物馆屈志仁先生做过的两大展览"丝如金时"和"忽必烈的世界"是这一热点的代表。中国丝绸博物馆也曾在2005年赶过一次热潮，我和金琳一起策展了一个"黄金 丝绸 青花瓷"展和一场关于"丝绸之路与蒙元艺术"的学术会议，当时国内外以蒙元时期物质文化史为主要研究对象的学者集聚在西子湖畔，也算是一次盛会。近年，以中央美术学院李军教授为核心的跨文化艺术史大展"在遥远的地方寻找故乡"和"无问西东"也是聚焦这一时期的欧亚空间，又成功地把13—15世纪丝绸之路美术史上升为一个学术热点。当然，这一方面的专著也有不少出版，其中最为重要的当然就是尚刚兄的《元代工艺美术史》，以及为数不少的博士、硕士论文或正式出版物，但还是以织物为主，如刘珂艳《元代纺织品纹样研究》和茅惠伟《中国历代丝绸艺术·元代》等。

相比之下，李莉莎的这部《蒙古族服饰文化史考》著作也极具自己的特点，值得一提。

一、资料全：资料是研究或史考的基础，书中采用大量的文献、图像、考古及传世文物等资料。由于13—14世纪蒙古族在欧亚大陆的扩张，其服饰影响到世界各地。所以，不同语言的文献中都有关于当时织物和服饰的记载，从东方的绘画和壁画到西亚的细密画，都有关于蒙古族服饰的图像。考古也是如此，除了中国，东方的朝鲜半岛、北方的蒙古国内，往西再到俄罗斯境内甚至是一些东欧国家，都有这一时期的实物发现。即使是传世文物，也在东西方的寺院或是教堂中可以找到。应该说，此书中这类资料应收尽收，非常丰富。

二、考证详：书中对蒙元时期服饰的一些经典款式，通过文献和图像、历史和实物的互证进行考证研究，有时也结合自然科学实验分析等开展，取得了许多令人信服的成果，对得起书名中史考两字。特别是对质孙服、纳石失、断腰袍、罟罟冠等，集图甚丰，用力很猛，考证很深，可以使读者由此获得不只是考证的结论，同时还有大量的基础资料和过程性资料。

三、视野广：这一著作毕竟也是一部服饰文化史。所以，除了核心部分的考证，作者还是尽力把书写得更为通俗和普适一些。因此书中还有大量关于蒙古族服饰的起源、服装款式变化的文化背景、东西方文化交流为服饰艺术带来的变化、蒙元时期服饰对明代主流服饰的影响，以及清代服饰制度对同时期蒙古族服饰的影响等，充分体现了作为文化史的宽度，读来也是很有价值。

当然，由于蒙元时期的资料横跨欧亚许多国家和地区，所以书中资料相对较杂，也有少量来源不确，但并不影响全书的学术价值和使用价值。

赵丰

中国丝绸博物馆馆长

2022年1月

自序
SELF-ORDERING

衣着是人类生活的必需品，服饰文化是人类文明的重要标志之一。服饰除具有物质生活的功能外，还体现人类对美的追求。地域环境、生活方式、思想观念、宗教信仰、风俗习惯等是决定审美标准和审美形式的基础。伴随人类社会生产和生活水平的提高，以及工艺技术的进步，服饰也在不断地更新、进步和多样化。如汉代刘向所言："食必常饱，然后求美；衣必常暖，然后求丽；居必常安，然后求乐。"而不同地区、不同民族的服饰相互交融，更使得服饰文化具备了复合性很强的特征，为服饰文化的发展和进步增加了动力。

北方草原独特的自然环境和生活方式造就了独特的草原服饰文化，蒙古族服饰文化既是草原游牧民族服饰文化的代表，也是蒙古族文化的重要组成部分。学界从多方面和多角度关注蒙古族服饰，相关研究成果不少。如作为中国民族服饰文化的组成部分，与其他民族并列在一起的研究，或作为古代工艺技术的一部分，对其结构特征、传统工艺、装饰艺术的研究，等等。当然也有不少专题研究，如对近代蒙古族服饰图片的收集与整理，对蒙古族不同部族服饰的分类图鉴，以及对某些具体服饰的专题研究，特别是关于蒙古族服饰的典型代表罟罟冠、纳石失、断腰袍等的研究特别突出，相关成果相继发表。但从整体上看，对蒙古族服饰文化的专题研究主要偏重在几个点上，缺乏系统性，特别是对蒙古族服饰的社会文化属性与服饰特征等问题还缺少系统研究。

从2002年开始，笔者对蒙古族服饰及其文化展开专题研究，完成了自治区的多项专题研究项目，随着研究的不断深入，深感在蒙古族服饰文化方面仍有不少需要深入研究的地方，有广阔的发展空间。经过10年的前期研究与准备，笔者于2013年主持了国家社科基金项目"蒙古族服饰文化史研究"，试图研究蒙古族服饰在不同时期的文化特点、历史演变、服饰种类、装饰艺术以及与不同民族、地域之间的交流及文化背景，通过发掘、利用蒙古族服饰的史料文献、实物资料、考古成果和民间文物收藏及相关的图像资料等，理出清晰的蒙古族服饰发展的历史脉络及传承、交流等情况，对服饰文化与当时的社会文化背景之间的关系进行深入研究，从而揭示它们在蒙古族文化和中国服饰文化中的地位、作用和意义。项目将目标锁定在对蒙古族服饰文化的整体研究上，期望能有一个较为全面的论述。项目结题以后，又经过一段时间的修改、补充与完善，最终完成了现在这部《蒙古族服饰文化史考》。

本书的定位是一部关于蒙古族服饰文化史的学术研究著作。撰写这部著作的基本思想是：

第一，服饰史研究必须以其材料、款式、结构、工艺为中心，体现其技术性。只有深入到技术层面，才能清晰地理解服饰形成的过程及特点，才能看出其演变与发展。因此，本书对于各种服饰的技术问题进行了仔细分析。对于服饰材料，力争讲清楚其来源与生产情况，考察各种相关的贸易、交流，或生产场所、生产技术、面料的结构与图案等；对于服装本身，具体研究其种类、款式、结构、制作工艺，包括装饰等内容。

第二，将蒙古族服饰与蒙古族的文化、社会紧密结合起来展开研究，体现其文化性。因此，本书把不同时期的蒙古族服饰放在当时的生活环境、政治、社会、文化、经济和民族交往的大背景下加以分析。如，蒙古族服饰文化的背景，元代的服饰制度建立过程中的文化碰撞、交流与融合，质孙服的流传与质孙文化，蒙古族与明朝的关系和清代蒙满关系对蒙古族服饰文化的影响等。

第三，以研究为基础，体现学术性。笔者过去20年来专注于对蒙古族服饰文化的探讨与研究，本书以具体的研究成果为支撑。

第四，本书是一部通史性著作。全书理清蒙古族服饰在各历史阶段的发展历程、特点及其与文化之间的关系。按时间顺序，将蒙古族服饰文化发展过程的历史阶段划分为早期北方草原时期、大蒙古国时期以及元、明、清等几个重要时段。整体研究以服饰的发展变化为主线，阐述这些历史时期的政治、文化、经济等对蒙古族服饰文化发展的重要推动作用。尤其是蒙元时期，对于蒙古族来说是重要的历史阶段，其历史事件、文化进步、民族交流、纺织技术的革新等对蒙古族服饰文化的发展有着深远影响。

本书的研究方法是尽量做到几个"相结合"。首先，文献资料、文物资料、田野调查相结合，为了撰写本书，对各类文献进行广泛的研究。在历史文献方面，除以往研究中人们常用的资料外，还发掘出了大量新史料；在文物资料方面，广泛使用了现存壁画、绘画和私人藏品，对中国和蒙古国、俄罗斯出土的相关文物资料和博物馆进行了广泛收集和实地考察；在研究文献方面，尽量吸收国内外研究者的成果，特别是一些不易见到的国外文本。通过文献资料、文物资料、田野调查相结合，力争做相互印证，相互辨析，使论证有据可查。其次，一般分析与具体案例相结合。在分析服饰发展的一般情况的基础上，再辅以案例分析，如对元代核桃纹纳石失大袖袍、云肩纹辫线袍和清代蟒袍的分析等。最后，历史研究与现代科技考古手段相结合。对一些实物样本，采用现代科技考古设备进行分析。

全书共分五章，各章的大致内容如下：

第一章讲述关于蒙古族服饰文化产生的背景。梳理北方草原的地域特点与游牧生活对服饰发展的影响，特别是对服饰风格形成的作用，并扼要说明大蒙古国之前活跃在北方草原的匈奴、鲜卑、突厥、契丹、党项、女真等游牧民族的服饰文化特点，特别是对他们的共同服饰风格的分析。蒙古族作为这些草原游牧民族的一员，在服饰文化上也呈现同样的传统与特点。13世纪初建立的大蒙古国，虽然只有短短60多年时间，但蒙古族通过与中原、西域和中亚等地区的各种交流，初步奠定了服饰文化的基础，是蒙古族服饰文化的前奏期。

第二章主要研究元代的服饰制度及服饰材料的生产。元代是蒙古族服饰文化发展的关键时期。蒙古族作为元朝的建立者，十分注重吸收多种文化，建立服饰制度就是受中原传统文化影响的结果。元代服饰制度的建立，既体现服饰的政治功能，也体现了蒙古族服饰文化与中原服饰文化的协调与融合。正因如此，元代服饰制度表现出一些与前代不同的特点，一方面采用汉制的帝王衮冕、百官公服，另一方面形成民族特色浓郁的质孙服制度。通过质孙宴与质孙服制度发展成独特的质孙文化，并对后世服饰产生了重要影响。大量服饰材料生产的官营机构是服饰制度的物质保障和基础，蒙古族服饰除保留传统的毛皮、毡罽外，还广泛吸收了中原和西来的各种珍贵材料，品种极为丰富，尽显富丽。在元代众多服饰材料中，纳石失是非常独特且重要的丝织品，也是元代官营纺织品生产的重头戏，对纳石失的生产与技术的专门研究包括生产机构、原料与织工来源、纺织技术和图案纹样分析等。

第三章是对元代蒙古族服饰的分类及文化研究。主要包括：男子服装中的直身袍、断腰袍、比肩、褡忽、云肩等单品，暖帽、风帽、笠帽、后檐帽、前圆后方帽、幔笠等帽冠；女装主要有大袖袍、短袄以及最具特色的罟罟冠。另外，蒙古族袍服从左衽向右衽转变的过程及其文化意义具有非常典型的内涵，直至今日，元代形成的右衽仍是蒙古族袍服的开襟特征。本章还对元代蒙古族的发式与妆容做了研究。通过对这些服饰发展历程的梳理、款式与结构的分析、面料及其纹样的解析、穿着或佩戴的要求以及相关的文化解读，力求对元代服饰有一个完整的理解。

第四章是关于明代蒙古时期蒙古族服饰的研究。由于这个时期的史料非常有限，且极少有出土和传世实物，为研究带来了很多困难，因此只能利用有限的素材进行分析和研究。首先，虽然蒙古族退居北方草原，但其服饰与服饰文化却没有完全离开中原大地，并对明代服饰产生一定影响。特别是元代蒙古族断腰袍被明代宫廷直接继承和利用，从宫廷扈从开始，直到帝王、百官，再到广大士绅阶层，成为明代流传最广的新式服装，反映了质孙文化对明代的深刻影响。其次，明代回到草原的蒙古族失去了丰富的物质基础，加上明朝的封锁，经济几近崩溃，对服饰文化产生了极大的影响。蒙古族除草原上自产的毛皮、毡罽外，只能通过与明朝的互市、朝贡等方式获得有限的中原纺织品和生活用品，使服饰面料呈现实用和质朴的特点。最后，内蒙古美岱召以及其他一些明代召庙的世俗壁画是反映明代蒙古时期蒙古族服饰文化重要的资料，从中可以了解这个时期漠南地区蒙古族服饰的情况。这个时期出现了马蹄袖、坎肩、氅衣、立檐帽等新款式，一些不适应草原生活的服装类型逐步失去生存的基础。总的来说，明代蒙古时期的蒙古族服饰缺少了元代奢侈、华丽的风格，向实用、大方的方向发展，部落特点开始萌芽。

第五章讲清代蒙古族服饰文化。清代蒙古族服饰除继承传统外，最重要的变化是吸收了汉族立领结构，大襟形成"厂"字形外观。在清代，满蒙关系特殊，清代朝廷对蒙古族实行的旗盟制以及持续了300余年的两族联姻，是蒙古族部落服饰形成的重要促因。在各种因素作用下，蒙古族各部落服饰风格渐次分明。按照服饰的结构特点可分为直身袍和珠串式头饰类型，具有满族风格的直身袍与簪钗式头饰类型，以及灯笼袖断腰袍和仿生式头饰类型三大类，这些服饰特点成为区分不同部落的标志。

总之，蒙古族服饰在特殊的地域环境中产生，伴随民族文化的发展、成熟而逐步完善，在与不同文化交流的过程中发展至今，成为最具特色的民族服饰之一，也是中华民族服饰文化的重要组成部分。

笔者试图撰写一部对蒙古族服饰文化进行全面和综合研究的著作，但由于水平有限，在一些地方仍有许多不足之处，恳请读者不吝匡正。

另外，书中没有注明出处的图片均为作者拍摄。

李莉莎

2021年1月

目录
CONTENTS

成吉思汗统一草原各部之前的北方草原生活着众多民族与部落，他们在不同的历史时期扮演着各自的角色，有些走向中原，成为草原民族中的佼佼者，有些继续草原生活，很好地保持并传承了自己的文化与服饰。那些走向中原的民族在保持传统的同时，也接受了所统治区域的文化，尤其是深入汉族地区的那些民族，在汉文化及服饰制度的影响下，在服饰上融入汉民族的服饰风格和服饰文化是不可避免的。反过来，汉族也会接受这些来自草原民族服饰的影响，成为民族文化相互影响和交流的典型。

大蒙古国的建立，使北方草原有了一支强大的力量，虽然在成吉思汗的带领下，蒙古族成为草原上的雄鹰，但这个时期的蒙古族与外界的接触有限，服饰基本保持原有的风格与特点。从成吉思汗带领蒙古人西征及对金、西夏的征讨开始，蒙古族逐步接触到草原以外的文化，尤其是在服饰及服饰文化方面，中亚的纳石失面料和汉民族的右衽对蒙古族的影响最大，可以说奠定了蒙古族服饰审美的基础。

第一节　北方草原民族服饰文化及服饰特点

服饰是人类文明特有的标志之一，也是人类生存的必需品。"食必常饱，然后求美；衣必常暖，然后求丽；居必常安，然后求乐。"❶伴随着人类社会生产和生活水平的提高以及工艺技术的进步，服饰也在不断地更新、进步和多样化。而不同地区、不同民族、不同国度的服饰相互影响，更使得服饰文化具备了复合性特征，为服饰文化的发展和进步增加了动力。中国古代北方草原地区各游牧民族服饰文化的发展，也经历了这样一个漫长的历史过程。

一、地域环境是服饰及服饰文化形成的重要基础

地域通常是指一定的地域空间，是地貌、气候、自然以及人文的集合体。不同的地质地貌，不同的自然环境和气候特征决定着生活在这里的人们的生产与生活方式，也决定了他们的文化基础（包括服饰文化），形成独特的文化特质。从广义上讲，文化的形成是一个长期的过程，是不断发展、变化的过程，但在一定阶段则具有相对的稳定性。由于地域不同，除生产与生活方式不同外，在与之紧密相关的经济状况、文化水平、服饰特征等方面也有较大差异。

1. 地域是服饰文化的基础

服饰文化是人类文化中最具地域性的内容之一，同一地域由于生活的自然环境、生产方式、经济状况、文化水平、对外交流的情况相似，决定着生活在这一地域人群的服装、饰品有很多相似之处。寒冷之地穿着裘皮、毡罽，炎热

---

❶ [西汉]刘向. 说苑:卷二十[M]//景印文渊阁四库全书:696册. 台北:台湾商务印书馆, 1986: 181.

之地穿着轻薄的丝麻；地广人稀之地的服饰粗犷大气，地少人多之地服饰则细腻委婉。这些服饰特点均在一定地域和自然条件、生产方式的基础上经过久远的积累和经验而形成。

在与大自然抗争的过程中，为了生存，人类从远古时代起便以简单、原始的遮挡方式保护身体，以满足人的本体需求。随着生产力的发展和物质财富的增加，人们用于保护身体、抗寒、避暑、攻防的各种衣物逐一出现。而在人类社会发展过程中不断产生并深化的审美意识以及其他各方面的实际需求，使得饰品与衣物的结合更加紧密，两者的不断结合与演变构成了服饰文化发展历史的重要内容。因此，如果仅仅谈"服"，一般会理解为衣物或普通穿着，而与"饰"结合，则为之增添更多的审美内涵。当然，从服饰的制作水平和质量上也可以体现出人们的生产方式、生活方式以及生产力的发展水平。自从有了服饰，人们的物质需求和精神享受便进入了不断提高的阶段，服饰文化也随着人类社会的发展而进步；而社会物质文化和精神文化的发展状况也会在服饰上有突出的展现。

自古以来，由于受地域和自然因素的影响，生活在各地区的人们在社会发展进程中创造的服饰文化也极具地域特色和民族特点。生活在北方草原的各民族创造了适应游牧生活方式的服装，并与周边民族服饰文化相互交流、相互借鉴，形成独具特色的服饰文化。

文化是历史的积淀，随时间而逐步发展、丰富和成熟，服饰文化在人类出现的早期就已产生，随着时间的推移、人类的进步而走向完善。服饰及服饰文化是人类发展的必然产物，不同地域决定着地理地貌、自然条件和气候特征，也就成为穿什么样衣服的基础。其次，政治、经济和民族交流等对服饰有非常大的影响，同样对服饰文化的进步产生了重要的作用。由于同一地域中的不同族群具有相似生产方式和生活习俗，并保持着密切的往来，因此在服饰上有着非常多的相似之处。

2. 北方草原地域环境造就的服饰风格

北方草原从东到西横跨亚洲东部到中部的广大地区。在这里，气候条件恶劣，冬季寒冷、夏季干燥，温差大、植被少，世代生活在这里的众多民族以渔猎、狩猎、游牧等为主要生产方式，带给人们的是一种纯粹而简单的生活。尽管这些人的族源不同、信仰不同、语言不同，但在相似的生存环境和经济模式中，他们的生活方式和服饰有许多相似的地方。衣着以窄袖长袍和长靴为主要特征，裘皮、毛毡和毛织物为服饰的主要材料。服饰是为适应生存环境而逐步形成的，因此，生活在这片土地的民族和部落的服饰虽然有相似之处，但各有其特点。在服饰发展的过程中，政治影响、经济交流、民族交往等对北方草原民族服饰的发展有很大推动作用，他们汲取其他民族和部落服饰的优点，取长补短，使服饰和服饰文化逐步发展并走向成熟。这些游牧民族与农耕民族的交往有多有少，所受到的各方面影响也有所不同，在文化上的进步程度也千差万别。

北方草原民族服饰文化的发展进程并不是孤立、封闭的，不同民族在相互交往过程中，自身的服饰及审美观念会有一定改变，南北朝时期就曾出现"胡风国俗，杂相揉乱"❶的局面。北方草原民族服饰最显著的特点是适合游牧生活，但当与周边民族，特别是与中原地区有了长期的、各种形式的接触和交往后，其服饰也在不断改变。纵观历史，可以说中原汉族服饰文化与北方草原民族服饰文化的交互影响从未间断过。

在北方草原生活着为数众多的民族和部落，他们"各分散居溪谷，自有君长，往往而聚者百有馀戎，然莫能相一"❷。在春秋战国甚至更早，北方草原地区的服饰已经在战争中表现出优于中原服饰的事实。而草原民族兵民合一的特点，也使得服饰具备了生产、生活、军事等多重作用。战国时期居于北方的赵国不断受到外敌侵扰，赵武灵王时期这种情况更加频繁，武灵王❸强调此时"北有燕，东有胡，西有林胡、楼烦、秦、韩之边，而无强兵之救，是亡社稷，奈何？夫有高世之名，必有遗俗之累"❹。"乃赐胡服。明日，服而朝。于是始出胡服令也。"❺号召学习北方游牧民族的短衣长裤、骑马射箭，大力推行"胡服

❶ [梁]萧子显.南齐书·魏虏传：卷五十七[M].北京：中华书局，1972：990.
❷ [西汉]司马迁.史记·匈奴列传：卷一百十[M].北京：中华书局，1982：2883.
❸ 武灵王（？—前295），名雍，冀州邯郸（今河北邯郸市）人。战国时赵国君主，前325年—前299年在位。
❹ [西汉]司马迁.史记·赵世家：卷四十三[M].北京：中华书局，1983：1806.
❺ 同❹1809.

骑射"。骑兵废裳改穿裤装对中原服装的改革具有深远的意义，使胡服在中原得到肯定和发展。秦始皇兵马俑中就有身着短衣、左衽、窄袖和长裤、短靴的典型胡服，北宋学者沈括❶在《梦溪笔谈》中道："中国衣冠，自北齐以来，乃全用胡服。窄袖绯绿、短衣、长靿靴，有蹀躞带，皆胡服也。窄袖利于驰射，短衣、长靿皆便于涉草。"❷由此可以看出，草原民族服饰对我国军事制度及戎服的重要影响。

北方草原地域辽阔，由于地域环境相似，生活在这里的人们在穿着上有许多共同之处，但在服饰发展过程中受各种因素的影响，也呈现出各自的特点。西域民族与中亚、西亚各国往来频繁，其服饰、用品、图案等带有明显的异域风格，而东、北部各民族由于地域关系与中原交往较多，在服饰上受中原汉族影响很大，尤其是统治过中原广大地区的契丹、女真、蒙古等民族，在服饰制度上均采用传统与中原的双轨制，颇具时代特色。这些时期北方民族服饰的发展和演变同样受服饰制度的影响，但在接受中原服饰文化的过程中，这些制度也为民族服饰的进步做出了贡献。

这些事例都说明地域环境奠定了服饰文化发展的基础，北方草原民族服饰文化与中原服饰文化的交互影响是文化交流的必然结果，成为灿烂的中华文明的重要组成部分。

二、北方草原民族服饰文化的特点

秦汉至唐宋的一千多年时间里，在北方草原活跃着匈奴、鲜卑、突厥、回鹘、契丹、女真、党项等诸多民族，他们为我国历史的发展做出过重要贡献。由于相似的地域环境和生活习俗，这些民族在服饰上有许多共同之处，但各自的特点也非常突出，形成北方草原游牧民族服饰缤纷的文化特征。

---

❶ 沈括(1031—1095)，字存中，号梦溪丈人，杭州钱塘县(今浙江杭州)人，北宋科学家、政治家。历任翰林学士、提举司天监、三司使等职。著《梦溪笔谈》。
❷ [宋]沈括.梦溪笔谈校证：卷一[M].胡道静，校证.上海：上海古籍出版社，1987：23.

1. 匈奴

匈奴是战国至秦汉时期活跃在北方草原的游牧民族，他们以游牧、狩猎为业。匈奴人披发左衽、短衣窄袖、合裆宽裤，并且"丝无文采裙袆曲襟之制"❶。由于早期在军事和文化上的对立，中原服饰并没有对匈奴有过多的影响，匈奴人"自君王以下，咸食畜肉，衣其皮革，披旃裘"❷，旃即毡，"旃裘"就是毛毡做成的衣服。与中原交往的增加使匈奴人的服饰面料逐步丰富，但上至君王，下到百姓"食肉衣皮"仍是主要的生活方式，在服饰材料和款式上没有明显的差别，这也是此时期北方草原众多民族共同的生活方式和服饰特点。款式上有圆领及交领的左衽袍服，袍长至膝以下，腰系带、下着裤、足蹬靴。男女服装款式没有大的差别。袍服衣领、前襟、下摆、袖口等处镶边装饰，下装有束口满裆长裤和套裤。匈奴人佩戴以动物毛皮镶边的毡帽和皮帽。这些服装、靴帽不仅能防风保暖，且如沈括所说"窄袖利于驰射，短衣长靿皆便于涉草"，可以满足匈奴人游牧、狩猎的生活，具有鲜明的地域特点、民族个性和实用特征。

汉代"南有大汉，北有强胡。胡者，天之骄子也，不为小礼以自烦"❸。虽然汉朝与匈奴之间的关系复杂，但也促进了匈奴与中原较为广泛的联系，各种物品的交流为匈奴人的生活提供了新的生活资料。东汉建武二十六年（公元50年）朝廷赐单于的物品有冠带、衣裳等，仅锦绣、缯布就有万匹，絮万斤❹，说明此时在日常生活中，匈奴人的服饰材料已经发生了较大的变化。但是，在北方草原的恶劣环境里，中原的丝织品远不如厚实的旃裘和皮裘实用，"其得汉絮缯，以驰草棘中，衣袴皆裂弊，以视不如旃裘坚善也。"❺虽然如此，胡汉之间的交流也为匈奴人提供了一些新的生活资料，并在服饰款式上也有所影响。

---

❶ [汉]桓宽.盐铁论·论功·第五十二：卷九[M].上海：上海人民出版社，1974：107.

❷ [汉]司马迁.史记·匈奴列传：卷一百十[M].北京：中华书局，1982：2879.

❸ [东汉]班固.汉书·匈奴传：卷九十四[M].北京：中华书局，1975：3780.

❹ [南朝宋]范晔.后汉书·南匈奴列传：卷八十九[M].北京：中华书局，1982：2943.

❺ 同❸3759.

2. 鲜卑

鲜卑族是继匈奴之后在北方草原崛起的民族，是魏晋南北朝时期对中国影响最大的北方游牧民族。鲜卑民族最初以游牧、射猎为生，其服装多以毛皮制成，具有便捷灵活的游牧民族服饰特点，可以很好地保暖、遮挡风沙，抵御塞外的严酷环境。公元386年鲜卑人拓跋珪❶登国建立北魏政权，定都盛乐（今内蒙古自治区和林格尔）；天兴元年（398年）迁都平城（今山西省大同），太和十七年（493年）孝文帝拓跋宏❷再次迁都至洛阳，逐步实施改革。数次迁都，是促进鲜卑民族从游牧经济向农耕经济转化的进程，同时也是向汉民族文化学习的重要阶段。

孝文帝对衣冠制度的改革成为中国服装史上非常重要的事例。此时，汉族帝王、百官的服饰及服饰制度已经较为完备，因此北魏政权建立后，便开始学习中原的先进服饰制度和文化。太和十八年（494年）孝文帝改革衣冠制度，命全体鲜卑人穿汉服，以天子令的方式改变民族服饰。这次改革取得了一定的效果，鲜卑服饰吸收了汉服中的部分形制。另外，服饰作为民族传统文化的重要组成部分，很难以个人意志为转移，更不是人为命令所能改变的，它的发展、变化是由其功能特性及对生产环境的适应等多种因素决定。在进入中原地区后，鲜卑人的生产方式逐步发生变化，因此服饰的改变也成为可能。尤其是鲜卑人吸取了中原服饰特点，服装前襟逐步由左衽转变为右衽。反过来，鲜卑族在特定环境下逐步形成的适合生产和生活的短袍、窄袖、满裆裤等的服装形制也在汉族中得到推广，甚至成为汉族上层人士的燕居服饰。可以说，这个时期中原服饰文化与北方草原游牧民族服饰文化的交流与影响比以往任何时候都直接和深刻。

3. 契丹

自太祖耶律阿保机❸907年建立契丹国，至应历十年（960年）改称"辽"，

---

❶ 拓跋珪(371—409)，北魏开国皇帝，386—409年在位，庙号太祖，谥道武皇帝。
❷ 拓跋宏(467—499)，又名元宏，北魏第七位皇帝，471—499年在位，庙号高祖，谥孝文皇帝。
❸ 耶律阿保机(872—926)，辽朝开国君主，907—926年在位，年号神册、天赞、天显，庙号太祖，谥大圣大明神烈天皇帝。

到天祚帝保大五年（1125年）辽朝灭亡，共历218年。

契丹世居辽河流域，以狩猎、畜牧为业，也间作农业，形成特定的生产、生活方式。早期契丹人"网罟禽兽，食肉衣皮，以俪鹿韦掩前后，谓之鞸。然后夏葛、冬裘之制兴焉"❶。确立统治地位的早期，衣冠服制尚未具备。辽太宗会同元年（938年）继承五代后晋的官服遗制创立衣冠制度。辽朝的势力范围直至今河北、山西等广大中原地区。随着生活范围的扩大，部分契丹人逐步南迁至农业地区，此时也出现了汉族人北上的第一次浪潮。许多居住在中原地区的契丹人从原来的游牧文化形态过渡到农耕文化形态，同样，服饰与服饰文化也有很大的改变。受中原文化影响，辽代的统治阶层、贵族以及南迁中原地区的广大契丹人的固有文化发生了急剧的变化，汉化速度惊人。而在原住地的契丹人则仍固守着传统民族文化，从而形成了南北政治、经济、文化等发展不均衡的现象。

为更有效地治理汉族地区，辽代官服吸收了中原的服饰制度，并且保留了契丹固有的民族服饰，与其统治一样，在服饰制度上也采取"双轨制"：南官以汉制治汉人、着汉服，北官以契丹制治理契丹人、穿契丹服，形成"辽国自太宗入晋之后，皇帝与南班汉官用汉服，太后与北班契丹臣僚用国服，其汉服即五代晋之遗制"的服饰制度❷。皇帝大祀时着国服（契丹服饰），"金文金冠，白绫袍，红带，悬鱼，三山红垂。饰犀玉刀错，络缝乌靴。"❸"田猎服"中"蕃汉诸司使以上并戎装，衣皆左衽，黑绿色"❹。"左衽"是北方草原各民族的传统服饰结构特征，除与中原汉民族的前襟右衽的叠压关系不同以外，也有着不同的文化内涵。由于受汉民族服饰和文化观的影响，契丹服装的左衽逐步向右衽转变，成为受汉文化影响的重要外在表现；同时在服饰制度上还继承了中原帝王的衮冕、绛纱袍、通天冠等传统服饰。实际上，辽代宫廷的国服也不是传统的契丹服饰，其中融入了许多汉服的内容；同样在辽代的汉服中，也掺杂着一些契丹传统服饰的特点，使辽代宫廷服饰呈现出独特的一面。

---

❶ [元]脱脱.辽史·仪卫二：卷五十六[M].北京：中华书局，1974：905.

❷ [元]脱脱.辽史·仪卫一：卷五十五[M].北京：中华书局，1974：900.

❸ 同❶906.

❹ 同❶907.

4. 女真

女真人完颜阿骨打❶公元1115年建立金国，后逐步向南发展，由于所统治地区已达淮河流域，因此从整体经济结构来说，农业成分占有很大比重。女真人的文化、经济、宗教以及服饰等受中原传统汉文化的影响巨大。立国初期，便效仿辽朝建立南北官制，后借鉴宋代服饰制度，建立了一整套完备的服饰制度。

早期女真人服饰原料以动物毛皮为主。进入中原后，在服饰上接受了更多的汉式服装形制。因此出现了混搭以及女真人着汉装、汉族人着女真族服装的时代特色。不论对汉式服装接受程度多少，游牧民族的窄袖则一直被保留。在金朝故地，民间服饰仍延续旧制。女真人尚白，因此在文献中经常能看到"白衣、左衽、髡发"的记载："金俗好衣白。辫发垂肩，与契丹异。[耳] 垂金环，留颅后发，系以色丝。富人用珠金饰。妇人辫发盘髻，亦无冠"❷。妇人服饰也由早期的无纹无饰逐步增加装饰，但款式仍多依旧俗。

金代服饰制度也经历了从逐步完善到成熟的过程，与辽不同的是，金代的服饰制度基本以宋代服制为主，本民族传统服饰成为辅助内容，形成颇有特色的服饰形式和制度。中原汉族服饰制度到宋代时已经非常完备，它代表着封建统治阶级的地位与神圣，体现了帝王至高无上的皇权。女真人深入黄淮地区后，开始了学习儒家文化、广泛推行汉族服饰制度的高潮，汉化日渐、奢华风起。直到世宗❸、章宗❹时期，女真统治者意识到本民族文化的缺失，开始倡导恢复金初服饰的简朴之风和传统文化，但并没有大的改善。

5. 党项

西夏是党项族所建立的少数民族政权。天授礼法延祚元年（1038年）李元

---

❶ 完颜阿骨打(1068—1123)，汉名旻。金朝建立者，1115—1123年在位，年号天辅，庙号太祖，谥应乾兴运昭德定功仁明庄孝大圣武元皇帝。
❷ [宋]宇文懋昭. 大金国志校正：卷三十九[M]. 崔文印，校正. 北京：中华书局，1986：552.
❸ 金世宗(完颜雍，1123—1189)，本名乌禄。金朝第五位皇帝，1161—1189年在位，年号大定，庙号世宗，谥光天兴运文德武功圣明仁孝皇帝。
❹ 金章宗(完颜璟，1168—1208)，金朝第六位皇帝，1190—1208年在位，年号明昌、承安、泰和，庙号章宗，谥宪天光运仁文义武神圣英孝皇帝。

昊❶建立西夏国，至保义二年（1227年）被大蒙古国所灭，历经189年。西夏在保持本民族服饰特点的基础上，不断吸收汉族、吐蕃、回鹘、契丹、女真等民族服饰的特点，逐步形成实用、美观的西夏服饰。早期党项族服饰材料主要是就地取材，"男女并衣裘褐，仍披大毡"❷，服装款式简单、色彩较单一，男女服饰没有大的区别。随着与中原交往增多以及部分党项人从事农业生产或半农半牧以后，西夏的生产关系和生产方式发生了很大变化，生活习俗和服饰也随之改变。通过朝贡、岁赐和互市等途径得到大量的中原丝织品，中原服饰纹样也被西夏统治者和贵族广泛使用。在与金朝的经济交往中，获得了许多丝织品，以至大定十二年（1172年）金帝世宗对大臣们说："夏国以珠玉易我丝帛，是以无用易我有用也。"❸

西夏服饰主要以颜色来标识衣者的身份和地位。李元昊继位之前虽然对党项人改"毛皮"为"锦绮"表示不满，但在登帝位后，仍对党项服饰进行了一定改革，虽然如此，元昊"始衣白窄衫，毡冠红里，冠顶后垂红结绶"❹。西夏的服饰制度除保持本民族的特色外，还大量吸收中原汉族服饰为其所用。西夏武官的服饰具有民族特色，文官服饰则多袭唐、宋。建国初期就规定："文资则幞头、靴笏、紫衣、绯衣；武职则冠金帖起云镂冠、银帖间金镂冠、黑漆冠，衣紫旋襕，金涂银束带，垂蹀躞，佩解结锥、短刀、弓矢韣。马乘鲵皮鞍，垂红缨，打跨钹拂。便服则紫皂地绣盘球子花旋襕，束带。民庶青绿，以别贵贱。"❺此外，西夏服饰制度对服饰纹样的规定也分外严格，许多都明令禁止："敕禁男女穿戴鸟足黄（石黄）、鸟足赤（石红）、杏黄、绣花、饰金、有日月，及原已纺织中有一色花身，有日月，及杂色等上有一团身龙，官民女人冠子上插以真金之凤凰龙样一齐使用。倘若违律时，徒二年。"❻

总的来说，北方草原民族在服饰上具有相似的风格特点，款为长袍、窄

❶ 李元昊(赵元昊，1003—1048)，党项族，银州米脂(今陕西米脂县)人。西夏开国皇帝，1038—1048年在位，年号天授礼法延祚，庙号景宗，谥武烈皇帝。

❷ [后晋]刘昫.旧唐书·党项羌：卷一百九十八[M].北京：中华书局，1973：5291.

❸ [元]脱脱.金史·西夏：卷一百三十四[M].北京：中华书局，1975：2870.

❹ [元]脱脱.宋史·夏国上：卷四百八十五[M].北京：中华书局，1977：13993.

❺ 同❹.

❻ [西夏]天盛改旧新定律令·敕禁门·卷七[M].史金波，等译注.北京：法律出版社，2000：282.

袖、长靴，料是皮裘、毡罽和部分来自中原的丝麻；男子传统发式均为髡发、练锥，这些相似风格的产生与北方草原的地域特征紧密相关，成为反映地域文化的重要组成部分。但是在与周边民族接触过程中，尤其是这些民族向中原地区发展后，地域环境和生产方式有了很大改变，为适应新的生活，北方草原民族在服饰上做出相应改变，其中最典型的就是袍服左衽向右衽的转变。再者，中原的汉族文化也成为这些草原民族学习的重要内容，因此服饰的改变是不可避免的。这个时期，北方草原民族服饰也为许多汉族地区民众所效仿，以致南宋朱熹❶感叹道："今世之服，大抵皆胡服，如上领衫靴鞋之类，先王冠服扫地尽矣！中国衣冠之乱，自晋五胡，后来遂相承袭。"❷

第二节　大蒙古国时期的服饰文化

成吉思汗对蒙古民族的统一事业使之"成为一个势力强大、人民众多的共同体的名称"❸，各部落文化重新融合形成蒙古族文化，这个时期是蒙古族文化形成的重要阶段，也是服饰文化形成的历史性时期。蒙古民族在逐渐强大的过程中，服饰也随之变化，各部服饰的款式、风格和基本色彩虽各有特色，但日趋统一，并形成一致的形态特征和认知属性。

一、大蒙古国时期的简单服饰

早期蒙古族属生活在额尔古纳河❹流域山林中东胡系的室韦部，有关"蒙

❶ 朱熹(1130—1200)，字元晦，号晦庵，徽州婺源(今江西省婺源)人，绍兴十八年(1148年)进士。宋朝著名的理学家、思想家、哲学家、教育家，闽学派的代表人物，儒学集大成者，世尊称为朱子。曾任焕章阁侍制、侍讲、秘阁修撰等职。
❷ [宋]黎靖德. 朱子语类·杂仪：卷九十一[M]. 王星贤，点校. 北京：中华书局，1997：2327.
❸ 韩儒林. 穹庐集[M]. 上海：上海人民出版社，1982：165.
❹ 额尔古纳河，黑龙江南源，史称"望建河"，位于内蒙古自治区东北部呼伦贝尔，为中俄界河。

古"一词的最早记载是《唐书》的"室韦传"，《旧唐书》中称"蒙兀室韦"❶，《新唐书》中则为"蒙瓦"❷。9世纪以后，由于额尔古纳河流域各部落的快速发展，导致生活物资缺乏，迫使部分人向周边迁移，其中就包括"蒙古部"。蒙古部走出丛林，向西发展，由原来以渔猎为主转变为以畜牧为主的经济模式。在广阔的草原上游牧，形成稳定的生活方式。此时北方草原生活着众多部落，他们的族源不同、语言各异，在相同的地域与相似的生存环境中，虽然各有特点，但在生活习惯、思维方式和服饰上有颇多相似之处。

1. 大蒙古国早期的服饰特点

12世纪后期，由铁木真所带领的蒙古乞颜部统一了北方草原的众多部落，1206年在不儿罕山（今蒙古国肯特山）下、斡难河（今蒙古国鄂嫩河）畔，这些部落结合形成一个新的民族——蒙古族，推举铁木真❸为蒙古可汗。可以说当时这个人数不多、地盘不大的新民族，在成吉思汗的领导下，改变了世界历史的走向。

大蒙古国早期，"鞑人始出草昧，百工之事，无一而有。其国除孳畜外，更何所产，其人椎朴，安有所能"❹，那时人们穿着的衣料、使用的织物除就地取材的裘皮制品、简单的毡罽外，有部分来自中原或周边地区。彭大雅❺在《黑鞑事略》中说："其贸易，以羊马金银缣帛。"徐霆❻疏证："鞑人止欲纻丝铁鼎色木，动使不过衣食之需。"❼徐霆于1235—1236年奉使到大蒙古国，他看到当时的蒙古族"止用白木为鞍，桥以羊皮，镫亦剜木为之，箭镞则以骨，无从得

❶ [后晋]刘昫. 旧唐书·室韦：卷一百九十九下[M]. 北京：中华书局，1973：5358.

❷ [宋]欧阳修，宋祁. 新唐书·室韦：卷二百一十九[M]. 北京：中华书局，1973：6177.

❸ 孛儿只斤·铁木真(1162—1227)，大蒙古国可汗，尊号"成吉思汗"，1206—1227年在位。庙号太祖，谥法天启运圣武皇帝。

❹ [宋]彭大雅. 黑鞑事略[M]//王云五. 丛书集成初编. 上海：商务印书馆，1937：13.

❺ 彭大雅(？—1245)，字子文，饶州鄱阳(今江西省鄱阳县)人。嘉定七年(1214年)进士。官历四川制置副使兼知重庆府，因卷入党争而罢职，身后追谥忠烈。受大蒙古国之邀，南宋遣使大蒙古国商联合灭金事宜，彭大雅、徐霆为南宋赴大蒙古国使节随员。绍定六年(1233年)六月由襄阳启程，第二年(瑞平元年，1234年)二月抵达蒙古汗帐，见太宗窝阔台，见闻写成《黑鞑事略》。

❻ 徐霆，生卒年未详，字长孺，浙江永嘉(今浙江温州永嘉)人。为南宋赴大蒙古国使节随员，将彭大雅的《黑鞑事略》进行了疏证。

❼ [宋]彭大雅. 黑鞑事略[M]//王云五. 丛书集成初编. 上海：商务印书馆，1937：8—9.

铁"❶，可见大蒙古国早期的手工业相当简陋。为适应生活的需要，在特定的地域及自然环境影响下逐步形成具有游牧民族特点的服装款式和造型，但这个时期的社会财富普遍匮乏，服装式样非常单一，"其上衣交结于腹部，环腰以带束之，……女服近类男子，颇难辩之。"❷这就是多桑❸对当时服饰的描述。成吉思汗对金朝的征战，使中原丝织品大量进入蒙古地区，蒙古西征的同时也使蒙古人看到更多的西域及中亚织物，大大丰富了蒙古族的穿着。这种不同文化之间的交流与融合，对蒙古族服饰文化和艺术欣赏水平的迅速提高影响巨大。

蒙古族生活的北方草原赋予了他们粗犷、豪爽的性格，同时也造就了实用、大方的服饰。在各部落文化融合的过程中，服饰具有共同的特点：宽松肥大的长袍，可"昼为常服、夜则为寝衣"❹。紧系的腰带，使他们在马上驰骋时有效地保护腰和内脏不受伤害，又可使袍服前襟形成衣兜，盛装随身物品。蒙古民族服饰较为单一的色调和源于宗教信仰所形成的高耸的罟罟冠，可以在恶劣的自然环境中成为明显的标志，使之成为广阔草原上重要的视觉信息，蒙古族服饰的这些功能性特点成为最初发展的重点。直到这时，服饰仍相当简单，出使过蒙古地区的传教士加宾尼❺、鲁不鲁乞❻以及著名的东方学家多桑都记述过：那里妇女和男人的衣服没有什么区别，也就是说，从款式、装饰和色彩上都非常单一。人们的生活仍较贫困，物资匮乏，对各方面的物质追求并不强烈，蒙古族服饰处于一个单一的发展阶段。

---

❶ [宋]彭大雅. 黑鞑事略[M]// 王云五. 丛书集成初编. 上海：商务印书馆，1937：13.

❷ [瑞典]多桑. 多桑蒙古史·上册[M]. 冯承钧，译. 北京：中华书局，2004：30.

❸ 多桑(C. d'Ohsson, 1780—1855)，瑞典人，出生于君士坦丁堡(今土耳其伊斯坦布尔)，19世纪著名东方学家。

❹ 绥远通志馆编纂. 绥远通志稿·民族(蒙古族)[M]. 呼和浩特：内蒙古人民出版社，2007：147-148.

❺ 约翰·普兰诺·加宾尼(John of Plano Carpini, 1182—1252)，意大利人，小教友会修士。加宾尼于一行人于1245年4月16日出发出使大蒙古国，7月22到达哈喇和林附近的贵由营地，参加了大汗贵由登基仪式。他们在哈拉和林居住了四个月，于11月17日开始返回。1247年5月9日抵达拔都在伏尔加河畔的营地，1247年秋天到达里昂。见闻著《蒙古史》。

❻ 威廉·鲁不鲁乞(William of Rubruck, 生卒年不详)，法国佛兰德斯人，济各会士。1253—1255年出使蒙古地区，见闻成《东游录》。

2. 丰富的物质条件为服饰的进步奠定了基础

蒙古民族不仅在历史上以彪悍、强大著称，而且具有独特的文化传统，这种文化包含了对许多有益的外来文化的接受和融合，从而形成蒙古族文化的多元性。虽然在大蒙古国初期的征战中获得的部分物资使生活有所改善，但生活质量的根本改变是从成吉思汗西征以及对金朝、西夏的征讨开始。正如志费尼❶在他的《世界征服者史》中所说："成吉思汗出现前，……他们穿的是狗皮和鼠皮，……他们过着这种贫穷、困苦、不幸的日子，直到成吉思汗的大旗高举，他们才从艰苦转为富强，从地狱入天堂，从不毛的沙漠进入欢乐的宫殿，变长期的苦恼为恬静的愉快。"❷从此，他们穿的是绫罗绸缎，各地生产的物品源源不断地运往昔日贫瘠的大地。全体蒙古民族一致对外的行动，促成他们在这个时期服饰的统一，这是蒙古族服饰发展的第一个重要时期。时代不同，作为蒙古族袍服面料的毛皮也有很大差别，早期草原各部落生活较为艰苦，人们的穿着多数以家畜、猎物皮毛作为服装面料，上等毛皮多数都集中在贵族手中，表现在服饰的用料上最为明显。对于普通牧民来说，袍服常以羊皮为主要原料，有些还是非常粗糙的山羊皮和狗皮等。如在《蒙古秘史》中，就提到克烈部首领王罕"七岁时，被篾儿乞惕百姓掳去，着其黑花羖羫（疑为"羫"）端罩"❸，"羖羫"即山羊。山羊皮毛长而粗，但保暖性能好，是牧民缝制裰忽的主要材料。蒙古族的对外征服使生活有了显著改善，但也加大了贫富差距，鲁不鲁乞就说道：不同经济状况使用的面料差别非常大，有钱人家主要用狼皮、狐狸皮等制作冬季的皮袍，穷人冬季的皮袍则用狗皮或山羊皮制作❹。富有的人家在服装面料上与穷人有着天壤之别，"由于大蒙古国的出现而获得经济实惠的，似乎仅限于上层阶级。"❺实际上在艰苦的北方草原，贫富差别世代存在。《蒙古秘史》中记述铁木真在攻打塔塔儿人的营地时，"自其营地得一小儿，乃

❶ 阿老丁·阿塔蔑力克·志费尼(al-Juwayni, 'Ala u 'd-Din'Ata—Malik, 1226—1283)，波斯蒙古史学家。

❷ [伊朗]志费尼.世界征服者史：上册[M].何高济，译.呼和浩特：内蒙古人民出版社，1981：23.

❸ 道润梯步.新译简注《蒙古秘史》[M].呼和浩特：内蒙古人民出版社，1979：121.

❹ [法]威廉·鲁不鲁乞.鲁不鲁乞东游记[M]//[英]道森.出使蒙古记.吕浦，译.北京：中国社会科学出版社，1983：119.

❺ [日]中山茂.清代蒙古社会制度[M].潘世宪，译.北京：商务印书馆，1987：18.

带金环圈，着貂皮里金缎兜肚之小儿也。"❶铁木真的母亲诃额仑说他是"有根基之人裔乎！"也就是从穿戴上可以看出他是有身份人家的孩子。5岁的曲出同样"带貂皮帽，穿鹿蹄皮靴，着鞣鹿羔皮接貂皮衣"❷，由着装看来，曲出也出生在一个有钱人家，是"目中有烨之子"。《蒙古秘史》中关于一件貂皮褡忽（端罩）有过多次描写，这件貂皮褡忽是铁木真和孛儿帖在新婚之时，孛儿帖的母亲捎坛送给铁木真的母亲诃额仑的礼物❸。之后，铁木真又将这件珍贵的貂皮褡忽送给了当时蒙古草原上最有势力的客列亦剔部的首领脱斡邻勒汗（即克烈部首领王罕），脱斡邻勒汗对铁木真以后的事业给予了很大帮助，可见这件珍贵的貂皮褡忽的重要意义。

随着大蒙古国的不断发展和壮大，经历了南征、北讨、东进、西征后，蒙古族与中原地区和中亚各国都有了非常密切的联系。窝阔台时期，每日有五百车食物由漠南运进和林❹，"自蒙古国创建时期至元初期间，蒙古民族的经济生活相当丰裕。"❺由于经济实力增强，人们对服装的要求也越来越高，这个时期各种丝绸以及来自西域和中亚的纳石失等服装面料大量使用在蒙古族的袍服上。

成吉思汗及其子孙征战南北，蒙古族力量增强，获取了大量物质财富，生活条件得到了改善，人们对穿、用都有较高的要求，使此时的服装色彩、面料、品种都有了很大的提高。蒙古族服饰的发展随着生活水平提高、经济发展、时代进步而逐步变化，服装、饰品的款式、风格在原有相似的基础上趋于统一。

二、对外交流是服饰改变的重要因素

由于生活在稳定的地域环境中，经过长期的磨合，服饰的风格、款式、面料都成为稳定的形式而留存于蒙古族文化中。但对外交往为蒙古族打开了一扇

❶ 道润梯步. 新译简注《蒙古秘史》[M]. 呼和浩特：内蒙古人民出版社，1979：101.

❷ 同❶74.

❸ 同❶54.

❹ [瑞典]多桑. 多桑蒙古史：上册[M]. 冯承钧，译. 北京：中华书局，2004：222.

❺ [日]中山茂. 清代蒙古社会制度[M]. 潘世宪，译. 北京：商务印书馆，1987：18.

面向新世界的大门，通过这扇门，会有许多新鲜空气进入，这就是新的文化及新的服饰。在与外界接触的过程中，蒙古族以北方草原所赋予的大度、豁达的性格，吸收了许多对民族发展有益的文化，使自己快速成长。

1. 中原文化的影响

对西夏和金朝的征讨使蒙古族接触到了中原汉文化，中原的物产、丝绸只是改变蒙古族的生活，其更深层次的影响则在于思想意识的进步，使草原和中原相互塑造，共同繁荣。其中对蒙古族和成吉思汗影响最大的是中原的道教（长春真人）和袍服右衽所代表的文化特质。

长春真人丘处机❶是道教全真道掌教、思想家。应成吉思汗之约，宋嘉定十三年（1220年）正月丘处机以73岁高龄与弟子18人启程西行。嘉定十五年（1222年）四月抵达"大雪山"（今大部分位于阿富汗境内的兴都库什山）八鲁湾（今阿富汗喀布尔北）行宫觐见成吉思汗，实现了龙马会（丘处机属龙，成吉思汗属马）。随行弟子李志常根据一路见闻写成《长春真人西游记》一书。在与长春真人的接触中，成吉思汗领略了道教的内涵，同时接受了中原传统的思想观和治国理念，这次会面对成吉思汗的影响很大。

中原汉民族文化对蒙古族的影响还来自金与西夏，在长期接触的过程中，汉文化对其的影响是潜移默化和自觉的。南宋绍定五年（1232年）亲历蒙古地区的彭大雅形容其服"旧以毡毳革，新以纻丝金线，色以红紫绀绿，纹以日月龙凤，无贵贱等差"❷。可见，此时蒙古族的服饰已经有了翻天覆地的变化，而这种变化是建立在物质丰富的基础之上。汉民族服饰的右衽以其所代表的文化内涵逐步被蒙古族所了解，并深入与汉族接触较多的蒙古族的思想意识中，这些人首先改袍服传统的左衽为右衽，这不仅是简单的袍服前襟叠压关系的改变，而是更深层次的汉族文化对蒙古族的影响所致。在这些人的带动下，蒙古族逐步迈出了以服饰表面的变化反应内心世界的、重要的一步，为元代服饰制

---

❶ 丘处机(1148—1227)，字通密，号长春子，登州栖霞(今属山东烟台)人，道教全真道北七真之一。太祖十五年(1220年)启程赴西域谒成吉思汗，成吉思汗召见于雪山，尊为神仙。元世祖忽必烈褒赠"长春演道主教真人"封号，世号长春真人。

❷ [宋]彭大雅.黑鞑事略[M]//王云五.丛书集成初编.上海:商务印书馆,1937:4.

度的确立奠定了基础。

2. 西域和中亚文化的影响

成吉思汗及其子孙的三次西征❶再一次打开了东西交流的大门，西征地区的文化对蒙古人也产生了重要影响，对蒙古族审美观的成熟起到重要作用。

蒙古族具有独特的文化传统，这种文化包含了对许多有益的外来文化的吸收和借鉴，并融合到木民族的传统文化中，这些文化有一部分就来自西征所获得的物质财富以及所蕴含的审美意识，这种进步和审美文化的丰富只经过短短几十年时间。从艰苦的北方草原单一的服饰材料转变为集中了西域及中亚最好的衣料，其中最典型的是纳石失、怯绵里等面料，它们与中原的丝绸共同促使蒙古族的服饰面料瞬间丰富。但这种变化也不是所有蒙古族都能受益，普通牧民的衣着与服饰面料虽然有变化，但还是以实用的传统材料为主。1245—1247年出使大蒙古国的加宾尼曾看到男人和女人"穿用粗麻布、天鹅绒或织锦制成的长袍"，❷从衣料的质地可以看出这时蒙古族的生活贫富悬殊较大。

❶ 三次西征：1219—1223年成吉思汗率部第一次西征，1235—1242年在拔都的统率下进行第二次西征，1253—1260年旭烈兀指挥第三次西征。

❷ [意]约翰·普兰诺·加宾尼. 蒙古史[M]//[英]道森. 出使蒙古记. 吕浦，译. 北京：中国社会科学出版社，1983：8.

●

蒙古族服饰文化史考

●

蒙古族用马蹄横扫了从北到南、从东到西的广大地区，建立了我国历史上第一个由少数民族统治的、人口成分多元的庞大帝国。服饰文化作为社会物质和精神文化的综合体，不但是"礼"的重要内容，也是区分贵贱、尊卑的重要工具。因此，统治者掌握政权之后，不论是对宫廷的舆服制度还是对民间百姓的穿着、出行都作出种种严格规定。元立国之初就开始着手建立服饰制度，这项中国历史上最为独特的服饰制度的建立经过曲曲折折数十年，显示了固守蒙古旧制与吸收中原文化的两派斗争的结果。

第二章　元代服饰制度与纺织品的生产

第一节　元代的服饰制度

有元一代，蒙古族文化发生了历史性的变革，"这是亚洲历史上游牧民族的草原文化和精耕细作的农业文化之间的一次最大的冲突。"[1]蒙古民族不仅在历史上以强大、剽悍著称，还具有独特的文化传统。蒙古族除重视传承本民族的传统文化外，还对许多有益的外来文化进行继承与发展，并融合到自己的传统文化中，形成多元成分。韦尔斯[2]在《世界史纲》中说道："到忽必烈汗的时候，在中国的蒙古人已充分吸收了汉族的文明。"[3]从元代服饰采取汉制衮冕与蒙古族传统质孙服并行的服饰制度便可以看出汉文化在蒙古民族进步中的重要作用。

一、元代服饰制度的建立与特色

服饰制度是政治的需要，具有很强的政治功能，它从原始社会末期便与政治结缘，服饰作为区分社会等级的手段，成为封建统治者维护其统治地位的工具，使服饰具有强烈的区分尊卑高下的文化属性。这种等级制度与统治者的政治需要紧密结合，使服饰文化打下深深的阶级烙印，折射出不同文化背景的深刻意蕴。

---

❶ [英]李约瑟.中国科学技术史·第一卷　总论:第一分册[M].北京:科学出版社,1975:299.
❷ 赫伯特·乔治·韦尔斯(Herbert George Wells, 1866—1946),英国新闻记者、政治家、社会学家和历史学家。
❸ [英]赫·乔·韦尔斯.世界史纲:生物和人类的简明史[M].吴文藻,译.桂林:广西师范大学出版社,2001:776.

1. 元代服饰制度的建立

在封建社会，政治对经济、文化、社会生产具有支配和主导作用。服饰作为文化的重要组成部分，与社会发展休戚相关；随着社会文明的发展和完善，服饰逐步成为一种国家政治和社会意识形态的载体与工具。建立完善的服饰制度是每个朝代创立之初的一件非常重要的工作。服饰可反映该历史阶段的文化形式、社会形态、审美心理和生活习俗，具有极其深刻的文化内涵。蒙古族是中国历史上第一个统治全国的少数民族，大定天下后，世祖忽必烈在确立中央集权、恢复统治秩序的基础上，采取了一系列有利于农业和手工业生产发展的措施，使社会经济逐步恢复，各民族经济和文化交流得到了很快发展。元代统治者为了更有效地施行统治，接受和继承了中原传统汉文化中的有效成分，与本民族传统文化结合，建立了一系列具有时代特色的政论规约，服饰制度便是其中之一。中国历代统治者都把服饰制度作为树立君王威仪、区分贵贱尊卑的手段，元代统治者也不例外地在统治初期就开始着手建立具有特色的服饰制度。随着服饰制度的日臻完善，服饰除具有很强的实用性外，还与遵从社会礼制所建立的各种制度紧密结合。在服饰制度中，最具特色的汉制衮冕与蒙古族传统质孙的服饰双轨制，使元代服饰呈现出多元的、南北文化融合的局面。元代的服饰制度从实施的过程到其形式都颇具特色，但其形成并非一帆风顺，而是经历了许多南北文化上的碰撞和冲突，即"汉法"与"旧俗"的较量，最终达到了和谐统一。在这个过程中，元代统治者怀着对本民族传统服饰的情感，既不想丢掉民族服饰，又向往中原皇帝的龙袍，因此天子、百官的服饰采取了传统与中原两个系列并行的制度。"元初立国，庶事草创，冠服车舆，并从旧俗"❶，此处所说"旧俗"是指汉制衮冕等前朝所使用的服饰制度，此后，即按照"近取金、宋，远法汉、唐"的原则逐步建立符合时代特征的汉制帝王衮冕和百官公服的服饰制度，且汉制衮冕、公服与传统蒙古族质孙两个系列服饰的使用场合有明确限定："蒙古朝祭以冠幞，私燕以质孙。"❷

❶ [明]宋濂.元史·舆服一：卷七十八[M].北京：中华书局，1976：1929.
❷ [清]章炳麟.訄书详注[M].徐复，注.上海古籍出版社，2017：714.

元代的服饰制度与前朝有很大不同。唐宋服饰制度是在继承前朝的基础上逐步完善而成，元代的衮冕与公服也是经过历次完善，方成定制。汉制衮冕与传统质孙这两个不同系列的宫廷服饰为蒙古族服饰的发展和蒙古族服饰文化的进一步成熟奠定了良好的基础。此时，蒙古各部的服饰形成统一的格局，共同发展。

蒙古宗王、贵族对奢华生活的追逐使社会靡费之风盛行，最明显的表现即是对服饰的狂热的追求，这也导致僭越之风盛行，甚至有人钻服饰制度的空子，售卖胸背绣少一爪的缠身大龙袍服，冒充龙袍以假乱真，大德元年三月十二日（1297年4月4日），中书省奏："街市卖的段子，似上位穿的御用大龙，则少壹个爪儿，肆个爪儿的织着卖有。奏呵，暗都剌右丞相、道兴尚书两个钦奏圣旨：胸背龙儿的段子织呵，不碍事，教织者。似咱每穿的段子织缠身大龙的，完泽根底说了，随处遍行文书禁约，休教织者。"❶这种僭越之风成为有元一代的社会风气，直到延祐元年（1314年）朝廷再次强调抑制这种僭越之风，仁宗诏曰："比年以来，所在士民，靡丽相尚，尊卑混淆，僭礼费财，朕所不取。"❷延祐二年❸（1315年）十二月，特别命令中书省定服色等第，颁行全国，但蒙古族和怯薛诸色人等不受此约束，只是不准穿着龙凤纹样❹。到延祐七年❺（1320年）七月，"英宗命礼仪院使八思吉斯传旨，令省臣与太常礼仪院速制法服。八月，中书省会集翰林、集贤、太常礼仪院官讲议，依秘书监所藏前代帝王衮冕法服图本，命有司制如其式。"❻至此，元代的服饰制度才基本完善，历时数十年。"上而天子之冕服，皇太子冠服，天子之质孙，天子之五辂与腰舆、象轿，以及仪卫队仗，下而百官祭服、朝服，与百官之质孙，以及于士庶人之服色，粲然其有章，秩然其有序。大抵参酌古今，随时损益，兼存国制，用备仪文。于是

❶ [元]大元通制条格·衣服：卷九[M]. 郭成伟，点校. 北京：法律出版社，2000：139.

❷ [元]沈刻元典章·礼部二：第十册[M]. 北京：中国书店出版社，1985：2典章二十九下.

❸《元史》中同一事记为仁宗延祐元年(1314年)。

❹ 同❷.

❺ 延祐七年：延祐七年正月辛丑(正月二十一日，1320年3月1日)仁宗崩于大都，三月十一日(4月19日)英宗硕德八剌继皇帝位，仍沿用仁宗延祐年号，第二年(1321年)改为至治年号。

❻ [明]宋濂. 元史·舆服一：卷七十八[M]. 北京：中华书局，1976：1933.

朝廷之盛，宗庙之美，百官之富，有以成一代之制作矣。"❶ 其中可分为"参酌古今"的衮冕、祭服、朝服和"兼存国制"的天子、百官质孙服，并且"章服虽颁，而杂用只孙之服"❷。各朝代的服饰制度均等级森严，对服色、纹样、面料有严格规定，不得僭越。出于统治阶级的政治需求，将这些区别帝王、百官、贵族与平民百姓的服饰制度写进国家法典，成为典章制度中重要的组成部分。

元代是我国历史上继唐以后又一个空前开放的社会，由于军事上的胜利和版图的扩展，欧亚两洲的金银财宝、绫罗绸缎云集在蒙古族统治者手中和蒙古地区。从大蒙古国后期到整个元代，蒙古族服饰进入了一个飞速发展的阶段。生产力的提高、社会分工的加强、贸易的繁荣、商品经济的发展都为服饰的快速成熟奠定了重要基础。随着社会地位的提高和生活物资的丰富，蒙古族的生活质量和服饰都发生了巨大的变化。服饰作为文化的特殊载体，在保留本民族固有特性、习俗的同时，也接受其他民族服饰的长处，中原历史悠久的汉文化和中亚的异族文化对蒙古族服饰文化的完善起到了至关重要的作用，多种风格迥异的文化相互交汇与融合，使蒙古族服饰得到了历史性的发展，呈现出纷繁复杂、色彩斑斓的特色。"蒙古人的境遇已从赤贫如洗变成丰衣足食"，生活达到了"日常服饰都镶以宝石，刺以金镂"❸ 的程度。马可·波罗❹ 记述忽必烈时期的豪华质孙宴上天子以及众朝臣所穿的质孙服缀满宝石、珍珠，"金带甚丽，价值亦巨"，靴子上绣以银丝，雍容、华丽之甚令人惊叹❺ 。元代是蒙古族文化包括服饰文化和服饰审美标准形成的重要时期。对服饰本身来说，款式的丰富、面料档次的提高和装饰的大量使用都成为这时蒙古族服饰发展的重点。

多民族成分的元代为各民族文化的交流和融合创造了条件，并为这一时期服饰的多样性奠定了基础。元代并没有像清朝那样在全国强制推行民族服饰和发式，而是除公服外，南北服饰各随其俗。相对宽松的服饰制度使各民族的服

❶ [明]宋濂.元史·舆服一：卷七十八[M].北京：中华书局,1976：1929-1930.
❷ [明]何乔新.椒邱文集·蒙古建元中统[M]//景印文渊阁四库全书：第1249册.台北：台湾商务印书馆,1983：113.
❸ [伊朗]志费尼.世界征服者史：上册[M].何高济,译.呼和浩特：内蒙古人民出版社,1981：24.
❹ 马可·波罗(Marco Polo,1254—1324)，意大利旅行家,1275—1291年留居中国17年。
❺ [意]马可波罗行纪[M].冯承钧,译.上海：上海书店出版社,2001：226.

饰在各自的文化下发展，在大文化的背景下，服饰文化之间相互借鉴，形成元代服饰的多元性和兼容并蓄的时代特色。各种文化的发展，加速了民族文化的融合，推动了社会进步。

2. 元代服饰制度的特点

元代立国虽不足百年，其服饰制度却相当繁复。在服饰制度上，元宫廷除保留传统蒙古族服饰外，还将具有千年历史的中原传统衮冕制度引入宫廷，成为集合南北服饰及服饰制度的典范。元代服饰制度的颁布历程也是文化融合、借鉴过程中蒙古族两派贵族斗争的结果。

为了确立统治阶级的威严，并很好地统治广大汉族地区民众，在元代服饰制度中有别于前代的四个突出特点。

其一，元代宫廷上下施行两个系列服饰，即汉制帝王衮冕、百官公服和传统质孙服，这两个系列服饰都有明确的制度加以规范，对使用场合有严格限定："祀天则服大裘而加衮，……内廷大宴则服质孙。"❶ 即以不同场合区分服饰的使用类型，这与辽代"皇帝与南班汉官用汉服，太后与北班契丹臣僚用国服"❷ 有本质的区别。金代宫廷服饰多传承汉制，"金制皇帝服通天、绛纱、衮冕、逼舄，即前代之遗制也。"❸ 官员的朝服、祭服、公服等均为汉制，但妇人服则承袭旧制，且窄袖、左衽，有些服饰制度还承袭辽代。❹ 这些进驻中原地区的少数民族政权有一个共同的特点，即将历史悠久、文化底蕴深厚的汉制官服作为统治者的重要服饰，以巩固其统治地位、彰显文化的厚重，同时又可使汉族地区民众更易接受其统治。与此同时，统治阶级也从中汲取了大量汉文化，使其在文化上进步的脚步更快。

其二，元代宫廷服饰虽然分为蒙、汉两类服制，但在许多服装以及配饰上并没有严格区分，相互影响、相互借鉴。汉制系列中加入了许多蒙古族传统元素，蒙古族服饰也借鉴不少汉族服饰的内容，其中以中原传统右衽在蒙古族服装中的推广最为典型。不论蒙汉官员，在朝廷之上均穿着公服，但有些场合却

❶ [清]孙承泽. 春明梦余录：卷七[M]. 王剑英，点校. 北京：北京古籍出版社，1992：107.
❷ [元]脱脱. 辽史·仪卫一：卷五十五[M]. 北京：中华书局，1974：900.
❸ [元]脱脱. 金史·舆服中：卷四十三[M]. 北京：中华书局，1975：975.
❹ [元]脱脱. 金史·舆服下：卷四十三[M]. 北京：中华书局，1975：985.

有特殊规定："公服乃臣子朝君之礼，今后百官凡遇正旦朝贺，候行大礼毕，脱去公服，方许与人相贺。"❶官员在日常生活中穿着蒙古族服饰还是汉式服装并没有约定，可依场合和个人喜好而定。

其三，在元代的服饰制度中，对蒙古族所穿服饰的面料、色彩、纹样等采取宽容政策，并在许多地方都特别说明除龙凤纹样外，"蒙古人不在禁限"❷，但在实际操作上并非如此宽松。

最后，民间服饰除色彩、面料、装饰等方面的限制外，对款式并没有过多限制，"南北士服各从其便"❸。因此，中原汉族地区民间服饰的发展仍延续宋代以来的特点。但占统治地位的蒙古族的服饰则成为一种时尚，中原一些地主、官僚、士绅等也在尝试穿着蒙古族服饰，这种影响一直持续至元末，甚至到明初还可见穿着具有蒙古族特点的服饰，才迫使明代朝廷出台政令加以禁止。

服饰制度早在大蒙古国时期就开始制定和推行，而完善的过程经历了较长的时间。冕服的使用始于宪宗壬子年（1252年）八月❹，质孙服制度则先于此。现所见最早明确记载质孙服的是太宗窝阔台继承汗位时（1229年）"全体穿上一色衣服"❺，当时质孙服的形制应该不是特别完善。

维护森严的封建等级制度是历代统治者加强专制统治的重要手段，服饰制度的确立便是其中的重要措施之一。服饰作为民族文化的特殊载体，反映了特有的生活方式，包含非常多的文化信息和历史价值，其中所蕴含的文化特质是对一个民族的生存状态、生活环境、生活观念和思想意识的综合反映。政治、经济、文化的进步是服饰文化进步的重要条件，在南北文化交流的过程中，蒙汉民族都汲取对方文化中独特的内容来丰富自己，使双方的服饰文化得到发展和进步。随着时代的发展、民族交往的广泛，对方的服饰都成为学习、效仿的对象，但在汲取表面变化的过程中，文化层面的进步才更具意义。

❶ [元]大元通制条格·公服私贺：卷八[M]. 郭成伟，点校. 北京：法律出版社，2000：129.
❷ [明]宋濂. 元史·舆服一：卷七十八[M]. 北京：中华书局，1976：1942.
❸ [元]佚名. 沈刻元典章·礼部二：第十册[M]. 北京：中国书店出版社，1985：典章二十九7上.
❹ 同❷：1935.
❺ [波斯]拉施特. 史集：第二卷[M]. 余大钧，周建奇，译. 北京：商务印书馆，1983：71.

二、元代服饰制度中南北文化的碰撞与融合

在多民族空前统一、融合的元代，南北东西广泛交流、多元文化并存，使服饰呈现融汇合流、异彩纷呈和多种审美趋向并存的局面，但这种融合的过程并不是一帆风顺的。元代与前朝不同的服饰制度的建立和完善的过程，就是蒙古族统治者对中原文明的自觉吸收和不得已借鉴的过程，其间，经历了许多由排斥到接纳的曲折之路。❶

1. 蒙古族传统习俗与中原制度之间的矛盾

有元一代，作为统治阶级的蒙古族为维护其传统文化，同时又要保证中原广大民众的臣服，统治阶级内部的争斗、南北之间文化的碰撞与融合一刻也没有停止过，并始终贯穿于元代百年，尤其在元代中期以后，这种矛盾愈加强烈和明显。但在整个过程中有一点是肯定的，即中原许多先进思想、文化在蒙古族的心中逐步深入，通过对中原传统文化的吸收和借鉴，在不到百年的时间里，使蒙古族从奴隶制快速进入较为成熟的封建制，完成了中原一千多年的历程，这无疑是一个巨大的进步，对蒙古族的历史进程有着深远的影响。

大蒙古国时期，蒙古族在与金朝和西夏的交往、冲突中接触到中原汉文化。从这时起，蒙古族开启了从奴隶制向封建制迈进的大门。窝阔台采纳耶律楚材的建议，实行"五户丝制"，标志着作为征服者的蒙古族奴隶主、贵族为适应内地的经济基础更改政治制度的开始。❷进入元代，这种进步呈飞跃速度发展。

忽必烈是受汉族文化影响较深的蒙古族皇帝，入朝前就建立了巩固的根据地——金莲川❸幕府，聚拢了一批汉族知识分子，组成智囊团，其中有

---

❶ 李莉莎. 社会生活的变迁与蒙古族服饰的演变[J]. 内蒙古社会科学(汉文版), 2010(2): 51–55.

❷ 周良霄. 论忽必烈[A]// 朱耀廷. 元世祖研究. 北京:燕山出版社, 2006: 19.

❸ 金莲川，原名曷里浒东川，位于内蒙古锡林郭勒盟正蓝旗。每到夏季，草甸上开满金莲花，金世宗大定八年(1168年)五月，以"莲者连也，取其金枝玉叶相连之义"，更名为金莲川。宪宗元年(1251年)，忽必烈驻帐于金莲川，统领漠南中原地区军务。为建立巩固的根据地，忽必烈命刘秉忠在此建城，宪宗六年(1256年)初建，宪宗九年(1259年)建成，是为开平。中统元年(1260年)三月忽必烈在此登大汗位。建元中统后，开平府不断扩建。中统四年(1263年)升为都城，定名上都(图2-1)。到至正十八年(1358年)红巾军直驱上都，焚毁宫殿，正好百年历史。

图2-1　内蒙古锡林郭勒盟正蓝旗　元上都遗址

刘秉忠❶、许衡❷、姚枢❸、郝经❹、杨维中❺等人，他们成为忽必烈身边重要的治国力量。新政权的建立，打破了传统的政治制度。为解决各种矛盾、巩固统治，作为征服者的蒙古族统治者和贵族阶级最迫切的任

❶ 刘秉忠(1216—1274)，字仲晦，号藏春散人。17岁入邢州节度使府为史令，主持修建上都、大都，辅佐忽必烈三十余年。谥文贞，封赵国公。

❷ 许衡(1209—1281)，字仲平，号鲁斋，怀庆河内(今河南省焦作)人。历任集贤大学士、国子祭酒、中书左丞等职。与郭守敬修成《授时历》。谥文正，封魏国公。

❸ 姚枢(1203—1280)，字公茂，号雪斋、敬斋，洛阳(今河南洛阳)人，历任太子太书、中枢左丞、昭文馆大学士、翰林学士承旨。谥文献，赠荣禄大夫。

❹ 郝经(1223—1275)，字伯常，陵川(今山西陵川县)人。任翰林侍读学士，佩金虎符。元中统元年(1260年)受忽必烈命出使南宋议和，身陷囹圄长达十六年，至元十一年(1274年)伯颜南伐获救，是年秋病故，谥文忠。

❺ 杨惟中(1205—1259)，字彦诚，弘州(今河北张家口阳原县)人。世祖时任江淮京湖南北路宣府使。谥忠肃。

务就是制定新的中央集权政治，其中之一就是朝仪制度的确立。对于如何治天下的问题，忽必烈身边的汉臣提出了许多建议，郝经于中统元年（1260年）八月上疏："以国朝之成法，援唐宋之故典，参辽金之遗制，设官分职，立政安民，成一王法。"❶其中"国朝之成法"即指蒙古族原有制度，这些幕府之士主张将中原汉法与蒙古制度结合，形成各民族统一、和谐的典章、制度，以治理广袤的国土。至元二年（1265年）许衡上奏："考之前代，北方之有中夏者，必行汉法乃可长久。故后魏、辽、金历年最多，他不能者，皆乱亡相继，史册具载，昭然可考。"❷徐世隆❸提出"陛下帝中国，当行中国事"❹，强调中原传统统治的政略、方针、传统等都是蒙古族统治者必须借鉴的，这样才能更有效地治理具有悠久历史的广大地区。元代统治者在治理国家的过程中采纳上述建议，以汉法治理广大地区。但对"汉法"的全面继承势必会影响统治阶级和贵族的心理和利益，因此，忽必烈规定了新王朝的创建原则是"祖述变通"，即"继承"和"改革"并进，在建元诏里提出新朝要"稽列圣之洪规，讲前代之定制"❺，即在继承祖宗旧制的同时对前朝传统合理借鉴。"可以说，忽必烈放弃漠北和林，实际上就是改革蒙古族旧制、践行汉法的重要一环"❻。推行"汉法"是稳定政治的需要，而维持蒙古族统治者和贵族的利益同样是保证统治稳定的基础，因此政论规约和服饰制度的建立就成为维持传统风俗、制度与"汉法"并行的两个支柱。从服饰制度的内容看，这两个支柱尤为重要和明显，其中承袭汉制的衮冕和公服系列与蒙古族传统的质孙系列并行就很好地说明了这个问题。

地域文化和民族文化的交流与融合，在一定程度上促进了服饰文化的发展。从政治制度的确立，到服饰制度的实施，蒙古宗王、贵族内部出现了坚持

---

❶ [元]郝经.立政议[M]//[元]苏天爵.元文类:卷十四.上海:上海古籍出版社,1993:175.

❷ [明]宋濂.元史·许衡:卷一百五十八[M].北京:中华书局,1976:3718.

❸ 徐世隆(1206—1285),字威卿,陈州西华(今河南淮阳)人。金正大四年(1227年)进士。入元,官历户部侍郎、吏部尚书等职.

❹ [明]宋濂.元史·徐世隆:卷一百六十[M].北京:中华书局,1976:3769.

❺ [元]沈刻元典章·诏令卷之一:第二册[M].北京:中国书店出版社,1985:典章一2上.

❻ 薛磊.元代宫廷史[M].天津:百花文艺出版社,2008:94.

"国俗"还是改用"汉法"的斗争。宪宗蒙哥❶就是固守传统的典型，他"性喜畋猎，自谓尊祖宗之法，不蹈袭他国所为"❷。这个时期，以忽必烈为首的改革派对汉族文化学习、吸纳的积极态度和活动受到蒙哥的反对。"世祖度量弘广，知人善任使，信用儒术，用能以夏变夷，立经陈纪，所以为一代之制者，规模宏远矣。"❸宪宗既固守"祖宗之法"，不"袭他国所为"，又要学习中原皇帝着冕服，以彰显其皇帝之派头与威严："宪宗壬子（1252年）年秋八月，祭坛于日月山❹，用冕服自此始。"❺很清楚地说明他及蒙古贵族心中对中原文化由排斥到借鉴的复杂心理。

世代生长在北方草原的蒙古族初入中原，面对汉族先进的农耕文化，不得不调整自己的统治政策，同时十分珍视本民族的风俗习惯与文化，并且对西域及中亚文化保持着特殊的爱好。因此，元代服饰在这种特定的时代背景和文化整合中具有鲜明的时代特色。

2. 新旧制度的融合

大蒙古国时期的官吏服饰除质孙服外没有统一的制度约定。在经历了坚守传统与实行改革的斗争之后，使元代形成了与前世不同的蒙汉服饰有机结合的局面。至元八年（1271年）十一月，刘秉忠等人建议："元正❻、朝会、圣节（皇帝诞辰日）、诏赦及百官宣敕，具公服迎拜行礼。"❼忽必烈采纳了这项建议，下诏颁布了"文资官定例三等服色"❽。至元二十四年（1287年）闰二月，枢密院建议武官服装"拟合依随朝官员一体制造"❾，得到批准，从此各级文、

---

❶ 蒙哥(1209—1259)，成吉思汗孙，拖雷长子，大蒙古国第四任大汗，1251—1259年在位，庙号宪宗，谥桓肃皇帝。

❷ [明]宋濂.元史·宪宗：卷三[M].北京：中华书局，1976：54.

❸ [明]宋濂.元史·世祖十四：卷十七[M].北京：中华书局，1976：377.

❹ 日月山：今乌兰巴托东约100千米，肯特山南。参见：中国历史地图集：第七册[M].北京：中国地图学社，1975：11.

❺ [明]宋濂.元史·舆服一：卷七十八[M].北京：中华书局，1976：1935.

❻ 元正：正月元日，即元旦。语出《书·舜典》："月正元日，舜格于文祖。"

❼ [明]宋濂.元史·世祖四：卷七[M].北京：中华书局，1976：138.

❽ [元]沈刻元典章·礼部二：第十册[M].北京：中国书店出版社，1985：典章二十九2上.

❾ 同❽.

武官员的服色形制逐步确定，且各级官员公服"上得兼下，下不得僭上"❶。

在中原文化中，龙凤是帝王身份的象征，为皇家所独有。受中原文化的影响，蒙古族统治者在服饰中也采用了龙凤纹饰。然而，在大蒙古国时期，龙凤纹样作为吉祥的象征曾广泛流行于民间。《黑鞑事略》中详细地记载了大蒙古国时期的袍服上绣出日月龙凤的图案："其服，……色以红紫绀绿，纹以日月龙凤，无贵贱等差。"❷那时对于龙凤图案的使用可以说无等级、贵贱之分。直到至元七年（1270年）仍有人使用日月龙凤纹样，尚书省出台政令："除随路局院系官缎匹外，街市诸色人等，不得织造日月龙凤缎匹，若有已织下，见卖缎匹即于各处管民官司使讫印记许令货卖，如有违犯之人，所在官司究治施行。"❸到延祐元年（1314年）十二月进一步完善服色等第时，特别规定"龙谓五爪两角者"，龙凤纹样除天子、后妃外不得使用❹。

此外，元代的服饰制度中还有许多蒙汉服饰混搭的内容，在冕服系列中与前朝不同的是玉环绶、履等都明确规定"制以纳石失"，三品以上官吏的帐幕都可以用金，这与蒙古族统治者对黄金的特殊喜爱有直接关系。另外，日常仪卫、礼乐等服饰采用颇具民族传统的窄袖袍、辫线袄等服饰，并且还有许多与中原传统幞头同时使用的规定，使元代宫廷服饰呈现蒙汉合璧、缤纷各异的景象。

三、元代服饰制度中之汉制衮冕

元代的建立结束了南北长达300多年的分治，实现了中国历史上空前的统一。辽阔的疆域、大一统的局面促进了南北文化的交流，同时中外经济和文化的交流也空前活跃。虽然蒙古族的统治并未改变中原传统的手工业、经济和文化格局，但多种文化并存使元代的服饰文化更加缤纷多彩，南北服饰的平衡发展、域外文化的介入以及蒙古贵族和统治者对各种宗教、文化的包容，使有元一代的服饰文化得到了空前的发展，形成了有别于我国历史上其他朝代的特色。

❶ [明]宋濂.元史·舆服一：卷七十八[M].北京：中华书局，1976：1944.
❷ [宋]彭大雅.黑鞑事略[M]//王云五.丛书集成初编.上海：商务印书馆，1937：4.
❸ [元]佚名.沈刻元典章·工部一：第十八册[M].北京：中国书店出版社，1985：典章五十八8上.
❹ [明]宋濂.元史·舆服一：卷七十八[M].北京：中华书局，1976：1942.

1. 汉制衮冕制度的建立

世祖皇帝大定天下后，非常重视农桑，采取了一系列恢复农业生产的措施，曾多次颁布法令，禁止贵族、诸王行猎践踏农田，或改田为牧。"农桑，王政之本也。太祖起朔方，其俗不待蚕而衣，不待耕而食，初无所事焉。世祖即位之初，首诏天下，国以民为本，民以衣食为本，衣食以农桑为本。"❶中统二年（1261年）设立劝农司，至元七年（1270年）改为司农司。至元十年（1273年）颁行我国现存第一部官修农书——《农桑辑要》❷，对元代恢复、发展农桑做出了努力。

对农桑的重视开启了蒙古族向中原先进文化学习的大门，在学习的过程中，虽然许多方面都受到保守势力的阻挠，但在蒙古贵族内部，大的方面还是保持一致的，其中如帝王着衮冕、祭天地❸等即是作为庞大帝国主人的象征。因此蒙古族进驻中原后，首先继承了汉族传统的祭祀活动，并在祭祀天地、祭孔、朝会、册封等传统活动中都继承中原的传统服饰。元代皇帝、后妃、太子等的冕服形制"近取金宋、远法汉唐"，但其制度的建立经历了一段发展过程。

汉制服饰在宫廷中的使用可以追溯到宪宗蒙哥时期："宪宗二年三月五日（1252年4月15日），命东平万户严忠济立局，制冠冕、法服、钟磬、笋簴❹、仪物肄习。"❺并于秋八月"祭天于日月山，用冕服自此始"❻。成宗铁木耳大德六年（1302年）三月在大都"祭天于丽正门外丙地，命献官以下诸执事，各具公服行礼。是时，大都未有郊坛，大礼用公服自此始"❼。

实际上，在衮冕使用过程中，形制基本依照唐宋、参酌辽金，但不同时期也会有所调整，主要是增加蒙古族传统服饰的内容，多见于面料、装饰、配饰等。但据《元史》记载，衮冕形制先后于至元十二年（1275年）和大德十一

❶ [明]宋濂. 元史·食货一：卷九十三[M]. 北京：中华书局，1976：2354.
❷《农桑辑要》：元官修农书，成书于至元十年(1273年)。全书7卷，6万余字。内容以北方农业为主，农耕与蚕桑并重。
❸ 祭祀天地：中原文化和蒙古族传统文化中都有祭祀天地的活动。
❹ 笋簴：悬挂钟磬的架子。
❺ [明]宋濂. 元史·礼乐二：卷六十八[M]. 北京：中华书局，1976：1691.
❻ [明]宋濂. 元史·舆服一：卷七十八[M]. 北京：中华书局，1976：1935.
❼ 同❻1936.

年（1307年）太常博士拟议完全按照唐、宋例，但"事未果行"❶。延祐七年（1320年）七月，英宗命太常礼仪院速制法服，"八月，中书省会集翰林、集贤、太常礼仪院官讲议，依秘书监所藏前代帝王衮冕法服图本，命有司制如其式。"❷其中说是按照前代帝王衮冕法服图本制，即以唐、宋为基础，主要继承了金制，而"金制皇帝服通天、绛纱、衮冕、逼舄，即前代之遗制也"❸，但元代的衮冕制度也有参酌古今的变化，至大以前没有祭祀着衮冕加大裘的记载，至大年间（1308—1311年），太常博士李之绍❹、王天佑❺上疏："亲祀冕无旒，服大裘而加衮，裘以黑羔皮为之。臣下从祀冠服，历代所尚，其制不同。集议得依宗庙见用冠服制度。"❻而到至顺元年十月辛酉（1330年11月24日），"始服大裘衮冕，亲祀昊天上帝于南郊，以太祖配"❼。也就是说，至大年间所议大裘衮冕并没有实施，到至顺元年（1330年）文宗才在祭祀昊天上帝❽时始服。至此，元代皇帝冕服得以建全，历时数十年。

《元史·舆服志》中对皇帝衮冕做了详细记载：

天子冕服：衮冕，制以漆纱，上覆曰綖，青表朱里。綖之四周，匝以云龙。冠之口围，綮以珍珠。綖之前后，旒各十二，以珍珠为之。綖之左右，系黈纩二，系以玄紞，承以玉瑱，纩色黄，络以珠。冠之周围，珠云龙网结，通翠柳调珠。綖上横天河带一，左右至地。珠钿窠网结，翠柳朱丝组二，属诸笄，为缨络，以翠柳调珠。簪以玉为之，横贯于冠。

衮龙服，制以青罗，饰以生色销金帝星一、日一、月一、升龙四、复身龙四、山三十八、火四十八、华虫四十八、虎蜼四十八。

裳，制以绯罗，其状如裙，饰以文绣，凡一十六行，每行藻二、粉米一、

❶ [明]宋濂.元史·舆服一：卷七十八[M].北京：中华书局，1976：1931–1933.
❷ 同❶1933.
❸ [元]脱脱.金史·舆服中：卷四十三[M].北京：中华书局，1975：975.
❹ 李之绍(1253—1326)，字伯宗，号果斋。东平平阴(今山东济南平阴县)人。官至翰林国史院编修官，翰林侍讲学士。
❺ 王天佑，字国卿。历太常奉礼郎、转国子博士、奉议大夫，知隰州事。
❻ 同❶1936.
❼ [明]宋濂.元史·祭祀一：卷七十二[M].北京：中华书局，1976：1792.
❽ 昊天上帝：中国神话中天帝的尊号，是华夏历代正统祭祀的最高神。周朝开始出现昊天上帝的尊称。

韍二、黻二。

中单，制以白纱，绛缘，黄勒帛副之。

蔽膝，制以绯罗，有襈。绯绢为里，其形如襜，袍上着之，绣复身龙。

玉佩，珩一、琚一、瑀一、冲牙一、璜二。冲牙以系璜，珩下有银兽面，涂以黄金，双璜夹之。次又有衡，下有冲牙。傍别施双的以鸣，用玉。

大带，制以绯白二色罗，合缝为之。

玉环绶，制以纳石失（金锦也）。上有三小玉环，下有青丝织网。

红罗鞋，制以红罗为之，高靿。

履，制以纳石失，有双耳二，带钩，饰以珠。

袜，制以红绫。❶

虽然元代衮冕及百官服饰"近取金、宋，远法汉、唐"，其实每个朝代的服饰形制都有一些变化，也是在逐步变化中完善的过程。元代的衮冕制度在参酌传统的基础上也同样经历了变化，最重要的是在其中加入部分元代特有的内容，其中使用纳石失是非常典型的变化；天子履"制以纳石失"，而唐、宋天子所着之履均为乌皮。

此外，百官公服也具有时代特色。我国古代官吏所穿的公服（亦称"品色服"）出现于隋代，品官等级不同，其公服的颜色、纹样、质地也有所区别，以别等级和尊卑。

《元史·舆服志》中明确注明百官公服：

公服，制以罗，大袖，盘领，俱右衽。一品紫，大独科花，径五寸。二品小独科花，径三寸。三品散答花，径二寸，无枝叶。四品、五品小杂花，径一寸五分。六品、七品绯罗小杂花，径一寸。八品、九品绿罗，无文。

幞头，漆纱为之，展其角。

笏，制以牙，上圆下方。或以银杏木为之。

偏带，正从一品以玉，或花，或素。二品以花犀。三品、四品以黄金为荔

❶ [明]宋濂.元史·舆服一：卷七十八[M].北京：中华书局，1976：1930–1931.

left margin logo

枝。五品以下以乌犀。并八胯，鞓用朱革。

靴，以皂皮为之。❶

仪卫服色：

交角幞头，其制，巾后交折其角。

凤翅幞头，制如唐巾，两角上曲，而作云头，两旁覆以两金凤翅。

学士帽，制如唐巾，两角如匙头下垂。

唐巾，制如幞头，而撆其角，两角上曲作云头。

控鹤幞头，制如交角，金缕其额。

花角幞头，制如控鹤幞头，两角及额上，簇象生杂花。

锦帽，制以漆纱，后幅两旁，前拱而高，中下，后画连钱锦，前额作聚文。

平巾帻，黑漆革为之，形如进贤冠之笼巾，或以青，或以白。

武弁，制以皮，加漆。

甲骑冠，制以皮，加黑漆，雌黄为缘。

抹额，制以绯罗，绣宝花。

巾，制以绝，五色，画宝相花。

兜鍪，制以皮，金涂五色，各随其甲。

衬甲，制如云肩，青锦质，缘以白锦，衷以毡，里以白绢。

云肩，制如四垂云，青缘，黄罗五色，嵌金为之。

裲裆，制如衫。

衬袍，制用绯锦，武士所以裼裲裆。

士卒袍，制以绢绝，绘宝相花。

窄袖袍，制以罗或绝。

辫线袄，制如窄袖衫，腰作辫线细折。

控鹤袄，制以青绯二色锦，圆答宝相花。

窄袖袄，长行舆士所服，绀䌷色。

---

❶ [明]宋濂.元史·舆服一：卷七十八[M].北京：中华书局，1976：1939.

乐工袄，制以绯锦，明珠琵琶窄袖，辫线细折。

甲，覆膊、掩心、扞背、扞股，制以皮，或为虎文、狮子文，或施金铠锁子文。

臂鞲，制以锦，绿绢为里，有双带。

锦螣蛇，束麻长一丈一尺，裹以红锦。

束带，红鞓双獭尾，黄金涂铜胯，余同腰带而狭小。

绦环，制以铜，黄金涂之。

汗胯，制以青锦，缘以银褐锦，或绣扑兽，间以云气。

行縢，以绢为之。

鞋，制以麻。

鞨鞋，制以皮为屦，而长其鞠，缚于行縢之内。

云头靴，制以皮，帮嵌云朵，头作云象，鞨束于胫。 ❶

2. 汉制服饰制度建立的意义

元代百官公服、仪卫服饰中非常详细地说明了各类服饰的款式、色彩、面料以及装饰，其中可以看出与以往不同且具有典型的草原民族服饰的特点。

元代统治者实施的民族政策和文化政策促成各种文化并存、宗教信仰自由的文化氛围，为文化的发展提供了良好的环境。这个时期各民族文化的交融呈现出新的气象，为中华各民族的政治、经济、文化的发展起到了推动作用，也为蒙古族服饰的发展创造了良好的条件。元代宫廷从稳定全国和便于统治具有众多民族的广大地区的角度出发，施行较为有效的汉制衮冕、公服与蒙古质孙、传统袍服的两轨并行制，可以很好地继承民族传统，又可避免激起民族矛盾，从而达到朝廷内外、百官上下和各民族的和谐。

---

❶ [明]宋濂.元史·舆服一：卷七十八[M].北京：中华书局，1976：1939–1941.

第二节　质孙服与质孙文化

质孙宴（诈马宴）是蒙元时期的宫廷盛宴，它具有政治、宴饮、娱乐和统一服饰色彩的特征，是我国历史上非常著名的宫廷活动。在质孙宴上，所有参与者都必须穿着质孙服方可入宴。盛大的质孙宴与奢侈的质孙服反映了蒙古贵族对生活的态度，通过这样集宴饮、娱乐、服饰以及政治于一体的活动，给当时社会以巨大的影响，这种奢靡之风影响到社会，成为奢侈文化的代表，其中质孙服的影响一直延续到明代甚至清代，成为我国古代传承异族服饰文化的典型。❶

一、质孙宴与质孙服

北方草原地广人稀，生活在草原上的人们形成了粗犷、豪放、热情的性格。难得一见的人们不论相识与否，相见必热情款待、饮酒同乐、共叙友情成为草原人的传统，也是质孙宴产生的重要基础。

1. 质孙宴产生的背景与发展

在广袤的北方草原，蒙古族牧民分散在各自的营盘放牧牛羊，如遇部落大事、婚嫁、祭祀，甚至季节性转场等活动，各宗族首领、贵族以及所有参与者浩浩荡荡聚集一处。这些活动往往需要数天，在这难得的相聚时刻，所有人都成为主人，男人们商讨部落大事，杀牛、宰羊，妇女们则为众人做饭。相聚期间，有时还会举行娱乐、游猎等活动，虽然是短暂相聚，大家也会穿上最好的衣服，精心打扮，成为展示主人能力的最好舞台。这样的聚会为质孙宴的形成奠定了重要的民俗和文化基础。1206年，成吉思汗建立大蒙古国，相聚次数逐步增多，有些是为部落之间的协作、联盟而聚，更多的则是商讨征战大事。在

---

❶ 李莉莎.质孙服考略[J].内蒙古大学学报(哲学社会科学版),2008(2):26-31.

聚集过程中，对政治的商讨是主要目的，其中不可缺少的还有宴饮、游猎及出征前的祭祀活动，这些都是质孙宴的早期形式，也为质孙宴及质孙文化的形成奠定了重要基础。成吉思汗后期，由于各种情况的需要，大型的聚会越来越多，规模也愈加庞大，这样需要更多的物质资源作为保证。在蒙古西征以及对金、西夏的征战中获得了大量物资，随着经济的发展、生活水平的提高，为大型的聚会、饮宴提供了物质条件，逐步形成了质孙宴的雏形。忽里台❶可称为质孙宴的早期形式，因为这些盛会具备了质孙宴必备的四个条件中的三个：浓重的政治色彩、盛大的宴饮活动、各种竞技和歌舞，只缺少统一色彩的服饰。参加这样的集会，各宗王和贵族们会穿起自己最好的衣服，虽然不是统一的色彩，也不是大汗所赐，但上乘的服装肯定是忽里台上必不可少的。当物质条件进一步丰富之时，服饰便成为彰显社会地位、区分等级和展示家庭财富的重要标准。由于军事上的胜利和版图的扩张，欧亚两洲的金银财宝、绫罗绸缎云集蒙古地区，在客观上为蒙古族服饰的丰富、发展和质量的提高提供了条件，此时蒙古贵族的生活达到了"日常服饰都镶以宝石，刺以金镂"❷的程度。质孙宴是在物质丰富的基础上产生的，宴飨上蒙古贵族奢侈享乐，同时又是他们进行政治活动的舞台。

最早明确记载质孙宴的是1229年太宗窝阔台即汗位时的盛装宴乐："一连四十天，他们每天都换上不同颜色的新装，边痛饮，边商讨国事。"❸至少在这个时候，质孙服的款式、色彩等基本要素都应该较为明确。由此看来，真正的质孙宴可能在成吉思汗后期就已出现。质孙宴并不是一夜之间产生的，在物质条件达到一定水平后，仍需要一定的过程。窝阔台以后的贵由、蒙哥直到忽必烈，都有文字明确记载质孙宴的盛大场面。

有元一代，朝廷中枢春夏季在上都、秋冬在大都，保持着游牧民族"行国"的习俗。两都巡幸制从大都建成开始实行，到至正十八年十二月癸酉

❶ 忽里台(xuraltai)：古时蒙古族的部落首领会议。参见：内蒙古大学蒙古学研究院. 蒙汉词典[M]. 呼和浩特：内蒙古大学出版社，1999：686.
❷ [伊朗]志费尼. 世界征服者史：上册[M]. 何高济，译. 呼和浩特：内蒙古人民出版社，1981：24.
❸ 同❷217.

（1359年1月8日）上都宫殿被农民起义军（红巾军）烧毁为止❶，长达九十多年。元代朝廷来往上都与大都的时间并非固定不变，"未暑而至，先寒而南"❷，每年大驾北巡多数在阴历三、四月。"九月车驾还都，初无定制。或在重九节前，或在节后，或在八月"❸，甚至在成宗大德十年十一月己巳（1306年12月8日）才"车驾还大都"❹。在上都期间，除了通常所需处理的政务以外，还要举行"国俗"的祭天、祭祖，以及诸王、贵族大朝会，"凡诸侯王及外番来朝，必锡（应为赐）宴以见之，国语谓之质孙宴"❺。盛大的质孙宴和颁赐以及大规模的狩猎等活动，体现了上都在联系和控御漠北诸王、贵族方面的特殊作用。在上都最重要的质孙宴是在朝廷到达上都后的六月吉日举行。实际上，元代宫廷多在四、五月已经抵达上都，六月吉日只是选择了象征性的时间。王祎在《上京大宴诗序》一开始就说道："至正九年夏五月，天子时巡上京，乃六月二十有八日（1349年7月13日）大宴实喇鄂尔多，越三日而竣事，尊舜典也。"❻周伯奇至正十二年扈从"车驾既幸上都，以六月十四日（1352年7月25日）大宴宗亲、世臣、環卫官于西内椶殿，凡三日"❼。这个六月吉日质孙宴的主要目的是象征转场上都后朝廷工作的开始，也可以看出蒙古族的这个来自广阔草原的民族习俗，每当季节变换、转场定居后，都会举行盛大的欢庆、祭祀仪式，祭祀天地，祝福水美、草盛、畜旺。此外，元旦❽、天寿节❾、新帝登基、皇后大典等重大节日以及重要事件（确定征战大事等）都要举行盛大的质孙宴。马可·波罗详细记述了忽必烈诞辰日❿的质孙宴："大汗生于阳历9月即阴历八月二十八日。是日大行庆贺，每年之大节庆，除后述年终举行之节庆外，

❶ [明]宋濂.元史·顺帝八：卷四十五[M].北京：中华书局，1976：945.
❷ [元]虞集.道园学古录·卷十三[M]//王云五.丛书集成初编.上海：商务印书馆，1937：227.
❸ [元]熊梦祥.析津志辑佚[M].北京：北京古籍出版社，1983：205—206.
❹ [明]宋濂.元史·成宗四：卷二十一[M].北京：中华书局，1976：471.
❺ [元]柯九思.辽金元宫词[M].北京：北京古籍出版社，1988：4.
❻ [元]王祎.王忠文集：卷六[M].上海：上海古籍出版社，1991：113.
❼ [元]周伯琦.近光集·扈从诗[M]//顾嗣立.元诗选：初集下.北京：中华书局，1987：1876.
❽ 元旦：也称"元日""正旦"。"元"谓之"始"，"旦"谓之"日"，"元旦"即"初始之日"，一年的第一天，"正月朔日，谓之元旦，俗呼为新年"，朔日即阴历初一日。
❾ 天寿节，也称万寿节、圣节、圣诞节，即皇帝的诞辰日。
❿ 忽必烈(1215—1294)，元代的建立者，1260—1294在位，年号中统、至元。庙号世祖，谥圣德神功文武皇帝。

全年节庆之重大无有过之者也。"❶不论在上都还是大都，质孙宴都代表了蒙古族最为传统的集朝会、宴飨、游猎等为一体的综合性活动。所有质孙宴的参加者都必须穿着皇帝御赐的质孙服，而质孙服面料则代表了元代纺织技术的最高水平和装饰材料的精华。

质孙宴规模宏大，欢宴、游猎数日，衣尚侈、食丰盛、行奢靡，是历代宫廷大宴所不及的。从元代所流传的各种记载、诗作均可看出当年给人的印象之深。从元到明清关于质孙宴以及豪华筵席上质孙服的记载，虽多数并非亲身经历，但从中仍可以看到给人印象深刻的质孙服的描述，为我们了解当年在深宫大院之中、狂欢饮宴之上的达官贵族们的服饰情况，为研究其历史、形制的演变提供了第一手资料。而元代质孙宴的亲历者张昱❷、王祎❸、萨都剌❹、郑泳❺等对质孙宴有非常详细的描述，成为后人了解质孙宴上帝王、群臣欢宴的场景以及奢侈质孙服的最好例证。

在质孙宴形成的早期，各种制度尚未健全，还存在生活在草原上难得相见的贵族由于私会而不参加质孙宴的情况，虽然只是个别现象，也可以看出质孙宴早期其影响和重要性还不如朋友相见重要，如太宗六年（1234年）夏五月，"帝在达兰达葩之地，大会诸王百僚，谕条令曰：'凡当会不赴而私宴者，斩。'"❻随着质孙宴影响力的扩大，这个蒙元时期最为盛大的宫廷宴飨反映了参加人的社会地位，贵族、官员争相参与，甚至还有人私下购买质孙服来满足彰显地位的虚荣心。

到元代，这个举全国之力举办的大朝会成为最重要的国事活动，浩荡的参宴队伍和尽情享乐的场景成为文人墨客描述的对象。王祎在《上京大宴诗序》

❶ [意]马可波罗行纪[M].冯承钧，译.上海：上海书店出版社，2001：222.

❷ 张昱（1289—1321），字光弼，晚年号可闲老人，庐陵（今江西安吉县）人。曾在江浙行省左丞杨完幕下参谋军事，迁江浙行省左右司员外郎、行枢密院判官。

❸ 王祎（1322—1373），字子充，号华川，义乌（今浙江义乌）人。明初征为中书省掾史，与宋濂同修《元史》，官翰林待制，谥忠文。

❹ 萨都剌（1300—？），字天赐，号直斋，西域答失蛮氏，生于冀宁代州（今山西代县）。泰定四年（1327年）进士，官至燕南河北道肃政廉坊司经历。

❺ 郑泳（1321—1396），字仲潜，婺州浦江（今属浙江金华）人。才识受知于丞相脱脱，辟为三公府掾，随脱脱平徐州，征高邮，转温州路总管府。

❻ [明]宋镰.元史·太宗纪：卷二[M].北京：中华书局，1976：33.

中写道："每岁大驾巡幸，后宫诸闱，宗藩戚畹，宰执从寮，百司庶府皆扈从以行。既驻跸，则张大宴，所以昭等威、均福庆，合君臣之欢，通上下之情者也。然而朝廷之礼，主乎严肃，不严不肃，则无以耸逖迩之瞻视。故凡预宴者，必同冠服、异鞍马，穷极华丽，振耀仪采，而后就列。世因称曰詐马宴，又曰济逊宴。"❶六月的这场盛大质孙宴成为每年最重要宫廷活动之一，并且"凡预宴者，必同冠服、异鞍马，穷极华丽，振耀仪采"。周伯琦❷的《詐马行》也非常详细地介绍了质孙宴的盛景："国家之制，乘舆北幸上京，岁以六月吉日。命宿卫大臣及近侍服所赐只孙，珠翠金宝，衣冠腰带，盛饰名马，清晨自城外各持彩杖，列队驰入禁中。于是上盛服，御殿临观。乃大张宴为乐，惟宗王戚里宿卫大臣前列行酒，馀各以所职叙坐合饮，诸坊奏大乐，陈百戏，如是者凡三日而罢。其佩服日一易，大官用羊二千嗷马三匹，他费称是，名之曰'只孙宴'。'只孙'，华言一色衣也。俗呼曰'詐马筵'。"❸"宝马珠衣乐事深，只宜晴景不宜阴。西僧解禁连朝雨，清晓传宣趣赐金。"❹质孙宴的盛大场景给中外人士留下深刻的记忆，尤其是华丽的质孙服，成为各种史料中常见的记载。郑泳曾亲临詐马宴，并写下《詐马赋》❺，文中除描写了詐马宴的盛大场景，还对参宴的官员所服质孙衣进行了记述，是了解质孙宴及质孙服的珍贵资料。

穷极奢华的质孙宴必须以雄厚的物质基础和繁荣的文化背景为依托，至正十八年（1358年）农民起义军对元上都进行了大规模破坏，"上都宫阙尽废，大驾不复时巡"❻，至此结束了元代从未间断的两都巡幸制度，同时每年六月吉日的盛大质孙宴就此画上句号。元代宫廷北迁后，汗权衰落，各方势力割据，战乱频繁，失去举办质孙宴的基本条件，逐步演变成普通的饮宴聚会、那达慕等活动。

---

❶ [元]王祎.王忠文集:卷六[M].上海:上海古籍出版社,1991:113.
❷ 周伯琦(1298—1369),字伯温,号坚白居士,饶州鄱阳(今江西鄱阳)人。顺帝至元元年(1335)任翰林国史院编修,预修泰定帝宁宗实录。至正元年(1341),改奎章阁为宣文阁、艺文监为崇文监,任宣文阁授经郎,监察御史。
❸ [元]周伯琦.近光集·詐马行(并序)[M]//[清]顾嗣立.元诗选:初集下.北京:中华书局,1987:1858.
❹ [元]宋褧.燕石集·詐马宴[M]//[清]顾嗣立.元诗选:第二集上.北京:中华书局,1987:536.
❺ [元]郑泳.詐马赋[M]//四库全书存书总目:第410册.济南:齐鲁书社,1997:33.
❻ [元]宋濂.元史·顺帝本纪:卷四十五[M].北京:中华书局,1976:949.

在明初成书的《草木子》中，作者叶子奇❶说："北方有诈马筵席最具筵之盛也。"❷此处的"北方"并不是指当时的北元，而是指前元朝时期。元代宫廷北徙之初，明蒙对立，战事不断，叶子奇不可能了解当时北元朝廷的具体情况，何况叶子奇在洪武十一年（1378年）因事下狱，在狱中写成《草木子》，更不可能知道"北方"之事。其实在《草木子》中多处以"北人"或"北方"指前朝元时期的人和事。在元代，质孙宴都在大都或上都举行，它们位于中国的北方，因此，此处所指仍是元代的质孙宴。

2. 质孙服的特色与发展

在质孙宴的四个要素中，商讨国事、宴饮、游猎是草原民族的传统习俗，因此，质孙服制度的确立才成为区别以往的分水岭，也就是质孙宴的形成应该以质孙服制度的确立为重要标准。

在古籍中，质孙服常简称为"质孙"，《元史》中有"质孙，汉言一色服也"，"预宴之服，衣服同制，谓之质孙"❸。质孙服是伴随质孙宴而产生的特殊服饰，作为蒙元时期宫廷最为隆重的盛宴，必须在具有一定物质基础的条件下才可实现。在太宗窝阔台继承汗位时"全体穿上一色衣服"❹是关于质孙服最早的记载。至元代，质孙宴达到鼎盛，并载入史册。

"质孙"是蒙古语jisüm的音译，故史书中有多种写法，如济逊、只孙、济孙、只逊、直孙、济苏、积苏、咎顺等。清代《钦定元史语解》中解释"济逊"为"颜色"，至今"颜色"的蒙古语发音仍然是"济松"（jisüm），但它特指牲畜的毛色❺。质孙就是因为在质孙宴上质孙服颜色的整齐划一而得名。志费尼在《世界征服者史》中记述了旭烈兀在蒙哥汗举行的质孙宴上穿着一色衣的情景："旭烈兀准备酒宴辞行，亲赴世界皇帝的斡耳朵。……干杯（jāmhā）并

---

❶ 叶子奇(约1327—1390)，字世杰，号静斋，浙江龙泉人，元末明初大学者。

❷ [明]叶子奇. 草木子[M]. 北京：中华书局，1959：68.

❸ [明]宋廉. 元史·礼乐一：卷六十七[M]. 北京：中华书局，1976：1669.

❹ [波斯]拉施特. 史集：第二卷[M]. 余大钧，周建奇，译. 北京：商务印书馆，1983：71.

❺ 内蒙古人学蒙古学研究院. 蒙汉词典[M]. 呼和浩特：内蒙古大学出版社，1999：1339.

穿上一色的衣服（jāmahā），同时候不忘要事。"❶柯九思❷也强调在质孙宴上色调一致的质孙服："质孙，汉言一色，言其衣服皆一色也。"❸对质孙服的称呼除以"质孙"的不同音译的书写形式外，还有几种不同称呼，由于质孙服之一的断腰袍相对较短，也有以"袄"称呼其为"质孙袄"，或用断腰袍的款式"褶子衣"来命名；有以穿着人的身份"质孙控鹤袄"命名，或因其主要面料纳石失称为"纳石失衣"。而对质孙宴来说，史料则多称其为"诈马"或"诈马宴""咱马宴"，也有少数称"济逊宴"或"质孙宴"。

在质孙宴上，除帝王、蒙古宗王、贵族以及官员、使臣等穿着质孙服外，"下至于乐工卫士，皆有其服。精粗之制，上下之别，虽不同，总谓之质孙云。"❹实际上，乐工和普通侍卫在质孙宴上穿着质孙服的目的是使这个重大场合中的服装色彩整齐划一，严格来说，这些人所穿的只是工作服，并不能称为质孙服，与那些官员、贵族和有功之臣所得到的御赐质孙服有本质的区别。元代"儒林四杰"之一的虞集❺在《道园学古录》也说过："国家侍内宴者，每宴必各有衣冠，其制如一，谓之只孙。"❻其中所说"其制如一"，是指色彩相同，其实帝王与不同品级的官员乃至下层的乐工、侍卫等穿着的质孙服在面料的质地和装饰上是"精粗之制，上下有别"的。

鲁不鲁乞在哈剌和林期间正值蒙哥汗于1254年6月7日举行盛大质孙宴，鲁不鲁乞详细记述了当时的情景："在这四天中，每一天他们都换衣服，这些衣服是赏赐给他们的，每天从鞋直到头巾，全都是一种颜色。"❼多桑❽在其

---

❶ [伊朗]志费尼.世界征服者史：下册[M].何高济，译.呼和浩特：内蒙古人民出版社，1981：726.

❷ 柯九思（1290—1343），字敬仲，号丹丘生，台州仙居（今浙江台州）人。文宗时为典瑞院都事，置奎章阁，特授学士院鉴书博士，凡内府所藏书画，皆命鉴定。

❸ [元]柯九思.辽金元诗选[M].上海：古典文学出版社，1958：186.

❹ [明]宋廉.元史·舆服一：卷七十八[M].北京：中华书局，1976：1938.

❺ 虞集（1272—1348），字伯生，号道园，祖籍仁寿（今属四川），后迁居崇仁（今属江西）。元成宗大德初，授大都路儒学教授，累迁至奎章阁侍书学士。虞集是仁宗时京都最负盛名的诗人，与杨载、范梈、揭傒斯并称"延佑四大家"，为当时文坛领袖。

❻ [元]虞集.道园学古录·句容郡王世绩碑[M]//景印文渊阁四库全书：第1207册.台北：台湾商务印书馆，1986：337.

❼ [法]威廉·鲁不鲁乞.鲁不鲁乞东游记[M]//[英]道森.出使蒙古记.吕浦，译.北京：中国社会科学出版社，1983：221.

❽ 多桑（D. d'Ohsson，1780—1855），瑞典人，东方学家，历任瑞典外交官。

《蒙古史》中也记述了这件事，大宴七日，"与宴之人每日各易一色之衣" ❶。两者对此次质孙宴举办的具体天数的记载并不相同，但鲁不鲁乞是亲历者，应该是准确的。多桑的《蒙古史》第一册于1824年出版，而四册全部完成并出版已经是1852年，所以对蒙哥汗的这次质孙宴是"大宴四日"还是"大宴七日"应该有一定误差。不论怎样，这些记载对每日一色的质孙服做了重点描述，这是给后世研究者最重要的信息。

参加质孙宴是帝王对臣僚功绩和政绩的肯定，但质孙服并非参加者自己准备，而是御赐得到，即"凡勋戚大臣近侍，赐则服之" ❷，也就是说，只有受赐者才有质孙服。在一般情况下，"百官五品之上赐只孙之衣" ❸，可以想象，每到质孙宴举行前夕，各级官员等待皇帝下旨的心情之急切。《元文类·宴飨》中也强调了质孙服必须"上赐"："国有朝会、庆典，宗王、大臣来朝，岁时行幸皆有宴飨之礼。亲疏定位，贵贱殊列，其礼乐之盛、恩泽之普、法令之严，有以见祖宗之意深远矣。与燕之服，衣冠同制，谓之质孙，必上赐而后服焉。" ❹

盛大的质孙宴和颁赐以及大规模的狩猎等活动都体现了上都在联系和控御漠北诸王、贵族、臣僚方面的特殊作用。在《元史》中对功臣赏赐质孙服的事例很多，主要是对战功卓著或有突出贡献的人的褒奖，如回鹘人岳璘帖穆尔"弃回鹘从太祖"，随太祖征讨战功卓著，获赐"衣金直孙" ❺；唐兀人昔里钤部随拔都西征有功，太宗十三年（1241年）"赐西马、西锦，锡名拔都。明年班师，授钤部千户，赐只孙为四时宴服，寻迁断事官" ❻。塔海随世祖征乃颜有功，至元二十六年（1289年）扈驾世祖至哈剌和林，获赐只孙冠服 ❼；耶律阿海的孙子买哥在太祖时奉御，受赐质孙，并袭其父中都之职 ❽；秦起宗 ❾、玉哇失 ❿ 等

❶ [瑞典]多桑.多桑蒙古史：上册[M].冯承均，译.北京：中华书局，1973：282.
❷ [明]宋濂.元史·舆服一：卷七十八[M].北京：中华书局，1976：1938.
❸ [元]郑泳.义门郑氏奕叶文集·诈马赋·卷二[M]//四库全书存目丛书：第410册.济南：齐鲁书社，1997：33.
❹ [元]苏天爵.元文类·燕飨：卷四十一[M]//[元]苏天爵.元文类.上海：上海古籍出版社，1993：507.
❺ [明]宋濂.元史·岳璘帖穆尔：卷一百二四[M].北京：中华书局，1976：3050.
❻ [明]宋濂.元史·昔里钤部：卷一百二二[M].北京：中华书局，1976：3011–3012.
❼ [明]宋濂.元史·塔海：卷一百二二[M].北京：中华书局，1976：3005.
❽ [明]宋濂.元史·买哥：卷一百五十[M].北京：中华书局，1976：3550.
❾ [明]宋濂.元史·秦起宗：卷一百七六[M].北京：中华书局，1976：4117.
❿ [明]宋濂.元史·玉哇失：卷一百三二[M].北京：中华书局，1976：3209.

都曾获御赐质孙服。赵孟頫❶在靳德进❷墓志铭中写道:"御极之初,特旨拜昭文馆大学士、中奉大夫、知太史院,领司天台事。赐只孙衣、冠、金带。只孙者,路朝宴服也。"❸虞集在张珪的墓志铭中也强调:"侍宴别为衣、冠,制饰如一,国语谓之只孙。公受赐,因得数宴"❹。张珪❺历世祖、成宗、武宗、仁宗、英宗、泰定帝六朝,长期居中央要职。因张珪力排众议,建议仁宗在大明殿即位,正中仁宗皇帝心意,一次就"赐只孙衣二十袭、金带一"❻,并"因得数宴"。这些功臣所受赐的质孙服成为家传之宝。

质孙服是元代达官贵人地位和身份的象征,皇帝所赐质孙,显示对臣僚的宠爱,受赐者以此为荣。按元制,民间不允许制作质孙服,而官府所制质孙服也不得流入民间,禁止买卖。至元二十一年(1284年),中书省宣徽院曾奏:"议得控鹤除轮番上都当役外,据大都落后并还家人等,元关只孙袄子裹肚帽带,官为收掌。如遇承应,却行关取。旧只孙袄子裹肚,不得将行货卖。并织造只孙人匠,除正额织造外,无得附余夹带织造,暗递发卖。如有违犯之人,严行治罪。及不系控鹤人等,若有穿系裹肚束带,各处官司尽数拘收。若有诈妆控鹤骚扰官府百姓之人,许诸人捉拿到官,严行惩戒。行下拱卫司依上拘收禁约。"对私织质孙服的人,皇庆二年(1313年)"奉圣旨:私织的人根底和造假钞一般有,教刑部家好生的问者"❼。

每年参加质孙宴的人数众多,而每次质孙宴又需要多套质孙服,这样,庞大数量的质孙服需要许多官营纺织机构组织工匠制作,元初对宫中物品及质孙服已经有非常严格的管理制度,质孙服需要收藏于固定的库房内。太府监所属内藏库"掌出纳御用诸王段匹纳失失纱罗绒锦南绵香货诸物。……至元二年,

---

❶ 赵孟頫(1254—1322),字子昂,号松雪道人,湖州(今浙江吴兴县)人,宋太祖赵匡胤第十一世孙。元代历任翰林国史院编修官、兵部郎中、集贤直学士、集贤侍讲、翰林学士承旨等职。

❷ 靳德进(1253—1311),字仲和,潞州(今山西省长治市)人,官至中书右丞。

❸ [元]赵孟頫.松雪斋集:卷九[M].海王邨古籍丛刊.北京:中国书店出版,1991:415.

❹ [元]虞集.平章政事张公墓志銘:卷五十三[M]//[元]苏天爵.元文类.上海:上海古籍出版社,1993:694.

❺ 张珪(1263—1327),字公端,自号潜庵,河南卫州(今河南辉县)人。历任南台侍御史、浙西廉访使、南台中丞、御史中丞、中书平章等职,封蔡国公。至元二十九年(1292年)入朝,经世祖、成宗、武宗、仁宗、英宗、泰定帝六朝。

❻ [明]宋濂.元史·张珪:卷一七五[M].北京:中华书局,1976:4073.

❼ [元]大元通制条格·控鹤等服带:卷二十七[M].郭成伟,点校.北京:法律出版社,2000:303-304.

置署上都。十九年，始署大都，以宦者领之"❶。至元二年（1265年）置得上都内藏库负责保管纳石失。至元十九年（1282年）又在大都置三库："禁中出纳分三库：御用宝玉、远方珍异隶内藏，金银、只孙衣段隶右藏，常课衣段、绮罗、缣布隶左藏。设官吏掌钥者三十二人，仍以宦者二十二人董其事。"❷其中"只孙衣段"（只孙衣及纳石失）保管在右藏，即上都"内藏"、大都"右藏"。

从以上分析可以看出，质孙服作为蒙元时期宫廷服饰的代表，具有以下主要特征：

①大汗或皇帝御赐。

②质孙宴上才能穿着。

③质孙宴上每日一色。

④由官营工匠专制并由专库、专人保管，质孙宴结束后归还府库统一保管，部分重臣的质孙服作为奖赏归受赐人所有。

二、质孙服的款式和装饰

在《元史》中，关于质孙服的种类、面料、色彩、配饰均有详细的记载：

天子质孙，冬之服凡十有一等，服纳石失（金锦也）、怯绵里（剪茸也），则冠金锦暖帽。服大红、桃红、紫、蓝、绿宝里（宝里，服之有襕者也），则冠七宝重顶冠。服红、黄粉皮，则冠红金褡子暖帽。服白粉皮，则冠白金褡子暖帽。服银鼠，则冠银鼠暖帽，其上并加银鼠比肩（俗称曰襻子答忽）。夏之服凡十有五等，服答纳都纳石失（缀大珠于金锦），则冠宝顶金凤钹笠。服速不都纳石失（缀小珠于金锦），则冠珠子卷云冠。服纳石失，则帽亦如之。服大红珠宝里红毛子答纳，则冠珠缘边钹笠。服白毛子金丝宝里，则冠白藤宝贝帽。服驼褐毛子，则帽亦如之。服大红、绿、蓝、银褐、枣褐、金绣龙五色罗，则冠金凤顶笠，各随其服之色。服金龙青罗，则冠金凤顶漆纱冠。服珠子褐七宝珠龙答子，则冠黄牙忽宝贝珠子带后檐帽。服青速夫金丝襕子，则冠七宝漆纱带后檐帽。

❶ [明]宋濂.元史·百官六：卷九十[M].北京：中华书局，1976：2292.
❷ [明]宋濂.元史·世祖九：卷十二[M].北京：中华书局，1976：247.

百官质孙，冬之服凡九等，大红纳石失一，大红怯绵里一，大红官素一，桃红、蓝、绿官素各一，紫、黄、鸦青各一。夏之服凡十有四等，素纳石失一，聚线宝里纳石失一，枣褐浑金间丝蛤珠一，大红官素带宝里一，大红明珠答子一，桃红、蓝、绿、银褐各一，高丽鸦青云袖罗一，驼褐、茜红、白毛子各一，鸦青官素带宝里一。❶

1. 质孙服的款式

上述文字主要对质孙服的面料、色彩、装饰进行描述，对款式的记述非常有限。流传至今的众多史料中对质孙服的款式提及最多的是辫线袍，辫线袍作为蒙古族最具特色的袍服，在款式上与中原服饰差异巨大，因此对于观察者和记述者来说，关注的目光一定聚焦在没有见过的事物上，因此关于辫线袍的文字资料相对较多，但对于蒙古族穿着更多、流传更广的直身袍则很少见到文字记载，由于它与同时期汉民族的服饰属同一类十字形直身结构，因此不会引起人们的过多关注，少见于文字记载也很好理解。

从款式上讲，质孙服与蒙古族日常穿着的袍服在结构上并没有区别，在质孙宴上穿着的蒙古袍即称为质孙服，而皇帝赐予重臣的质孙服也只能在质孙宴上穿着。所以，我们现在所见到的元代某种款式的蒙古族袍服，不论所使用的面料如何华丽，都不能断定是否为质孙服，因为无法判断这件袍服是否为皇帝对功臣御赐的质孙服，或在质孙宴上使用过。

质孙宴举行期间有各种活动，不同场合、不同地位的人穿着的款式不同。乐工、仪卫等服务于质孙宴的人群以及御林侍卫等均穿着断腰袍，而帝王、官员、贵族、使臣等在帐内活动则以直身袍为主，游猎、骑乘等室外活动时可穿着断腰袍。断腰袍长至小腿，上身合体，下摆宽大，适合骑射、狩猎等活动。在《元史》中明确宫内导从"服紫罗辫线袄"❷，羽（御）林宿卫、供奉宿卫等均服"细摺辫线袄"❸。另外，在质孙宴上，控鹤、校尉、礼乐、

---

❶ [明]宋濂.元史·舆服一：卷七十八[M].北京：中华书局，1976：1938.
❷ [明]宋濂.元史·舆服三：卷八十[M].北京：中华书局，1976：2006.
❸ [明]宋濂.元史·舆服二：卷七十九[M].北京：中华书局，1976：1975-1994.

陪辂队等所服质孙的款式当是"辫线袄"，这些人日常穿着即为此款，但在面料及装饰的华丽程度上，质孙服与一般的礼仪场合所着的面料明显不同。

虽然在史料中没明确记载后妃、命妇所穿质孙服的形制，但依太宗窝阔台六年（1234年）五月谕条令曰："诸妇人制质孙燕服不如法者，及妒者，乘以骣牛徇部中，论罪，即聚财为更娶。"❶可见对妇人质孙同样有严格的要求，如不符章法，会得到严厉的惩罚。从天子、百官质孙服的豪华程度可以推断后妃及百官女眷们的质孙服必定同样豪华、奢侈，甚至有过之而无不及。男式质孙服的款式为日常所穿，女式质孙服也不例外。元代贵妇日常所穿袍服多为大袖袍，质孙宴上也应以隆重的大袖袍作为质孙服与宴。叶子奇说："元朝后妃及大臣之正室，皆戴姑姑衣大袍。"❷大袍即"大袖袍"，它是元代贵族妇女的袍服，也是她们参加大型活动的礼服。《蒙鞑备录》中也记述过贵妇所穿的袍服："有大袖衣如中国鹤氅，宽长曳地，行则两女奴拽之。"❸熊梦祥记录了皇家妇女的袍服样式："袍多是用大红织金缠身云龙，袍间有珠翠云龙者，有浑然纳失失者，有金翠描绣者，有想绣者。其于春夏秋冬，金绣轻重单夹不等。其制极宽阔，袖口窄，以紫织金爪，袖口才五寸许窄，……行时有女提袍，此袍谓之礼服。"❹大袖袍是质孙宴上女式质孙服的典型，华丽的面料、宽大的袖子、长长曳地的下摆，行动时，需要有仆人帮助托起。作为已婚妇女的象征，华丽、高耸的罟罟冠理所应当成为质孙宴上妇女的冠帽。因此"带姑姑衣大袍"就应当是质孙宴上后妃、命妇们的质孙服；而且，必须与参加质孙宴的天子、百官所穿质孙服的色彩一致。

2. 质孙服的装饰

服装的装饰与穿着场合有密不可分的深层联系，元代服装面料虽说已经发展到非常丰富、绚烂的程度，但质孙服上的各种装饰仍然成为亮点。刺绣、钉

---

❶ [明]宋濂.元史·太宗：卷二[M].北京：中华书局，1976：33.
❷ [明]叶子奇.草木子[M].北京：中华书局，1959：63.
❸ [宋]赵珙.蒙鞑备录[M]//王云五.丛书集成初编.上海：商务印书馆，1939：8.
❹ [清]胡敬.南熏殿图像考·卷下[M]//刘英，点校.胡氏书画考三种.杭州：浙江人民美术出版社，2015：80.

珠、蹙金绣，以及不同材料、不同纹样的拼接、镶边使质孙服具有奢华的美感，成为有别于其他朝代服饰的特征之一。

　　游牧民族对贵金属、宝石等的喜爱源于其生活方式。游牧民族居无定所，逐水草而徙，毡帐随人走四方，帐内设施简单。男人放牧、打草，妇女就成为家的守护者，所以蒙古族妇女的各种饰品最为贵重；蒙古袍盘扣的扣砣和蒙古族妇女的头饰常以金、银、宝石、珍珠、珊瑚等为装饰材料，这些饰品可以随主人走遍草原，他们以这种方式守护自己的财产。传统生活方式造就了游牧民族独特的审美观，生活物资的丰富，给予他们更多展示财富的机会，因此贵重的衣料、稀有的宝石、珍珠、金银等都成为他们身上装饰的重点。在质孙宴上，这种装饰达到极致，这一点可以从"凉殿参差翡翠光，朱衣华帽宴亲王"❶的华丽、奢侈的"朱衣华帽"的质孙服上清楚地看出。在《元史·舆服制》中记载的天子和百官共49种质孙服中，写明装饰的有加宝里（膝襕）、缀珍珠、宝石等，帝王、后妃的质孙上还需装饰龙凤纹样，这些都是质孙服的重要组成部分（表2-1），真可谓"只孙官样青红锦，裹肚圆文宝相珠"❷。年轻的羽林军官也是"珠衣绣帽花满身"❸。马可·波罗在他的游记里非常详细地描述了为忽必烈祝寿的质孙宴盛况，所穿质孙服华丽、精美，同时也强调了天子与百官的质孙服是"同色不同质"："衣其最美之金锦衣。同日至少有男爵骑尉一万二千人，衣同色之衣，与大汗同。所同者盖为颜色，非言其所衣之金锦与大汗衣价相等也。各人并系一金带，此种衣服皆出汗赐，上缀珍珠宝石甚多，价值金别桑❹确有万数。此衣不止一袭，盖大汗以上述之衣颁给其一万二千男爵骑尉，每年有十三次也。每次大汗与彼等服同色之衣，每次各易其色，足见其事之盛，世界之君主殆无有能及之者也。"❺马可·波罗在书中用了大量的篇幅详细记载了质孙盛宴上达官贵族奢华的服饰，并说这是世界上任何君主都望尘莫及的，使我们较清楚地了解当年盛大质孙宴的盛况。早期每次质孙宴的时间应该

❶ [元] 萨都剌. 上京杂咏五首[M]// 章荑荪, 选注. 辽金元诗选. 上海: 古典文学出版社, 1958: 176.

❷ [元] 张昱. 辇下曲[M]// [元] 柯九思, 等. 辽金元宫词. 北京: 北京古籍出版社, 1988: 12.

❸ [元] 迺贤. 羽林行[M]// 武安国, 聂振弢, 选注. 元诗选注. 郑州: 中州古籍出版社, 1991: 476.

❹ 金别桑: 东罗马货币名.

❺ [意] 马可波罗行纪[M]. 冯承均, 译. 上海: 上海书店出版社, 2001: 222.

较长，入元后，时间逐步缩短，固定为三日，周伯琦给出明确答案："大宴三日酺群悰，万羊脔炙万瓮醲。九州水陆千官供，曼延角抵呈巧雄。"❶

表2-1 《元史》舆服志中质孙服的装饰

序号	天子质孙				百官质孙			
	冬服		夏服		冬服		夏服	
	袍服	装饰	袍服	装饰	袍服	装饰	袍服	装饰
1	纳石失	—	答纳都纳石失	答纳	大红纳石失	—	素纳石失	—
2	怯绵里	—	速不都纳石失	速不都	大红怯绵里		聚线宝里纳石失	聚线宝里
3	大红宝里	宝里	纳石失	—	大红官素		枣褐浑金间丝哈珠	浑金间丝哈珠
4	桃红宝里	宝里	大红珠宝里红毛子答纳	大红珠、答纳、宝里	桃红官素	—	大红官素带宝里	宝里
5	紫宝里	宝里	白毛子金丝宝里	金丝、宝里	蓝官素	—	大红明珠答子	大红明珠、答子
6	蓝宝里	宝里	驼褐毛子	—	绿官素		桃红答子	答子
7	绿宝里	宝里	大红五色罗	—	紫官素		绿答子	答子
8	红粉皮	—	绿五色罗	—	黄官素		蓝答子	答子
9	黄粉皮	—	蓝五色罗	—	鸦青官素		银褐答子	答子
10	白粉皮	—	银褐五色罗	—			高丽鸦青云袖罗	云袖
11	银鼠	—	枣褐五色罗	—			驼褐毛子	—
12			金绣龙五色罗	金绣龙			茜红毛子	—
13			金龙青罗	金龙			白毛子	—
14			珠子褐七宝珠龙答子	七宝珠龙答子			鸦青官素带宝里	宝里
15			青速夫金丝栏子	金丝栏子				

（1）宝里

"宝里"在《元史·舆服志》中注"服之有襕者"，"襕"（有些文献中写为

❶ [元]周伯琦.近光集·诈马行(并序)[M]// [清]顾嗣立.元诗选:初集下.北京:中华书局,1987:1859.

"栏")即衣服上装饰的横幅纹样,在中国古代服装中,"襕"是重要的装饰,主要指在衣摆膝盖附近的"膝襕","肩襕"则是元代蒙古族袍服非常典型而独特的装饰,有些袍服还装饰袖襕。

一些典籍中将"襕"写为"布里页苏"(布哩叶苏),台北台湾商务印书馆1986年出版的景印文渊阁《四库全书》的《元史》"质孙"条中就使用了"布里页苏"这个词❶。"布里页苏"为蒙语büriyesü,在《钦定元史语解》中解释为"皮袄面"❷;现代蒙古语büriyesü的读音仍为此,在日常生活中简化为burə:s❸,其解释略有变化,有"围""蒙古包边上所围的毡子""毡包的帡幪",或者"捆绑蒙古包的绳子"等意思,这个解释与"襕"的本意相似。

元代蒙古族袍服膝襕的使用很普遍,《朴通事》中多次提到"通袖膝栏五彩绣帖里""通袖膝栏罗帖里",《老乞大》也有"织金膝栏袄子""麝香褐膝栏"等。《元史·舆服制》中天子、百官的49款质孙服中有11款明确指出有"宝里"或"栏"装饰,这里所指均为膝襕。在图像文献中也可以看到不少膝襕的例子,如美国大都会艺术博物馆藏元代缂丝"大威德金刚曼陀罗"唐卡右下角的文宗皇后与明宗皇后所穿大袖袍、《元世祖出猎图》中元世祖所着红色辫线袍等都有膝襕装饰(图2-2),现所见的元代袍服实物上许多都有这样的膝襕,成为这个时期袍服装饰的典型。元代蒙古族袍服的肩襕是具有时代特色的装饰,多数为波斯文字的艺术变形纹样或与东西方纹样的结合,具有典型的中亚特色,是元代中西文化交流的结果。膝襕和肩襕多数是与袍服面料同时织就,部分"襕"是以刺绣、钉珠或补花等技法装饰而成。袖襕装饰主要使用其他面料横向拼接或是使用与膝襕相同的技法在袖子上绣制出横向纹样。

(2)答纳、速不都及各种珠子装饰

"答纳"(tana)是蒙古语东珠之意❹,东珠即北珠,是松花江下游及其支域

---

❶ [明]宋濂. 元史·舆服一:卷七十九[M]//景印文渊阁四库全书:第293册. 台北:台湾商务印书馆,1986:509.

❷ [清]钦定元史语解·物名:卷二十四[M]//景印文渊阁四库全书:第296册. 台北:台湾商务印书馆,1986:554.

❸ 内蒙古大学蒙古学研究院. 蒙汉词典[M]. 呼和浩特:内蒙古大学出版社,1999:520.

❹ 同❸995.

文宗皇后和明宗皇后　缂丝"大威德金刚曼陀罗"唐卡（局部）　　　　元世祖出猎图（局部）
美国大都会艺术博物馆藏　　　　　　　　　　　台北故宫博物院藏

图2-2　膝襕

所产的珍珠。东珠粒大、光润，自古就是当地人对外交流的重要物品，也是辽
金以来封建统治阶级向当地民众勒索的主要物品❶。"速不都"（subud）是蒙古
语珍珠之意❷，指其他地区产的河珠、海珠，在个头、润泽程度上都逊于东珠，
也称为南珠。《钦定元史语解》写成"苏布（特）"，在《华夷译语》中，"速不
惕"泛指"珠子"❸。

　　关于"答纳"和"速不都"这两个词的用法及含义与蒙古语的语法有直接
关系，天子质孙中"服答纳都纳石失（缀大珠于金锦），则冠宝顶金凤钹笠。
服速不都纳石失（缀小珠于金锦），则冠珠子卷云冠"。其中"答纳"后面的
"都"（蒙语du）在蒙古语中是助词，为"有、包含"之意，这里表示"有答纳
的纳石失"，但在上文中"速不都"后则缺少"都"（蒙语du）这个助词。台湾
商务印书馆1986年出版的景印文渊阁《四库全书》中这句话就比较完整："服
塔纳图纳奇实（缀大珠于金锦），则冠宝顶金凤钹笠；服苏布特图纳奇实（缀

❶ 辞海编辑委员会. 辞海[M]. 缩影本，上海：上海辞书出版社，1979：332.
❷ 内蒙古大学蒙古学研究院. 蒙汉词典[M]. 呼和浩特：内蒙古大学出版社，1999：949.
❸ [明]火原洁. 华夷译语：上册[M]. 北京：国家图书馆出版社，2011：14.

小珠于金锦），则冠珠子捲云冠。"❶ 其中"塔纳"和"苏布特"后均有"图"（同"都"）这个助词，这样才使相应的蒙古语较为完整。另外，东珠"塔纳"和南珠"苏布特"的珠粒大小与光润程度不同，因此，在文中解释"答纳"为大珠、"苏布特"为小珠是一个相对的概念。

天子质孙中的"大红珠宝里红毛子答纳"中出现了两个关于珠子的词："大红珠"和"答纳"。答纳是东珠，而"大红珠"应该指红珊瑚珠子。自古蒙古族都喜欢用红珊瑚装饰袍服与冠饰，至今仍是如此。百官质孙中的"大红明珠答子"，应该也是指红珊瑚珠装饰的答子纹样，而非红宝石。

朱有燉在《元宫词》中也提到"塔纳"："队里惟夸三圣奴，清歌妙舞世间无。御前供奉蒙深宠，赐得西洋塔纳珠。"❷ 朱有燉认为"塔纳"来自西洋，其实不然，西洋进口的装饰物品中确有珍珠及各种宝石，但"塔纳"在蒙语中特指东珠。朱有燉是明初期人士，并非质孙宴的亲历者，《宫词》中所描述的质孙宴以及元代的相关情况只能源于他人的叙述及元代著作中的文字，所以此处的"塔纳"应该是对珍珠的泛称。鄂多立克❸也形容过："当大王想设宴席的时候，他要一万四千名头戴冠冕的诸王在酒席上侍候他。他们每人披一件外套，仅上面的珍珠就值一万五千佛洛林❹。"❺ 柯九思在诗中将装饰珍珠的质孙服称作珍珠袄，可见使用珍珠之多："万里名王尽入朝，法宫置酒奏萧韶，千官一色珍珠袄，宝带攒装稳称腰。"❻ 元代质孙服装饰珍珠是重要的一项，对珍珠的需求量非常巨大。

此外，通过草原丝绸之路，西域的各种物资源源不断地运往蒙古地区及内地，其中贵重的宝石、红珊瑚、珍珠、绿松石、青金石等都是蒙古族袍服、冠帽及腰带上的重要装饰。《南村辍耕录》中记述了来自西域及中亚的宝石就有十九种之多，其中，"大德间（1297—1307年），本土巨商中卖红刺一块于官，

❶ [明]宋濂. 元史·舆服一：卷七十九[M]//景印文渊阁四库全书：第293册. 台北：台湾商务印书馆，1986：509.

❷ [明]朱有燉. 元宫词一百首并序[M]//柯九思，等. 辽金元宫词. 北京：北京古籍出版社，1988：23.

❸ 鄂多立克（Odoric，约1286—1331），罗马天主教圣方济各会修士，1322—1328年游历中国，著《东游录》。

❹ 佛洛林：1252年在意大利佛罗伦萨开始铸造弗罗林硬币。鄂多立克时期，5佛洛林等于1块金币。

❺ [意]鄂多立克. 鄂多立克东游录[M]. 何高济，译. 北京：中华书局，1981：75.

❻ [元]柯九思. 宫词十五首[M]//柯九思，等. 辽金元宫词. 北京：北京古籍出版社，1988：3.

重一两三钱，估直中统钞一十四万锭，用嵌帽顶上。自后累朝皇帝相承宝重。凡正旦及天寿节大朝贺时则服用之。呼曰剌，亦方言也。"❶ "剌"在波斯语中是宝石之意，"红剌"即红宝石。这块红宝石镶嵌在皇帝的冠顶，以后历任皇帝都要在新年和皇帝诞辰日的质孙宴上佩戴。

陶宗仪在《南村辍耕录》中记载的各种来自西域及中亚的珍贵石头：

红石头（四种同出一坑，俱无白水）：剌（浅红色娇），避者达（深红色，石薄方娇），惜剌泥（黑红色），苦不兰（红黑黄不正之色，块虽大，石至底者）

绿石头（三种同出一坑）：助把避（上等暗深绿色），助木剌（中等明绿色），撒卜泥（下等带石，浅绿色）

鸦鹘：红亚姑（上有白水），马思艮底（带石无光，二种同坑），青亚姑（上等深绿色），你蓝（中等浅青色），屋扑你蓝（下等如冰样，带石，浑青色），黄亚姑，白亚姑

猫睛：猫睛（中含活光一缕），走水石（新坑出者，似猫睛而无光）

甸子：你捨卜的（文理细），乞里马泥（即河西甸子，文理粗），荆州石（即襄阳甸子，色变）❷

与天子质孙配套的"黄牙忽宝贝珠子带后檐帽"中的"牙忽"即鸦鹘类中的"黄亚姑"，还有的版本《元史》中这句话写为："黄雅库特（牙忽）宝贝珠子带后檐帽"，其中"雅库"后面的"特"同样为蒙古语助词"du"，即这顶后檐帽的顶珠是黄雅库。柯九思在"宫词"中也提到"鸦忽"和"喇（剌）"："官家明日庆生辰，准备龙衣熨帖新。奉御进呈先取旨，隋珠错落间奇珍。"自注："御服多以大珠盘龙形，嵌以奇珍，曰鸦忽，曰喇者，出自西域，有直数十万定（"定"应为锭）者。"❸

天子质孙"珠子褐七宝珠龙答子"中的"珠子褐"是褐色的一种，"七宝珠龙"则是利用小珠子缝制的龙形纹样，即钉珠绣。除《元史》中的记载外，

❶ [元]陶宗仪.南村辍耕录[M].北京：中华书局，1959：84.
❷ 同❶84-85.
❸ [元]柯九思.宫词一十五首[M]//柯九思，等.辽金元宫词.北京：北京古籍出版社，1988：4.

还可以看到利用各种、各色珠子装饰质孙服的文字，如马可·波罗记述质孙服上缀满宝石、珍珠，"金带甚丽，价值亦巨"❶，雍容、华丽之甚令人叹为观止。除宝里利用蹙金绣、钉珠绣等装饰技法外，还装饰胸背、肩部以及各种靴、冠、腰带等，因此，陶宗仪在形容天子所赐质孙服"惯大珠以饰其肩背膺间"时，特说明"首服亦如之"❷，即冠帽与袍服的肩、背、胸部位同样装饰大珠。质孙服是袍服、冠帽、腰带、靴等配套使用，通过《元史》中质孙服的记载可以看到，冠帽多采用与袍服同样的色彩、质地和装饰。

（3）金、银丝装饰

此处的金丝装饰并非指纳石失中的片金或捻金，而是使用金线在面料上进行的装饰，如蹙金绣。天子质孙服中的"白毛子金丝宝里"和"青速夫金丝栏子"应该是在白毛子和青速夫面料上利用金线绣制的宝里（栏子）纹样，而"宝里"和"栏子"均指装饰在袍服不同部位的"襕"。天子质孙中的"金绣龙五色罗""金龙青罗"则是在"五色罗"和"青罗"上利用蹙金绣装饰的龙纹样。马可·波罗说在质孙宴上与质孙服一起赐给预宴者"不里阿耳（Bolghari）之驼皮靴一双。靴上绣以银丝，颇为工巧"❸。杨瑀❹在《山居新话》中也提到金丝、银丝以及铜丝盘绣，并民间多用铜丝，可以看出元代非常热衷金属丝盘绣："太府少监阿鲁奏，取金三两，为御靴刺花之用，上曰，不可，金岂可以为靴用者，因再奏请，易以银线裹金，上曰，亦不可，金银乃首饰也，今诸人所用何线？阿鲁曰：用铜线，上曰，可也。"❺元代各种刺绣技法已经非常成熟，刺绣材料丰富多彩，"至元四年（后至元，1338年），天历太后（指天历年，1328—1329年，文宗太后）命将作院官，以紫绒金线、翠毛、孔雀翎织一衣段，赐巴延太师❻，其直（应为"值"）计一千三百定（应为"锭"），亦可谓之

❶ [意]马可波罗行纪[M].冯承钧，译.上海：上海书店出版社，2001：226.
❷ [元]陶宗仪.南村辍耕录[M].北京：中华书局，2004：376.
❸ 同❶.
❹ 杨瑀（1285—1361），字元诚，号山居，钱塘（今杭州）人。历任中奉大夫、都元帅、太史院判官、宣政院判官、浙东道宣慰使等职。
❺ [元]杨瑀.山居新话[M]//[元]蒋正子，等.山房随笔（及其他八种）.北京：中华书局，1991：1.
❻ 巴延太师（伯颜，1280—1340），蔑儿乞氏，武宗朝历任吏部尚书、尚书平章政事等职，顺帝朝历任奎章阁大学士、中书右丞相等。

服妖矣。"❶

三、质孙服的色彩文化

蒙古族生活在北方草原，大自然赋予他们广阔的天地，使他们具有崇尚英雄、崇拜自然、剽悍刚毅、开放包容的思想文化内涵，热情奔放、豪爽大度、质朴坦率和爱憎分明的性格特征，服饰有粗犷、大气之美。通过蒙古族对服饰色彩的喜好，可以体察到蒙古民族生存的地域环境、文化形态和审美观。

广阔的北方草原，春夏季节一望无际的幽绿、秋季灿灿的金黄、冬季纯洁的雪白，天空总是湛蓝而深幽，不时飘过的白云使草原总是那少数的几种色彩。不论是哪个季节，大草原的色彩都是那样纯净、透亮，又是那么单纯，使生活在草原上的人自古对纯净色彩有着特别的喜爱，而撞色又为人们的心理增加一丝快感。因此，生活在广阔草原上的人们对高饱和度的色彩总是情有独钟，这就不难理解草原上的人们为何在色彩上追求纯净艳丽、金碧耀眼的视觉效果。

1. 关于质孙服色彩的讨论

《元史》中对质孙服的定义为："质孙，汉言一色服也。"❷《元史·礼乐》中又解释道："预宴之服，衣服同制，谓之质孙。"❸其中"衣服同制"是指在质孙宴上同一天质孙服的色彩相同，而款式和面料并非"同制"。

史料中关于质孙服的记载可分为三类。首先，蒙元时期官员的笔记、诗赋、宫词等，这些人多数亲临过质孙宴，因此记载真实、可信。这些文字以描述当时质孙宴的宏大场面、奢华宴席、靡费装束为主，在服饰上则以形容耀眼的装饰、华丽的面料为重点。其次是中外人士的游记、笔记等，有些笔者参加过质孙宴，记述较为真实；那些没有亲历质孙宴的人，在描述中多是道听途说

---

❶ [元]杨瑀.山居新话[M]//[元]蒋正子.山房随笔(及其他八种).北京:中华书局,1991:2.

❷ [明]宋濂.元史·舆服一:卷七十八[M].北京:中华书局,1976:1938.

❸ [明]宋濂.元史·礼乐一:卷六十七[M].北京:中华书局,1976:1669.

或转引他人的笔记。西方人的文字多以形容为主，对质孙服以色彩为记述重点，但有些文字也有一定的夸张成分。最后一类是后人的描述，这类文献中以《元史》最为详细、可信，由于《元史》中的内容多数来自元代官修政书《经世大典》、各种实录及功臣列传等官修典籍，虽然其中有些文字青涩、拗口，甚至有缺失、错误之处，但仍是研究元代政治、历史、文化等的权威性的文字。检索元代以后关于质孙服或质孙宴的内容，许多都出于此。

对于与质孙服相关的文字，也需要进行理智地分析，包括《元史》中的记载也有不少需要商榷的地方。将《元史·舆服志》中所记载的天子质孙和百官质孙中的色彩进行比对，可看出一些问题，也就是在天子冬服11种和百官冬服9种中，其色彩并非完全对应（表2–2）。尤其是蒙古族非常重视的白色，百官质孙中就缺少这一色彩，有可能是在文中没有说明色彩的质孙服中有白色，但从《舆服志》所列质孙服面料种类并不全的情况看，色彩上也必有疏漏之处，也就是质孙服并非只有49种，在《元史》的其他章节中（尤其是列传中）所涉及的色彩远多于此。如忽必烈的得力干将伯颜❶、阿术❷伐宋有功，至元十三年（1276年），赏"青鼠、银鼠、黄鼬❸只孙衣"❹。其中灰色的青鼠皮和棕黄色的黄鼬皮质孙服都是百官质孙服中所没有的。

《舆服志》中所列质孙服的色彩有红、褐、白、蓝、绿、鸦青、紫、黄、青9种，还有部分没有注明颜色。在这些色彩中，红色系出现的频率最高，占26.5%，有大红、桃红、茜红以及未具体说明的红色。虽然这些红色的深浅、纯度不同，但从整体上讲，红色系应该是当年蒙古族最喜爱的颜色。难怪陶宗仪说："只孙宴服者，贵臣见飨于天子则服之，今所赐降衣是也。"❺"降"即大红色、正红色，由此可见红色在质孙服中的重要性。

---

❶ 伯颜(1236—1295)，蒙古八邻部人，大蒙古国至元朝初年名臣。世祖朝中书左丞相、同知枢密院事、中书右丞。成宗朝拜太傅、录军国重事等。封淮王，谥忠武。

❷ 阿术(1227—1287)，兀良氏，元朝初大将，任平章政事，追封河南王。

❸ 黄鼬，Mustela sibirica，俗名黄鼠狼，胸腹淡黄褐色，背赤褐色。

❹ [明]宋濂.元史·世祖六：卷九[M].北京：中华书局，1976：187.

❺ [元]陶宗仪.南村辍耕录：卷三十[M].北京：中华书局，2004：376.

表2-2 《元史·舆服志》中所列质孙服的色彩分析

色彩	冬季质孙		夏季质孙		合计	
	天子	百官	天子	百官	件数	所占比例（%）
红	3	4	2	4	13	26.5
褐	—	—	4	3	7	14.3
白	2	—	1	1	4	8.2
蓝	1	1	1	1	4	8.2
绿	1	1	1	1	4	8.2
鸦青	—	1	—	2	3	6.1
紫	1	1	—	—	2	4.1
黄	1	1	—	—	2	4.1
青	—	—	1	—	1	2
没有说明色彩	2	—	5	2	9	18.4
合计	11	9	15	14	49	100

由于元代实行两都制，朝廷每年都往来于大都和上都之间。质孙宴冬季在大都举行，夏季在上都举行。但冬、夏季节的质孙服并不是完全独立穿着，因为即使是阴历六月这个一年中最温暖的季节，位于漠南草原上都的昼夜温差也相当大，即所谓"上都五月雪飞花，顷刻银妆十万家。说与江南人不信，只穿皮袄不穿纱。"[1] "南山火云高，北山雪新白"[2]。因此，"上京六月凉如水，人渴天瓢更赐冰"[3]，质孙服所列冬季系列并不一定都是冬季所穿，但多数会以所属季节为主。

质孙宴上不论君臣，同一天穿着的质孙服必须遵守颜色一致的原则，因此天子和百官的质孙服应在同季节中具备同样的颜色。但具体分析《舆服志》中关于天子和百官质孙服可以发现其色彩并非相互对应，如在冬服中百官的每一

❶ [元]杨瑀.山居新话：卷三[M]//景印文渊阁四库全书：第1040册.台北：台湾商务印书馆，1986：367.

❷ [元]袁桷.清容居士集·送薛玄卿归吴予时有上京之行[M]//[清]顾嗣立.元诗选：初集上.北京：中华书局，1987：606.

❸ [元]萨都剌.雁门集·上京杂咏[M]//顾嗣立.元诗选：初集中.北京：中华书局，1987：1229.

款质孙的颜色都有明确的记录，其中大红、桃红、蓝、绿、紫、黄都与天子质孙一一相对，但鸦青却在天子质孙中无法找到，但天子质孙中纳石失和怯棉里两款没有说明颜色，当然有可能是鸦青。鄂多立克在其《东游录》中对质孙服的记述很有意思，他说在质孙宴上，"诸王穿着不同颜色的服装；在头一排的一些人，穿绿绸；第二排穿深红；第三排穿黄。这些人均头戴冠，各手执一白象牙牌，腰束半拃宽的金带。"❶这样的文字独此一条，明显与实际不符。

　　蒙古族尚白，质孙服中白色应该是非常重要的色彩，当天子在质孙宴上穿着白色质孙（天子冬季质孙中有两款白色，白粉皮和银鼠）时，按礼制全体参与者都必须穿着白色质孙服，但在百官中却无法找到与之对应的颜色。白色是蒙古族自古所钟爱的颜色，元代"国俗尚白，以白为吉"❷。在蒙古族文化中，茫茫大雪预示着春天茂盛的青草，白色的羊群、畜乳是丰收、吉祥的象征，白色云朵所带来的雨水滋润着草原，白色还代表着纯洁、美好、神圣、健康和长寿。时至今日，白色仍为一些蒙古族部落服饰所采用。蒙古族称元旦为"白节"，正月为"白月"，在正月里用马奶酒祭祖先，这样可以带来全年平安、吉祥。马可·波罗在其《行纪》中记述阳历二月新年之际举行的庆典活动上"依俗大汗及其一切臣民皆衣白袍，至使男女老少衣皆白色，盖其似以白衣为吉服，所以元旦服之，俾此新年全年获福。……臣民互相馈赠白色之物……"❸。元代王恽❹在《乌台笔补·论服色尚白事状》曰："国朝服色尚白。今后合无令百司品官，如遇天寿节及圆坐厅事公会、迎拜宣诏，所衣裘服，一色皓白为正服，布告中外，使为定制。"❺金官员张德辉❻丁未年（1247年）六月受忽必烈召见北上，记述了除夕举行的质孙宴："比岁除日，辄迁帐易地，以为贺正之所。（是）

---

❶ [意]鄂多立克.鄂多立克东游录[M].何高济，译.北京：中华书局，1981：79.

❷ [元]宋子贞.中书令耶律公神道碑：卷五十七[M]//[元]苏天爵.元文类.上海古籍出版社，1993：753.

❸ [意]马可波罗行纪[M].冯承钧，译.上海：上海书店出版社，2001：224.

❹ 王恽(1228—1304)，字仲谋，卫州汲县(今属河南卫辉)人。历官中书省详定官、翰林修撰，兼国史编修、监察御史、翰林院学士等。

❺ [元]王恽.宪台通纪(外三种)·乌台笔补(事状)[M].杭州：浙江古籍出版社，2002：364.

❻ 张德辉(1195—1275)，字耀卿，冀宁交城(今山西交城县)人。累官金、元两朝。历任河东南北路宣抚使、参议中书省事。

日大宴所部于帐前，自王以下皆衣纯白裘。"❶《蒙鞑备录》中也有："成吉思之仪卫，建大纯白旗以为识认，此外并无他旌幢，惟伞亦用红黄为之。"❷

在质孙宴上穿着白色质孙服的记载并不少见，加宾尼出使大蒙古国，抵达贵由处是1246年"秋月"之时，正赶上贵由❸即汗位（1246年8月26日）。加宾尼在其《蒙古史》中记录了推选贵由继任新合汗时举行的质孙宴，与会者所穿的质孙服给这位传教士留下深刻的印象："第一天，他们都穿白天鹅绒的衣服，第二天——那一天贵由来到帐幕——穿红天鹅绒的衣服，第三天，他们都穿蓝天鹅绒的衣服，第四天，穿最好的织锦衣服。"❹此处的天鹅绒即怯绵里。与加宾尼同行的本尼迪克特修士的叙述有一些不同："当他们在第一天集合起来推选皇帝时，全都穿着金色衣服。第二天，全都穿白色锦绣衣服。但是，他们在第一天和第二天都没有达成协议。第三天，他们都穿红色锦绣衣服。这一天，他们达成了协议，并进行了推选。……在这些使者中，也包括本尼迪克特和约翰·普兰诺·加宾尼这两位修士。由于必需之故，他们在僧袍外面穿上织锦衣服，因为，如果不穿着合适的衣服，没有一个使者能被准许觐见选出来的和加了冕的皇帝。"❺在此所说的锦绣即为纳石失，这两段叙述的是同一件事，并且华丽、整齐划一的服饰给这两位传教士很深的印象，为了参加这次盛大的宴会，他们也穿上同与会者相同的质孙服。但二人记述的质孙服面料及色彩顺序有所不同，可以解释为他们记忆的误差。不论他们所记述的穿着是否有误，其中都提到了全体穿着白色的质孙服。

褐色是49种质孙服中色彩比例排位第二的颜色，共有7款。在民间，褐色的使用最为广泛，因此发展出非常多的种类。《南村辍耕录》中记载的服用褐色有砖褐、荆褐、艾褐、鹰背褐、银褐、珠子褐、藕丝褐、露褐、茶褐、麝香

❶ [金元]张德辉.岭北纪行足本校注[A]//姚从吾.姚从吾先生全集·七:辽金元史论文下.台北:正中书局,1982:294.

❷ [宋]赵珙.蒙鞑备录[M]//王云五.丛书集成初编.上海:商务印书馆,1939:7.

❸ 贵由(1206—1248),窝阔台长子,母乃马真氏.大蒙古国第三任大汗,1246—1248年在位.庙号定宗,谥简平皇帝.

❹ [意]约翰·普兰诺·加宾尼.蒙古史[M]//[英]道森.出使蒙古记.吕浦,译.北京:中国社会科学出版社,1983:60.

❺ [波兰]本尼迪克特.波兰人教友本尼迪克特的叙述[M]//[英]道森.出使蒙古记.吕浦,译.北京:中国社会科学出版社,1983:99.

褐、檀褐、山谷褐、枯竹褐、湖水褐、葱白褐、棠梨褐、秋茶褐、鼠毛褐、蒲萄褐、丁香褐20种之多❶。从质孙服中所列褐色来看，天子与百官的质孙服有珠子褐、银褐、枣褐、驼褐等褐色，从色相角度讲，明显是色彩感觉较为高档的褐色。其中枣褐和驼褐在《南村辍耕录》中并未列出，由此可见在元代应该还有未知名之褐色。

质孙服的形制是在发展过程中逐步完善的。在不同的质孙宴上，质孙服的色彩顺序并非相同，因此，各种文献中才有穿着质孙服颜色顺序有异的情况。

2. 质孙服的色彩文化

汉民族统治下的各朝、历代君王对服饰色彩的要求十分严格，每个朝代都有唯我独尊的色彩，均强调帝王所服色彩与臣僚及大众的差异。元代对服饰色彩的限制同样严格，但在质孙宴这个盛大的宫廷盛宴上，上至帝王、贵族、群臣，下到乐工、侍卫都穿着同一色彩的质孙服，在色彩上并没有等级区分，反映了蒙古族统治者的传统审美观，以及蒙古族传统色彩意识与中原服饰制度在传承过程中差异，形成了与历代不同的场景。

由于质孙宴是蒙古族传统生活方式所造就的盛大宴飨，因此质孙服所采用的是蒙古所喜爱的色彩，包含很浓重的民族文化特点。蒙古族生活在一望无垠的草原，色彩上追求高饱和度、高明度和艳丽、斑斓的视觉效果，同时可以达到醒目与识别的作用。这种对色彩的由实用到文化上的喜好，在生活水平有了质的飞跃后，表现出对奢侈服饰及靡费生活的追求，在质孙服的色彩上也表现出同样的倾向。

虽然元代统治时间不足百年，但由于社会变革迅速，民族交往频繁，促使在文化的发展上显示出特定时代特征。元代社会的政治、经济、文化虽然多承袭前代，但更具民族与时代特色。在发展过程中，蒙古族世代相传的文化具有相对的稳定性，对于元代这个大变革的时代，蒙古族虽迅速接受了大量来自中原及各方面的文化，但对色彩的喜好却在特定的地域环境中世代相承，并不能轻易改变。实际上，在元代这种对色彩的偏好更加强烈。在成吉思汗及其子孙的带领下，蒙古族在几十年中迅速聚拢了大量的财富，到元代，快速发展的社

---

❶ [元]陶宗仪. 南村辍耕录[M]. 北京：中华书局，2004：133.

会经济和纺织业为皇亲贵族追求色彩纯净艳丽、金碧辉煌的服饰效果提供了条件，尤其质孙宴从上至下的奢靡服饰与艳丽的色彩，给人们留下深刻印象。加宾尼和本尼迪克特修士在贵由的继汗位典礼上看到："皇帝戴着皇冠，穿着闪闪发光的华丽长袍。他坐在帐幕中央的一座高台上，高台以金、银装饰，甚为华丽。"❶ 这个举世倾国的质孙大宴对社会带来巨大影响，促使社会风气也讲究排场与奢华，这是作为统治阶级对装饰、色彩等的审美观所辐射到全社会的典型，从而形成元代特有的社会审美意识和审美标准。

元代地域广袤、民族众多、文化各异，政治、经济和文化的差异在各民族生活习俗中打上了深深的烙印。作为统治阶级的蒙古族在元代社会生活中享有很高的社会地位，在"蒙古人不在禁限，及见当怯薛诸色人等，亦不在禁限"❷ 的宽松政策下，这些人的服饰色彩丰富而讲究。在民间，元代服饰制度对服饰色彩和服饰用料的限制颇多，庶人"惟许服暗花纻丝绸绫罗毛毳，帽笠不许饰用金玉，靴不得裁制花样"❸ 等。在诸多限制之下，民间多使用褐色。

四、质孙文化

在元明清史料中经常见到"质孙"这个词，它多指蒙元时期的质孙宴（诈马宴）或质孙服，而"质孙文化"则是一个较为广泛的概念，它涵盖了质孙宴以及对元代社会影响的主要文化意义，这种文化一直延续至明代❹。质孙文化在政治上的受益者是蒙元时期的帝王、贵族、百官等上层社会，但从社会经济和社会审美意识的角度讲，却涵盖了当时社会较为广泛的人群，那些在社会意识形态领域受到它影响的人们，以及直接或间接为质孙宴服务的人成为质孙文化的受益人及见证者。

❶ [波兰]本尼迪克特. 波兰人教友本尼迪克特的叙述[M]// [英]道森. 出使蒙古记. 吕浦，译. 北京：中国社会科学出版社，1983：99.

❷ [明]宋濂. 元史·舆服一：卷七十八[M]. 北京：中华书局，1976：1942.

❸ 同❷1943.

❹ 李莉莎."质孙文化"与蒙元社会[A]//马永真，明锐，白亚光. 论草原文化：第八辑. 呼和浩特：内蒙古教育出版社，2011：370–380.

1. 质孙文化的概念

关于文化，不同角度有着不同的解释。有广义的、以人类文化为基础的大文化的概念，也有狭义的、局部或特定历史时期和特定人群的局域文化。而"质孙文化"则是一个很典型的局域文化，是特定历史时期、特定人群的文化。虽然如此，"质孙文化"也构成一个完整的文化现象，成为蒙元时期社会文化的重要组成部分，并且在服饰上对明代上至宫廷、下到民间都有较大影响。服饰是文化的载体，是物质与精神的聚合体，具有文化的一切特征。

质孙宴具有非常鲜明的政治目的、极尽奢华的盛大宴席、场面宏大的歌舞游猎、整齐划一的奢华服饰，它是社会政治稳定、经济繁荣的表现。反过来，这种宏大的宫廷盛宴对当时社会又产生较大影响，甚至对以后的几百年都有辐射作用。"质孙文化"是从一种宫廷活动发展、演变而来的文化现象。虽然受质孙宴直接影响的人群较为有限，但它在蒙元时期社会中所辐射的领域却极其广泛。因此质孙宴所包含的全部内容构成了蒙元时期独具特色的"质孙文化"。

质孙宴的出现和发展具备一定的历史条件和文化背景，特别是蒙古族的性格、所生活的环境，以及激增的物质财富等都是质孙宴产生的必不可少的基础。从成吉思汗后期真正意义上的质孙宴开始，到元末这近一个半世纪的时间里，质孙宴对当时社会，尤其是帝王皇室、诸王贵族、文武百官有非常大的影响，对元代社会文化、社会风气和审美意识的形成也有不小的作用。在社会经济中，尤其是元代以后，官营手工业中有许多都是为质孙宴的吃、穿、用、行所服务，匠户数目庞大、人口众多，下一级的原料供应则涉及更广泛的人群。在对外贸易中，也有许多是直接或间接服务于质孙宴。这种社会影响可以从许多传世典籍中看到，从这些珍贵的文字中可以看出当年盛大、恢宏的国家宴席对元代的影响之大，从而形成蒙元时期具有代表性的质孙文化。质孙文化是一种奢华文化，体现了雄厚的物质基础和繁荣的文化背景。

2. "质孙文化"的特征

"质孙文化"具有多种文化特征，对元代社会政治、经济、文化和审美意识等的影响尤为突出，尤其是上层贵族、文武百官将质孙宴视为展示自己政治权利、社会地位和经济实力的重要舞台。在这种氛围的影响下，到元代中期，有钱人追求排场和奢华的服饰成为较普遍的社会风气，僭越之风盛行，以至仁宗延祐元年（1314年）下诏："比年以来，所在士民，靡丽相尚，尊卑混淆，僭礼费财，朕所不取。贵贱有章，益明国制，俭奢中节，可阜民财。"❶诏书并非号召人们节俭，而是对普通民众的消费尤其是服饰进行限制，遏制僭越之风，维护统治阶级的特权。

（1）政治需求

从政治角度看，质孙宴是蒙古族最高统治集团的需求，其重要任务包括宣读祖训、商讨政治大事、颁布重大决定等。不论是在上都或是新帝登基、万寿节、新年等举行的质孙宴上，首先颂读成吉思汗的大札萨法典和祖训，告诫各宗亲贵必须要维护帝王至高无上的权力和地位，"凡大宴，世臣掌金匮之书者，必陈祖宗大扎撒以为训。"❷张昱在《辇下曲》中述："全元典礼当朝会，宗戚前将祖训开。圣子神孙千万世，俾知大业此中来。"❸杨允孚❹在其《滦京杂咏》说道："诈马筵开，盛陈奇兽。宴享既具，必一二大臣称（青）吉思皇帝，礼撤，于是而后礼有文、饮有节矣。"❺在质孙宴的初期"商讨国事"是非常重要的内容，如在窝阔台、贵由、蒙哥等新君即位前，各宗王虽然已达成共识，但都是在质孙宴上进行商讨、宣布决定。元代以后的质孙宴逐步脱离了这一重要内容，"商讨"的过程早在此之前完成，而在质孙宴上只是象征性地颁布这些决定。这项内容、程序可以提高这个国之盛宴的政治地位，是统治阶级的需要。

（2）赏赐

赏赐宗亲、百官也是质孙宴的一项重要内容。元代对皇亲贵族、勋臣贵要的赏赐优厚、次数频繁、种类尤多，是历代皇朝所罕见的❻。"国制，新君即位，

❶ [明]宋濂.元史·舆服一：卷七十八[M].北京：中华书局，1976：1942.
❷ [元]柯九思.宫词十五首[M]//[元]柯九思，等.辽金元宫词.北京：北京古籍出版社，1988：3.
❸ [元]张昱.辇下曲[M]//[元]柯九思，等.辽金元宫词.北京：北京古籍出版社，1988：11.
❹ 杨允孚，生卒年均不详，约公元1354年前后在世，字和吉，吉水(今江西吉水县)人。顺帝时曾为尝食供奉官。
❺ [元]杨允孚.滦京杂咏[M]//[清]顾嗣立.元诗选：初集下.北京：中华书局，1987：1963.
❻ 李幹.元代社会经济史稿[M].武汉：湖北人民出版社，1985：490.

必赐诸王、驸马、妃主及宿卫官吏金帛。"❶ 通过慷慨的封赏、赐服、赐宴、奖励有功之臣，力得贵族、百官的支持，使君臣同心同德，保持祖宗基业的稳固，从而加强统治集团的凝聚力。

草原民族向来慷慨、大度，蒙古族同样具有这样的民族个性。大量的赉赏从大蒙古国时期即已成风，在《世界征服者史》中，志费尼就在多处记述了太宗窝阔台的慷慨赏赐："在赏赐财物中，他胜过了他的一切前辈。因为天性极慷慨和大方，他把来自帝国远近各地的东西，不经司帐或稽查登录就散发一空。"❷ 成宗时期，赉赏空前，以至元贞二年（1296年）二月，中书省上奏："陛下自御极以来，所赐诸王、公主、驸马、勋臣，为数不轻，向之所储，散之殆尽。今继请者尚多，臣等乞甄别贫匮及赴边者赐之，其余宜悉止。"❸ 到元代后期，"国家财政开支，单是赏赐一项，已经负担不轻。"❹ 大量的封赏使得大元帝国财政囊中渐空。

在元代的各种文献中，有大量臣僚获封、获赏的记载，其中获得赏赐最多的即为质孙服，获得皇帝赏赐的质孙服是对有特殊贡献者的褒奖，质孙服归个人所有，可以作为传家之宝，与朝廷保管的质孙服有本质区别。王恽在《秋涧集》中记述获赐十余袭质孙服之事："国朝大事，曰征伐，曰搜狩，曰宴飨，三者而已。虽矢庙谟、定国论，亦在于樽俎餍饮之际，故典司玉食，供亿燕犒，职掌视前世为重。凡群臣预燕衍者，冠佩服色，例一体不混看，号曰只孙，必经赐兹服者，方获预斯宴，于以别臣庶疎近之殊，若古命服之制。公前后被赐只孙锦服十余袭，宠数之隆，于斯可见。"❺ 王恽是元初重臣，深得世祖忽必烈、裕宗真金和成宗铁穆耳的器重，能深入了解元代朝廷政局，但说"国朝大事，曰征伐，曰搜狩，曰宴飨，三者而已"，则是典型的中原汉族对蒙古民族性格和文化差异所产生的一种偏见。元代虽是少数民族所建立的国家，治国经验不足，但不足百年的

❶ [明]宋濂.元史·答里麻:卷一百四十四[M].北京:中华书局,1976:3432.
❷ [伊朗]志费尼.世界征服者史:上册[M].何高济,译.呼和浩特:内蒙古人民出版社,1981:238.
❸ [明]宋濂.元史·成宗二:卷十九[M].北京:中华书局,1976:402.
❹ 李幹.元代社会经济史稿[M].武汉:湖北人民出版社,1985:514.
❺ [元]王恽.秋涧集.大元故关西军储大使吕公神道碑铭:卷五十七[M]//景印文渊阁四库全书:第1200册.台北:台湾商务印书馆,1986:751.

元代也是我国历史上在各方面做出重大贡献的重要时期。

由此可见，质孙宴体现了社会的等级性和贵族文化的特点。"质孙文化"以豪华服饰和盛大宴会为载体，体现了政治上的高度统一。

（3）欢宴

元代开国之初皇室支出比较节约，以后日趋奢侈，尤其从武宗朝（1307—1311年）开始，皇室费用浩大，常处于"国用不给"❶的境地。但质孙宴并非以世风淳朴开始，在一定程度上可以说是以奢侈、享乐为开端。因此，在元代的国家政治、经济、社会、文化等方面除继承了中原千年的封建帝制和许多政论规约外，还有许多与以往的不同之处，对民族文化的融入是元代社会文化的重要特点，但过度消费也成为元朝的重要生活内容之一，并且延伸到了政治、权利和精神层面。这种文化特征在元统治阶层、文武百官、宗亲勋贵等社会上层表现得尤为突出，而这些又突出表现在质孙宴上。

从元、明、清流传至今的文献资料可以看出，中外人士对质孙宴关注最多的还是欢宴、畅饮、宝马、锦衣等场景，从中可以了解当年在深宫大院之中、疯狂饮宴之上的许多情况。这些文字对其中重要的政治内容关注非常少，这与元帝王、贵族对待质孙宴和生活的态度有直接的关系，他们喜奢侈、尚富丽、重靡费，以此展现对权利、政治和财富的掌控。张昱在《辇下曲》中描写在上都大安阁举行的质孙宴："祖宗诈马宴滦都，捅酒哼哼载憨车。向晚大安高阁上，红竿雉帚扫珍珠。"❷大安阁是上都最重要的建筑之一，这座庄严富丽的大殿也是许多国家重大典礼举行之地。但质孙宴多数是在失剌斡耳朵（棕毛殿）举行，体现了元代蒙古族对传统文化的依恋。失剌（sir_a）是蒙古语黄色❸，斡耳朵（ord）为宫殿❹，失剌斡耳朵是金黄色的宫殿之意。这里可容纳千人，其内外使用了非常多的纳石失进行装饰，"它的挂钩是黄金做的，帐内复有织物"❺，可谓金碧辉煌、壮观至极，也是元代奢华社会风气的集中表现。

---

❶ [明]宋濂.元史·武宗：卷二十二[M].北京：中华书局，1976：505.

❷ [元]张昱.辇下曲[M]//[元]柯九思，等.辽金元宫词.北京：北京古籍出版社，1988：13.

❸ 内蒙古大学蒙古学研究院.蒙汉词典[M].呼和浩特：内蒙古大学出版社，1999：927.

❹ 同❸220.

❺ [波斯]拉施特.史集：第二卷[M].北京：中华书局，1985：70.

（4）多种文化的交融

任何一种文化现象都不是孤立存在的，而是多种文化交流、多种风俗相互影响的结果，质孙文化除以蒙古族传统文化为主体外，还是融入了多种外来文化的集合体。从宴饮、娱乐、竞技的角度看，基本传承了蒙古族的传统文化形式。欢宴上的各种肉食大餐加马奶酒是蒙古族传统饮食，但也有一些新内容，如来自西域的"酾官庭前列千斛，万瓮蒲萄凝紫玉"❶的葡萄美酒及"九州水陆千官供"❷的各种美味。宴乐中有中原传统的"霓裳"以及综合印度、汉、蒙等各民族舞蹈改编的宫廷舞蹈"天魔舞"，舞者来自西域："西方舞女即天人，玉手昙花满把青。舞唱天魔供奉曲，君王常在月宫听。"❸从贡师泰❹描写的质孙宴情景中可以清楚地看到多种文化交流、多种风俗的相互影响："凤簇珍珠帽，龙盘锦绣袍。扇分云母薄，屏晃水晶高。马湩浮犀椀，驼峰落宝刀。暖茵攒芍药，凉瓮酎葡萄。舞转星河影，歌腾陆海涛。齐声才起和，顿足复分曹。急管催瑶席，繁弦压紫槽。"❺文字中除珍珠帽、锦绣袍等质孙服外，还描写扇子薄如云母、水晶装饰耀眼等。此外，质孙服所使用的面料和装饰主要来自中原、北方、西域及中亚各地，更体现了多民族文化融合和经济交流的结果。

由于蒙古族的性格特点形成了文化的多样性。蒙古族从其他不同的民族文化中汲取有用的东西，各地区、各民族的先进文化、科学技术，以及宗教、艺术都成为蒙古族所接受的内容，但涉及体制、思想及社会意识形态层面的革新却受到很大阻力。蒙古族官僚、权臣、宗王、贵族等守旧势力强大，这些人对改革蒙古族传统制度，吸收儒学、汉法采取抵制的态度，在推行汉法还是沿用蒙古族传统制度的问题上，蒙古族统治集团内部的两派一直进行着激烈的斗争，其结果是元代的政治文化制度基本上采取"旧俗"与"汉法"并存，质孙宴就是保持传统文化与习俗的很好途径，并博得保守势力和改革派的一致赞

---

❶ [元]袁桷. 清容居士集·装马曲[M]// [清]顾嗣立. 元诗选：初集上. 北京：中华书局，1987：656.

❷ [元]周伯琦. 近光集·诈马行[M]// [清]顾嗣立. 元诗选：初集下. 北京：中华书局，1987：1859.

❸ [元]张昱. 辇下曲[M]// [元]柯九思，等. 辽金元宫词. 北京：北京古籍出版社，1988：14.

❹ 贡师泰(1298—1362)，字泰甫，号玩斋，宣城(今安徽宣城)人。泰定四年(1327年)进士。官至礼部尚书、户部尚书。

❺ [元]贡师泰. 玩斋集·上京大宴和樊时中侍御[M]// [清]顾嗣立. 元诗选：初集中. 北京：中华书局，1987：1429–1430.

同，成为蒙古族文化传承的最好渠道。

3. 质孙服在"质孙文化"中的特殊地位

质孙宴上最引人注目的还是千官一色的质孙服，它在质孙文化中扮演了重要的角色。在质孙宴上，所有参与人，不论尊卑、民族、性别和国籍都需身着质孙服，它整齐划一的色彩、奢华的面料、靡丽的装饰给人们留下了非常深刻的印象。

（1）传统款式

质孙服包括直身袍、断腰袍、褡忽、比肩及配饰的靴、帽、腰带等，都传承了蒙古族的传统服装款式，在面料、装饰上使用了当时服饰材料的精华。装饰效果在一定程度上达到了极致，如蒙古族妇女夸张的大袖袍及罟罟冠等都在我国服饰史上占有重要位置。

（2）多种文化的载体

质孙服是来自各地面料、装饰材料和艺术形式等多种文化的载体，由于蒙古草原并不生产质孙服所需的纺织品，制作质孙服的材料主要来源于中原、大都周边、西域以及中亚，甚至欧洲等地区，而裘皮制品则来自大漠南北，甚至更北的广大地区。

"丝绸之路"是连接欧亚大陆非常重要的商业通道，至唐末衰落。成吉思汗及其子孙的西征，打开了蒙古草原至西方的大门，使"草原丝绸之路"这条东西交通大动脉畅通无阻，为东西方经济、文化的交流提供了非常有利的条件。在这个时期，源源不断的优质丝织品、精细的毛、棉纺织品如纳石失、怯绵里、速夫、撒答剌欺等高档产品都成为质孙服面料及其装饰的重要组成部分，西亚及欧洲的传统纹样成为蒙古族服饰面料纹样的重要内容。随着各种物品的传入，中亚文化对蒙古族产生了重要的影响。成吉思汗曾经说过：要让我的妻妾、儿媳和女儿们从头到脚用织金衣服打扮起来❶。可见，西来的重要丝织品纳石失在蒙古族心中的重要地位。随着纳石失的传入，其文化、纹样、艺术形式等也随

---

❶ [波斯]拉施特. 史集：第一卷·第二分册[M]. 余大钧，周建奇，译. 北京：商务印书馆，1983：359.

之东来，对蒙古族文化及审美观的成熟有重要影响。

中原的丝绸是蒙元时期重要的服饰材料，在质孙服中，绵软的绫、轻薄的罗、爽滑的缎、富贵的锦、华丽的缂丝等都是质孙服所使用的材料。这些丝织品及中原传统装饰纹样所包含的深厚的中原文化也成为质孙文化的重要组成部分。集宁路出土的元代对襟短袄上中原传统刺绣"满池娇"成为元代蒙古族喜爱的图案之一，到文宗天历（1328—1329年）时"御衣多为池塘小景，名曰满池娇"❶。龙凤纹样也随着政治、经济及文化艺术的交流曾在蒙古族服饰上广泛使用，以致朝廷特殊规定对蒙古族不在禁限的宽松政策下"惟不许服龙凤纹"❷。此外，北方珍贵的裘皮也集中到参加质孙宴的帝王、百官、贵族、使节的身上。质孙服还需帽、腰带、靴等配套穿着，整套服装的装饰华丽无比。

服饰材料多样化的同时，也为不同文化的融入提供了机会。南北的广泛交流对中国传统文化的传承起到非常好的推动作用。因此，可以说质孙服的材料及装饰就是多种文化的载体，它体现了蒙古族和质孙宴对这些文化的接受以及在一定程度上对传统审美观念的改变。

（3）社会地位的象征

在参加质孙宴的达官显贵身上，蒙古族传统服装款式加上来自不同地区的面料与装饰组合而成的质孙服不只是简单的服饰穿着，而是多种文化的载体，并且成为蒙元时期质孙宴上非常重要的内容，而参宴者对这些文化的融合是发自内心地接受。

质孙服作为一种服饰，其作用并不是传统意义上的御寒保暖，而是作为一种特殊媒介，表达了拥有者在政治上的价值和社会地位。元代统治者、上层社会对奢华服饰、宏大场面的极度追求成为一种风气和时尚。因此，获得皇帝赐予的质孙服成为一种荣耀，是权力、地位和财富的象征。质孙服具有不同于其他历代宫廷服饰的政治和文化意义，而这种价值观牢牢地嵌入元代上层社会的文化价值中，并逐步影响至全社会。由此可见，质孙服所承载的文化作用远大于服饰本身，而在这种文化下所表现出的内涵在蒙元时期的政治、文化、经济

---

❶ [元]张昱.宫词十五首[M]//章荑荪,选注.辽金元诗选.上海:古典文学出版社,1958:186.
❷ [明]宋濂.元史·舆服一:卷七十八[M].北京:中华书局,1976:1942.

中占有重要的位置。从社会文化、服饰着装上可以清楚地看到历史的投影和发展轨迹。质孙服的华丽与耀眼，最能体现征服者的成就，而这种奢侈的服饰和豪华的场面成为统治者和贵族炫耀、自我欣赏和内心满足的资本。通过服饰来彰显帝王的权威，贵族、百官也在质孙文化大环境的影响下，在不违反封建礼仪、制度的前提下尽可能地装扮自己，用来体现地位和身份，以至有人私自织造和买卖质孙服，并且达到屡禁不止的程度。此外，质孙服也不能当作普通私服穿着，更不能转送他人："禁卫士不得私衣侍宴服，及以质于人。"❶ 至顺三年（1332年）十月，宁宗帝下敕："百官及宿卫士有只孙衣者，凡与宴飨，皆服以侍。其或质诸人者，罪之。"❷ 严格界定了服用场合和服用者身份。

质孙文化的这种奢侈、炫耀的特征除在上层传播外，还辐射到民间，到元代后期，民间使用明令禁止的各种纹样已经达到疯狂的程度，以致后至元二年（1336年）四月朝廷颁布民间"禁服麒麟、鸾凤、白兔、灵芝、双角五爪龙、八龙、九龙、万寿、福寿字、赭黄等服"❸。可见质孙文化对社会的影响之大。

4. "质孙文化"的形成、发展与影响

民族文化具有强烈的传承性和积淀性。不同民族的长期交往也是文化相互交流、融合、发展的过程，逐步形成更广泛地域中的共同文化特征。但一个民族的主体文化特征具有相对的稳定性，在民族交流中一般不会完全丧失。

蒙元时期的特定社会形态、文化特点和人文关系成为我国社会发展史中的一个具有时代特色和民族文化、地域文化浓厚的时期。

（1）以民族性格与生活方式为基础

自从成吉思汗统一北方草原各部，蒙古族开始走向一个新的发展时期。元代空前的民族大统一，使蒙古族从较为落后的奴隶制在很短的时间成功地完成了向封建制的转变。这与蒙古民族开放豁达的个性、大度包容的民族传统和勇于接受先进文化的心理有直接关系。蒙古民族的生活方式决定了其性格和文化

❶ [明]宋濂.元史·仁宗二：卷二十六[M].北京：中华书局，1976：546.
❷ [明]宋濂.元史·宪宗：卷三十七[M].北京：中华书局，1976：812.
❸ [明]宋濂.元史·顺帝二：卷三十九[M].北京：中华书局，1976：834.

的形成。广袤的草原，居无定所、逐水草而徙，草原上的人们不会像中原人那样置地建宅、为今后的生活积蓄财产，因为蒙古族只要有了草原、畜群就不会挨饿，他们的生活单调而孤寂。分散的居住形式，使得人们聚少离多，因此每有亲人来访、陌生人途遇，主人都会热情相待，当然节日短暂的相聚更是欢乐无比，欢宴畅饮、角抵歌舞，叙说着相聚的喜悦。这样，世代生活在广阔草原上的人们粗犷、豪放、包容、慷慨大方的性格特征就成为蒙古族文化的重要组成部分和精神基础。

虽然在广阔草原上游牧的蒙古族逐水草而居，但其控制权却属于诸王、贵族，一切大的政治、经济活动都掌握在这些人手中。而伴随着每一个重要决定的诞生，一定会开设一个综合性的聚会、宴饮活动。成吉思汗时期，随着物质财富的迅速积累和生活水平的提高，为大型的欢宴提供了物质条件，最初的贵族聚会逐步形成质孙宴的雏形。

（2）以经济繁荣和物质丰富为前提

质孙宴的举办必须以国家雄厚的物质基础和繁荣的文化背景为前提，也是统治集团满足政治目的和丰富文化生活的需要，它的兴衰必然与蒙元统治集团的政治命运联系在一起。元朝的兴盛，使质孙宴进入了辉煌的发展时期，成为宫廷文化集大成者。"国有朝会、庆典，宗王、大臣来朝，岁时行幸，皆有燕飨之礼。"❶从奢华的质孙服到欢宴上的盛食美酒以及大帐内外金碧辉煌的装饰，都成为质孙奢侈文化的写照。质孙宴由最初的贵族聚会逐步演变成一种文化现象，并且成为制度严格、行为规范、内容丰富的贵族文化。

元代是多民族融合、多元文化交融的时期，形成了与以往不同的社会文化特征，尤其在元上层社会中呈现出奇风异彩的景象：奢华的物质享受在元代贵族中成为一种时尚，这种时尚之风融入到社会政治、经济文化的各个角落，成为社会建构的一部分，而宏大、隆重、奢靡的质孙宴就是这种文化的集中体现。质孙宴是蒙古族特有文化的产物，其涵盖从精神到物质的全部内容，是古代蒙古民族文化的重要组成部分。在成为一代统治者后，蒙古族将其带到更广

❶ [元]苏天爵.杂著·燕飨:卷四十一[M]//[元]苏天爵.元文类.上海：上海古籍出版社，1993：507.

阔的地域和空间。

质孙宴对于蒙元社会的作用和影响已经超出了一般宫廷宴会的范畴，它对于蒙元社会在精神、物质上的影响已经达到了文化定义中所涵盖的一切，成为特定历史时期的特有文化。"质孙"成为一种文化、一种奢侈政治的表现，它代表着蒙元时期的辉煌，也是统治集团和贵族阶层文化观念与社会价值的集中表现。"质孙文化"虽然从一个民族走向了广阔的空间，但相对来说，质孙宴的范围和所影响到的文化区域却十分有限，因此，虽然质孙宴对蒙元时期上层社会的影响巨大，但从全国范围来讲，"质孙文化"只能算作一个局域文化。

文化的发展都有其规律性，从产生到辉煌再到衰落，质孙文化也具有同样的规律。穷极奢华的质孙宴必须有雄厚的物质基础和繁荣的文化背景为依托，元代社会最辉煌的时期，质孙文化也达到顶峰。每年多次的质孙宴消耗了元代朝廷大量的财力，使其经济负担加重，到元后期，举行质孙宴的次数逐步减少。元代朝廷北迁后，汗权衰落，各方势力割据，战乱频繁，失去了举办质孙宴的基本条件，这种大型的欢宴逐步演变成普通的饮宴聚会、那达慕等娱乐、竞技活动。而质孙文化也从宫廷贵族的奢侈文化转而成为民间的娱乐文化，并延续至今。

在质孙宴一百多年的历史中，质孙服是伴随其始终的特殊服饰，随着元亡，质孙宴走到了尽头，相伴的质孙服也成为历史。质孙服的款式本身就来自蒙古民族的传统服饰，在特定的历史条件下，逐步赋予了特殊的含义，面料和装饰上的奢华、艳丽，成为古代服饰中最具特色的服饰典型。

（3）对后世的影响

质孙文化不仅在蒙元时期有很大影响，对明代的影响也不可小觑。正因为质孙宴的宏大场面、质孙服的奢华靡丽，使明代宫廷毫不犹豫地继承了质孙服款式之一的断腰袍，并延续了它的部分功能，使其从宫廷到民间逐步发展、扩散，成为明代男子服饰中具有独特风格的款式，并赋予了新的名称——曳撒，但此时的"质孙"与元代质孙宴上所穿着的质孙服有本质的区别。经过一定时间的传承，那些身穿曳撒的明帝王、仕宦、校尉、士绅等可能不知道此袍的来历和最初的名称，但其短小的袍身、宽大的下摆较汉民族传统的宽衣大袖更方便生活，深得这些人的喜爱并流行于整个明代。此外，从忽必烈开始的黄金家族与朝鲜半岛的特殊关系，使断腰袍流行于高丽的上层社会，并成为后继者朝鲜王朝时期的重要服饰（帖里、天翼），成为当年元丽、明代与朝鲜关系的见证。

一种文化在经历繁荣后，当失去生存条件时，也不会很快消亡，而是以不同的面貌继续传承，并在新的环境中吸收新的文化、赋予新的生命，成为更为广大人群的共同选择。质孙文化的影响一直延续至今日，今天蒙古族服饰中必不可少的库锦装饰即为元代纳石失传承的结果。从物质文化的视角观察质孙宴的表象并不能真正看到蒙元时代的内心，在这个表象下所体现出的实质是精神文化、政治文化和社会构建等更深层的内容，它们由那个时代、通过质孙宴这个物质形态的形式所折射出来。

第三节　元代蒙古族服用纺织品的种类及特色

元代，蒙古族对外来文化、艺术和工艺成就等采取兼收并蓄的态度，积极吸收具有悠久历史的中原文化和来自异域的营养，并与蒙古族传统文化相融合，呈现多元发展的局面，促成了元代文化的多样性，并从艺术到技术均体现出这种融合的结果。在多元文化的背景下，各种服饰材料和纺织品极大地丰富了蒙古族的衣饰、住行，使元代服饰和织物呈现出纷繁多样、色彩斑斓的风格。

质孙服所使用的面料与装饰完全可以代表元代蒙古族服饰面料的丰富品种与特色，《元史》中非常详细地记载了天子质孙和百官质孙共49款的面料、色彩、装饰等情况。其中明确说明的面料有：纳石失、怯绵里、粉皮、银鼠皮、罗、毛子、速夫、官素等，按照面料材质可以将其分为丝织品、毛织品和毛皮制品三大类（表2-3）。

表2-3 《元史》中质孙服面料统计

面料		天子质孙 冬	天子质孙 夏	百官质孙 冬	百官质孙 夏	合计 件数	合计 件数	所占比例（%）	所占比例（%）
丝织品	纳石失	1	3	1	2	7	33	14.29	67.36
	怯绵里	1	—	1	—	2		4.08	
	官素（缎）	—	—	7	2	9		18.37	
	罗	—	7	—	1	8		16.33	
	装饰（金）答子	—	1	—	5	6		12.24	
	浑金间丝	—	—	—	1	1		2.04	
毛织物	毛子	—	3	—	3	6	7	12.24	14.28
	速夫	—	1	—	—	1		2.04	
皮毛制品	粉皮	3	—	—	—	3	4	6.12	8.16
	银鼠	1	—	—	—	1		2.04	
未说明面料	应为装饰宝里的丝织品或毛织物	5	—	—	—	5	5	10.2	10.2
合计		11	15	9	14	49	49	100	100

一、丝织品

元代蒙古族服饰所使用的丝织品几乎囊括我国当时生产的所有品种以及来自域外的新型丝织品，而这些西来的织物最受蒙古贵族的推崇。

6世纪时，波斯萨珊王朝（224—651年，也称波斯第二帝国）的丝织业就已达到较高水平，产品通过丝绸之路输往中国，其纺织技术也在逐步向东扩散。在新疆到敦煌这条"丝绸之路"的重要通道上，中亚的纺织技术为当地民众所传承，形成西域至中亚、西亚一带的特有纺织品风格，而有别于中原地区的传统纺织技术。这种新型的技术、纹样、色彩对中原丝织品有较大影响，尤其在元代，宫廷对来自这些地区的新型纺织品爱不释手，成为这种新型纺织技术传播的重要推动力。

1. 纳石失

纳石失金光灿烂、耀眼夺目的视觉效果极大地满足了统治阶级的虚荣心及对时尚的追求。虽然我国在织物中用金可以追溯至汉代，相关文字记载却多与西域有关。西域、中亚一带的纺织品加金技术成熟较早，成品经丝绸之路传入中原地区，并深受欢迎。西汉桓宽❶在《盐铁论》中有："古者鹿裘皮冒（帽），蹄足不去。及其后，大夫士狐貉缝腋，羔麑豹袪。庶人则毛绔鈗彤，朴羝皮傅。今富者鼲貂，狐白凫翥，中者罽衣金缕，燕貉代黄。"❷"罽衣金缕"中的"罽"即毛织物，毛织物是当时西北地区常使用的服装材料，在毛织物上使用"金缕"并不是中原传统做法，而是来自西域及中亚的传统，这说明西汉时在织物上使用金线的做法已经较为普遍。

至十六国时期（304—439年），后赵武帝石虎❸出猎时戴"金缕织成合欢帽"，并"时著金线合欢裤"❹。石赵政权是十六国时期"以西域胡人为首的羯胡在中原地区建立最早的甚至是惟一的一个政权"❺，因此，石虎所着由金线织成的合欢帽、合欢裤应该是来自西域甚至中亚的传统加金面料，并不一定不代表当时我国中原地区加金织物的技术水平。至唐代，我国加金织物发展迅速，已达到较高水平。

不论辽金时期对织金锦使用量有多大，多数为我国传统的地络类组织结构的金段子，其中也应该有少数是来自西域及中亚的特结组织结构的加金织物——纳石失。因为在大蒙古国时期，蒙古草原已经得到过来自西域及中亚的纳石失，契丹、女真等生活在北方地区的民族应该有过与西来商贾交换商品的经历，其中有纳石失是可以理解的。通常认为元代蒙古族对黄金的喜好是继承金代习俗，其实不然，草原民族生活地域相似，审美也有相似的地方，他们对艳丽色彩的偏好以及对黄金的热爱是由地域环境和生活方式所决定。在广阔的

---

❶ 桓宽，生卒年不详，西汉时期人，字次公，汝南（今河南上蔡西南）人，官至庐江太守丞。

❷ [西汉]桓宽.盐铁论·散不足第二十九:卷六[M].上海:上海人民出版社,1974:67.

❸ 石虎(295—349),字季龙,上党武乡县(今山西榆社县)人,十六国时后赵第三位皇帝,334—349年在位,年号建武、太宁、永熙、延兴,庙号太祖。

❹ [晋]陆翙.邺中记[M]//王云五.丛书集成初编.上海:商务印书馆,1936:7.

❺ 王青.石赵政权与西域文化[J].西域研究,2002(3):91-98.

北方草原，日照率高是这里的普遍特点，幽绿、湛蓝、雪白是最常见的颜色，这种简单的色调和强烈的色彩感受使生活在这里的众多游牧民族都十分喜爱纯净的色彩。当金灿灿的黄金制品展现在这些人的眼前时，顿时使他们爱不释手，纯净、耀眼的金黄成为北方草原游牧民族普遍所爱；同时黄金的高价值又使其成为在游牧四方时最便于携带的家庭财产。因此，蒙古族对黄金和纳石失的喜爱并非受女真人的影响，而是出自本身文化的传承。

纳石失是织金锦的一种，是原产于波斯及附近地区的传统加金丝织物，纳石失以特结组织结构为特点，有别于我国传统的地络式组织结构。《元史·舆服志》云："纳石失，金锦也。"❶纳石失是织金锦的波斯语 "Nasich" 的音译，古籍中对这个词有多种写法，如纳失失、纳赤思、纳什失、纳克实、纳阇亦、纳奇锡、纳奇实、纳奇锡、纳瑟瑟、绿喀提、绿可贴等。作为中亚传统加金丝织品，进入我国时，同其名称一起传入，并成为这种特殊加金丝织物的专用名称。这种织金锦除以波斯语命名外，还有时以中国传统名称称呼，如在《元史·舆服志》中三献官、司徒、大礼使的祭服中有就用"红组金"制作的绶绅，注释为"红组金译语曰纳石失"❷。

纳石失的纺织技术进入中国的时间可以追溯到隋文帝时期，在《隋书》有一段何稠仿制西域织金锦的文字："波斯尝献金绵锦袍，组织殊丽，上命稠为之。稠锦既成，踰所献者，上甚悦。"❸波斯献上的金线锦袍的面料应该是纳石失。何稠❹历任御府监、太府丞、太府少卿、太府卿等职。据尚刚教授考证，何稠祖籍中亚❺，几代人都生活在中国，他是否掌握纳石失的织造方法，依以上文字很难看出。但何稠"性绝巧，有智思，用意精微。……博览古图，多识旧物"❻，应该可以按照这件金线锦袍面料的组织结构仿造出纳石失，且外观效果超过波斯国进献的锦袍。

❶ [明]宋濂.元史·舆服一：卷七十八[M].北京：中华书局，1976：1938.
❷ 同❶1935.
❸ [唐]魏徵.隋书·何稠：卷六十八[M].北京：中华书局，1973：1596.
❹ 何稠，生卒年不详，生活在北朝末年至唐初，字桂林，益州郫（今四川成都郫县）人，祖上来自中亚粟特的何国（今乌兹别克斯坦撒马尔罕西北）。
❺ 尚刚.古物新知[M].北京：生活·读书·新知 三联书店，2012：125.
❻ [唐]魏徵.隋书·何稠：卷六十八[M].北京：中华书局，1973：1596.

纳石失进入蒙古族的视野可以追溯到南宋时期，《松漠纪闻》中记述了回鹘人"善捻金线，别作一等，背织花树，用粉缴，经岁则不佳，唯以打换达靼"❶。作者洪皓❷在南宋高宗时期（1129—1162年，高宗第二次在位时期）任礼部尚书，建炎三年（1129年）出使金国，滞留荒漠十五年，返回南宋后写下《松漠纪闻》，记述了在金地的所见所闻。生活在西域的回鹘人较早就掌握了纳石失的织造技术，但所用金线的金箔固定不好，脱落严重。蒙古草原很少见到金光灿灿的纳石失面料，回鹘族商人将这些纳石失面料以物易物换给蒙古族。这可能是蒙古族第一次接触到纳石失面料，虽然面料品质不佳，但对黄金和浓烈色彩的热爱，使其在蒙古族心中播种了最初的种子，也使蒙古族得以见到域外面料、色彩、纹样的初貌，成为后来纳石失在元代流行的启门之举。从记载中可以看出，早在12世纪初期，西域与蒙古草原的纺织品贸易已是商品交易的内容之一。虽然当时的交易范围和交易量不大，而且这种金光灿烂的纺织品的品质也不理想，但仍得到蒙古族的喜爱。

成吉思汗西征前，花剌子模的三个商人带着大量的中亚商品来到蒙古草原贩卖，其中就有织金料子纳石失，由于索价太高，激怒了成吉思汗，他吩咐将府库中所存的此类织品给他们看❸，说明此时蒙古族对纳石失并不稀奇。拉施特❹在《史集》也讲述了同样的故事❺。这些外观华丽、耀眼的纳石失衣料符合游牧民族的审美心理，很快被蒙古族接受，并成为挚爱。到窝阔台时，西来的纳石失在蒙古贵族中已经使用得非常普遍，甚至在窝阔台的毡帐外都铺着纳石失和锦缎地毯❻。

在大蒙古国时期，伴随东西交流和贸易的繁荣，纳石失大量进入蒙古族的视野，蒙古族在对外的征战中获得了大量黄金，随着国力的急剧增强，为加金

❶ [宋]洪皓.松漠纪闻[M]//王云五.丛书集成初编.上海：商务印书馆，1936：3-4.
❷ 洪皓（1088—1155），字光弼，鄱邑（今江西鄱阳）人，政和五年（1115年）进士。南宋任礼部尚书时，建炎三年（1129年）奉命出使金国，滞留金十几年，绍兴十年（1140年）被释归宋。
❸ [伊朗]志费尼.世界征服者史：上册[M].何高济，译.呼和浩特：内蒙古人民出版社，1981：90-91.
❹ 拉施特（Rashid al-Din Fadl Allah，1247—1318），波斯政治家、史学家，先后奉伊利汗合赞（1296—1304年在位）、完者都（1304—1316年在位）之命撰写《史集》。
❺ [波斯]拉施特.史集：第一卷 第二册[M].余大钧，周建奇，译.北京：中华书局，1983：258.
❻ [伊朗]志费尼.世界征服者史：上册[M].何高济，译.呼和浩特：内蒙古人民出版社，1981：254.

织物的生产奠定了物质基础。此外，在征战的过程中，他们较早地接触到了伊斯兰世界的手工艺品，对其精美、华丽的外观非常喜爱，因此，"在相当大的程度上，他们对手工艺品的审美判断是由伊斯兰艺术培养的"❶，袁宣萍、赵丰也说这种西方民族艺术风格对蒙元时期贵族丝绸织物的影响尤为强烈，而且"影响到明清以来丝绸艺术的走向"❷。纳石失的流行是受蒙古族的习俗、爱好等影响，也是当时统治者为满足和彰显自身地位和奢侈生活而大力提倡的结果。在这个时期，蒙古族统治者、贵族、上层官员是纳石失的主要占有者，纳石失是他们的日常生活及质孙宴上不可缺少的服饰面料和室内装饰材料，成为元代最著名的纺织品品种。

大蒙古国时期的纳石失都是通过贸易取得，元代纳石失的来源一是贸易，二是由国内官营纺织机构织造，且后者占绝大多数。元立国后，随着统治范围的扩大和对奢侈生活的追求，通过贸易无法满足统治者和贵族对纳石失的巨大需求，所以利用各种途径获得稳定、丰富的原料资源和俘获的大批优秀织工，建立了庞大的官营纺织手工业。在官营手工业制造的产品中，满足统治阶级生活享受的消费品占很大比例，服饰就是其中的重要内容之一。这些专职局院的织工多数由来自中亚及西域的人担任，部分内地织工在这些人教习下掌握纳石失的织造技术，这样既可发挥这些织工的技术优势，又可继续发扬蒙古统治者和贵族喜爱的纳石失原产地的风格。在这些长期居于内地的中亚和西域织工的梭下，在图案风格、色彩倾向等方面可看到中西合璧的特色。

元代纳石失的使用量巨大，主要用途可分四类：

（1）服用

元代皇室、官员服饰有中原汉式和蒙古族传统服饰两大类，不同场合穿着不同服装。皇帝衮冕、百官公服均采用我国中原传统汉式服装形式，服饰材料也多为中原传统丝绸面料，只是在局部装饰及配饰上使用纳石失。如"天子冕服"之"玉环绶，制以纳石失"❸"履，制以纳石失"❹，三献官、司徒、大礼使

❶ 尚刚. 纳石失在中国[J]. 东南文化, 2003(8): 60.
❷ 袁宣萍, 赵丰. 中国丝绸文化史[M]. 济南：山东美术出版社, 2009: 159.
❸ [明]宋濂. 元史·舆服一：卷七十八[M]. 北京：中华书局, 1976: 1931.
❹ 同❸.

及助奠以下执事等的"绶绅"均为纳石失❶。

皇帝、百官、贵族在质孙宴上穿着的质孙服中明确制以纳石失的有7种。如"天子质孙,冬之服凡十有一等,服纳石失、怯绵里,则冠金锦暖帽。……夏之服凡十有五等,服答纳都纳石失,则冠宝顶金凤钹笠。服速不都纳石失。则冠珠子卷云冠。服纳石失,则帽亦如之……"❷。与质孙服配套的饰品中也有许多为纳石失所制,这是一个巨大的数字。此外,在日常生活中,帝王、贵族、高级官吏及家眷们,甚至普通蒙古族民众都喜欢使用纳石失制作袍服。从蒙元时期墓葬的出土及传世文物情况来看,由纳石失制作袍服的比例较大。

(2)帝王、贵族丧葬所用

皇帝晏驾用纳石失,足以说明它的珍贵:"凡宫车晏驾,棺用香楠木,中分为二,刳肖人形,其广狭长短,仅足容身而已。殓用貂皮袄、皮帽,其靴袜、系腰、盒钵,俱用白粉皮为之。殉以金壶瓶二,盏一,碗碟匙箸各一。殓讫,用黄金为箍四条以束之。舆车用白毡青缘纳失失为帘,覆棺亦以纳失失为之。前行,用蒙古巫媪一人,衣新衣,骑马,牵马一匹,以黄金饰鞍辔,笼以纳失失,谓之金灵马。"❸

元代蒙古贵族及三品以上官员在身后均可以用纳石失覆盖棺木,在元代成为流行。

(3)帐幕、家居陈设、装饰车马

元代在蒙古帝王、贵族及三品以上官员的毡帐和居室内外都可以使用纳石失。窝阔台在哈剌和林"设中国帐幕,外施白毡,内饰金锦。帐内可容千人,名曰失剌斡儿朵"❹。1254年1月4日,鲁不鲁乞看到蒙哥汗的帐幕"内壁全部都以金布覆盖着"❺。《世界征服者史》中多次记载蒙古族用纳石失包裹毡帐,旭

❶ [明]宋濂.元史·舆服一:卷七十八[M].北京:中华书局,1976:1935.

❷ 同❶1938.

❸ [明]宋濂.元史·祭祀六:卷七十七[M].北京:中华书局,1976:1925-1926.

❹ [瑞典]多桑.多桑蒙古史:上册[M].冯承钧,译.北京:中华书局,2004:227.

❺ [法]威廉·鲁不鲁乞·鲁不鲁乞东游记[M]//[英]道森.出使蒙古记.吕浦,译.北京:中国科学出版社,1983:172.

烈兀❶率领第三次西征（1253—1260年）的过程中，1256年4月至5月，在徒思（今伊朗马什哈德西北20公里）附近，"他们把一座纳失失营帐搭在异密阿儿浑❷设计的花园门前，于是金合富花剌（原书注释：金合富花剌的意思是平民区）成为异密们的聚会地。那座营帐是世界皇帝蒙哥可汗叫异密阿儿浑为其弟（旭烈兀）所准备者。奉皇帝的命令，名匠被召集起来并受到征询，最后决定，帐篷应由一匹有两面的料子制成。在完成它的织染中，他们已超过了萨那（今也门共和国首都萨那）匠人的手艺：前后协调，里和外在色彩和图案的严格对应方面，象纯洁的心那样相互补充。剪刀的齿因裁它而变钝。那镀金的圆屋顶和天宫般的帐篷，也就是太阳的圆盘，因嫉妒这座帐篷的构造，失掉它的光亮，而因它的完美无缺，灿烂的满月露出愠色。"❸萨那坐落在阿拉伯半岛的最南端，是古代阿拉伯人生活的中心，也是的纳石失的重要产地之一。奉蒙哥汗的命令所召集来的工匠应该是来自徒思的当地人，利用他们高超的纺织技艺生产出举世无双的纳石失。由于纳石失中金线的缘故，在裁剪时剪刀都因此变钝，由此可见帐幕的巨大。

此外，皇帝的舆辂（玉辂、金辂、象辂、革辂、木辂）、腰舆的内饰及褥、坐垫等均为纳石失。在元代舆服制度中，三品以上官员的帐幕也允许使用纳石失。可见，蒙元时期在居室内外使用纳石失的数量非常之大。

（4）赏赐

中国历代皇帝都需要通过大量赏赐来凝聚各级官吏、贵族及皇亲国戚。元代宫廷每年数量巨大的岁赐和对有功之臣的奖赏也包含大量的纳石失及其制品。世祖至元十四年（1277年）十二月，"赐诸王金、银、币、帛等物如岁例。赐诸王也不干、燕帖木儿等五百二十九人羊马价，钞八千四百五十二锭。赏拜答儿等千三百五十五人战功，金百两、银万五千一百两、钞百三十锭及纳失

---

❶ 旭烈兀(1219—1265)，拖雷之子。蒙古族第三次西征统帅，至元元年(1264年)被封为伊利汗，建立伊利汗国(伊尔汗国)。

❷ 阿儿浑(？—1275)，蒙古斡亦剌部人。宪宗三年(1253年)，旭烈兀西征受命管理财赋，伊儿汗国建立后，主管财政。

❸ [伊朗]志费尼.世界征服者史：下册[M].何高济，译.呼和浩特：内蒙古人民出版社，1981：730-731.

失、金素币帛、貂鼠豹裘、衣帽有差。"❶蒙元时期对如此众多的有功之臣的赏赐，也是纳石失面料的重要去向。

2. 怯绵里（剪绒）

元代至明清的文献中对剪绒的称呼较为复杂，剪绒的名称多以其面料原产地的称呼见于史料，尤其在与蒙古族有关的史料中更是如此。为更好地理解剪绒这个来自西方的特殊面料，有必要对其名称进行较为详细的探讨。

在中华书局1976年版的《元史》中，称剪绒为"怯绵里"，怯绵里是波斯语Khamel的音译。当年蒙古族是通过中亚输入的产品认识的剪绒，因此，它的波斯语称呼"怯绵里"也一同传入。明代方以智❷的《通雅》中称之为"怯绵"，如果从Khamel的读音来看，这样的音译才更准确。这个词的变化形式Xemerlig，可以音译成"克默尔里克"。在史料中，Xemerlig的发音使用最多，在现代蒙古语中解释为"锦"或"锦缎"❸。乾隆四十七年（1782年）编《钦定元史语解》中注音为"克默（尔）里（克）"，《钦定续文献通考》和孙承泽❹的《春明梦余录》中都使用的是"克默尔里克"。在台湾商务印书馆1986年出版的景印文渊阁《四库全书》中，天子质孙中使用的是"克默里尔克"，而在百官质孙中使用的却是"克默尔长克"❺。在清代秦蕙田❻的《五礼通考》，以及《钦定续通志》中解释元代质孙服剪绒面料时使用了"奇凌"这个词，现代蒙古语中"奇凌"拼写为xiling❼，其汉语意思是"天鹅绒"，这正是欧洲对剪绒的称呼。而Xiling是由Xemerlig演变而来，其词源仍为剪绒的波斯语称呼Khamel。从剪绒的不同称呼

❶ [明]宋濂.元史·世祖六：卷九[M].北京：中华书局，1976：193.
❷ 方以智(1611—1671)，字密之，号曼公，桐城（今安徽桐城）人。崇祯十三年(1640年)进士，历任工部观政、翰林院检讨等职。明清之际著名思想家、科学家。
❸ 内蒙古大学蒙古学研究院蒙古语文研究所.蒙汉词典[M].呼和浩特：内蒙古大学出版社，1999：609.
❹ 孙承泽(1592—1676)，字耳伯，号北海，山东青州府益都县（今山东青州市）人。崇祯四年(1631年)进士。历任清代太常寺卿、大理寺卿、兵部左右侍郎、吏部左侍郎等职。
❺ [明]宋濂.元史·舆服一：卷七十八[M]//景印文渊阁四库全书：第293册.台北：台湾商务印书馆，1986：509.
❻ 秦蕙田(1702—1764)，字树峰，号味经，江南金匮（今江苏无锡）人，乾隆元年(1736年)进士。历任礼部侍郎、工部尚书、刑部尚书、署翰林院掌院学生等职。
❼ 同❸631.

可以看出这个词从元代进入我国，经过几百年的演变，到现代的变化历程。

剪绒的制作工艺复杂，采用起绒杆，形成绒圈组织，再剪绒成型，外观饱满、结构紧密。剪绒从进入我国之初即受到蒙古族的喜爱，除在日常服饰中使用外，还用到质孙服中。加宾尼出使中国时看到当时蒙古族所穿袍服面料有：硬麻布、天鹅绒和织金锦❶，并记录了1246年推选贵由继任新合汗时举行的质孙宴，与宴者的穿着给他留下了深刻印象："第一天，他们都穿白天鹅绒的衣服，第二天——那一天贵由来到帐幕——穿红天鹅绒的衣服，第三天，他们都穿蓝天鹅绒的衣服，第四天，穿最好的织锦衣服。"❷其实前三天都穿天鹅绒质孙服的可能性并不大，因为在贵由时期，得到如此大量的天鹅绒并不容易。但不论怎样，这三天的质孙服中应该有天鹅绒（剪绒）。召开质孙宴的巨大帐幕同样使用白天鹅绒制成，并能容纳两千多人❸。同年11月13日加宾尼即将离开中国之际，贵由的母亲乃马真❹"给了我们每人一件狐皮长袍（长袍外面是毛皮，里面有衬里）和一段天鹅绒"❺。朱有燉❻在元宫词中叙写了元代皇帝在元上都清宁殿里颁赐剪绒的情景："清宁殿里见元勋，侍坐茶余到日暾。旋着内官开宝藏，剪绒段子御前分。"❼这里的剪绒段子即指怯绵里。珍贵的进口怯绵里存放于内宫左藏库中❽，需开库调用。

纺织品的织造技术不同，形成不同的外观效果。剪绒织物的表面有一层绒毛组织，为起绒织物。我国很早就生产起绒织物，但与西方的剪绒在织造技术上完全不同。我国发现最早的起绒织物是在汉代，甘肃武威磨嘴子62号汉墓❾（图2-3）、长沙马王堆❿等墓葬中都出上了"绒圈锦"，但这些不同地点出土的

❶ [意]约翰·普兰诺·加宾尼.蒙古史[M]//[英]道森.出使蒙古记.吕浦,译.北京:中国社会科学出版社,1983:8.
❷ 同❶60.
❸ 同❷.
❹ 乃马真(？—1246),名脱列哥那,史称乃马真后,窝阔台汗皇妃.
❺ 同❶67.
❻ 朱有燉(1379—1439),号诚斋,安徽凤阳人.明太祖朱元璋第五子朱橚的长子,袭封周王,谥宪,世称"周宪王".
❼ [明]朱有燉.元宫词一百首[M]//柯九思,等.辽金元宫词.北京:北京古籍出版社,1988:20.
❽ [明]宋濂.元史·世祖九:卷十二[M].北京:中华书局,1976:247.
❾ 甘肃省博物馆.武威磨嘴子三座汉墓发掘简报[J].文物,1972(12):9-21.
❿ 上海市纺织科学研究院,上海市丝绸工业公司文物研究组.长沙马王堆一号汉墓出土纺织品的研究[M].北京:文物出版社,1980:50-54.

绒圈锦在纹样、色彩、织物的组织结构及绒圈外观上都很相似，说明绒圈锦是汉代较为流行的一种织物，且织造得相对集中，才形成相似的效果。

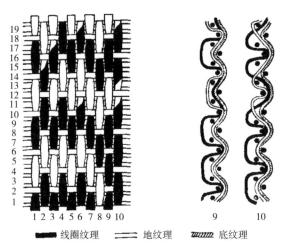

| | 线圈纹理 | 地纹理 | 底纹理 |

图2-3　武威磨嘴子汉墓出土的"起毛锦"（62号墓，标本22）
《文物》1972第12期

　　马王堆汉墓出土的绒圈锦用在著名的"素纱襌衣"的领缘和袖缘上（图2-4、图2-5）。绒圈锦是以锦为地，起绒圈为花；怯绵里则是以平纹为地，连续起绒。绒圈锦是织入起绒纬（假织纬）、经起绒，织成之后抽去起绒纬，形成绒圈。怯绵里用的是起绒杆，同样是经起绒，但需要割圈为绒。

图2-4　素纱襌衣
长沙马王堆一号汉墓出土　湖南省博物馆藏

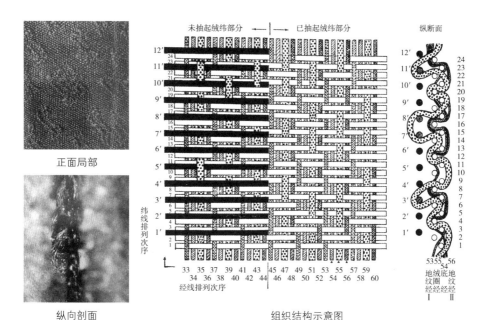

图2-5　素纱禅衣领缘与袖缘处的绒圈锦（N6-2）

《长沙马王堆一号汉墓出土纺织品的研究》文物出版社1980

从织物组织结构来看，我国传统绒圈锦仍是一种锦，与元代怯绵里的组织结构有本质区别。汉代集中出现绒圈锦后，再无发现同类织物，且无文献提及。元代出现的怯绵里是在西方织造技术成熟、产量加大后输入的结果，两者应该是由各自纺织技术生产的结果，并无直接联系。中国丝绸博物馆收藏了一顶13世纪初期的绒缘织金绫暖帽，帽缘以紫色素绒（怯绵里）制成，帽缘宽4厘米，长约为74厘米，这是我国迄今发现最早的怯绵里实物（图2-6）。怯绵里绒经较粗，地经很细，其比例为1∶2。纬线分为地纬和固结纬，地经和地ǎ纬平纹交织，绒经在两根固结纬之间的起绒杆处交织❶（图2-7）。

图2-6　元代绒缘织金绫暖帽

中国丝绸博物馆藏

❶ 赵丰. 天鹅绒[M]. 苏州：苏州大学出版社，2011：95-96.

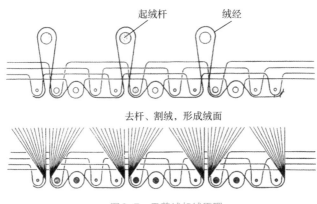

图2-7 天鹅绒起绒原理
《天鹅绒》苏州大学出版社2011

原产自西方的怯绵里在蒙古族西征后通过草原丝绸之路进入我国，并受到蒙古贵族的喜爱。这种贵重的丝织品只是在宫廷和质孙服上使用，在工部的织造局院中未见明确的织造与分工，因此可以推测，在元代怯绵里的织造技术并没有传入我国，此时所使用的怯绵里全部来自进口，直到明代，其织造技术之谜才被解开，并成为新型的丝织品类型受到广泛重视。

3. 撒答剌欺

撒答剌欺（赞丹尼奇）是中亚传统织锦，至迟6世纪时，中亚粟特人就开始生产这种织锦。因为在不花剌（今乌兹别克斯坦布哈拉）以北十四哩的撒答剌（Zandana）村出产的粟特锦最有名❶，撒答剌欺便成为粟特锦的另一个名称。因此，粟特锦、波斯锦以及撒答剌欺应该指的是同一类织锦，只是名称不同而已。在中亚，尤其是粟特地区，撒答剌欺的织造非常普遍。阿拉伯作家纳尔沙希在其 *THE HISTORY OF BUKHARA* 一书中写道："赞答纳（Zandana）有一座大城堡，一个市场和一个大清真寺。每周五举行礼拜，并进行交易。该地特产一种名为赞答纳的精美布料，产量很大。大部分布是在布哈拉的其他村子里纺织的，但是也叫赞答纳吉布，因为这种布首先出现在赞答纳村。这种布料出口到伊拉克、法尔斯（泛指伊朗南部地区）、科尔曼（伊朗东南部最大城市）、印

---

❶ [伊朗]志费尼.世界征服者史：上册[M].何高济,译.呼和浩特：内蒙古人民出版社,1981：93.

度斯坦和其他许多地方。所有贵族和统治者都用它做衣服，其卖价与锦缎一样。"❶ 通过贸易交流，撒答剌欺很早就传到中国，并对隋唐丝绸的面貌大有影响❷。在新疆及中亚，隋唐至元代的墓葬中出土了许多撒答剌欺。20世纪初，英国考古学家马尔克·奥雷尔·斯坦因❸ 对新疆的三次探险发掘所获得的织物中，有很大一部分是来自粟特等地的撒答剌欺。图2-8是斯坦因发现于敦煌藏经洞的9—10世纪的粟特织锦（撒答剌欺）。元代最知名的撒答剌欺是集宁路窖藏出土的对雕风帽，对雕神态逼真，具有典型的中亚风格（图2-9）。

图2-8　粟特织锦（撒答剌欺）

《东方早报》2013-11-11

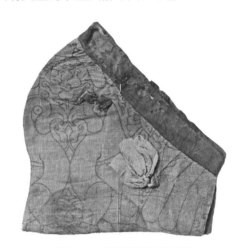

图2-9　对雕纹撒答剌欺风帽

集宁路窖藏出土　内蒙古博物院藏

　　在成吉思汗时期，撒答剌欺已经被蒙古族所熟知。多部著作都记述了中亚忽毡（今塔吉克斯坦共和国苦盏Khujand）的三个商人带着"织金料子、棉织物、撒答剌欺（zandanichi）"来到蒙古地区，成吉思汗给每件织金料子付一个金巴里失，每两件棉织品和撒答剌欺付一个银巴里失。❹ 这里的织金料子是指纳石失。从售卖的价格来讲，撒答剌欺较纳石失的价值低不少，与棉织物相当。

❶ The Arabic Original by Narshakhi. RICHARD N. FRYE. THE HISTORY OF BUKHARA[M]. THE MEDIAEVAL ACADEMY OF AMERICA CAMRIDGE, MASSACHUSETTS. 1954: 15-16.

❷ 尚刚. 古物新知[M]. 北京：生活·读书·新知 三联书店，1973：136.

❸ 斯坦因（Mark Aurel Stein, 1862—1943），英籍匈牙利人。1900—1916年，三次深入新疆、甘肃一带，窃走大量敦煌文物。国际敦煌学开创者之一。

❹ [伊朗]志费尼. 世界征服者史：上册[M]. 何高济，译. 呼和浩特：内蒙古人民出版社，1981：90.

图2-10　团窠对孔雀文锦（撒答剌欺）
中国丝绸博物馆藏

此时，中国的棉纺织业尚在初级阶段，而中亚的棉纺织已经较为成熟，能够纺织很精细的棉布。因此，由中亚输入的棉织品应该属于价值较高的纺织品品种。这些来自中亚的纺织品中，纳石失是以金为纹，撒答剌欺则是织彩为纹（图2-10），不论是原料的价值，还是纺织难度来说，纳石失都具有更高的价格。同一件事在拉施特的著作《史集》中也记述道："有三个不花剌（今乌兹别克斯坦共和国不哈拉Bukhara）商人带着各种货物，包括咱儿巴甫场、曾答纳赤、客儿巴思等织物及蒙古人需用的其他物品来到了那里。"在注释中说明："咱儿巴甫场（直译：织金）——锦缎；曾答纳赤：彩色印花棉布，由不花剌曾答纳村而得名，该村几乎直到最近还生产棉布；客儿巴思：素白棉布。"❶其中"曾答纳赤"是撒答剌欺的不同音译。拉施特是波斯政治家、史学家，奉伊利合赞罕❷之命撰写《史集》。同时期人的记述应该不会有太大出入，也就说明到元代早期，已经有相当数量的以棉纱纺织的撒答剌欺，但作为丝织品的重要内容，以丝线作为原料的撒答剌欺仍是粟特锦的主流。前文中的"客儿巴思"是素白棉布，也就区别开了以彩为纹的撒答剌欺。但在这里有一个问题，拉施特将曾答纳赤（撒答剌欺）说成彩色印花棉布，拉施特虽然是元代同时期人，也生活在波斯这个撒答剌欺的产地，但对于历史学家来

❶ [波斯]拉施特.史集：第一卷 第二册[M].余大钧，周建奇，译.北京：中华书局，1985：258.

❷ 合赞汗(1271—1304)，伊利汗国第七位君主，1295—1304年在位。

说，可能对织纹和印纹之间的区别没有太深的概念，因此有搞误之嫌。再者，同一件事，志费尼说这三个商人来自忽毡，拉施特则说是不花剌，虽然地点不同，但两地相距只有500千米左右，都属于当时撒答剌欺的主要产地撒麻耳干（今乌兹别克斯坦共和国撒马尔罕Samarqand）地区。《世界征服者史》创作于13世纪中期，距此事过去半个世纪，而《史集》是14世纪初的著作，距这件事更是在百年之后，所以地点有些小出入，可以理解。

　　元代统治者对来自中亚的物品有特殊的爱好，除金光闪闪的纳石失外，撒答剌欺也成为上层社会的宠爱，并且搜刮了大量西域和中亚织工，在工部设局专职织造撒答剌欺，"撒答剌欺提举司，秩正五品。提举一员，副提举一员，提控案牍一员。至元二十四年，以扎马剌丁率人匠成造撒答剌欺，与丝绸同局造作，遂改组练人匠提举司为撒答剌欺提举司。"❶ 扎马剌丁来自中亚，不论是否熟悉撒答剌欺的织造技术，但在其领导下的织工均来自熟悉撒答剌欺织造技术的地区。至元二十四年（1287年）组建提举司初期是与丝绸同时织造，后应该对撒答剌欺的需求量增大，而将纺织"练"（白绢）的人匠提举司改为织造撒答剌欺，可以看出，这个提举司生产的撒答剌欺应该是丝织品，而非棉织物，并且该局院应该设置在大都或者附近。

　　在《元典章》职品中从五品类"诸提举"有"撒答剌期等局人匠提举"❷，正七品"诸司同提举"中有"撒答剌期等局人匠"❸，在正八品副提举（二千户下、一千户上）中有"撒答剌期等局人匠"❹。可见，专门织造撒答剌欺的官营机构不止扎马拉丁所领导的一家，撒答剌欺的需求量应该非常之大。

　　从纺织技术和纹样上看，撒答剌欺与中国所生产的传统织锦有较大区别。中亚的织锦是以纬线织纹、显花的"斜纹纬重锦"，而中国传统织锦则是以经线织纹的"经锦"。明水墓地出土的异样文字锦（几何纹平纹纬二重织物）即为典型的撒答剌欺❺（图2-11）。

---

❶ [明]宋濂.元史·百官一：卷八十五[M].北京：中华书局，1976：2149.

❷ [元]沈刻元典章·吏部一：第三册[M].北京：中国书店出版社，1985：典章七17上.

❸ 同❷23下.

❹ 同❷30上.

❺ 赵丰.中国丝绸通史[M].苏州：苏州大学出版社，2005：358.

 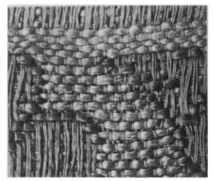

《黄金 丝绸 青花瓷——马可·波罗时代的时尚艺术》　　《中国丝绸通史》苏州大学出版社 2005
艺纱堂/服饰出版（香港）2005

图2-11　内蒙古达茂旗明水墓地出土异样文锦

4. 缎织物

生活在北方草原的蒙古族是通过金代女真人接触到缎织物的。金朝地域宽广，北至外兴安岭，向南深入淮河流域的广大中原地区，中原汉文化对其有较大影响。蒙古族从征讨金朝开始接触汉文化，虽然南北之间的商品贸易早已存在，但此时中原的各种产品更是使祖祖辈辈居于大漠、草原的蒙古族爱不释手。随着中原的各种物资进入蒙古草原，他们接触到了当时新型的丝织品——缎。

到元代，除江南是缎织物的主要产地外，黄淮至大都附近传统丝织品产地均生产缎织物。此外，元代官营机构中有许多都是为满足帝王、百官及贵族的纺织工业，这些官营纺织机构遍布全国各地。在元代宫廷的重视下，纺织业发展迅速，除传统织物外，新型纺织品"段"（缎）也更加成熟。

缎织物织造技术的成熟为元代统治者和贵族的服饰面料增加了新的选择，并深受喜爱，是官营作坊的重要产品。元代的缎织物有素缎和暗花缎两类，在元代的许多文献中，将官府设局织造的缎织物称为"官素"，即"官素缎子"，其中"官"是指官营手工业局院织造的产品。百官冬季九款质孙服中除纳石失、剪绒各一款外，其余七款均为"官素"，这些应该是以"官素"吊面的皮袍；夏季质孙服中有两款为"官素"，应该是以"官素"为面的夹袍，"官素"

面料的质孙服占 18.37%，是 49 种质孙服中使用率最高的一种袍服面料。这里的官素不一定是指素缎子，其中应该包括暗花缎。由官素缎子裁制的质孙服，多数应该还用印金、销金、刺绣等技法施以纹彩，装饰各种图案、宝里（膝襕）及胸背等，如百官质孙中的"大红官素带宝里"，即是大红色的官素缎子装饰膝襕的袍服。

由于缎织物是南宋时才出现的新型丝织品，在元以前没有"缎"字，宋元时常用"段"作"缎"字用，直到元后期才逐步使用"缎"字，宋元时"缎"还常称为"纻丝"。丝绸纺织在中原有非常坚实的积淀，所以一旦出现新型的纺织技术，可以很快被大多数织工所掌握，《元典章》中有"街市诸色人等不得织造日月龙凤段匹"❶的禁限，说明元代民间已掌握花缎的织造技艺。

虽然缎织物在宋代已出现，这项新型纺织技术在逐步成熟中传承，直到元代才见到缎织物的出土实物。在江苏无锡钱裕（1247—1320）墓出土了大量五枚正反缎❷，山东邹县李裕庵（？—1350）墓❸、甘肃漳县汪世显家族墓❹等都出土了大量缎织物。汪世显❺家族是金、元、明时期陇西望族，是元代统治阶级中较为重要的人物。汪世显家族元代墓 M13 出土了 24 件丝织品，其中有 12 件缎纹织物。在重庆发现的明玉珍❻墓中出土了大量丝织品，其中有 12 件缎纹织物，包括素缎及暗花缎❼。河北隆化鸽子洞出土的湘色云纹暗花料片为五枚缎❽（图 2-12）。苏州张士诚母曹氏墓（1367 年）中出土了大量暗花缎，并首次出土了五枚三飞经面素缎❾。从这些织物可以看出当时织缎技术已非常成熟（图 2-13）。

❶ [元]沈刻元典章·工部：第十八册[M]. 北京：中国书店出版社，1985：典章五十八 8 上.

❷ 袁宣萍，赵丰. 中国丝绸史[M]. 济南：山东美术出版社，2009：173.

❸ 山东邹县文物管理所. 邹县元代李裕庵墓情理简报[J]. 文物，1978(4)：14–18.

❹ 甘肃省博物馆，漳县文化馆. 甘肃漳县元代汪世显家族墓群[J]. 文物，1982(2)：1–13.

❺ 汪世显(1195—1243)，字仲明，巩昌盐川(今甘肃省定西市漳县)人，汪古部人，官至龙虎卫上将军、中书省左丞相。

❻ 明玉珍(1331—1366)，元末农民起义军领导人之一。

❼ 重庆市博物馆. 四川重庆明玉珍墓[J]. 考古，1986(9)：827–834.

❽ 隆化民族博物馆. 洞藏锦绣六百年 河北隆化鸽子洞藏元代文物[M]. 北京：文物出版社，2015：158.

❾ 苏州市文物保管委员会 苏州博物馆. 苏州吴张士诚母曹氏墓清理简报[J]. 考古，1965(6)：289–300.

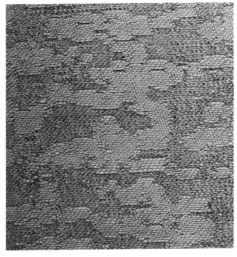 

正面　　　　　　　　　　　　　　　反面

图2-12　鸽子洞窖藏湘色五枚缎地云纹暗花料片

河北隆化博物馆藏　《洞藏锦绣六百年 河北隆化鸽子洞洞藏元代文物》文物出版社2015

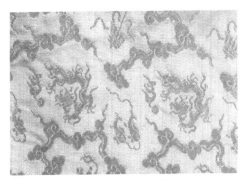 

白地云龙八吉祥花缎　　　　　　　　　妆彩吉羊团花缎

苏州张士诚母曹氏墓出土　苏州博物馆藏　　　甘肃汪世显家族墓出土　甘肃省博物馆藏
《中国织绣服饰全集2》天津人民美术出版社2004　　《甘肃丝绸之路文明》科学出版社2008

图2-13　花缎

　　元代官营作坊遍天下，在众多官营织造业中，除部分特殊纺织品品种需要外来工匠传承技艺外，多数为汉族工匠，所生产的织物从织造工艺、色彩到图案皆呈现中原传统风格。缎织物是中原地区的重要产品，它以纹样、色彩传承中原传统文化是必然的结果。

5. 答子

"答子"也写为搭子、褡子等，是指小面积或小块儿的东西，在面料上指小型散点图案，形状并不固定。答子图案的丝织品是中原传统产品，答子图案多为花草、动物以及各种吉祥纹样，保留了更多的中原传统特色。在服装面料上的答子纹样有两种工艺，一种是面料纺织时织就的纹样，主要有织锦、花缎、花罗、缂丝等织物；另一种是对面料的再次装饰，如销金、刺绣、盘金绣、钉珠装饰等。不论工艺如何，用金制成的答子即为金答子（图2-14）。

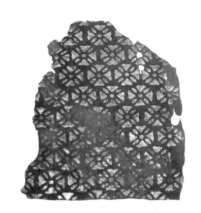

图2-14　几何朵花纹金答子
中国丝绸博物馆藏

元代蒙古族喜爱黄金装饰及黄金制品，除纳石失外，其他加金织物的使用也十分广泛，金答子就是其中之一。中原传统金答子的基底材料为丝织物，可以是缎、锦、罗、绫等；金答子用金少，便于生产。在质孙服中，天子质孙无金答子，百官质孙服中有5款金答子，占质孙服总数的10.2%，说明金答子在当时服饰面料中具有较高的档次，但其价值明显低于纳石失。元代百官公服中明确三品官吏可以使用"金答子"，命妇四品、五品服"金答子"❶，但质孙宴上所穿质孙服不受此限制。天子夏季质孙服中有一款"珠子褐七宝珠龙答子"，其中"珠子褐"为面料的颜色，"七宝珠龙"是胸背的刺绣装饰，而袍身则装饰答子，从描述可以看出，这款"珠子褐七宝珠龙答子"质孙服应该非常奢华。

二、毛织物

蒙古族生活在北方草原，高海拔、高纬度，气候寒冷、多变，昼夜温差

---

❶ [明]宋濂.元史·舆服一：卷七十八[M].北京：中华书局，1976：1942.

大。自古毛制品都是草原民族重要的服饰面料来源，深受人们重视和喜爱。元代以前，蒙古族掌握的毛织品种类非常有限，当与西域联系增多之后，各种毛织品的输入使蒙古族在服饰面料上丰富起来。西域毛纺织业的历史悠久，13世纪前后已经非常发达。此时的毛纺织业主要集中在河西走廊至西域这条传统的丝绸之路沿线。蒙古族西征后，进一步打开了通往中亚、西亚直至欧洲的大门，为蒙古草原及蒙古族统治者、贵族带来了非常丰富的服饰面料。

元代使用的毛织品种类很多，大致可以分为通过草原丝绸之路传入的外来品：速夫、海西布、撒哈剌（洒海剌）等，我国自产的传统毛制品有毛子（古代传统毛织品服用面料）、毡罽。

每年元代宫廷巡幸上都时都要在六月吉日举行盛大的质孙宴，即使是夏季，上都昼夜温差也非常大，周伯琦在《诈马行》中就说过"上京六月如初冬"❶，朱有燉也写道："侍从常向北方游，龙虎台前正麦秋。信是上京无暑气，行装五月载貂裘。"❷萨都剌说："上京六月凉如水，人渴天瓢更赐冰。"❸在"五更寒袭紫毛衫"❹中的"毛衫"应该就是毛子或速夫所制作的袍服。天子和百官的质孙服中各三款毛子制品及天子质孙服中的唯——件速夫质孙服都是夏季质孙的衣料。

1. 速夫与毛子

速夫是波斯语suf的音译，意为羊毛织物。在不同史书中音译的写法不同，1986年台湾商务印书馆的景印文渊阁四库全书中的《元史》使用"苏普"❺，在《礼部志稿》《钦定元史语解》《钦定续通志》《钦定续文献通考》等也采用这种写法。《明史》和《通雅》中写为"琐服"，在《格致镜圆》为"琐伏"，明《名臣琬琰续录》《广东通志》《明会典》、王世祯的《香祖笔记》等中又写成

❶ [元]周伯琦.诈马行[M]//[清]顾嗣立.元诗选：初集下.北京：中华书局，1987：1858.

❷ [明]朱有燉.元宫词一百首[M]//[元]柯九思，等.辽金元宫词.北京：北京古籍出版社，1988：20.

❸ [元]萨都剌.上京杂咏五首[M]//章荑荪，选注.辽金元诗选.上海：古典文学出版社，1958：176.

❹ 同❸177.

❺ [明]宋濂.元史·舆服一：卷七十八[M]//景印文渊阁四库全书：第293册.台北：台湾商务印书馆，1986：509.

"梭服"。其实，不论如何书写，都是音译的注音不同，其所指的内容并没有区别。

《元史·舆服志》中解释"速夫"为"回地毛布之精者"❶，《御制元史语解》中注为"回地毛布"。在明代《礼部志稿》中记载满剌加（马六甲）、赛马尔堪（撒马尔罕）、天方国（指阿拉伯国家）等的贡品中都有"苏普"，《明史》中有："满剌加所贡物有玛瑙、珍珠、玳瑁、珊瑚树、鹤顶、金母鹤顶、琐服、白芯布、西洋布、撒哈剌、犀角、象牙……"❷可见直到明代，速夫仍是中亚、西亚甚至南亚各地较为名贵的毛纺织品，而南亚的速夫应该来自北方的产毛地区，也许只是为了进贡而购入的织品。

元代我国速夫的主要来源有两个，一是通过草原丝绸之路直接进口和各地的贡品，满足帝王、百官、贵族的生活；二是为了满足较大的使用量，元代宫廷设局生产、织造。在我国西北的广大地区，毛纺织业非常发达。"丝绸之路"沿线各地，毛纺织技术受到西域、中亚影响，对精细毛料"速夫"的织造技术应该能够很快掌握，或者本身毛织物的织造技术就与域外没有太大差别，只是"速夫"更为精细而已。至元十八年（1281年）十月，元代宫廷在河西置织毛缎匠提举司❸生产精细毛织物。河西❹是传统毛织物产地，由于地理原因，受西域影响较大，因此，所生产的产品中应该有相当部分是精细毛织物"速夫"。至元二十年（1283年）置隶属储政院的上都异样毛子局❺生产有别于中国传统毛织物的新型织物，其产品应该是速夫。至元二十四年七月丁酉（1287年8月18日），"弘州匠官以犬兔毛制如西锦者以献，授匠官知弘州。"❻像西锦一样的毛织物受到帝王的喜爱，因此受匠官以弘州知县。由此可见元代统治者对西来纺织品的喜爱。但文中说此毛织物是以犬兔毛为原料，应有疑问。犬毛粗硬，无法进行纺织，兔毛也由于纤维短且刚性强而不能单独纺织，必须与羊毛等长

❶ [明]宋濂.元史·舆服一：卷七十八[M].北京：中华书局，1976：1938.
❷ [清]张廷玉.明史·外国六：卷三百二十五[M].北京：中华书局，1974：8419.
❸ [明]宋濂.元史·世祖八：卷十一[M].北京：中华书局，1976：234.
❹ 河西：今甘肃的酒泉、张掖、武威等地，因位于黄河以西，自古称为河西。
❺ [明]宋濂.元史·百官五：卷八十九[M].北京：中华书局，1976：2256.
❻ [明]宋濂.元史·世祖十四：卷十四[M].北京：中华书局，1976：299.

而柔软的纤维进行混纺，此处应该是兔毛与羊毛的混纺织物。

我国传统毛纺织品中的服用面料在元代通常称为"毛子"，其原料以羊毛为主，也包括少量驼毛。元代对毛子的需求量很大，官府下设隶属工部和各局院的毛子局主要有朔州毛子局、隶属储政院的丰州（今内蒙古呼和浩特）毛子局、缙山（今北京延庆）毛子旋匠局，以及陕西等处管领毛子匠提举司等。在其他匠局中也有毛织品的生产，如镇海家族掌管的弘州人匠提举司，其中有汴京（今河南开封）织毛褐工三百户❶，就是生产毛织品的匠户。我国传统毛织品产地肃州（今属甘肃酒泉）"居民杂处，以织毛褐为业"❷，马可·波罗也说：银川"居民用骆驼毛和白羊毛制成一种美丽的驼毛布，是世界上最好的产品"❸。元代，毛织品织造扩大到上都、大都周围的广大的地区。同时设置在这些地区的隶属各局院的毛子局对域外的新技术、新产品很快接受并应用到传统的织物中，使毛织物的产品类型扩大、生产技术走向成熟。由于元代对毛织物使用没有过多限制，因此在民间的发展也呈欣欣向荣的景象，为元代整体毛纺生产技术的提高和面料的广泛使用提供了很好的机缘。内蒙古阿拉善盟额济纳旗黑城遗址出土的棕地方格纹毛织物残片❹，组织细腻、配色雅致，为元代毛织物的典型代表（图2-15）。鸽子洞出土的斜纹组织绛红色毛织残片的组织细密紧实、均匀❺，为元代毛织品的精品（图2-16）。由于民间较早掌握了加金织物的织造技术，在毛织品中使用织金技术成为不少人的追求，因此，中统二年（1261年）九月中书省奉圣旨："今后应有织造毛段子，休织金的，止织素的或绣的者。"❻实际上，这个禁令并没有阻止民间用金，到半个世纪后的至大四年（1311年）朝廷还在"禁民间制金箔、销金、织金"❼。由于蒙古族对黄金的特殊喜爱，元代在各种织物中使用不同技术手段加金非常普遍，因此才会有屡禁不止的现象。

❶ [明]宋濂.元史·镇海：卷一百二十[M].北京：中华书局，1976：2964.

❷ [元]孛兰肹.元一统志：卷六[M].北京：中华书局，1966：549.

❸ [意]马可·波罗游记[M].梁生智，译.北京：中国文史出版社，1998：89.

❹ 中国织绣服饰大全集编辑委员会编.中国织绣服饰全集：第一卷·染织卷[M].天津：天津人民美术出版社，2004：305.

❺ 隆化民族博物馆.洞藏锦绣六百年 河北隆化鸽子洞藏元代文物[M].北京：文物出版社，2015：162.

❻ [元]大元通制条格·毛段织金：卷二十七[M].郭成伟，点校.北京：法律出版社，2000：304.

❼ [明]宋濂.元史·仁宗一：卷二十四[M].北京：中华书局，1976：540.

图2-15　棕地方格纹毛织残片

内蒙古博物院藏

《中国织绣服饰全集·染织卷》天津人民美术出版社2004

图2-16　鸽子洞出土绛红色毛织残片

《洞藏锦绣六百年　河北宣化鸽子洞藏

元代文物》文物出版社2015

2. 毛毡

毛毡是草原民族重要的生活用品，北方草原天气寒冷，多风沙，厚实、保暖的毛毡成为传统的御寒之物。毛毡主要使用在帐幕的围幪、室内铺设及毡靴、毡袜和毡袍等，帝王、后妃和各级官员所乘轿舆的围幪、铺设均使用毛毡。旭烈兀在西征过程中，1255年9—10月在撒马耳干城外，丞相麻速忽毕❶搭建起一座"白毡为顶的纳失失幄帐"❷。蒙古族入主中原后，生活方式有了较大变化，但居于大都的帝王和蒙古族贵族仍念念不忘广阔无垠大草原的生活，在大都中仍有不少毡帐，上都的蒙古族更是以传统的毡帐生活为主，虽然是城市生活，毛毡却是他们不可缺少的传统生活用品。西亚至我国西北的广大草原地带，毛毡也是当地人生活中必不可少的生活用品。从《南村辍耕录》"事物异名"条目中解释"毛席"为"毡也"❸。

---

❶ 麻速忽毕，又译麻速忽、马思忽惕、马思忽惕伯，原籍花剌子模。历任别失八里、哈剌火州、撒麻耳干、不花剌等地方长官。

❷ [伊朗]志费尼. 世界征服者史：下册[M]. 何高济，译. 呼和浩特：内蒙古人民出版社，1981：727.

❸ [元]陶宗仪. 南村辍耕录[M]. 北京：中华书局，1959：140.

上都最大的毡帐是城北的失剌斡耳朵，可容纳千人，元代柳贯❶在诗中形容失剌斡耳朵："叠幕承空柱绣楣，彩绳互地挈文霓。辰旗忽动祠光下，甲帐徐开殿影齐。"诗后注："车驾驻跸，即赐近臣洒马奶子御宴，设毡殿失剌斡耳朵，深广可容数千人。"❷马可·波罗也形容过这个可容纳千人的毡帐。毡帐是游牧民族为适应迁徙生活而形成的居室形式，"我朝居朔方，其俗逐水草无常居，故为穹庐以便移徙。后虽定邦邑、建宫室，而行幸上都，春秋往返，跋涉山川，遂乃因故俗为帐殿房车，以便行李具不欲兴土木以劳民之意，亦仁矣哉。"❸鲁不鲁乞详细记述了蒙古族毡帐的搭建方法："他们的帐幕以一个用交错的棍棒（这些棍棒以同样的材料做成）做成的圆形骨架作为基础，这些棍棒在顶端汇合成一个小圆圈，从这个小圆圈向上伸出一个象烟囱一样的东西。他们以白毛毡覆盖在骨架上面，并常常在毛毡上面涂以石灰或白粘土和骨粉，使之更为洁白，有的时候他们也把毛毡涂黑。覆盖在烟囱周围的毛毡，他们饰以各种各样的美丽图画。在门口，他们也悬挂绣着多种颜色的图案的毛毡；他们把着色的毛毡缝在其他毛毡上，制成葡萄藤、树、鸟、兽等各种图案。"❹毛毡在北方草原各民族中的使用十分普遍，直到现在仍是这些地区牧民和部分北方农区民众必不可少的生活用品。

为满足宫廷、贵族、军队、官衙等对毛毡的巨大需求，元廷兴办了许多制毡的手工作坊，仅工部在至元二十四年（1287年）就置三个毡局：大都毡局（从七品，人匠125户）、上都毡局（从五品，人匠97户）和隆兴毡局（人匠100户）❺。储政院（詹事院）至元二十年（1283年）置上都毡局以及上都、大都貉鼠软皮等局提领所属毡局（至元十三年收集人户为毡匠，二十六年始立局）❻。中尚监（掌大斡耳朵位下却怜口务）至元二十二年（1285年）置资成库

---

❶ 柳贯(1270—1342)，字道传，婺州(今浙江婺源)人，大德间荐为江山教谕，官至翰林待制、国史院编修。
❷ [元]柳贯.观失剌斡耳朵御宴回[M]//[清]顾嗣立.元诗选：初集中.北京：中华书局，1987：1154.
❸ [元]苏天爵.元文类·庐帐：卷四十二[M]//[元]苏天爵.元文类.上海：上海古籍出版社，1993：559.
❹ [法]威廉·鲁不鲁乞.鲁不鲁乞东游记[M]//[英]道森.出使蒙古记.吕浦，译.北京：中国社会科学出版社，1983：112.
❺ [明]宋濂.元史·百官一：卷八十五[M].北京：中华书局，1976：2146.
❻ [明]宋濂.元史·百官五：卷八十九[M].北京：中华书局，1976：2256.

（从五品）专门掌造毡货❶。"毡罽之用至广也，故以之蒙车马，以之藉地焉。而铺设障蔽之需，咸以之。故诸司寺监岁有定制，以给用焉。"❷元代制毡技术达到了空前水平，毡的种类繁多，按照用途不同，有衣、袜、靴、帽等用毡，有铺设、幪蔽用毡，各种色彩、工艺集中体现了制毡技术的最高水平。《大元毡罽工物记》记载了名目繁多的御用毡：兀纳八毡、脱罗毡、白矾毡、雀白毡、白袜毡、回回剪绒毡、内绒披毡、绒裁毡、掠绒剪花毡、无矾白毡、大糁白毡、白毡、白羊毛毡、内药脱罗、无药脱罗、里毡、裁毡、悄白毡、杂使毡、内不荅毡、内羊毛毡、掠毡、白厚毡、纳苫宝簟毡、白脱罗毡、剪绒花毡、带龙头白地毡、明线毡、裹毡、扎针毡、鞍笼毡、毡胎、白毡胎、好事毡、披毡、衬花毡、骨子毡等；染色毡中有红毡、青毡、绿毡、黑毡、大黑毡、柳黄毡、染青毡、内青毡、粉青毡、深色红毡、内红毡、肉红毡、柿黄毡、赤黄毡、银褐毡、熏毡、染青小哥车毡、青红芽毡等❸。除关于不同色彩、不同用途的毛毡外，在《大元毡罽工物记》中很清楚地将毡与毯分开，因此，剪绒毯、地毯、白毯、白脱罗毯等是羊毛编织的毯，而绒披毡、绒裁毡、剪绒花毡、掠绒剪花毡等应该是擀毡与织毯工艺结合的产品。

草原民族对毛毡的需求量非常大，民间擀毡业也异常兴盛。除使用羊毛制毡外，驼毛制毡也非常多，哈剌善❹"城中制造驼毛毡不少，是为世界最美丽之毡，亦有白毡，为世界最良之毡，盖以白骆驼毛制之也。所制甚多，商人以之运售契丹及世界各地。"❺"契丹"指元朝时期的北方地区；天德州（今内蒙古呼和浩特东）也"用驼毛制毡甚多，各色皆有"❻。

毛毡除用作毡帐的围幪以及室内铺设、车及马鞍的铺垫外，在服饰上主要

❶ [明]宋濂.元史·百官六：卷九十[M].北京：中华书局，1976：2294.
❷ [元]苏天爵.元文类·毡罽：卷四十二[M]//[元]苏天爵.元文类.上海：上海古籍出版社，1993：560.
❸ [元]大元毡罽工物记·御用[M]//[日]松崎鹤雄.民国文献资料丛编·食货志汇编：第二册.北京：国家图书馆出版社，2008：680—689.
❹ 哈剌善：冯承钧在书中注释："考成吉思汗围攻之西夏诸城中，有夏州，在今榆林府西，疑即此哈剌善，亦汉名之黑水城也。但据Palladius之说，距宁夏六十里贺兰山下，有贺兰山离宫，元昊所建，《西夏书事》作者剌沙儿，殆为此阿剌善。《元秘史》贺兰山作阿剌筛，亦与此对音相合云。"
❺ [意]马可波罗行纪[M].冯承钧，译.上海：上海书店出版社，2001：164.
❻ 同❺166.

制作靴、袜、帽、袍等，毛毡保暖、轻便，原料获取容易、制作方便。郑思肖❶
在诗《绝句》中描写了元军进军中原时头戴笠帽、脚蹬毡靴、身披搭护的形象：
"鬃笠毡靴搭护衣，金牌骏马走如飞。十三门里秋光冷，谁梦朝天喝道归？"❷
格鲁塞描述成吉思汗："戴着有护耳的皮帽子，穿着长筒毡袜与皮靴子，一件皮
外衣长至膝盖以下。"❸ 在寒冷的季节里，毛毡是非常重要的保暖材料。中统二
年（1261年）设立都总管府，统一管理制毡匠户，所制产品中就包含"毡衫"❹。
2005年，蒙古国都贵查海尔岩洞墓出土了一件做工非常精细、装饰风格独特且
具有浓郁游牧民族服装特点的毡袍，这件毡袍由0.3~0.4厘米厚的白色羊毛毡制
成❺，袍长124厘米，摆宽90厘米，该墓的年代为10—11世纪（图2-17）。虽然
这是首次发现的大蒙古国以前的毛毡袍服，但也可以说明北方草原一直有用毛
毡制作袍服的传统。

图2-17 蒙古国都贵查海尔岩洞墓出土毡袍
蒙古国国家博物馆藏

❶ 郑思肖(1241—1318)，字忆翁，连江(今福建连江)人，诗人、画家。原名所南，宋亡后改名思肖，因
   肖是宋朝国姓"赵"的组成部分，坐必向南，表示不忘故国。
❷ [宋]郑思肖.郑思肖集·心史[M].上海：上海古籍出版社，1991：38.
❸ [法]勒内·格鲁塞.草原帝国[M].蓝琪，译.北京：商务印书馆，1998：286.
❹ [元]大元毡罽工物记[M]/[日]松崎鹤雄.民国文献资料丛编·食货志汇编：第二册.北京：国家图书
   馆出版社，2008：685.
❺ [蒙古]Ц.Төрбат У.Эрдэнэбат. ТАЛЫН МОРЬТОН ДАЙЧДЫН ӨВ СОЁЛ[M]. шинжлэх ухааны академи
   археологийн хүрээлэн, Улаанбаатар. 2014：146.

三、毛皮制品

蒙古族与北方草原其他民族一样，过着逐水草而居、迁徙游牧的生活。在恶劣的生存环境中，毛皮可以遮挡风寒，又取之方便，"食其肉，衣其皮"是草原民族的主要生活方式。毛皮衣袍主要有两种形式，袍服毛朝里，是为粉皮袍，也可根据需要增加吊面；毛朝外的则为褡忽，对襟且短于皮袍，是套穿在袍服外面的保暖皮衣。

1. 毛皮

草原牧人一年四季都离不开毛皮服饰，"夏天在极为炎热的阳光之下，穿着皮裤，身体的其余部分裸露着，在冬天，他们忍受着严寒"❶。蒙古民族自古"制皮为衣以御寒也，而大祀之用礼不可废。我朝起朔方、都幽燕，皆苦寒之地，故皮服之需尤急，乃设为寺监司局以专掌之，而其柔治之，方裁制之巧，则又非昔人之所及也"❷。蒙古族入主中原后，毛皮的来源有更多渠道，多数依然是生活在草原上的蒙古族牧民所畜牧的畜产品和狩猎获得的裘皮，主要为羊及狐、貂、狼等皮张；其二是通过贸易得到；其三是成吉思汗及其子孙在征战过程中获取的大量物资中所包括的各种优质毛皮；其四在各归降国的贡品中有许多珍贵皮张。加宾尼就描述过："各方使者呈献的礼品如此之多，真是洋洋大观——丝绸、锦绣、天鹅绒、织锦、饰以黄金的丝制腰带、珍贵的毛皮和其他礼品。"❸鲁不鲁乞在他的《东游记》中就记载了："从斡罗思、摩薛勒、大不里阿耳、帕思哈图和乞儿吉思，并从在北方的降服于他们的许多其他地区，给他们送来各种珍贵毛皮（这些毛皮，是我在西方从未见过的），他们在冬季就穿用这些毛皮做成的衣服。"❹鲁不鲁乞还看见蒙哥汗"穿着一件皮衣，皮上有斑

❶ [意]约翰·普兰诺·加宾尼.蒙古史[M]// [英]道森.出使蒙古记.吕浦,译.北京:中国社会科学出版社, 1983:42.

❷ [元]苏天爵.元文类·皮工:卷四十二[M]// [元]苏天爵.元文类.上海:上海古籍出版社,1993:560.

❸ 同❶62.

❹ [法]威廉·鲁不鲁乞.鲁不鲁乞东游记[M]// [英]道森.出使蒙古记.吕浦,译.北京:中国社会科学出版社,1983:119.

点且有光泽，像是海豹的皮"❶，马可·波罗也在他的游记写了忽必烈汗的帐幕饰以美丽的狮皮（冯承钧先生注：疑亦指虎豹）："帐内则满布银鼠皮及貂皮，是为价值最贵最美丽之两种皮革。盖貂袍一袭值价金钱两千，至少亦值金钱一千，鞑靼人名之曰'毛皮之王'。帐中皆以此两种毛皮覆之，布置之巧，颇悦心目。"❷

元代用作服饰、室内铺设等的毛皮种类繁多，除羊、银鼠和貂等皮张外，还有獭刺不花（土拨鼠）、青鼠、青貂鼠、山鼠、赤鼠、花鼠、火鼠、黑貂、九节狐、赤狐、黑狸、青狸、花狸等动物的皮张，"他们用马臀部的皮做成非常美丽的鞋子"❸。貂皮和银鼠皮是当时蒙古族非常喜爱的两种珍贵裘皮，记载中提到的也最多。银鼠又名伶鼬，是鼬科动物中最小的一种，冬季毛全白，夏天毛则褐、白相间，分布于北方草原的广大地区。熊梦祥在《析津志》中解释银鼠时说："和林朔北者为精，产山石罅中。出生赤毛青，经雪则白。愈经年深而雪者愈奇，辽东岛骨多之。有野人于海上山薮中铺设以易中国之物，彼此俱不相见，此风俗也。此鼠大小长短不等，腹下微黄。贡赋者，以供御帏幄、帐幔、衣、被之。每岁程工于南城貂鼠局，诸鼠惟银鼠为上，尾后尖上黑。"❹元代胡助❺在《题秋粟银鼠卷》中道："银鼠何如永某氏，皮毛如雪秋正肥。黄粟原头贯偷食，不知捕作贵人衣。"❻貂皮毛绒丰厚，色泽光润，是元代蒙古族服用的珍贵材料。貂是小型哺乳动物，又称"貂鼠"（学名Martes），主要分布在乌拉尔山、西伯利亚、蒙古草原、中国东北等地。貂体型细长，四肢较短，色多为黄或紫黑，种类很多。马可·波罗说过："鞑靼人……衣金锦及丝绢，其里用貂鼠、银鼠、灰鼠狐之皮制之。"❼这指的是吊面皮袍。

貂皮是北方草原非常重要的皮张，《元典章》中将貂皮作为折算其他皮张

---

❶ [法]威廉·鲁不鲁乞. 鲁不鲁乞东游记[M]// [英]道森. 出使蒙古记. 吕浦，译. 北京：中国社会科学出版社，1983：172.

❷ [意]马可波罗行纪[M]. 冯承钧，译. 上海：上海书店出版社，2001：234.

❸ 同❶115.

❹ [元]熊梦祥. 析津志辑佚·物产[M]. 北京：北京古籍出版社，1983：233.

❺ 胡助(1278—1355)，字履信、古愚，婺州东阳人。历任翰林国史院编修官、太常博士致仕等。

❻ [元]胡助. 纯白斋类稿·题秋粟银鼠卷：卷十五[M]// 景印文渊阁四库全书：第1214册. 台北：台湾商务印书馆，1986：637.

❼ 同❷153.

的计量单位，从虎皮、山羊皮到獭剌不花皮的价值都囊括其中（表2-4）。

表2-4 《元典章》中将貂皮作为折算单位，所折算的其他皮张 ❶

皮张		折貂皮张数	备注
元定折纳貂皮旧例	虎皮	50	—
	金钱豹皮	40	—
	熊皮	15	—
	土豹皮	10	—
	豺狼、青狼皮	10	—
	鹿皮	7	—
	葫叶豹金丝织皮	6	—
	山羊皮	5	—
	粉獐皮	3	—
	狐皮	2	—
利用监新定折纳貂皮例	豹皮（花熊皮）	15	—
	麈鹿皮（麋鹿皮）	7	—
	飞生皮	6	飞生：鼯鼠，又名飞鼠、飞虎，松鼠科，成年鼠体长约25厘米
	分鼠皮四张	1	分鼠即鼢鼠，又名地羊，仓鼠科。其皮是珍贵的动物毛皮，可与水獭皮媲美
	山鼠皮	1	—
	扫鼠皮五张	1	—
	鸡翎鼠皮十张	1	—
	青獐皮、花猫皮、夜猴皮、山獭皮、水獭皮、貛皮、麂皮、獭剌不花皮等	均抵1张	獭剌不花：又名土拨鼠、旱獭，松鼠科。是松鼠科中体型最大的一种，毛皮细软而富有光泽

❶ [元]沈刻元典章·兵部五：第十二册[M].北京：中国书店出版社，1985：典章三十八1下.

2. 粉皮

皮袍可以使用各种动物的皮张制作，但羊皮袍中除羔皮袍需要有吊面外，成年羊皮制成的皮袍可以皮板向外直接穿着，这也就是《元史》中说的"粉皮"。制作粉皮袍使用三岁龄以上的羊皮，皮张大、皮板较厚，毛浓密、保暖性能好，袍服接缝较少。粉皮有带毛粉皮和去毛粉皮两种，不论是否有毛，都是在熟化、去脂、鞣制后刮皮板为细绒。柔软的皮板、细小的绒毛，使粉皮成为高档皮制品。蒙古族通常冬季穿带毛的粉皮，而无毛粉皮则是夏季皮袍、皮裤、皮帽常用的原料。天子质孙服中有三件粉皮袍，均为冬季质孙，因此是带毛粉皮制作的袍服。粉皮保暖、挡风性能好，取得方便，是蒙古族必不可少的服饰材料。蒙古国那日图哈达贵族墓出土蒙元时期的粉皮袍有补花装饰❶，做工精致、图案粗犷，反映了蒙古族人民的性格、审美和喜好（图2-18）。蒙古国都贵查黑尔岩洞墓出土的一件10—12世纪无毛粉皮袍，领与前襟镶边是红底的青、黄、白三色宝相花纬锦（三枚斜纹）。从残片可以看出，此袍为右衽、盘领结构❷（图2-19）。

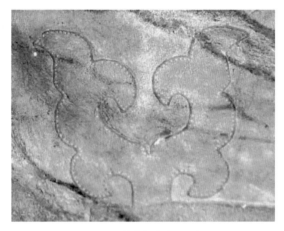

图2-18　补花粉皮袍（局部）

蒙古国那日图哈达贵族墓出土 《草原文物》2015第2期

❶ [蒙古]呼日勒苏和. 蒙古国境内岩洞墓研究[J]. 草原文物, 2015(2): 122-130.

❷ Ц.Төрбат У.Эрдэнэбат. ТАЛЫН МОРЬТОН ДАЙЧДЫН ӨВ СОЁЛ[M]. шинжлэх ухааны академи археологийн хүрээлэн, Улаанбаатар. 2014.

ТАЛЫН МОРЬТОН ДАЙЧДЫН ӨВ СОЁЛ
шинжлэх ухааны академи археологийн
хүрээлэн, Улаанбаатар. 2014

图2-19　蒙古国都贵查黑尔岩洞墓出土10—12世纪花边皮袍

　　故宫南薰殿旧藏成吉思汗画像和忽必烈画像中所穿袍服的面料，在学术界的看法不一，多数学者以天子质孙中相应服饰进行对照，认为是银鼠。但由于质孙服是在质孙宴上穿着的特定服饰，因此以天子质孙来探讨这些服饰似乎有些牵强。是否为质孙服并非问题的关键，画像所描绘的袍服面料才是分析的重点。从画面上分析，袍服表面翻毛状质感、具有一定厚度，而且从褶皱、色彩上看，都应该是带毛的白粉皮（图2-20）。

图2-20　忽必烈像
台北故宫博物院藏

3. 与毛皮有关的官营机构

元代与制皮有关的官营作坊特别多，这些制皮作坊中包括加工毛皮的机构，其中工部有至元二十九年（1292年）置大都皮货所（从九印），延祐六年（1319年）置通州皮货所（从九印）❶。储政院所属的上都、大都貂鼠软皮等局提领所有大都软皮局（至元十三年，1293年）、斜皮局（至元十三年，1276年）、上都软皮局（至元十三年，1276年）、牛皮局（至元十三年，1276年）、上都斜皮局（至元二十年，1283年）等❷。

利用监（正三品）是专掌出纳皮货、衣物之事的官府，其中制造皮货的机构包括：怯怜口皮局人匠提举司（正五品），中统元年（1260年）置，至元六年（1269年）改提举司；杂造双线局（从八品，造内府皮货鹰帽等货物），至元二十年（1283年）置掌每岁熟造野兽皮货等物的熟皮局，掌内府细色银鼠野兽诸色皮货的软皮局（至元二十五年，1288年），掌每岁熟造内府各色野马皮胯的斜皮局（至元二十年，1283年），至元二十年（1283年）置貂鼠局提举司（从五品），貂鼠局（至元十九年，1282年），掌每岁变染皮货的染局（至元二十年，1283年），至元六年（1269年）置熟皮局（从七品）❸等。

大都留守司的甸皮局"秩正七品，管匠三十余户，至元十七年置。……二十一年，改隶留守司。岁办熟造红甸羊皮二千有奇"❹。羊甸皮即熟羊皮，在《明会典》中明廷回赐哈密物品以绢折合"乩马尺每五张绢二匹，卜剌硖儿皮每四张绢一匹"❺。其中注释乩马尺即羊甸皮，卜剌硖儿皮即牛甸皮。从如此众多制作、管理皮货的官营机构来看，元代所需的毛皮制品数量非常庞大。

元代纺织业发展迅速，除传统丝织业外，缎织物及棉花的生产得到大力推广，成为元代的特色。受域外和蒙古族传统审美观和生活习俗的影响，新型纺

❶ [明]宋濂.元史·百官一：卷八十五[M].北京：中华书局，1976：2149.
❷ [明]宋濂.元史·百官六：卷九十[M].北京：中华书局，1976：2256–2257.
❸ 同❷2293–2294.
❹ 同❷2282.
❺ [明]明会典·礼部六十一：卷一百二[M]//景印文渊阁四库全书：第617册.台北：台湾商务印书馆，1983：924.

织品纳石失及蒙古族传统服饰、家居织物成为带动官营纺织、毛皮、制毡等行业发展的重点。

第四节　元代纳石失的生产

纳石失是蒙元时期非常独特且重要的丝织品，它的流行与东西交流及蒙古族的审美习俗有直接关系，蒙古族的尚金风俗使得元代织金技术和纳石失的使用达到巅峰。为满足元代统治者和贵族对纳石失的追求，元代宫廷设置了不少相关产业，主要分布于大都及周边地区，成为纳石失的主要来源。

一、中亚文化对蒙古族服饰的影响

元代地域广阔、民族众多，是历代王朝所不能比拟的。政治上的统一和经济上的密切往来，促进了各民族间的文化联系。与域内外频繁、活跃的文化和贸易交流，为元代宫廷尤其是蒙古族文化带来一股新风，服饰文化也不例外。蒙古族在保持传统服饰的同时，吸收了其他民族的服饰特点和新型服饰材料，极大地丰富和发展了自身服饰文化，并逐步走向成熟。

1. 中亚文化对蒙古族审美观的影响

成吉思汗及其子孙的西征打开了蒙古草原至西方的大门。通过这条贯通东西的交通大通道，使贸易往来空前繁荣，与贸易往来同时进行的是广泛的文化交流。从此，欧亚两洲的珍奇货物源源不断地进入蒙古草原，其中优质的丝织品和精细的毛、棉织物以及宝石的涌入，使蒙古族服饰的质量有了非常大的提高。同时，西域及中亚文化对蒙古族正在成熟的审美意识及服饰审美观有着重要影响，甚至可以说"在相当大的程度上，他们对手工艺品的审美判断是由伊斯兰艺术培养的"❶。

中亚的服饰从织物、纹样到装饰都与蒙古族有非常大的不同，这些差异对蒙古人有很大冲击。世代的草原生活，所闻、所见都非常有限，突然的变化会引起巨大的心理反应，从而成为极力追求的目标。服饰作为文化的特殊载体，在保留本民族固有特性、习俗的同时，接受域外的异族文化和中原历史悠久的汉文化对蒙古族服饰文化的完善起到了至关重要的作用，使元代蒙古族服饰呈现出纷繁复杂、色彩斑斓的特点。这时蒙古族的生活达到了"日常服饰都镶以宝石，刺以金镂"❷的程度。马可·波罗记述忽必烈时期豪华的质孙宴上天子以及众朝臣所穿的质孙服缀满宝石、珍珠，甚至"靴上绣以银丝，颇为工巧"❸。元代与中亚、西亚交流的主要对象是伊斯兰地区，因此，随着穆斯林的东来，"回教系的学问、技艺、文物、衣食亦随之传播到元朝"❹，大大丰富了元代文化。对服饰本身来说，面料的丰富、档次的提高、装饰的大量使用以及色彩、图案风格的改变都成为这个时期蒙古族服饰发展的重点。李约瑟先生❺说过："在元代，阿拉伯人（事实上，他们大多数是波斯人与中亚细亚人）在中国科学技术中所扮演的角色同印度人在唐代的角色十分相似。"到元代末期，"中国知识界受'阿拉伯的影响'是很大的"❻。

2. 蒙古族对来自域外的纳石失的喜爱

元代东西交通发达，促进了东西各国经济、文化和科学技术的交流，各国使臣、传教士、商贾的频繁往来，使元代从宫廷到民间都接触了大量西来的物品，"工艺方面，传入了名为纳失失（nasij）的西域金丝纺织技术，皇室的织造局采用这种技术制作了华丽的宫廷服饰。"❼色彩艳丽、金碧辉煌的纳石失除在

---

❶ 尚刚. 纳失失在中国[J]. 东南文化，2003(8)：54–64.
❷ [伊朗]志费尼. 世界征服者史：上册[M]. 何高济，译. 呼和浩特：内蒙古人民出版社，1981：24.
❸ [意]马可波罗行纪[M]. 冯承钧，译. 上海：上海书店出版社，2001：226.
❹ [日]佐口透. 鞑靼的和平[M]//刘俊文. 日本学者研究中国史论著选译：第九卷. 北京：中华书局，1993：468.
❺ 李约瑟(Joseph Needham，1900—1995)，英国近代生物化学家、科学技术史专家.
❻ [英]李约瑟. 中国科学技术史：第三卷[M]. 北京：科学出版社，1978：108–109.
❼ 同❹.

感官上给予刺激外，更是统治者身份和地位的象征，是对蒙古族影响最大的西来物品之一，在某种程度上可以说纳石失是连接东西文化的纽带。因此，这种奢侈、华丽的纺织品进入蒙古地区之始，就备受推崇。通过贸易无法得到如此大量的纳石失，自产就成为元代官营纺织机构的重要职责。"自成吉思汗西征以来，大批西域工匠被俘东迁，后散居漠北、中原各地，立局造作，有织造金锦的纳失失局以及金玉等匠局。由于东西贸易兴旺，输入中国的西域玉石、纺织品、食品以及珍禽异兽源源不断，满足了元朝宫廷、贵族、官僚、富豪的奢侈生活需要。"❶蒙古族统治者在几十年的征战中获得了大量黄金，掌握政权后非常重视黄金的开采，并采取新的经济政策，这些都成为纳石失得以大量生产的重要物质基础。元代，天子和百官质孙服以及日常服装中，有不少以纳石失为面料，甚至天子之"履"都"制以纳石失"❷；马可·波罗曾记述忽必烈的象舆："木楼甚丽，四象承之。楼内布金锦，楼外覆狮皮。"❸此外，元代帝王的金辂、象辂、革辂甚至腰舆的内饰、垫褥等均为纳石失。上都更是"帐殿横金屋，毡房簇锦城"❹。元代是我国历史上最重视用金的朝代，虽然黄金的使用仅限于皇室和高级官吏及命妇，但对蒙古族并没有过多限制，只要经济允许都可以穿着和使用。对平民用金有严格的限制，庶人"惟耳环用金珠碧甸，余并用银"❺。元代从上到下形成了尚金和追求奢侈生活的社会风气。既然朝廷禁止用金，民间可以用银熏作假金，来满足虚荣心，至元二十年（1283年）六月，中书省、御史台联合上书："陕西汉中道按察司申，安西路冯直等将银箔熏作假金，裁线织造贩卖。一概禁断，机户生受。"钦奉圣旨："禁断金段匹等物，据冯直等将银箔用烟熏作假金，终是织金段匹，切恐真假错乱，犯法者众，拟合禁断，都省准拟。"❻安西路即今陕西西安，按照马可·波罗的记述，元代西安有官营的纳石失作坊。从姓名上看冯直应该是汉族织工，如果所织的"织金段匹"是纳

❶ 韩儒林.大百科全书·元史[M].北京：中国大百科全书出版社，1985：51.
❷ [明]宋濂.元史·舆服一：卷七十八[M].北京：中华书局，1976：1931.
❸ [意]马可波罗行纪[M].冯承钧，译.上海：上海书店出版社，2001：233.
❹ [元]袁桷.上京杂咏[M]//刘达科.辽金元诗选评.西安：三秦出版社，2004：206.
❺ 同❷1943.
❻ [元]大元通制条格·杂令：卷二十八[M].郭成伟，点校.北京：法律出版社，2000：306.

石失，冯直应该属于官营作坊的匠户，私自"将银箔用烟熏作假金"织造纳石失，以假乱真。冯直也可能是掌握传统金段子织造技艺的工匠，所织造的"织金段匹"为传统金段子，而非纳石失。在民间，判断金段子与纳石失的主要区别应该为是否有黄金的效果及纹样特点，对于熟练的织工，用假金仿西来的纳石失纹样应该是没有问题的。由此可见，宫廷、贵族对纳石失的狂热追求，使民间也形成尚金之风。在无法得到纳石失的情况下，只要是能够彰显地位、财力的金光闪闪的面料都可以冒充纳石失，来满足虚荣之心。

在纹样上，元代尤以西方传统格里芬图案在面料上的使用形成独特的艺术风格。明水墓地出土的纳石失辫线袍上头戴王冠、肩插双翼的狮身人面像❶、锡林郭勒盟博物馆藏纳石失辫线袍上的狮身鹦鹉头图案等都是典型的西方传统艺术题材；此外，波斯文字以及传统的蔓草纹等也是这个时期最具辨识度的纹样。可以说蒙古族主要喜爱纳石失金光闪闪的视觉效果，而具有异域风情的图案也成为这个时期人们追求的时尚。

二、元代织造纳石失的官营纺织机构

有元一代，宫廷建立了庞大的官营工业，在所制造的产品中，满足统治阶级生活享受的消费品占有很大比例，服饰就是其中的重要内容之一。

随着统治范围的扩大和对奢侈生活的追求，通过商品贸易无法满足蒙古族统治者和贵族对纳石失的巨大需求，他们便利用各种途径获得稳定、丰富的原料资源和俘获的大批优秀织工，建立了庞大的官营纺织工业。虽然两宋时期丝织业南移，到元代，江南、四川及黄河流域形成我国三大丝绸产区，但作为宫廷使用量最大的纳石失来说，其织造的官营手工作坊主要集中在大都及其周边地区。

---

❶ 夏荷秀, 赵丰. 达茂旗大苏吉乡明水墓地出土的丝织品[J]. 内蒙古文物考古, 1992(1、2合刊): 113-120.

1. 织造御用领袖纳石失的别失八里局

关于这个专职织造御用领袖纳石失的别失八里局在各种史料中的记载较为详细。《元史》中有："别失八里局，秩从七品。大使一员，副使一员。掌织造御用领袖纳失失等段。至元十三年（1276年）始置。"❶在残存的《永乐大典》中有更为细致的说明："别失八里局。至元十二年（1275年）为别失八里田地人匠，经值兵革，散漫居止迁移京师，置局织造御用领袖纳失失等段匹。十三年置别失八里诸色人匠局，秩从七品。今定置大使一员，副使一员。"❷也就是说，这个别失八里局是至元十二年（1275年）迁移至大都，而人匠来自别失八里。周清澍先生对这个局院进行了详尽地分析："一二七五年，笃哇❸入侵畏吾儿地区，人民逃亡中原。次年，元朝将他们收容，在京师设别失八里诸色人匠局，专门织造御用领袖、纳失失等段。"❹这个分析有一定道理，但有两个问题：第一，这些人是先逃亡中原，次年被元代朝廷收容，在京师设置诸色人匠局；还是先将这些人组织起来再迁移京师？按照《永乐大典》中文字分析，后一种比较准确。第二，就"等段"的"等"字而言"御用领袖"和"纳失失"可能为两种织物，才会有后面的"等"字，如果"领袖纳失失"是一种织物，则后面的这个"等"字说明该局还生产其他织物。比较《元史》的不同版本，均将"御用领袖纳失失"作为一个词，应该是有一定道理的。在《元典章》从七品"局大使"中有"别失失里人匠"（即别失八里），明确规定匠户在"三百户下、一百户上"❺，所以这个织造领袖纳失失的别失八里局所掌控的匠户应该在这个范围之内。

别失八里是元代西北重镇，又译别十八里、别石八里、鳖思马、别石把、别失失里等，突厥语"五城"之意，也称北庭，故城在今新疆吉木萨尔县城北12公里处（图2-21）。北庭从汉代起即是丝绸之路天山以北地区的重要军政中

❶ [明]宋濂.元史·百官一：卷八十五[M].北京：中华书局，1976：2149.

❷ [明]解缙.永乐大典·别失八里局：卷一九七八一：第八册[M].北京：中华书局，1986：7384.

❸ 笃哇（？—1306），察合台汗国第九代汗，1272—1306年在位。

❹ 范文澜.中国通史：第七册[M].北京：人民出版社，1995：346.

❺ [元]沈刻元典章·吏部一：第三册[M].北京：中国书店出版社，1985：典章七27上.

心和交通枢纽，唐代在此设北庭都护府，9世纪后，别失八里成为高昌回鹘的夏都及政治中心，太祖四年（1209年）高昌回鹘归附大蒙古国。元代立国后，在此增设驿站，以利别失八里的管控及到内地的交通。至元十九年（1282年）又设立别失八里宣慰司，成宗元贞元年（1295年）设北庭都元帅府。别失八里自古毛纺织业发达，原产中亚的加金丝织品纳石失的纺织技术较早就为当地人所掌握。虽然这个专职生产御用领袖纳失失的别失八里局设置在大都，但织工却来自别失八里，他们多数应该是掌握传统纳石失织造技术，或者对纳石失较为熟悉的织工。对元代统治阶级来说，他们是理想的手工艺人及纳石失技术的传承者。

图2-21 北庭故城北门遗址

元代帝后、贵族、百官的袍服及质孙服华丽无比，不论使用什么面料缝制袍服，大多数都会使用纳石失装饰领、袖、襟等缘边部分，使用量非常大，因而特设这个别失八里局，专门织造"御用领袖纳失失"。领袖纳石失的织造技术、原料、色彩等与其他纳石失无异，主要区别是面幅较窄，以适用裁制领缘、大襟、袖口等处的装饰镶边，以免造成浪费。该局织造的衣缘及领袖的纳石失主要以答子、卍纹、回纹、卷草纹等小型纹样为主，便于在较小的面积上表现出最佳效果。衣身使用的纳石失纹样面积往往较大，可以表现出完整的图案。《元代帝后像册》中的后像"袍色大红，织金为缘，间有紫与黄及茜色者"❶，这种"织金缘"应该就是"御用领袖纳失失"。元代大袖袍领缘由一宽、两窄三部分纳石失组成，这种领缘镶边形式是元代的流行组合，从墓室壁画、出土的元代袍服及元代皇后像中均可看到这种三重镶边（图2-22）。

元世祖后彻伯尔所着大袖袍上的御用领袖纳石失
（领缘宽边为答子纹样）

台北故宫博物院藏

元代大袖袍的领缘

中国丝绸博物馆藏

图2-22 三重镶边

2. 纳石失、毛段二局

在《元史》中，工部下属的"纳失失毛段二局"只说明"院长一员"❷，在《元典章》的"职品"中并没有该局的记录。按照吏部"局院官"规定，院长是匠户在"五百户之下止设一员"❸，说明该局院的匠户应该不超过五百户。"纳失失毛段二局"应指两个局院，即"纳失失局"和"毛段局"。

由《元史》镇海传中的记述可知，"纳失失、毛段二局"应该是由镇海家族世袭管理的。镇海❹是与铁木真"同饮班朱尼河水"（班朱尼河：今内蒙古呼伦湖西南）的开国功臣之一。"己丑（1229年），太宗即位，扈从至西京（即金西京，今山西大同），攻河中（河中府：今属山西永济）、河南（即河南府：今

❶ [清]胡敬. 南薰殿图像考·卷下[M]//刘英，点校. 胡氏书画考三种. 杭州：浙江人民美术出版社，2015：78.
❷ [明]宋濂. 元史·百官一：卷八十五[M]. 北京：中华书局，1976：2150.
❸ [元]沈刻元典章·吏部三：第四册[M]. 北京：中国书店出版社，1985：典章九45上.
❹ 镇海(1169—1252)，原名沙吾提，怯烈台人，太祖、定宗朝中书右丞相。

河南洛阳）、（均）钧州（今河南禹州）❶。癸巳（1233 年），攻蔡州（今河南汝南）。以功赐恩州（今河北邢台）一千户。先是，收天下童男童女及工匠，置局弘州（今河北阳原）。既而得西域织金绮纹工三百余户，及汴京（今属河南开封）织毛褐工三百户，皆分隶弘州，命镇海世掌焉。"❷ 这里提到三个机构，一是收天下童男童女及工匠，置局弘州，并没有说明具体工职；另外两个比较明确，"西域织金绮纹工"即为纳失失的专职织工；而毛褐织工来自汴京，这些人掌握毛织物的织造技术，因此这个院长应该是分管"纳失失"和"毛段"两个局，这些织工在镇海家族的主持下，从事纳失失和毛织物的织造。"纳失失、毛段二局"设院长一员；按照规定，"院长"应该分管匠户"五百户之下"，但这两个局共有六百余匠户，可见，在实际操作时并非十分严格。

3. 弘州纳石失局和荨麻林纳石失局

在《元史》中，对隶属储庆使司（储政院）的弘州纳石失局和荨麻林纳石失局的说明最为详细："弘州、荨麻林纳失失局，秩从七品。二局各设大使一员、副使一员。至元十五年（1278 年），招收析居放良等户，教习人匠织造纳失失，于弘州、荨麻林二处置局。十六年（1279 年），并为一局。三十一年（1294 年），徽政院以两局相去一百余里，管办非便，后为二局。"❸ 在《永乐大典》中有更为详细的记载："弘州、荨麻林纳失失局，至元十五年（1278 年）二月，隆兴路总管府别都鲁丁奉皇太子令旨，招收析居放浪等户，教习人匠织造纳失失于弘州、荨麻林二处置局。其匠户则以杨提领管领荨麻林、以忽三乌丁大师管领弘州。十六年（1279 年）十二月奉旨，为荨麻林人匠数少，以小就大，并弘州局秩从七品，降铜印一颗，命忽三乌丁通领之，置相副四员。十九年（1282 年）拨西忽辛断没童男八人为匠。三十一年（1294 年），以弘州去荨麻林二百余里，轮番管办织造未便，两局各设大使、副使一员，仍令忽三乌

---

❶《元史》校勘记：功河中河南(均)钧州，从道光本改。按均州当时属宋，此叙镇海从元太宗功金河南事，地望不符。本书卷二太宗纪四年正月壬寅条有"功钧州，克之"。[明]宋濂.元史:卷一百二十[M].北京:中华书局,1976:2971.

❷ [明]宋濂.元史·列传七:卷一百二十[M].北京:中华书局,1976:2964.

❸ [明]宋濂.元史·百官五:卷八十九[M].北京:中华书局,1976:2263.

丁总为提调。大德元年（1297年）三月，给从七品印，授荨麻林局。十一年（1307年），徽政院奏改受敕，设官仍旧制，各置大使一员，副使一员。"❶

隆兴路原为兴和路，元中统三年（1262年）升格为隆兴路总管府，是弘州（今河北阳原）和荨麻林（今河北张家口洗马林）所在地。至元十五年（1278年）二月，隆兴路总管府的别都鲁丁奉皇太子令，招收匠户，在弘州、荨麻林设置两个专职织造纳石失的官营机构。荨麻林局由杨提领管理，由姓氏可以看出，杨姓提领应是汉族；而管理弘州局的忽三乌丁则是西域人。至元十六年（1279年）底，二局合并为一，成为以忽三乌丁带领下的弘州纳石失局。大德十一年（1307年）又分为两个局院，设从七品官印。两个局院从开始设置到合、再分开，均为从七品。在《元典章》从七品"局大使"条中有"荨麻林纳尖尖"❷（纳尖尖即纳石失），即为此局。而人匠较多的弘州纳石失局在《元典章》中并没有提及。

两局分分合合的主要原因并不是人数多少或者距离远近的问题，实际与直属管理机构的调整、分合有直接关系。弘州、荨麻林纳失失局初设于至元十五年（1278年），归当时的太子真金（1243—1285，裕宗）所有，第二年合并为一。至元十九年（1282年），立詹事院，管理皇太子事务。至元二十二年（1285年）真金病故，詹事院事务归太后名下的徽政院管理，因此徽政院有权将其分开为两局。大德九年（1305年），复立詹事院，因此大德十一年（1307年）由"徽政院奏改受敕，设官仍为旧制"。泰定元年（1324年），罢徽政院，立詹事院如前，文宗天历元年（1328年）改詹事院为储庆使司，第二年（1329年）又复立詹事院❸。几经立、改，最后归储政院。

4. 荨麻林的另一个纳失失局

《元典章》从八品"副使"级中有一个"荨麻林纳失失"❹，分管"一千户之

---

❶ [明]解缙.永乐大典·诸局沿革四·荨麻林局：卷一九七八一 第八册[M].北京：中华书局，1986：7384.

❷ [元]沈刻元典章·吏部一：第三册[M].北京：中国书店出版社，1985：典章七27下.

❸ [明]宋濂.元史·百官五：卷八十九[M].北京：中华书局，1976：2243.

❹ 同❷34下.

上"❶，是一个相当大的局院。大都附近的荨麻林、弘州是纳石失的集中产地，产量相当大，主要满足皇室和质孙宴所需的纳石失产品。但这个专织纳石失的局院在《元史》中并没有记录。

5. 关于另一个别失八里局

除以上四个明确记载织造纳石失的局院外，工部还有一个别失八里局，但《元史》中只有寥寥几字："别失八里局，官一员。"❷在《元典章》"职品"中从八品"副使"中有一个"别失八里人匠"❸，应该为该局，但在这两处都没有明确指出该局具体的工作职能。分析《元史》百官志工部所属局院的排序，这个别失八里局应该属中书省辖地，即在大都附近。从其名称上可看出工匠多数应来自别失八里。虽然这个局院不能完全确定具体从事哪一类技艺，但许多学者认为其职能很有可能也是织造纳石失。

6. 储政院纹锦局

储政院有一个从七品设置的纹锦局："国初，以招收漏籍人户，各管教习立局，领送纳丝银物料织造段匹。至元八年（1271年），设长官。十二年（1275年），以诸人匠赐东宫。十三年（1276年），罢长官，设以上官掌之。"❹从其"领送纳丝银物料织造段匹"来看，至少有部分织造纳石失的任务。

7. 哈散纳家族所属匠户

与铁木真同饮班朱尼河之水的怯烈亦人哈散纳❺"至太宗时，仍命领阿儿浑军，并人匠三千户驻于荨麻林。……兼管诸色人匠"数代世袭❻。这些工匠都是来自西域和中亚，三千人的规模是非常庞大的机构，按照元代局院官职的规

---

❶ [元]沈刻元典章·吏部三：第四册[M].北京：中国书店出版社,1985：典章九44下.
❷ [明]宋濂.元史·百官一：卷八十五[M].北京：中华书局,1976：2151.
❸ [元]沈刻元典章·吏部一：第三册[M].北京：中国书店出版社,1985：典章七34下.
❹ [明]宋濂.元史·百官五：卷八十九[M].北京：中华书局,1976：2263.
❺ 哈散纳，生卒年不详，也称哈散、哈桑、阿三等，怯烈亦氏。管领阿儿浑军，从太祖西征.
❻ [明]宋濂.元史·哈散纳：卷一百二十二[M].北京：中华书局,1976：3016.

定应为从五品提举司。哈散纳家族管理的这个提举司应该就是隶属工部的"兴和路荨麻林人匠提举司"。《元史》中记载："兴和路荨麻林人匠提举司，提举一员，同提举一员，副提举一员，照略案牍一员。"❶其中未说明具体职责。在《元典章》从五品"匠职"中也有"荨麻林人匠"❷，同一地点、同样品级，应该为同一个机构。虽然这个哈散纳家族管理的提举司并没有说明具体职能，但纺织是西来工匠非常重要的一项技能，因此，该局院至少有一部分织造纳石失的匠户。

8.《马可波罗行纪》中的关于纳石失产地的记载

元代对纳石失的需求量巨大，生产纳石失的机构应远不止以上几个，还应该有其他专职和兼职生产纳石失的局院，只是在《元史》及《元典章》中没有明确提到。

马可·波罗在其行纪中提到一些织造金锦的城市，这些金锦中有些是纳石失，有些应该是金缎子。其中在宝应县城（今江苏宝应县）、镇江府城、苏州城等所见到的是金光闪闪的金锦，但未说明这些金锦的具体名称。这些城镇都位于中国传统丝绸产地，因为江南织工并未掌握纳石失的织造技术，因此，这些地方所织造的金锦应该为传统加金织物的金段子，而非纳石失。

西域至中亚一带是纳石失的传统产地，大都及周边则是在建都之后为满足皇室、贵族、百官的服饰和生活才逐步形成的纳石失集中产地。马可·波罗提到中书省所辖哈寒府（今河北正定，书自注）"饶有丝，以织金锦丝罗，其额甚巨"❸；涿州（今河北涿州）"居民以工商为业，织造金锦丝绢及最美之罗"❹。自古大都及其周边地区丝织业发达，栽桑、育蚕、织丝技术成熟，虽然元代丝织业重心已经南移，但雄厚的技术基础仍是元代大都及其周边丝织业转型生产纳石失的重要基础，其中最典型的就是荨麻林、弘州、大都等那些明确记载的纳石失作坊所在地，因此，哈寒府、涿州所生产的织金锦应该为纳石失。

❶ [明]宋濂.元史·百官一：卷八十五[M].北京：中华书局，1976：2152.
❷ [元]沈刻元典章·吏部一：第三册[M].北京：中国书店出版社，1985：典章七17上.
❸ [意]马可波罗行纪[M].冯承钧，译.上海：上海书店出版社，2001：317.
❹ 同❸262.

第二章　元代服饰制度与纺织品的生产

此外，马可·波罗在旅途中还看到自汪古部集中的天德州（今内蒙古呼和浩特东）到宣化府（今河北宣化）一路的居民崇拜摩柯末（即信奉伊斯兰教），还有的信奉佛教和聂思脱里教（景教），他们"以商工为业，制造金锦，其名曰纳石失（nasich）、毛里新（molisins）、纳克（naques）。并织其他种种绸绢，盖如我国之有种种丝织毛织等物，此辈亦有金锦同种种绸绢也"❶。说明这一路上的大小城市中进行丝毛纺织的居民很多，织造纳石失的匠户也不少，给马可·波罗很深的印象。由于元代对纳石失的管理非常严格，所以以上纺织纳石失的匠户应属各官营纺织局院。

从河西走廊到中亚这条丝绸之路的东西大通道上，还应该有生产纳石失的局院。马可·波罗就记述了哈强府"织造种种金锦不少"❷，京兆府❸"产丝多，居民以制种种金锦丝绢"❹，南京城（即金代南京，今河南开封）"有丝甚饶，以织极美金锦及种种绸绢"❺。尤其是地处西域的别失八里的丝织业本就非常发达，也是纳石失的传统产地，肯定有纳石失的官营纺织机构。

元代参加质孙宴所穿着的质孙服均"上赐而后服"，每次质孙宴至少三天，其中有不少是以纳石失为面料或镶边装饰，如此大量的质孙服所使用的纳石失应该主要出自工部。从各博物馆所藏元代服饰来看，纳石失制品占较大比例，因此，除以上明确专职生产纳石失的机构外，应该还有一些没有录入《元史》《元典章》等的专织局院，其他局院也应该有兼职生产纳石失产品。另外，三品以上官吏的帐幕、日常穿用和家眷的服饰都可用金❻，因此，蒙古贵族、三品以上官员及寺庙等还存在大量的庭院经济生产纳石失，以满足自用。

众多官营纺织机构织造的纳石失面料由太府监负责管理，设"内藏库，秩从五品。掌出纳御用诸王段匹、纳失失、纱罗、绒锦、南绵、香货诸物"❼。因

❶ [意]马可波罗行纪[M].冯承钧,译.上海:上海书店出版社,2001:166.

❷ 同❶267.

❸ 京兆府,今西安。元初使用京兆府的名称,至元九年(1272年),元世祖封其三子忙哥为安西王,镇守其地,建安西王府。至元十六年(1279年)遂改京兆府为安西路。后来由于发生安西王叛乱,安西国被撤。皇庆元年(1312年)又改安西路为奉元路。

❹ 同❶269.

❺ 同❶337.

❻ [元]沈刻元典章·礼部二:第十册[M].北京:中国书店出版社,1985:典章二十九3上.

❼ [明]宋濂.元史·百官六:卷九十[M].北京:中华书局,1976:2292.

此，纳石失也称作库锦或库金。今天，绝大多数人早已不知纳石失这个词，但在蒙古袍上用"库锦（库金）"装饰镶边的习俗则一直沿用至今。

三、原料及织工的来源

元代东西交通发达，促进了中国与各国的经济、文化和科技的交流，元代纳石失的迅速发展与统治阶级对中亚文明的热衷有极大关系，为纳石失的传播和发展奠定了基础。

1. 丝料及金线的来源

纺织纳石失所用的原料有丝料和金线（片金和捻金），如此大量的纳石失需要大量原料。马可·波罗来华看到汗八里（即大都，突厥语：汗的都城）"仅丝一项，每日入城者计有千车。用此丝制作不少金锦绸绢，及其他数种物品"。冯承钧先生在注释中解释："每车所载不过五百公斤，则每日入城之丝平均五十万公斤，每年共有十八万吨。"❶大都周边的河北以及山西、陕西、河南等地，是传统种桑养蚕之地❷，但多数丝料应该来自江南，如此庞大的丝料数量是支撑大都及其周边众多纺织工业的基础。

织造纳石失的另一项重要原料是金线，片金是以羊皮为基底，北方草原可以满足需求，捻金线的芯线为桑丝，不论是哪一种金线，都需要大量黄金。元代对黄金的开采及掌控非常严格，对黄金的使用也有很严格的制度。在众多的纳石失纺织局院中，从丝料、金线的加工到纳石失纺织为不同的作坊完成，这些机构既分工合作，提高生产效率，又方便管理。明确记载专职制作金线的有将作院下属的金丝子局，从五品，中统二年（1261年）设二局，至元二十四年（1287年）并为一❸。隶属徽政院总管府也有金丝子局（至元十二年置，1285

---

❶ [意]马可波罗行纪[M].冯承钧，译.上海：上海书店出版社，2001：238.
❷ 《马可波罗行纪》中提到的北方产丝地：太原府(山西太原)和平阳府(今山西临汾)"产丝甚饶"(264页)，京兆府(今陕西西安)"产丝多"(269页)，关中州(指关中)"有丝甚饶"(271页)，哈寒府(今河北正定)"饶有丝"(317页)，中定府(冯承钧注：中定府应为广晋府)"产丝过度而获利甚巨"(321页)等。
❸ [明]宋濂.元史·百官四：卷八十八[M].北京：中华书局，1976：2226–2227.

年），这些金丝子局应该主要生产织造纳失所需的片金、捻金和蹙金绣所需的金（银）丝，当然应该也有制造其他器物所需的金丝一并制作。按照元代纳石失的用量来说，织造纳石失所用金线数量非常之大，除以上两处专门制作金线的局院外，应该还有其他专职作坊，尤其是工部和储政院，但在文献中并未记录。大都人匠总管府下设尚方库"掌出纳丝金颜料等物"❶，管理各作坊生产的金线，产品入库后可调配至所需作坊为织造纳石失所用。元代官营手工业庞大而繁杂，分工细密，尤其是纺织机构分工合作是通行的做法，纳石失生产多数通过不同作坊协作完成，这样可以提高生产效率以满足数量巨大的纳石失纺织需求。

2. 织工来源

元代官营纺织业规模巨大，集中了当时国内一流的业者、匠户，加之从西域、中亚各地迁至内地的织工，庞大的官营纺织群体满足了元代宫廷生活及质孙宴所需，尤其是对纳石失的需求。纳石失具有浓重的中亚风格，其织造技术、纹样都主要传承于中亚，因此要保持这些特色，工匠成为关键。

（1）西域及中亚织工

蒙古族统治者在对外征战的过程中，对具有一定技艺的手工艺者给予特别优待，明确规定"惟工匠得免"。在三次西征中掠夺了大量工匠，将这些人迁往内地，编入"官系人匠"，主要从事纺织、建筑、兵器、制革、金银器制作等工作，有少数分配给后妃及王公贵族为奴，成为庭院经济的部分劳动力。在这些来自西域及中亚的工匠中，娴熟掌握纳石失织造技艺者占相当数量，这些人及其后代成为大规模生产纳石失的重要技术力量。

忽必烈继汗位前，对黄金的使用以及纳石失纺织没有过多限制，因此，部分东来的中亚人中有一些掌握纳石失织造技艺的匠人便自立门户织造纳石失，成为民间匠人。在各种制度的逐步健全和用金受到严格限制的大背景下，尤其是中统二年三月十五日（1261年4月15日）颁圣旨："今后应织造毛缎子

---

❶ [明]宋濂. 元史·百官一：卷八十五[M]. 北京：中华书局，1976：2147.

休织金的，止织素的或绣的者并，但有成造箭合刺儿于上休得使金者。"❶从此逐步将这些民间人匠归入官营匠户，成为各个专职织造纳石失局院的组成部分。

西来的这些工匠所织造的纳石失从纺织技术到纹样、色彩都与中原所生产的金缎子迥异，为蒙古统治者、贵族带来耳目一新的域外清新风格。

元代用金达到空前的程度，对社会风气有很大的影响，追求奢侈、炫耀之风盛行，以致到屡禁不止的程度。一些官营匠户将下发丝料和金线私织纳石失进行倒卖以满足民间的需求，至元二十三年三月二十五日（1286年4月19日）颁旨："开张铺席人等，不得买卖有金缎匹、销金绫罗、金纱绢等物，及诸人不得拍金，销金，裁捻金线。"❷元贞二年（1296年）七月又发圣旨，禁穿织金纻丝❸。到元中期，再次强调民间不可用金、用彩，可见宫廷的奢靡生活之风已传向民间，成为整个元代的社会风气。

（2）内地织工

纳石失的需求量非常之大，单靠来自西域和中亚的织工无法满足如此之大的工作量，需要补充部分内地织工。纳石失的纺织作坊主要集中在大都至上都一带和西北地区。这些地区多数自古就是我国丝织业非常发达之地，至宋代以前，植桑、养蚕、纺丝是这些地区重要的经济支柱，宋代丝织业重心南移，江南的丝织业逐步发展，成为我国主要的丝绸生产中心。虽然元代大都周边的丝织业已开始衰落，但雄厚的积淀仍使之成为元代丝织业传承的重要力量。在织造纳石失的官营匠户中，有相当一部分具有熟练丝绸纺织技术的当地织工和部分江南织工。这些具有娴熟的中原传统丝织技术的织工在西来织工的教习下可以很快掌握纳石失的织造技术，弘州和荨麻林纳石失局就有"教习人匠织造纳失失"的任务。这样既可发挥原产地织工的技术优势，继续蒙古族统治者和贵族喜爱的中亚风格，又可解决织工不足的问题。在这些长期居于内地的西域及中亚织工以及具有中原传统审美意识的内地织工的梭下，时间愈久，在图案风

---

❶ [元]沈刻元典章·工部一：第十八册[M]. 北京：中国书店出版社，1985：典章五十八3上.

❷ 同❶14下.

❸ 同❶5上.

格、色彩倾向等方面中西合璧的特色愈加突出，而织造技术则继续传承中亚纳石失传统的以特结经固结纹纬的特结组织结构。

元代是织造和使用纳石失的重要时期，元廷北迁后，从事纳石失生产的匠户由官府转入民间，部分匠户向西迁至西域，多数人则留在经过几代人劳作的、已经十分熟悉的第二故乡。由于需求量骤然减少，这些留在当地的织工则改为生产具有中原风格的丝织品。

第五节　纳石失的纺织技术

大蒙古国时期，纳石失通过商品交换来到北方草原，确立了蒙古族对纳石失最初的认识。随着大蒙古国与西域、中亚交往的增多，纳石失随着技术和文化交流来到中国，并得到快速发展，成为这个时期丝绸的新品种。史籍对纳石失的织造技术鲜有记载，虞集在《道园学古录》中用简单的一句话基本概述了皮金的制作技术："纳赤思者，缕皮傅金为织文者也。" ❶ 说明了以皮为底傅以金箔，将其切成细丝得到片金，以其织造纳石失，并成为纹样的主体。其实，在纳石失中捻金的使用量更大，其中并没有提及。虞集是元代著名学者、诗人，虽然一个学者无法准确知道金光灿灿的纳石失是如何织造的，但按照前面的文字可以看出虞集比较了解纺织纳石失所使用皮金的制作过程。

在很多元代墓葬都出土过纳石失，较为著名的有新疆盐湖古墓、集宁路窖藏、甘肃漳县汪世显墓、河北隆化鸽子洞、内蒙古达茂旗大苏吉乡明水墓地等。这些出土的纳石失特结锦组织结构承袭了纳石失原产地的织造技术和图案风格。

---

❶ [元]虞集.道园学古录·曹南王勋德碑[M]//王云五.万有文库编.上海：商务印书馆，1937：400.

一、纳石失的原料

纳石失所使用的原料主要是桑丝线和金线，金线有捻金线和片金线两种。

1. 捻金线的制作

捻金线也称圆金、缠金等，是把金锤打成金箔，敷于纸或皮上，裁成细丝，再缠绕在桑丝芯线上，之间用皮胶或骨胶黏接。古代黏胶的做法很多，原料也不尽相同，各种黏接效果好的动物皮、骨都可以熬制黏胶；鱼胶由鱼鳔熬制，也是常用的黏胶之一，还有的"胶以鹿皮为之"❶。捻金线中的"捻"是指通过捻动丝质芯线使金箔缠绕其上。我国传统捻金线的金箔缠绕多为S捻向，而西域、中亚一带则为Z捻向。现所见到的元代纳石失所使用的捻金线的芯线及金箔绝大多数为Z捻向（图2-23）。

图2-23　芯线及金箔均为Z捻向

我国最早的捻金线实物出土于新疆山普拉墓地，样品来自Ⅰ墓葬群M49的一件棉布枕（编号84LSⅠM49：29a），墓葬年代在公元前1世纪至公元4世纪末，其中捻金线的芯线为丝线，芯线和金箔均为Z捻❷（图2-24）。棉花原产于印度到阿拉伯一带，至迟在南北朝时期西域已开始种植棉花，宋末元初棉花种植才大量

---

❶ [明]萧大亨. 北房风俗[M]//薄音湖，王雄. 明代蒙古汉籍史料汇编：第二辑. 呼和浩特：内蒙古大学出版社，2006：249.

❷ 党小娟，郭金龙，柏柯，等. 新疆山普拉墓地出土金线结构形貌与材质特征研究[J]. 文物保护与考古科学，2014(3)：13-18.

传入内地。新疆山普拉墓地M49中的棉布应该来自棉花的原产地。西域一带出土过不少纺织品，这里是各种文化的汇集地，干燥的气候也是保存有机物的良好外部条件。在新疆库车魏晋十六国墓出土的捻金线是金箔均匀、整齐的Z捻，但无芯线，应该是蹙金绣使用的金线❶（图2-25）。由以上实物可以看出，我国的捻金线技术至迟在3—4世纪已经存在，并相对成熟。我国最典型的捻金出土于西安法门寺地宫，样品FD4：022-1～FD4：022-5中蹙金绣上的捻金线均以"Z"捻向的丝线作芯，金箔无底衬（样品NJ-4-1金箔厚度4.5～5.8微米），呈"S"向捻绕、粗细均匀、外观整齐，已达到很高的技术水平❷（图2-26）。到元代，捻金线的制作技艺已经相当成熟，为纳石失的快速发展奠定了基础。

　　元代纳石失中捻金的芯线有时也使用经过染色的丝线，可以在缠绕的金箔缝隙中露出不同的色彩（图2-27），为纳石失增添更多魅力。

XJ-1金线显微形貌　　　　　　　　　　XJ-1金线电镜形貌

图2-24　新疆山普拉墓地出土金线

《文物保护与考古科学》2014第3期

图2-25　新疆库车魏晋十六国墓（M15）出土金线Kuche-2

《文物》2016第9期

---

❶ 杨军昌，于志勇，党小娟.新疆库车魏晋十六国墓(M15)出土金线的科学分析[J].文物，2016(9)：88-94.

❷ 杨军昌，张静，姜捷.法门寺地宫出土唐代捻金线的制作工艺[J].考古，2013(2)：97-104.

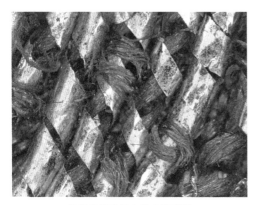

法门寺地宫出土捻金线形貌
《华夏考古》2018第2期

紫红罗地蹙金绣拜垫 FD4：022-2
《法门寺考古发掘报告》文物出版社2007

图2-26　法门寺出土的捻金线：芯线Z捻，金箔S捻

图2-27　两股色彩不同的捻金线芯

2. 片金线的制作

　　片金也称扁金或平金。元代片金的基底材料有皮和纸两种，以皮质为基底的称为皮金，以纸为基底的称为纸金。我国造纸业发展早，到元代已经十分成熟，中国传统地络类加金织物使用纸金，称为金段子。将捶打好的金箔进行褙金（将金箔用鱼胶或骨胶黏附于纸质基底上），经过担金、熏金、砑光、切金等工序即可得到纸金。金代齐国王完颜晏夫妇墓出土织金锦织物15件，"地经、地纬交织成平纹经、斜纹或绞经等不同的组织上，接结经与金纬交织成纬斜组织起花，而这些金线都呈左向纬斜纹显花"。纹样均为我国传统题材，如牡丹、

第二章　元代服饰制度与纺织品的生产

123

梅、菊等植物纹样，动物素材有龙、凤、仙鹤、鸳鸯等❶。从织物的组织结构、纸金的使用到纹样均为传统金段子的典型（图2-28）。而纳石失则使用皮金，中亚地区造纸业发展较晚，纺织用皮金成为传统，虽然元代纳石失主要在国内生产，但西来的织工仍沿用传统的皮金技术。

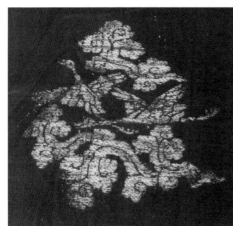
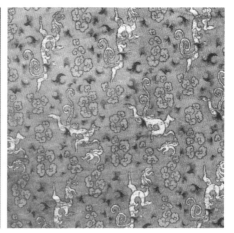

图2-28　金代齐国王完颜晏夫妇墓出土加金织物——金段子
《金代服饰：金齐国王墓出土服饰研究》文物出版社1998

　　由于丝绸之路所在的广大地区与中亚的联系十分密切，皮金的制作技术早已通过丝绸之路传到我国西域地区，为当地人掌握并传承。元代以后，许多官营纺织局院大量织造纳石失，织工主要来自西域和中亚地区，当然也有丝绸之

❶ 郝思德. 黑龙江省阿城金代齐国王墓出土织金锦的初步研究[J]. 北方文物，1997(4)：32–42.

路所辖其他地区的已经掌握纳石失织造技术的织工，尤其是金丝局中应该有大量来自这些地区的熟悉缕皮傅金技术的匠户。明代科学家宋应星❶在《天工开物》中写道："秦中造皮金者，硝扩羊皮使最薄，贴金其上，以便剪裁服饰用。皆煌煌至色存焉。"❷可见，至《天工开物》成书的明末，陕西秦中地区（今陕西中部平原）仍有以皮为基底制作皮金的技术，其传承应与中亚诸国及中国新疆、甘肃至陕西这条丝绸之路沿线的传统皮金制作技术相关。在宋应星的文字中较详细地解释了当时皮金的制作工艺：首先将羊皮基底经过熟皮、糅皮、扩皮（将羊皮喷湿牵引抻薄）等工序，使羊皮至最薄（对一些现存片金进行测量，皮质基底厚度多为0.1~0.2毫米），然后褙金。宋应星没有说明制作片金的完整工序，但应该有熏金和砑金，这样才能使金箔表面"煌煌至色存焉"，最后经过切金即可得到片金（图2-29）。隆化鸽子洞出土"绿色云纹四经绞织金罗"中的片金即为羊皮金，且两面贴金箔，是目前考古发现年代最早的织金罗实物❸。

图2-29 片金样本

❶ 宋应星(1587—约1666)，字长庚，江西奉新(江西省宜春市奉新县)人，明万历四十三年(1615年)举人。
❷ [明]宋应星. 天工开物[M]. 广州：广东人民出版社，1976：340.
❸ 隆化民族博物馆. 洞藏锦绣六百年 河北隆化鸽子洞洞藏元代文物[M]. 北京：文物出版社，2015：133.

片金表面平整，在日光下会展现金碧辉煌的效果。捻金在扭转和织造过程中，金箔反射光线的角度与人眼的视角不同，从而使金箔的光泽度降低。正是由于这个差别，在满金的纳石失上，通过片金和捻金这两种金线可以织成效果斑斓的图案。

3. 其他经纬线

在纳石失上，除捻金和片金外，地经、地纬和固结经多数使用蚕丝线，但也有少数纳石失的地纬中有棉线，这些纳石失应该来自其原产地。

在纳石失的原产地有些纱线与中国有明显不同，在纬线中常加入棉纱是其重要特征之一。由于中亚很早就有棉花生产，我国西域一带也较早开始种植棉花；成熟的棉纺织技术是纺织品加入棉纱的基础，在纳石失中使用棉纬也是情理之中的事。如新疆盐湖古墓一号墓出土的"黄色油绢织金锦边袄子"镶边是由多片纳石失拼合而成，片金部分的纳石失由片金和彩色棉线组成纹纬，丝线作地纬；而捻金纳石失部分以丝线为经纱、棉线作地纬，以两根捻金并丝作纹纬显花❶（图2-30）。在纳石失中加入棉线是中亚传统的纺织方法，报达（今伊

棉线作地纬的捻金锦（头戴宝冠的菩萨像）　　　彩色棉线作纹纬的片金锦（开光主体穿枝莲纹）

图2-30　盐湖古墓出土辫线袍镶边上的纳石失

《文物》1973第10期

---

❶ 王炳华. 盐湖古墓[J]. 文物，1973(10): 34.

拉克巴格达）所产纳石失即"视所用金纬或棉纬之多少而异其名"❶。盐湖古墓距著名纳石失产地别失八里不远，或许这两块纳石失即为别失八里的产品❷。

无论片金或是捻金上的金箔都无法承受织造时织机所需的张力和摩擦，因此，纳石失之金线多用于纬线。经线、纬线均为捻金的纳石失较为罕见。图2-31中纳石失样本的经线、纬线均为捻金，虽然金箔已脱落，但黏接金箔的胶质仍清晰可见。为保证在织造过程中纱线的强度，该样本捻金的芯线捻度很大。

图2-31　经纱、纬纱均为捻金的纳石失样本

二、纳石失的纺织技术

元代后，祖籍中亚的纳石失落户在大都及附近的北方地区，由于工匠主要来自西域、中亚以及由他们教习的内地丝绸纺织匠人，在织造技术上仍传承典型的原产地特结类组织结构，与我国传统金段子的地络类组织结构有明显的不同。

1. 纳石失的组织结构

纳石失是我国元代新兴的特结组织结构织金锦，由地经和地纬织出地组织，

❶ [意]马可波罗行纪[M].冯承钧,译.上海：上海书店出版社,2001：40注释3.
❷ 尚刚.古物新知[M].北京：生活·读书·新知 三联书店,1973：113.

且捻度较大，可起到耐磨、增加抗拉强度的作用。一组经纱作为固结经固结纹纬，固结经多数捻度较小；纹纬可以是捻金或片金，捻金多为每枚2根并丝（图2-32）。接结组织可以是斜纹或平纹等不同形式。当纳石失中捻金与片金交织时，片金显花，捻金做地，使片金线的光泽充分显示于织物的表面。片金显花的边缘常以熟丝固结、起股，形成纹脉，从而得到更好的图案效果。从出土文物上金箔的黏附效果看，片金的金箔较易脱落，且皮质基底易老化，所以能保留至今的片金数量较少。而捻金的捻度使金箔相对较好保存，尤其是捻金上黏附金箔的胶底留存下来的机会较多，是判断是否为纳石失的最重要条件之一。

图2-32　每枚两根并丝结构的捻金样本

2. 纳石失的科技考古学分析

虽然关于纳石失织造技术的记载很少，留存至今的纳石失数量也很有限，对其进行科技考古学分析是非常难得的机会，可以更深入地了解元代纳石失的捻金、片金的构成等具体情况。

分析样本出土于内蒙古四子王旗，出土地地处亚洲中部的蒙古高原，深居内陆腹地，属干燥的中温带大陆性季风气候。冬季漫长寒冷，春秋干旱多风，夏季短促凉爽。寒暑变化强烈，昼夜温差大，降雨量少，对于织物的保存具有较好的条件。

（1）利用电子显微镜进行织物表面观察

利用电子显微镜对织物进行物理观察，可以对织物的组织结构、金线与纱线的接结方式进行分析。

所分析的这些样品虽经过几百年地下埋藏，但干燥的气候使织物具有较好的保存环境。经过观察，熟丝纤维表面毛躁、有裂纹，但老化并不严重（图2-33）。而片金的羊皮基底老化严重，一碰即断。

经测量，片金宽度在0.5毫米左右，捻金的直径为0.3～0.5毫米。捻金的捻度较大，但固结经捻度较小。

熟丝纤维

片金基底

图2-33　电镜观察样本

（2）利用SEM（金相扫描电子显微镜）进行织物分析

①对片金金箔的分析。虽然样本金箔脱落严重，保存状况并不理想，但并不影响测试结果。样本含金有较高峰值，另外含有一定量的碳、氧和硅，均是皮质基底的基础元素（图2-34）。

②对片金基底材料分析。所有样本的片金基底材料均为羊皮。一般生皮的化学成分为蛋白质73%、水分24.5%、脂肪2%、矿物质0.5%，以胶原蛋白质为主体，呈纤维束状。氨基酸是由碳（C）、氢（H）、氧（O）、氮（N）、磷（P）、硫（S）、钙（Ca）等元素组成。所测得样本中除这些元素外，还有铝（Al）、硅（Si）、银（Ag）等元素，铝（Al）和硅（Si）与墓葬埋藏地的土壤环境有直接关系；由于金箔是含有少量银的合金，因此可测得银（Ag）元素（图2-35）。

（3）利用FTIR（傅里叶变换红外线光谱仪）对织物进行分析

①对织物纤维的分析。利用FTIR对有机物的光谱进行分析，测试结果所

得到的FTIR特性波数与标准图谱比对，确定为熟丝（图2-36）。

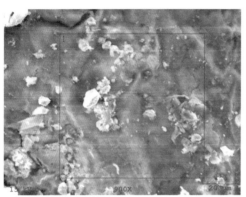
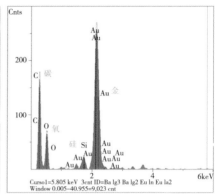

图2-34 片金金箔分析

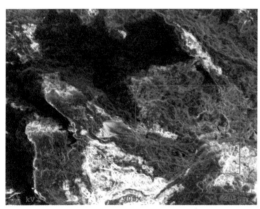
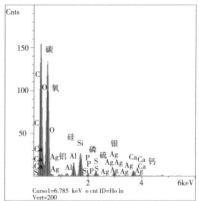

图2-35 片金皮质基底材料分析

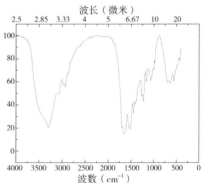

图2-36 熟丝纤维测试

②片金基底材料分析。为使片金基底尽量少受金箔和粘胶的影响，提取样本时首先在低倍电子显微镜下操作，选取较为干净的材料作为测试对象，可以使测试结果尽量准确。虽然片金基底的羊皮经过几百年的侵蚀，碳化严重，基本处于一触即断的状况，但在玛瑙研磨钵中研磨时却较难研磨到理想状态。因为羊皮中含有较多的胶原蛋白，虽然脆裂易断，但胶质却使得样本韧性较强（图2-37）。

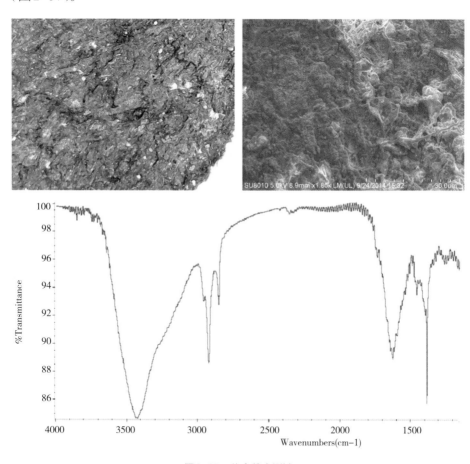

图2-37　片金基底测试

③对纳石失粘胶进行分析。不论片金还是捻金，多数纳石失的金线表面都会残留黏接金箔的胶质层，这些有机胶经过几百年的地下埋藏，基本都呈碳化的黑色（图2-38）。

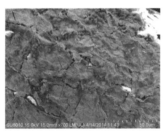

片金基底上残留的粘胶   捻金残留的粘胶

图2-38 片金与捻金的粘胶

三、纳石失的纹样

传承于中亚的纳石失在纹样上具有强烈的地域特色，由于受到以古希腊文化为代表的地中海文化东传的影响，中亚各国在装饰纹样上具有典型的古希腊风格，对兽、对鸟、王冠等各种类型的格里芬纹样元素常常是纳石失的主题。但从许多纳石失实物来看，还同时具有中国传统纹样特征，呈现典型的中西合璧风格。纹样与金线的巧妙组合，表现出元代纳石失织工的高超技艺和元代蒙古族的审美取向。

1. 纳石失的纹样特征

纳石失的纹样受其故乡文化的影响至深，扎根在异乡大地时，仍然传承着其技术与艺术所带来的文化，深受蒙古族的喜爱。因此，不论元代官营纳石失织造作坊地处西域还是内地，在来自中亚及西域的织工梭下，作为纳石失主体特征的纹样自然继续发挥其迷人的魅力，成为文化传承的重要载体。但由于这些官营作坊中还有部分是来自内地的织工，他们在这些西来织工的教习下织造纳石失，受到这些织工及居住地文化的长期影响，在纳石失纹样的设计上会逐步加入中国传统纹样特征，成为中西合璧的典型。

（1）格里芬纹样

格里芬（Griffin 或 Gryphon，狮鹫）是古希腊神话中一种鹰头狮身的有翼神兽。格里芬纹样可分为三类：鹰首或鸟首格里芬、狮首格里芬和羊首格里芬[1]。元

---

❶ 李零. 入山与出塞[M]. 北京：文物出版社，2004：118-110.

代纳石失中的格里芬形象更加丰富，还有一些带有中西合璧的特色。明水墓地出土的纳石失辫线袍底襟的"头戴王冠的带翼人面狮身像"纹样，面部表情平和稚气，两狮回首顾盼，眼神十分传神❶。元代的格里芬纹样不止在纳石失上应用，其他织物上的使用也很多，如集宁路窖藏出土的提花织锦双羊图案被面的双羊团窠具有典型的西域风格，期间还缀有如意宝相花，团窠之间以中原传统龟背纹相连接，形成东西合璧、南北并蓄的风格，体现了多种文化的融合（图2-39）。

明水墓地出土头戴王冠的带翼人面狮身像
内蒙古博物院藏

集宁路窖藏提花织锦双羊图案被面
内蒙古博物院藏

私人收藏

图2-39

❶ 夏荷秀，赵丰. 达茂旗大苏吉乡明水墓地出土的丝织品[J]. 内蒙古文物考古，1992(1、2期合刊)：113-120.

均私人收藏

锡林郭勒盟博物馆藏

图2-39　格里芬纹样

（2）中国传统纹样

中国传统纹样的逐步融入使纳石失的织造技术随着纹样改变逐步成为中国丝织品行列中的一员，其特结组织结构至明代得到进一步推广。

以中国传统纹样为主题的纳石失应该是在元代中期以后才逐步增多，来自异域的织工必须对中国文化有一定了解，或者在内地织工的协助下，以及内地织工在充分认识纳石失织造技术后，才可设计出惟妙惟肖的中国传统纹样，但多数仍兼具异域风格，构成具有元代特色的纺织品特征。纳石失上的中国传统纹样主要有龟背纹、核桃纹、柿蒂纹、宝相花、龙、凤、梅、如意、穿枝莲及各种小型动物形象等（图2-40）。

"王墓梁"耶律氏陵园（王·M6）出土
《阴山汪古》内蒙古大学出版社1991

汪世显家族4号墓出土　甘肃省博物馆藏

私人收藏

图2-40

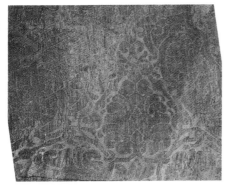
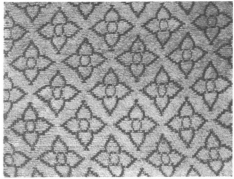

私人收藏　　　　　　　　　　　　　　　　隆化鸽子洞出土

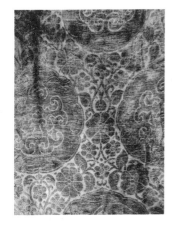
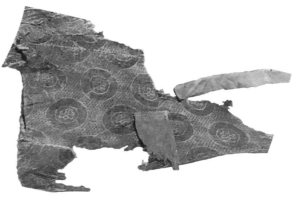

私人收藏

均私人收藏

中国民族博物馆藏　　　　　　私人收藏　　　　　　私人收藏

中国民族博物馆藏　　　　　　　　中国民族博物馆藏

私人收藏　　　　　　　　私人收藏

图 2-40

织金绫卧兽纹大袖袍袖口装饰纳石失

江宁织造博物馆藏

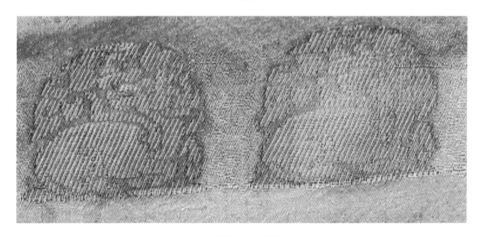

织金绫卧兽纹大袖袍

江宁织造博物馆藏

私人收藏

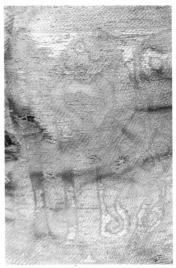

私人收藏

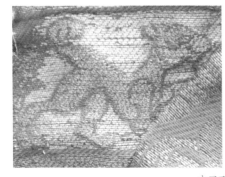

中国民族博物馆藏

图2-40

私人收藏

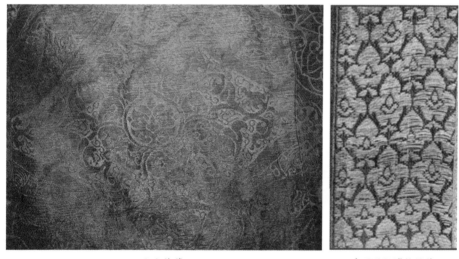

私人收藏

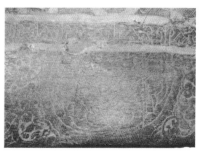

中国丝绸博物馆藏

私人收藏

私人收藏

中国民族博物馆藏

中国丝绸博物馆藏

图2-40

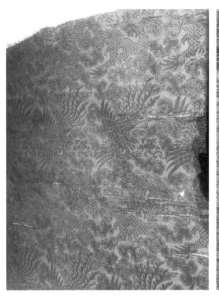

东华大学博物馆藏　　　　　　　　　　北京服装学院民族服饰博物馆藏

图2-40　中国传统纹样纳石失

2. 肩襕的纹样特点

肩襕是元代蒙古族袍服的一个重要特征。肩襕纹样或为波斯文字艺术化变形，或具有中亚风格的几何纹样。纹样规整、对称，与中国传统纹样风格迥异。现所见蒙元时期袍服的肩襕多数与面料同时织成，为保证图案的完整效果，袍服后片与前片的接缝转移到前身肩线以下，形成元代特有的结构形式。如中国民族博物馆收藏的一件元代大袖袍的肩襕与后片为一体，在前片肩部以下18厘米处与前身衣片缝合，施行了肩线转移。元代有肩襕的袍服，不论是男装直身袍、断腰袍，还是贵妇穿着的大袖袍多数都采用这种结构形式。

具有典型中亚风格的肩襕纹样多数是两窄夹一宽的形式。如一件私人收藏的元代纳石失大袖袍肩襕纹样，中间的宽带部分以圆润、规整、层次分明的阿拉伯文字变体纹样做主题图案，两侧的窄边同为阿拉伯字母变体，具有浓重的中亚装饰艺术特征，共同构成具有元代特征的肩襕纹样。这种典型的肩襕成为鉴定元代袍服的重要依据之一（图2-41）。

锡林郭勒盟博物馆藏 私人收藏

私人收藏

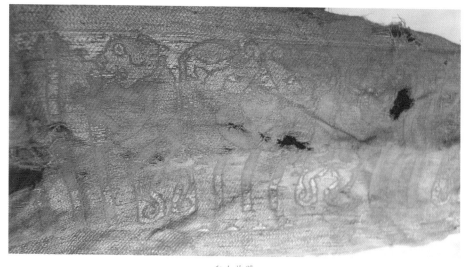

私人收藏

图2-41

中国丝绸博物馆藏

内蒙古博物院藏

私人收藏

北京服装学院民族服饰博物馆藏

图2-41 肩襕的纹样

蒙古族服饰文化史考

元代是建立在强大的物质基础之上的封建王朝。成吉思汗及其子孙的三次西征以及对金、西夏、南宋的征讨获得了大量财富，为蒙古族立足中原创造了很好的物质条件，尤其使蒙古贵族的生活发生了翻天覆地的变化。此前，蒙古族生活在相对封闭的北方草原，生活单一、物资匮乏，各部落之间的服装、饰品虽有一定差异，但整体仍属于同一服饰体系。大蒙古国初期的千户、万户政策分编了一些部落，不同部落重新组合，为各部落文化和服饰的融合起到关键作用。

第三章

元代的蒙古族服饰与服饰文化

第一节 元代蒙古族男装的种类与特点

世代生活在广阔草原的蒙古族逐水草而居，形成好客、爽朗、质朴的性格特征和开放包容的思想文化内涵，他们对物质财富不如农耕民族那样精心守护，而是大方给予、尽情消费。蒙古族的这些性格特征在服装上体现得尤其明显，服装款式虽然简单，但在一定物质财富的积累下，在面料及装饰上逐渐形成了绚丽的风格。

一、男装的类型与特点

进入元代后，蒙古族服装在款式上主要传承传统服装的形制，在纹样上则更多借鉴了中原及中亚纹样的特色，是蒙古族服饰种类、面料、纹样发展的重要时期。男装的发展更为丰富，在直身袍和断腰袍快速发展的同时，比肩也成为元代蒙古族非常重要的服装类型。

1. 直身袍

元朝的建立对中华各民族政治、经济、文化的发展起到了推动作用。东西方交通的便利，使元代文化融合了西方的特点，同时，草原游牧文化与中原农耕文化的结合，使蒙古族服饰更加丰富多彩。这个时期的蒙古族男袍在款式上的变化并不大，但在面料、色彩和装饰上则呈现出明艳和华丽的特点。由于蒙古族地位的空前提高，人们对服饰有了更高的要求，尤其是场面宏大的质孙宴上的统一服饰——质孙服，成为元代蒙古族服饰的典型代表。

从结构上讲，蒙古袍有直身和断腰两大类，直身袍男女均穿着，断腰袍则为男子袍服。不论男女装，直身袍的袍身均宽松肥大，草原上的人们"昼为常服，夜为寝衣"。自古，蒙古族直身袍的袍身形制并无大的变化，窄袖是有别于中原服装的重要标识（图3-1），双道镶边的交领成为时代特色。对比直身袍的款式来说，在袍服面料的使用上可谓天翻地覆。帝王、贵族的袍服使用贵重的裘皮、锦缎和艳丽、华贵的纳石失，从早期的朴实无华到彼时的奢靡无比，使蒙古族袍服进入最为奢华的时期。

内蒙古博物院藏

元代陶男俑
北京故宫博物院藏

灰陶男立俑
西安市东郊沙坡出土
陕西历史博物馆藏

彩绘俑
陕西历史博物馆藏

图3-1　元代直身袍

交领是我国古代服装的主要领型，在蒙古族袍服中使用得更加广泛，与其他领型并无高低贵贱之分；交领一直传承至清代中期才逐步被立领所取代（蒙古族少数部落袍服使用方领）。

交领是斜襟、前衣片左右交叠而成的领型，即"其上衣结交于腹部，环腰以带束之"❶。以畜兽毛皮和毛毡为服装面料的交领，边缘具有不损、不毛的特点，因此，早期袍服的交领可以无镶边。但对于纺织品来说，为使面料在领子边缘不露毛茬、不脱丝，且不致经常摩擦受损，就需要用布料包裹边缘，形成领缘镶边，这些特点决定了衣领和衣身镶边的产生。交领的镶边最初以功能性为主，随着审美意识的发展，镶边的装饰性逐步增强，成为袍服最重要的装饰部位，形成了各种不同装饰方式的领缘形式，使袍服交领镶边丰富多彩。元代蒙古族男袍交领通常为双道镶边，并且多使用本色、本料，朴实、大方。从现可见的图片资料和实物可以清楚地看出这种袍服交领装饰的式样多数都相同（图3-2），故宫南薰殿旧藏《元代帝后像册》❷中诸汗、皇帝所穿袍服（除太宗窝阔台像外）均为双道镶边的右衽交领袍服，可以说是蒙元时期男子袍服的典型装饰形式。

元代蒙古族袍服中的少数盘领、方领等形制是源于中原的袍服领型，蒙古族穿着方领袍服的并不多，《元代帝后像册》中太宗窝阔台画像是其中唯一一款方领结构。新疆伯孜克里克石窟蒙古族女供养人所穿的比肩也为方领结构；河南靳德茂墓出土陶俑的男俑均为方领短袍❸（图3-3）。靳德茂❹虽是汉族，但跟随世祖忽必烈三十余

《纂图增新类聚事林广记》书影
元至顺年间西园精舍新刊本

图3-2 元代双道镶边交领直身袍

❶ [瑞典]多桑. 多桑蒙古史[M]. 冯承钧，译. 北京：中华书局，2004：30.
❷ 元代帝后像册：旧藏北京故宫南薰殿，现藏台北故宫博物院。帝像8幅、后像15幅。帝像每幅纵59.4厘米，横47厘米，后像每幅纵61.5厘米，横48厘米。尚刚. 古物新知·元朝御容[M]. 北京：三联书店，2012：184.
❸ 焦作市文物工作队，焦作市博物馆. 焦作中站区元代靳德茂墓道出土陶俑[J]. 中原文物，2008(1)：30.
❹ 靳德茂(1210—1292)，历任尚药监太医、太医院副使，正三品。

年，墓葬形制、陪葬陶俑皆具蒙古族风格。

人物铜像
内蒙古博物院藏

河南焦作西冯封村出土
河南博物院藏

西安小土门元墓出土
陕西历史博物馆藏

靳德茂墓出土
河南博物院藏

图3-3　方领

我国中原汉装以广袖为美，袖口越大越能象征高官厚禄、生活富裕；劳动人民的衣衫要适应生产劳动的需求，袖口宽度相对小得多。而北方草原游牧民族的马上生活要求袖窄而长，具有很强的实用性，正如沈括所说："窄袖利于驰射，短衣长靿皆便于涉草。" ❶

2. 比肩

比肩即半袖袍服，与中原的半臂有相似之处，套穿在袍服之外，但两者的主要区别是领型和前襟的形制，中原半臂多为直领对襟，比肩则是以交领大襟为主，且穿着时可以不系腰带。元代比肩的穿着范围很广，从帝王、百官至普通民众，无论男女皆可服用。

汉族半臂出现得很早，《事物纪原》在"背子"条中记载："秦二世诏衫子上朝服加背子，其制袖短于衫，身与衫齐而大袖。今有长与裙齐，而袖才宽于衫。盖自秦始也。" ❷ 文中表述背子"袖短于衫"，即为半袖，该书"半臂"条中解释半臂即为背子："隋大业中，内官多服半臂，除即长袖也。唐高祖减其

---

❶ [宋]沈括. 梦溪笔谈：卷一[M]. 上海：上海古籍出版社，1987：23.

❷ [宋]高承. 事物纪原：卷三[M]. [明]许沛藻，点校. 北京：中华书局，1989：150.

第三章　元代的蒙古族服饰与服饰文化

袖，谓之半臂，今背子也。"❶ 半臂在秦二世❷时形成并使用，到隋朝大业年间（605—618年）成为内官的统一服饰。蒙古族的比肩源自直身式海青衣，当胳膊从海青衣的袖子开口伸出，就形成了半袖的外观，后将袖子去掉，便成为比肩。为了便于活动，多数比肩设计开衩。蒙古族的比肩传承了交领袍服的领型特点，其他领型极少。在元代墓室壁画、出土陶俑、石窟画像、草原石人、波斯细密画以及古籍插图中都可目睹元代比肩的形象（图3-4），可见，比肩是元代非常流行的衣着。

在元代，蒙汉服饰并不限制穿着人的民族，汉族穿着蒙古族服饰、蒙古族穿着汉服都是常见之事，但不论哪个民族，比肩或半臂都是常见的衣着。在文字记载中，描写汉族传统半臂的数量较多，对蒙古族比肩的描述则较为少见。由于多数文字的作者是汉族，所以对于比肩与半臂的描写往往比较含混，但可以肯定的是，蒙古族穿着的应该是比肩，而非半臂。在《元史》列传中就有

安西榆林窟第三窟元代蒙古供养人壁画

《中国敦煌壁画全集·敦煌西夏元》辽宁美术出版社 天津人民美术出版社2006

---

❶ [宋]高承.事物纪原：卷三[M].[明]许沛藻，点校.北京：中华书局，1989：148.

❷ 秦二世(胡亥，前230—前207)，咸阳(今陕西咸阳)人。秦始皇第十八子，秦朝第二代皇帝，前210—前207年在位。

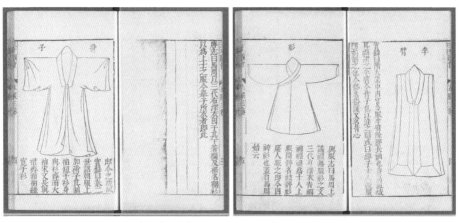

《三才图会》书影　明万历三十七年刊本

山西长治市南郊元墓壁画
《考古》1996 第 6 期

甘肃静宁县威戎镇新华村元墓壁画

图 3-4

第三章　元代的蒙古族服饰与服饰文化

153

山西省长治县郝家庄元墓壁画

《文物》1987第7期

元人相马图

吉林省博物院藏

羊群庙祭祀遗址三号、二号石雕人像

元上都遗址博物馆藏

蒙古国额尔德尼召出土塑像

蒙古国哈剌和林突厥博物馆

《史集》插图　15世纪彩绘波斯语抄本

图3-4　比肩

关于皇帝赐臣下比肩的事例，这里也是使用"半臂"来描述，由于木华黎❶五世孙乃蛮台战绩卓著、政绩显著，至顺元年（1330年）文宗图帖睦耳"继又以安边睦邻之功，赐珠络半臂并海东名鹰、西域文豹，国制以此为极恩"❷，在李庭❸传中也记录李庭祖上伐宋有功，积官汉军都元帅，成宗朝（1295—1307年）时，"大宴仍命序坐于左手诸王之下、百官之上，赐以珠帽、珠半臂、金带各一"❹，这些由元帝所赐的半臂都应该为比肩。元世祖的察必皇后还设计出一种比甲："前有裳无衽，后长倍于前，亦无领袖，缀以两襻，名曰比甲，以便弓马，时皆仿之。"❺这款比甲方便弓马，成为当时大家效仿的对象。在《元世祖出猎图》中，背向观者的侍从就是身着这种前短后长、无领无袖、前后片用襻连接的比甲（图3-5）。

元代文字中出现的、形容汉族所穿着的应该指半臂。如元代著名词人张翥❻描写朱氏小妓绣莲时写道："半臂京绡稳称身，玉为颜面水为神。"❼其中的半臂即指中原传统服饰，张翥以中原文人的雅趣描写了绣莲半臂掩体、玉面窈窕之美。在元代，这样的诗词歌赋数量不少，但与蒙古族的比肩是两种不同的服饰。

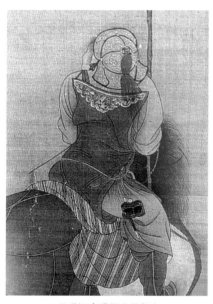

元世祖出猎图（局部）
台北故宫博物院藏

图3-5 察必皇后设计的比甲

❶ 木华黎(1170—1223)，札剌儿氏，世居阿难水东。大蒙古国开国功臣，谥忠武。
❷ [明]宋濂.元史·乃蛮台:卷一百三十九[M].北京:中华书局,1976:3352.
❸ 李庭（？—1304)，字显卿，小字劳山，号寓庵，本金人，蒲察氏，金末来中原，改姓李。至元六年(1269年)以材武选隶军籍，权管军千户。
❹ [明]宋濂.元史·李庭:卷一百六十二[M].北京:中华书局,1976:3798-3799.
❺ [明]宋濂.元史·后妃一:卷一百一十四[M].北京:中华书局,1976:2872.
❻ 张翥(1287—1368)，字仲举，晋宁（今江苏武进）人，官至翰林学士承旨。
❼ [元]张翥.鹧鸪天·为朱氏小妓绣莲赋三首[M]//唐圭璋.全金元词:下册.北京:中华书局,1979:1019.

3. 褡忽

褡忽是蒙古族传统皮袄，对襟、无领、无扣（可系带），袖长至手腕，衣可长可短，毛向外，套穿在长袍外，穿着时可合襟、系带或系腰带保暖。《多桑蒙古史》中准确地说明了草原上人们面对寒冷时所穿的服装，"冬服二裘，一裘毛向内，一裘毛向外"❶，这款毛向外的衣着即是"褡忽"。至今褡忽仍是草原牧民在寒冷冬季放牧时的必备服装。

"褡忽"是蒙语daxu的音译（其中的x在中东部蒙古语中发音h或g，西部蒙古语发音为k），意为翻毛光板皮大衣或皮外套❷，即没有里子的、毛向外穿着的皮大衣。"褡忽"作为蒙古语的音译，在史料上可见不同的汉字写法：荅忽、答呼、达呼、褡忽、搭护、褡护等。满语称："达呼，皮端罩也。"❸清初王士祯❹在《居易录》中解释："今语谓皮衣之长者曰褡护。"❺实际上，褡忽并不是专指长款皮衣，而是不论长短，穿在袍服外面并毛朝外的皮衣都称为褡忽。

北方草原冬季寒冷，生活在此的各民族都非常重视保暖，冬季只穿着一件皮袍并不能平安度过严冬，因此，褡忽就是这里的人们所必需的御寒衣物。在清代《皇朝礼器图式》的插图中可见清代帝王、皇族、侍卫等所穿端罩的形制❻，这些端罩与蒙古族的褡忽在款式上基本相同，也表明在同一地域生活的人们在穿着上具有相似的形制。

褡忽一般使用羊皮、狗皮、狼皮等保暖性能好的皮子制作，狐、银鼠、貂鼠、猞猁❼等稀有动物毛皮也是制作褡忽的珍贵材料，这些毛皮除绵羊皮外都

❶ [瑞典]多桑.多桑蒙古史：上册[M].冯承钧，译.北京：中华书局，2004：30.

❷ 内蒙古大学蒙古学研究院.蒙汉词典[M].呼和浩特：内蒙古大学出版社，1999：1136.

❸ [清]钦定元史语解·物名：卷二十四[M]//景印文渊阁四库全书：第296册.台北：台湾商务印书馆，1986：554.

❹ 王士祯(1634—1711)，字子真，号阮亭，新城（今山东桓台）人。顺治乙未(1655年)进士，官至刑部尚书，清代诗人。

❺ [清]王士祯.居易录：卷二十一[M]//景印文渊阁四库全书：第869册.台北：台湾商务印书馆，1986：573.

❻ [清]皇朝礼器图式·冠服一：卷四[M]//景印文渊阁四库全书：第656册.台北：台湾商务印书馆，1986：195，196，208，216，220，238.

❼ 猞猁(Lynx lynx)：哺乳纲，猫科，毛带红色或灰色，常具黑斑。

属于直毛且有针毛的品种。《元世祖出猎图》中忽必烈在红色辫线袍外套穿了一件白色毛皮褡忽，并用黑色毛装饰，在领和袖口装饰黑色毛皮边。很多学者对这件褡忽进行过讨论，均以天子质孙中的条目对照，认为是银鼠毛皮。由于该画是宫廷画家刘贯道❶的作品，每一细节都刻画得细致写实，因此认真观察细节可得到如实的结果，即这件褡忽并非银鼠，而是绵羊轻裘（图3-6）。银鼠是鼬科动物中最小的一种，广泛分布于北方草原，野生雄鼠平均体重50克，雌鼠平均体重40克。银鼠夏天毛色背褐腹白，冬季则全身雪白。银鼠皮的皮板薄、毛短而密，针毛直且爽滑。而绵羊毛长而浓密，且呈弯曲状（图3-7）。从这些特点看，忽必烈所穿褡忽毛浓密且弯曲，应该是绵羊毛皮；领和袖的黑色毛皮直且浓密，针毛清晰可见，应该为紫貂；黑色饰毛的弯曲状态应该是黑羔毛。对蒙古族来说，羊皮并非低档毛皮，在天子质孙服中的三款粉皮袍即是羊皮制品。忽必烈的这款褡忽与山西太原王家峰北齐墓室壁画中墓主人徐显秀❷所披的毛皮大衣非常相似❸，同样是白裘装饰黑毛（图3-8）。北齐时，北方突厥崛起，天宝三年（552年）建立突厥汗国，天宝五年（554年）统一西至里海，北到贝加尔湖以北，东达大兴安岭的广阔土地。突厥的草原文化及服饰对中原有较大影响，正如沈括在《梦溪笔谈》中所说："中国衣冠，自北齐以来，乃全用胡服。窄袖绯绿，短衣，长靿靴，有蹀躞带，皆胡服也。"❹在徐显秀墓室壁画中可以看到出行士兵穿着窄袖长衫或袍，革带、长靴等都具有明显的草原服饰特征，尤其是墓主人徐显秀所穿裘衣具有典型北方草原风格。由于是一幅墓室壁画，许多细节都表现得很不清楚，所以徐显秀所穿的裘衣到底使用的是哪种毛皮，无法做出肯定的结论，但整体感觉毛皮比较薄而绒浓密，而黑色装饰裘毛有些像银鼠的黑色尾尖或狐、狼、貉子、山羊等直且长的毛皮。

　　加宾尼1245年出使蒙古，参加了蒙古大汗贵由的登基仪式，《蒙古史》中所记载的各类服饰应该是亲眼所见："各种毛皮的外衣样式都相同；不过，在

❶ 刘贯道，生卒年不详，字仲贤，中山（今河北定州）人。元代画家，任御衣局使。
❷ 徐显秀（502—571），蔚州忠义郡（今河北张北县）人，历任宜州、徐州刺史等高职，封武安王，葬于北齐武平二年（571年）。
❸ 山西省考古研究所，太原文物考古研究所.太原北齐徐显秀墓发掘简报[J].文物，2003(10): 4-40.
❹ [宋]沈括.梦溪笔谈[M].上海：上海古籍出版社，1987: 23.

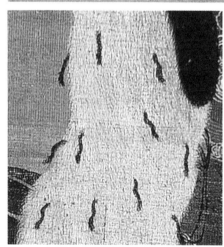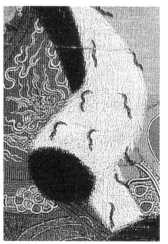

元世祖出猎图（局部）

台北故宫博物院藏

图3-6 元世祖所穿褡忽

夏季银鼠　　　　　　　　　　　　冬季银鼠

《皮毛兽图说》科学出版社1958

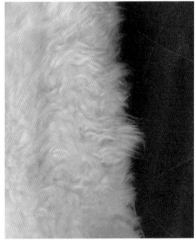

图3-7　银鼠与绵羊毛皮

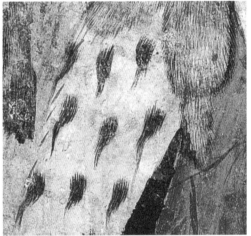

图3-8　太原王家峰北齐徐显秀墓壁画

《北齐徐显秀墓》文物出版社2005

外面的外衣以毛向外，并在背后开口；它在背后并有一个垂尾，下垂至膝部。"❶穿在外面、毛向外的就是褡忽（图3-9）。

图3-9 元代答忽
蒙古国国家博物馆藏

在一些古籍中，有时对褡忽与比肩名称的使用含混不清，需要认真甄别。如天子质孙中"服银鼠，则冠银鼠暖帽，其上并加银鼠比肩"，还解释比肩俗称"襻子答忽"，这个解释是正确的，而文中将用银鼠皮制作的服装称为比肩则不准确。比肩是纺织面料制作的半袖交领长衫，而褡忽则是毛皮服装。由银鼠皮制作的应该是褡忽，而非比肩。实际上，将褡忽与比肩搞混的并非此一处，在高丽和后来的朝鲜王朝，都将用纺织品缝制的比肩称为褡忽。

4. 云肩

云肩常使用四合云纹的外形或装饰，故谓云肩，它从最初保护衣领和肩

---

❶ [意]约翰·普兰诺·加宾尼.蒙古史[M]/[英]道森.出使蒙古记.吕浦，译.北京：中国社会科学出版社，1983：8.

部以及肩颈保暖的功能逐步发展为装饰性服饰。云肩的记载和图像资料主要涉及的是北方草原民族。莫高窟第150窟、第159窟是吐蕃时期（633—842年）开凿的洞窟，其中的珍贵壁画上就可见吐蕃供养人袍服上的云肩（图3-10），这些云肩与袍服成为一个整体，是由直接装饰在袍服上的图案构成❶。金代画家张瑀的绢本画《文姬归汉图》描绘了文姬在塞外朔风凌冽的归汉途中长途跋涉的情景，骑在马上的蔡文姬头戴暖帽，在比肩外着四合云纹云肩，完全是典型的金代衣装。与此相似的《明妃出塞图》，传为南宋女道士画家宫素然所作，画中绘制了

图3-10　莫高窟第159窟吐蕃供养人
《中国敦煌壁画全集》天津人民美术出
版社2006

昭君出塞途中迎风前行的情景，具有强烈的艺术感染力。昭君的穿着与《文姬归汉图》中文姬相似，同样也佩戴一件云肩（图3-11）。元代云肩的使用更加普遍，在很多图像资料中都有云肩的形象。按照形制，云肩可分三类，第一类是独立于服装、披围在肩部的披领式云肩，这类云肩所使用的材料、工艺技术各不相同，呈现不同外观。《元史》"仪卫服色"中对仪卫云肩有清晰的解释："云肩，制如四垂云，青缘，黄罗五色，嵌金为之。"❷在《格致镜原》中有辽代云肩款式的详细说明："辽俗有一制，围于肩背，名曰贾哈，锐其两隅，其式如箕，左右垂于两肩，以锦貂为之。"❸此处所谓"贾哈"即云肩，在现代蒙古语中，贾哈jax_a是边缘、领口之意❹。这种披领式云肩在辽代已经广泛使用，

❶ 段文杰，樊锦诗. 中国敦煌壁画全集：第七卷[M]. 沈阳：辽宁美术出版社，2006：117-120.
❷ [明]宋濂. 元史·舆服一：卷七十八[M]. 北京：中华书局，1976：1940.
❸ [清]陈元龙. 格致镜原·冠服类：卷十八[M]//景印文渊阁四库全书：第1031册. 台北：台湾商务印书馆，1986：238.
❹ 内蒙古大学蒙古学研究院. 蒙汉词典[M]. 呼和浩特：内蒙古大学出版社，1999：1303.

金 文姬归汉图（局部）
吉林省博物院藏 长白遗珠——吉林省博物院藏古代书画精品展

宋 明妃出塞图（局部）
日本大阪市立美术馆藏 千年丹青：日本中国藏唐宋元绘画珍品展

图3-11 云肩在北方民族中的使用

至金元，更成为流行配饰（图3-12）。第二类是缝缀式云肩，这类是直接装饰在袍服上的云肩样图案，元代云肩多为此种，所用技法主要有刺绣、补花、抠花及盘绣等缀补形式。私人收藏的一款辫线袍上的云肩利用钉线绣固定抠花图案，形成了独特的装饰风格，虽然袍服面料均已毁坏，但各处镶边、云肩均保存得十分完整，此类是元代比较常见的装饰手法。在波斯细密画中有非常之多的人物形象穿着带有云肩装饰的袍服或比肩，可以窥视云肩使用的广泛程度。云肩除有装饰作用外还可以加固袍服肩部，河北隆化鸽子洞出土的元代辫线袍里侧的肩背部缝制"如意朵云"补花云肩❶，起到了实用和装饰的双重作用（图3-13）。第三类是以纺织品纹样的形式装饰于袍服或比肩的肩部，足可见元代纺织技术水平之高超（图3-14）。

断腰袍是元代蒙古族男装的重要类型，将在第三节专题讨论。

<table>
<tr><td>山西屯留县康庄元墓</td><td>辽宁凌源富家屯元墓</td></tr>
<tr><td>《考古》2009第12期</td><td>《文物》1985第6期</td></tr>
</table>

图3-12　披领式云肩

---

❶ 隆化民族博物馆.洞藏锦绣六百年 河北隆化鸽子洞洞藏元代文物[M].北京：文物出版社，2015：90.

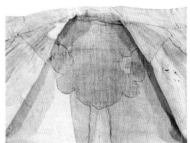

私人收藏

白棉布束腰窄袖大褶袍（局部）

《洞藏锦绣六百年 河北宣化鸽子洞藏元代文物》文物出版社2015

图3-13　缝缀式云肩

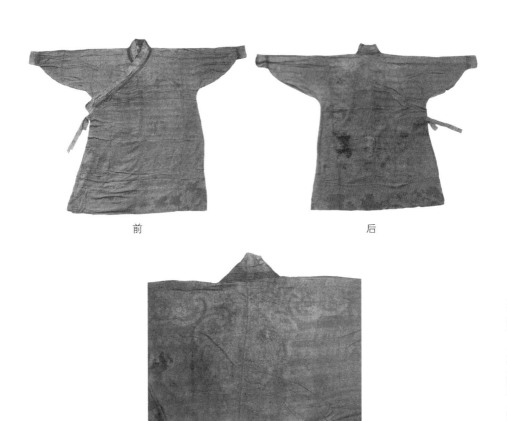

前　　　　　　　　　　　　后

后肩背云肩纹样　暗花织金绫云肩大袖袍

《黄金 丝绸 青花瓷——马可·波罗时代的时尚艺术》艺纱堂/服饰出版2005

图3-14　纺织品纹样式云肩

二、帽冠

生活在气候恶劣的北方草原，帽子是必不可少的服饰品，保暖、防风是帽子的主要功能。蒙元时期，不论男女，均戴冠帽，男子则"冬帽而夏笠"❶。在《元史》中非常详细地列出与天子质孙服配套的冠帽，其中有暖帽、钹笠、笠帽、后檐帽等款式（表3-1）。而百官质孙服配套的冠帽未有列出，在款式上应该与天子帽没有大的区别，只是材料和装饰略逊，而民间的冠帽要简单许多。

表3-1 《元史·舆服志》中与天子质孙服相配的冠帽

| 序号 | 天子质孙 | | | |
| | 冬服 | | 夏服 | |
	袍服	冠帽	袍服	冠帽
1	纳石失	金锦暖帽	答纳都纳石失	宝顶金凤钹笠
2	怯绵里	金锦暖帽	速不都纳石失	珠子卷云冠
3	大红宝里	七宝重顶冠	纳石失	珠子卷云冠
4	桃红宝里	七宝重顶冠	大红珠宝里红毛子答纳	珠缘边钹笠
5	紫宝里	七宝重顶冠	白毛子金丝宝里	白藤宝贝帽
6	蓝宝里	七宝重顶冠	驼褐毛子	白藤宝贝帽
7	绿宝里	七宝重顶冠	大红五色罗	金凤顶笠
8	红粉皮	红金褡子暖帽	绿五色罗	金凤顶笠
9	黄粉皮	红金褡子暖帽	蓝五色罗	金凤顶笠
10	白粉皮	白金褡子暖帽	银褐五色罗	金凤顶笠
11	银鼠	银鼠暖帽	枣褐五色罗	金凤顶笠
12	—		金绣龙五色罗	金凤顶笠
13	—		金龙青罗	金凤顶漆纱冠
14	—		珠子褐七宝珠龙答子	黄牙忽宝贝珠子带后檐帽
15	—		青速夫金丝栏子	七宝漆纱带后檐帽

（各随其服色 —— 第7至第12行夏服冠帽栏右侧合并单元格注明）

---

❶ [宋]彭大雅.黑鞑事略[M]//王云五.丛书集成初编.上海：商务印书馆，1937：4.

1. 暖帽与风帽

暖帽是北方草原民族秋冬季最常使用的帽子；时至今日，暖帽仍是草原牧民冬季必不可少的保暖用品。保暖、挡风是暖帽最重要的功能，根据不同季节和阶级，暖帽的材料也各不相同，草原牧民最常佩戴的是吊面羊皮暖帽，帝王、贵族多使用狐皮、狼皮等保暖性能更好的材料制作暖帽。元代蒙古族暖帽有两个类型，一种如忽必烈所佩戴的暖帽（图3-15），另一种是毛皮暖帽，如《元代帝后像册》中的太宗窝阔台所戴的裘皮暖帽，是青色吊面、棕灰色毛皮边，帽子的系带固定在毛皮外翻边的上面，系紧暖帽，以达到更好的保暖效果（图3-16）。《多桑蒙古史》中记述过蒙古人"头戴各色扁帽，帽缘稍鼓起，惟帽后垂缘宽长若棕榈叶，用两带结系于颐下，带下复有带，任风飘动"❶，帽后状如"棕榈叶"的是起保暖、防风作用的披幅；所形容的暖帽除用于固定在脸颊的带子外，还有只起到装饰作用的飘带，这种飘带可随风飘舞，现在蒙古族的帽子多数仍装饰这种飘带，且多为红色。

中国国家博物馆藏

图3-15 忽必烈像

窝阔台像

台北故宫博物院藏

图3-16 裘皮暖帽

靳德茂墓出土陶俑

河南博物院藏

北方草原的特殊地理、气候环境使得蒙古族在四季都戴不同的帽子以应付恶劣的自然环境。春夏季节为遮挡随时到来的狂风而佩戴风帽，"缂丝大威德金刚曼陀罗"上元文宗所佩戴的帽子与内蒙古阿拉善盟额济纳旗黑城遗址出

---

❶ [瑞典]多桑. 多桑蒙古史[M]. 冯承钧，译. 北京：中华书局，1962：34.

第三章 元代的蒙古族服饰与服饰文化

167

土风帽就是这种风帽的代表。二者形制非常相似，是蒙元时期比较流行的帽式，并且不论贫富，均可佩戴（图3-17）。俄罗斯喀山博物馆收藏的一顶金帐汗国时期的风帽由纳石失面料制作，前脸较长，可以遮挡风沙、保护眼睛。左右各有两条宽窄不同的带子，较窄的带子系在长长的披幅外面，可以牢牢固定帽子，迎风前行时披幅会很好地保护脖颈。较宽的带子作为装饰，可随意下垂或系在脑后，前行时随风飘扬。这顶风帽还有非常科学的设计：在帽后有一纽结，披幅下方有一纽襻，披幅前面的左右两角各有纽襻，当天气炎热时，可以

绎丝大威德金刚曼陀罗　元文宗像
美国大都会艺术博物馆藏

侧面
《内蒙古珍宝》内蒙古大学出版社 2007

前面

后面

内蒙古阿拉善盟额济纳旗黑城遗址出土
内蒙古博物院藏

图3-17　风帽

将披幅和左右两角向后翻折，并用纽结固定。这是一个非常巧妙的设计，由此可以看出，在恶劣的自然环境中蒙古人如何利用聪明才智来保护自己。在蒙古国国家博物馆收藏的一顶纳石失风帽与这顶帽子非常相似，只是披幅较短。这种类型的风帽应该是这个时期比较流行的款式（图3-18）。实物与各类画像、文字中的暖帽与风帽可以互相印证，说明元代这类帽子款式相对统一，并且已经发展得十分成熟，进入稳定期。

金帐汗国出土　俄罗斯喀山博物馆藏　Судлаач доктор, профессор Б.Сувд提供

蒙古国国家博物馆藏

《黄金 丝绸 青花瓷——马可·波罗时代的时尚艺术》艺纱堂/服饰出版2005

图3-18　纳石失风帽

2. 笠帽

笠帽历史悠久，是劳动人民夏季遮阳、蔽雨的传统帽子。笠帽也称笠子、箬笠、席帽、大帽，民间称斗笠、草帽，传统笠帽的帽檐宽大，体现其实用性。《事物纪原》中有："大帽，野老之服也，今重戴，是本野夫嵩叟之服；唐以皂縠为之，以隔风尘。"❶ 到宋代，笠帽已经成为官吏、士大夫阶层的重要首服，当然材料和工艺较为轻巧和精致。元代入主中原的蒙古族将笠帽借鉴过来，除用传统的竹编、草编、棕编外，也用皮革、毛毡等材料制作❷，有时还用布袼褙做成挺硬的帽型❸，外面多包裹纺织面料。元代迎来了笠帽发展史上的最高峰，与蒙古族戴帽的传统习俗有直接关系。此时笠帽成为使用率最高的男子首服，各种款式、材料、装饰的笠帽发展得十分迅速，形成了具有时代特征的标签。

元代的笠帽有三个突出的变化，一是大大提升了笠帽的地位，成为从帝王到普通百姓都可佩戴的帽子。二是将前朝造型简单、朴实无华的笠帽（大帽）进行装饰。蒙古族在笠帽的骨架外用各种纺织面料包裹，并装饰补花、刺绣、绦带以及各种珍贵的顶饰，形成华丽的外观（图3-19）。三是减小原宽大的帽檐，发展出窄檐笠帽，使其适应室内和日常佩戴；由于帽的外形酷似"钹"，故也称钹笠（图3-20）。元代蒙古族帽子的发展和使用非常广泛，与所生活地域和自古的传统有直接关系。气候寒冷、条件恶劣是戴帽习俗产生的基础。在传统文化的发展过程中，又赋予帽子一定文化、社会、礼制的内涵，因此，戴帽成为元代蒙古族的特色，并得到其他民族的效仿。

包裹笠帽帽顶的纺织品由四片或六片构成，多数帽顶有顶珠、珠串、樱穗等装饰，这些装饰是区别笠帽主人社会地位的重要依据，明代史学家沈德符就曾说："元时除朝会后，王公贵人俱载大帽，视其顶之花样为等威。尝见有九龙而一龙正面者，则元主所自御也。"❹ 陶宗仪在《南村辍耕录》中提到："大德

---

❶ [宋]高承. 事物纪原：卷三[M]. [明]许沛藻，点校. 北京：中华书局，1989：139.

❷ 王久刚. 西安南郊元代王世英墓清理简报[J]. 文物，2008(6)：54–68.

❸ 内蒙古文物考古研究所，阿拉善盟文物工作站. 内蒙古黑城考古发掘纪要[J]. 文物，1987(7)：1–23.

❹ [明]沈德符. 万历野获编：卷二十六：下册[M]. 北京：中华书局，1959：662.

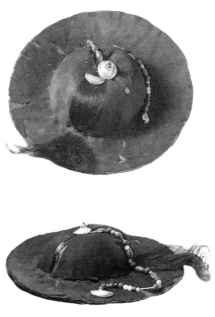

汪世显家族墓出土　甘肃省博物馆藏　　　　耶律世昌墓出土　陕西历史博物馆藏

济南埠东村石雕壁画墓

《文物》2005 第 11 期

图3-19　宽檐笠帽

内蒙古博物院藏　　　　　　　　　　中国丝绸博物馆藏

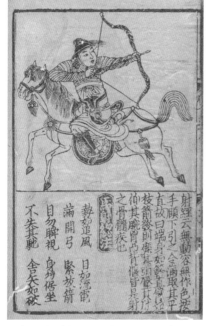

马射总法 《纂图增新类聚事林广记》书影　　　　**习跪图 《纂图增新类聚事林广记》书影**

元至顺年间西园精舍新刊本　　　　　　　元至顺年间西园精舍新刊本

古交市上白泉村元代石室墓　　　　　　赤峰三眼井元墓《文物》1982第1期
《文物世界》2019第4期

河南沁阳元代壁画墓

焦作网

图3-20 钹笠（窄檐笠帽）

间（1297—1307年）本土巨商中卖红刺石一块于官，重一两三钱，估直中统钞
十四万锭，用嵌帽顶上。自后累朝皇帝相承宝重，凡正旦及天寿节大朝贺时则
服用之。"❶装饰这块红色宝石的笠帽为成宗朝及以后各位皇帝在正旦和皇帝诞
辰庆典上所佩戴，可见这块巨大红宝石的成色之精。《静斋至正直记》中还说
道一顶世祖帝当年佩戴的毡笠："国朝每岁四月驾幸上都避暑，……还大都之日，
必冠世祖皇帝当时所戴旧毡笠，比今样颇大。盖取祖宗故物，一以示不忘，一
以示人民知感也。"❷此外，这顶毡笠应该还具有象征当年蒙古人进入中原的深
意，所以在皇帝返回大都之日佩戴。帽顶是帽子装饰的重点，叶子奇说过："北
人华靡之服，帽则金其顶。"❸足以见当时帽子装饰之华丽、珠宝之贵重。在天
子夏服质孙中列有宝顶金凤钹笠、金凤顶笠、珠缘边钹笠等八款笠帽❹，这些笠
帽的帽顶嵌饰极具标识性的珍宝是帝位的象征。元代墓室壁画中有大量墓主及
下人头戴笠帽的形象，说明元代上至天子，下到普通百姓普遍戴用笠帽，等级

❶ [元]陶宗仪. 南村辍耕录：卷七[M]. 北京：中华书局，1959：84.

❷ [元]孔齐. 静斋至正直记：卷一[M]//续修四库全书：第1166册. 上海：上海古籍出版社，1996：213–214.

❸ [明]叶子奇. 草木子：卷三[M]. 北京：中华书局，1959：61.

❹ [明]宋濂. 元史·舆服一：卷七十八[M]. 北京：中华书局，1976：1938.

区别在于包裹笠帽的面料及顶饰的质量。

由于北方草原随时都是"卷地朔风沙似雪，家家行帐下毡帘"❶，所以蒙古族常在帽子后面增加披幅，起到保暖和遮挡风沙的作用。笠帽增加披幅是元代所独有的戴帽方式，《元代帝后像册》中有5位帝王都戴这种有披幅的钹笠，许多墓室壁画中也可见到这种有披幅的笠帽形象。这种笠帽加披幅的佩戴方式还通过元丽之间的特殊关系流传至高丽，直到朝鲜李氏王朝时期仍可见其形象（图3-21）。

元代官吏肖像　　　　　　李氏朝鲜官员画像　　　　元平江路教授范文英像

安徽博物院藏　　　　　《丝绸之路与元代艺术》　《沧浪亭五百名贤像赞》古吴轩出版社2004
《中国织绣服饰全集》天津美术　艺纱堂/服饰出版2005
出版社2004

图3-21　有披幅的笠帽

覆钵式笠帽在辽代已经出现❷，直到元代仍在使用，应该是江南传统覆钵式斗笠传承的结果，直至清代为朝廷所借鉴，成为夏季官帽（凉帽）后才使其地位达到顶峰（图3-22）。

3. 后檐帽

蒙古族的只有后檐而无前檐的帽子是我国历史上非常独特的帽形，它的产生源于后檐所起到的披幅作用。进入内地的蒙古族所佩戴的这种帽子因其后檐

❶ [元]萨都剌.上京即事五首[M]//刘达科.辽金元诗选评.西安：三秦出版社，2004：244.
❷ 内蒙古克什克腾旗博物馆.内蒙古克什克腾大营子辽代石棺壁画墓[J].文物，2015(11)：49-52.

竹篾覆钵式斗笠

内蒙古大营子辽代石棺壁画墓
《文物》2015第11期

元代骑马俑
山西博物院藏

西安南郊皇子坡村武敬墓出土陶俑
《考古与文物》2014第3期

清代红宝石顶三眼花翎凉帽
内蒙古博物院藏

清代单眼花翎夏帽
苏州状元博物馆藏

元代绫百纳帽
阿拉善盟黑城遗址出土
内蒙古博物院藏

图3-22　覆钵式笠帽

失去功能性，只作为传统服饰的象征意义而保留。从一些元代墓葬出土陶俑所佩戴后檐帽的后檐并没有伏贴在后脖颈看出，这种后檐几乎没有防风挡沙作用。当然，进入内地的蒙古族佩戴的这种后檐帽是对传统文化的继承和尊重，而其功能性则逐步退居次要地位。

　　蒙古国苏赫巴特省达里甘嘎蒙元石人雕像头戴后檐帽的形象成为当年后檐帽流行的证据[1]，后檐帽的形象在宝宁寺水陆画中可以清楚地看见，刘元振墓、西安南郊潘家庄元墓等出土后方钹笠帽同属此类帽型（图3-23）。这种形制的帽子并非元代的新款式，根据蒙哥四年（1254年）的傅元明墓中出土的戴后檐帽陶俑可以肯定，有后檐形制的帽子在大蒙古国时期就已经开始流行。

❶ 魏坚.蒙古高原石雕人像源流初探——兼论羊群庙石雕人像的性质与归属[J].文物，2011(8)：55-64.

蒙古国苏赫巴特省达里甘嘎蒙元石雕人像

《文物》2011第8期

元代骑士俑

鄂尔多斯博物馆藏

西安南郊潘家庄元墓出土　《文物》2010第9期

西安曲江池出土
中国国家博物馆藏

宝宁寺水陆画

山西博物院藏

图 3-23　后檐帽

4. 前圆后方帽

不论什么季节，北方草原多数日子都是阳光普照，只有后檐的帽子在阳光强烈的北方草原，刺眼的光线会影响视线，所以察必皇后根据忽必烈的需要增加了前檐："胡帽旧无前檐，帝因射日色炫目，以语后，后即益前檐。帝大喜，遂命为式。"❶这种前圆后方帽实际就是在后檐帽上增加了遮阳的前檐，形成了元代所特有的新款帽式。《元世祖出

❶ [明]宋镰.元史·后妃一：卷一百一十四[M].北京：中华书局，1976：2872.

猎图》中就有一位忽必烈的随从头戴蓝地红缨后檐帽，蒙古国查干哈楠岩洞出土的前圆后方帽的帽顶为六片结构，前为圆形宽檐，后檐方形❶，与汪世显家族墓出土的棕笠❷在形制上同属一类（图3-24），表明这种察必皇后设计的前圆后方帽通过宫廷一直流传到民间，并且使用广泛。由于生活环境的改变，传统帽子的形制也在逐步发生变化。在内地或城市中生活，利用后檐遮挡风沙的功能逐步消失，方形后檐开始缩短，外形也在慢慢改变，形成符合当时审美的圆形后檐，这样的后檐与前檐结合后，外观与钹笠极为相似，可以使这种户外佩戴的帽子进入室内，开拓了这种帽子的使用空间与场合（图3-25）。

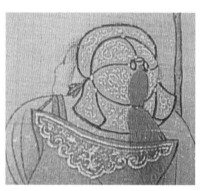

蒙古国南戈壁省查干哈楠岩洞墓出土后檐帽
МОНГОЛ ХУВЦАСНЫ НУУЦ ТОВЧОО II
Ундэстний Хувцас Судлалын Академи Улаанбаатар хот,
Моногол улс 2015

世祖出猎图（局部）
台北故宫博物院藏

汪世显家族墓出土棕笠
《汪世显家族墓出土文物研究》甘肃人民美术出版社2017

图3-24 前圆后方帽

❶ Б.СУВД У.ЭРДЭНЭБАТ А.САРУУЛ. МОНГОЛ ХУВЦАСНЫ НУУЦ ТОВЧОО II . Ундэстний Хувцас Судлалын Академи Улаанбаатар хот, Монгол улс, 2015：23.
❷ 乔今同. 甘肃漳县元代汪世显家族墓葬[J]. 文物, 1982(2)：1-12.

ТАЛЫН МОРЬТОН ДАЙЧДЫН ӨВ СОЁЛ
шинжлэх ухааны академи археологийн хүрээлэн, Улаанбаатар 2014

0 ⌐——— 5厘米

持巾男侍俑

刘元振夫妇墓出土　陕西省考古研究院藏
《蒙元世相——陕西出土蒙元陶俑集成》人民美术出版社2018

元世祖出猎图（局部）

台北故宫博物院藏

图3-25　前圆后圆帽

　　叶子奇描写过当时流行的帽子："官民皆带帽，其檐或圆，或前圆后方，或楼子，盖兜鍪之遗制也。"❶叶子奇说蒙古族的这些帽子是"兜鍪"之遗制不免有些偏颇。元代兜鍪的形制比较丰富，有一种圆檐兜鍪与钹笠较为相似，叶子奇应该即指此（图3-26），但钹笠的产生与兜鍪并无关系。

---

❶ [明]叶子奇. 草木子[M]. 北京：中华书局, 1959：61.

形似钹笠的兜鍪　　　　　铁头盔　　　　大蒙古国时期铸铜头盔　　大蒙古国时期圆顶铁盔

通辽市青龙沟出土　　　　　　　　　　　赤峰松山区出上　　　　赤峰松山区出土

图3-26　蒙元时期的金属兜鍪

内蒙古博物院藏

5. 幔笠（方笠）

宋濂❶在为宋末元初李士华所作墓碣中述："宋亡为元，更易方笠窄袖衫。"❷可见元代的方笠、窄袖成为时代的标志。

日本东京学艺大学图书馆望月文库藏本《魁本对相四言杂字》中称之为幔笠，该刊本是洪武辛亥（1371年）孟秋（阴历七月）金陵勤有书堂刊印。沈从文先生在其《中国古代服饰研究》中称这种帽子为瓦楞帽。幔笠有尖顶与平顶之分，帽口又有平口和翘檐两种形式。幔笠结构简单、佩戴方便，是元代上至皇帝、下到平民均可佩戴的帽子。但幔笠并非蒙古族所独有，许多草原民族都有佩戴这种帽子的习俗。东突厥汗国、辽代和金代都可见到幔笠的形象，但从发展的角度讲，蒙元时期的蒙古族将其发展到极盛。关于东突厥汗国（583—630年）的文字资料非常有限，但关于幔笠的图像更能形象地说明问题。在蒙古国布尔干省巴彦诺尔突厥壁画墓❸中有一名牵马前行的牧人头戴一顶红色幔笠，与后来蒙古族所戴幔笠如出一辙，而色彩更加鲜艳，装饰更华丽。这顶幔笠有褐色镶边，上面还有团花装饰，精致而艳丽（图3-27）。据发掘报告称，该墓主可能为7世纪东突厥汗国的贵族。

---

❶ 宋濂(1310—1381)，初名寿，字景濂，号潜溪，金华潜溪(今浙江义乌)人。明初时受朱元璋礼聘，被尊为"五经"师，为太子朱标讲经。洪武二年(1369年)，奉命主修《元史》。官至翰林学士承旨、知制诰。谥文宪。

❷ [明]宋濂. 文宪集·北麓处士李府君墓碣：卷二十三[M]//景印文渊阁四库全书：第1224册. 台北：台湾商务印书馆，1986：285.

❸ 阿·敖其尔，勒·额尔敦宝力道. 蒙古国布尔干省巴彦诺尔突厥壁画墓的发掘[J]. 萨仁毕力格，译. 草原文物，2014(1)：14—23.

第三章　元代的蒙古族服饰与服饰文化

179

虽然未见到辽代关于幔笠的文字记载，但在辽代库伦7号墓壁画中，契丹墓主人手端的"红色方口圆顶帽"❶在形制上与元代平口幔笠基本相同。该墓是辽中期萧氏家族后代的墓葬，作为辽贵族的墓主人佩戴的帽饰，也可代表辽代帽饰的一个种类（图3-28）。

牵马图

蒙古国布尔干省巴彦诺尔突厥壁画墓 《草原文物》2014第1期

图3-27　东突厥汗国时期的幔笠

手持方口圆顶幔笠的墓主人

内蒙古库伦旗7号辽墓 《辽代绘画与壁画》辽宁画报出版社2002

图3-28　辽代幔笠

金代出土的陶俑、砖雕和传世画作中有许多佩戴幔笠的人物形象，多为尖顶、翘檐造型，从外观上看，较契丹人的幔笠复杂，而装饰意味更浓厚。进入中原之后，女真人的辖地直达黄淮流域，在思想意识上受中原文化的影响较深，将这种四角形的、以功能为主的简单帽子赋予一定文化内涵，四角增加起翘，似中原传统四角亭的飞檐，这种具有典型中原特征的幔笠改变了当年女真族的审美观。美国克利夫林美术馆藏《百子图》❷中有头戴翘檐幔笠的人物形象，此画虽传为南宋苏汉臣所绘，但不论绘画内容是金还是南宋，所表现的应该是百子模仿女真人所戴幔笠的形象。山西长子南沟金代壁画墓的前室北壁东侧壁画有一头戴幔笠的人物形象❸，这是一顶平口幔笠，与辽代库伦7号墓壁画墓中墓主人手持的幔笠相似（图3-29）。到元代，幔笠的使用更加广泛，成为特定历史时期帽饰的典型。北方草原上相邻民族在相似的生活环境和生产方式下，有共同的服饰特征，又通过交流成为这些地区所流行的服饰，幔笠就是其中较为典型的例证。

❶ 内蒙古文物考古研究所哲里木盟博物馆. 内蒙古库伦旗七、八号辽墓[J]. 文物, 1989(7): 74-84.
❷ 海外藏中国历代名画编辑委员会. 海外藏中国历代名画: 第三卷[M]. 长沙: 湖南美术出版社, 1998: 48.
❸ 山西省考古研究所, 长治市外事侨务与文物旅游局, 长子县文物旅游局. 山西长子南沟金代壁画墓发掘简报[J]. 文物, 2017(12): 19-34.

山西闻喜寺底金墓壁画

《文物》1988 第 7 期

山西长子南沟金代壁画墓

《文物》2017 第 12 期

山西沁源县正中村金墓壁画（临摹）

山西博物院藏

山西侯马金墓65H4M102出土砖雕

山西博物院藏

山西高平县西李门村金代乐舞杂剧石刻

《文物》1991 第 12 期

图 3-29　金代幞笠

元代幔笠不论帽顶是尖顶或平顶、帽口是平口或翘檐，制作材料并没有过多限制，可采用皮子、毛毡、枝条或桦树皮等；蒙古族进入中原后，制作材料发生了很大改变，出现竹篾、草、藤等编制的幔笠，构成了元代丰富多彩的幔笠制作材料。在山西大同冯道真、王青墓中出土了草编、藤编的幔笠❶，应该是中原汉族借用了幔笠的形式，为夏季戴用更凉爽，而使用草、藤为原料制成（图3-30）。图3-31中是一顶私人收藏的元代幔笠，其骨架是由藤编而成，外面包裹丝绸面料，是幔笠实物中的精品。

《发郎国献马图》中元顺帝（惠宗）所戴的幔笠与河南焦作西冯村元墓出土的舞蹈俑的幔笠❷、尉氏县元代壁画墓❸中的幔笠都为尖顶造型。周朗所绘《发郎国献马图》的原作已佚失，现存的明代模本虽用笔缺少遒劲之气，但整体上较忠于原作，从中可见当年服饰情况。画中顺帝所戴的幔笠精致而华丽，上面的图案反映出帝王所拥有帽子的奢华装饰（图3-32）。元代画家陈及之❹延祐庚申年（1320年）绘制的《便桥会盟图》以宏大的场景、众多的人物描绘初唐秦王李世民❺于武德九年（626年）在长安附近便桥与突厥颉利可汗❻会盟的故事。但这幅元代绘画中人物的穿着和发式均为典型的元代式样，其中也出现了尖顶幔笠（图3-33）。

但从实物及图像资料来看，四方平顶幔笠是元代幔笠的主流款式（图3-34）。服饰作为时尚潮流的重要代表，随着民族文化的交流，传统蒙古族服饰也被其他民族所钟爱并成为时尚，元代一些汉族墓葬壁画及出土实物也出现幔笠的身影，如山西兴县红峪村元墓❼、西安王世英墓❽、西安刘黑马❾家族墓❿以及前面

---

❶ 解廷琦. 大同市元代冯道真、王青墓清理简报[J]. 文物, 1962(10): 34–43.

❷ 王敏英. 河南焦作元代散乐杂剧砖雕[J]. 中原文物, 2012(2): 99–103.

❸ 刘未. 尉氏元代壁画墓札记[J]. 故宫博物院院刊, 2007(3): 40–52.

❹ 陈及之，生卒年不详，约活动于元仁宗(1285—1320年)朝，号竹坡，富沙（今地名不详）人。应为民间文人画家，以白描人物见长。

❺ 李世民(598—649)，陇西狄道（今甘肃省临洮县）人，唐朝第二位皇帝(626—649年在位)。年号贞观庙号太宗，谥文皇帝，后加谥文武大圣大广孝皇帝。

❻ 颉利可汗(579—634)，阿史那氏，名咄苾，东突厥可汗。

❼ 韩炳华. 山西兴县红峪村元至大二年壁画墓[J]. 文物, 2011(2): 40–46.

❽ 西安市文物保护考古所. 西安南郊元代王世英墓清理简报[J]. 文物, 2008(6): 54–68.

❾ 刘黑马(1199—1261)，本名刘嶷，字孟方，宪宗窝阔台赐名也可秃立（蒙古语：大镜子），祖籍济南历城，生于宣德威宁（今内蒙古兴和县），大蒙古国将领，窝阔台汗所立汉军三万户之首。谥忠惠，封秦国公。

❿ 陕西省考古研究院. 元代刘黑马家族墓发掘报告[M]. 北京：文物出版社, 2018.

所提到的冯道真墓和王青墓等。说明代表蒙古民族的幔笠已经被部分汉族所接受，成为元代流行的帽子款式。

王青墓（大德年）藤帽　　　　　　　冯道真墓（至元二年）藤草帽

《文物》1962第10期

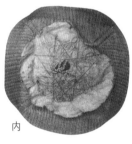

内　　　　　　　　　　帽顶饰（玉制小鸟）

细藤编制的方笠（外面为马尾或牛尾编织的面料）

私人收藏　《黄金 丝绸 青花瓷——马可·波罗时代的时尚艺术》艺纱堂/服饰出版2005

图3-30　藤编幔笠

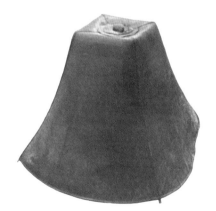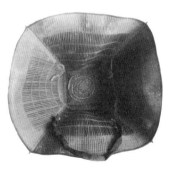

图3-31　丝织藤骨幔笠

私人收藏

拂郎国献马图（局部）

北京故宫博物院藏　故宫博物院网站

图3-32　头戴尖顶幔笠的元顺帝

山西兴县红峪村元墓壁画

《文物》2011第2期

元代磁州窑行旅图枕

《收藏家》2015第2期

便桥会盟图卷（局部）　头戴暖帽、尖顶幔笠的蒙古人

《宋画全集》浙江大学出版社2003

图3-33　尖顶幔笠

洪武辛亥年金陵勤有书堂《魁本对相四言杂字》书影

东京学艺大学图书馆望月文库藏本

《名贤四像》中头戴幔笠的虞集

美国辛辛那提艺术博物馆藏 《元画全集》 浙江大学出版社2013

习跪图 《新编纂图增类群书类要事林广记》书影

《续修四库全书》上海古籍出版社 2002

山西阳泉东村元墓壁画

《文物》2016 第 10 期

波斯细密画

陕西蒲城洞耳村元墓壁画

《考古与文物》2000 第 1 期

图3-34

福建将乐元墓
壁画

山西新绛县稷益庙
壁画

《考古》1995第
1期

宝宁寺水陆画

山西博物院藏

河北石家庄毗卢寺壁画

西安皇子坡村武敬墓出土
《考古与文物》2014第3期

刘元振墓出土
陕西历史博物馆藏

扎赉诺尔博物馆藏

图3-34　平顶幔笠

第二节　元代蒙古族的女性服饰

传统蒙古族服饰具有简单、实用的特点，装饰较少，尤其在元代以前，女装也呈简单、大方的风格，"要把没有结过婚的妇女（原文疑多"没有"二字）和年轻姑娘同男人区别开来是困难的，因为在每一方面，她们穿的衣服都是同男人一样的。"❶元代以后，有几十万蒙古人进入中原及北方草原城市生活，女眷们受当地文化的影响，服饰发生了一定变化，在款式上除传承传统服饰类型外，还吸收了来自中原的服饰特征。在面料的使用和装饰上更加丰富，成为蒙古族服饰装饰性最强的时期之一。但对于仍然生活在大草原上的蒙古族普通牧民妇女来说，并没有像走出草原的蒙古人那样在服装上发生很大变化，而是以传统款式为主，只是装饰更丰富、面料更加多样。

一、大袖袍

元代以前，蒙古族女性服饰的款式较为简单，男女直身袍有同样的结构特点：交领、窄袖，袍身肥大，已婚妇女可以不系腰带，冬季外出时穿着褡忽御寒。

对走进中原的蒙古贵族妇女来说，不可避免地受到中原服饰的影响，其中最典型的是汉族袍服飘逸的广袖。世代马上生活所形成的窄袖成为草原民族服饰的重要特征，广袖的视觉效果极大地刺激了这些进入城市的贵妇人，她们逐步将原本窄小的袖身加宽，但并没有放弃小袖口的功能性和情感，因此，中原的广袖与蒙古族传统的窄袖相结合形成了独具元代风格的蒙古族已婚女性袍服——大袖袍。大袖袍的袍身仍延续蒙古族女袍的直身结构特点，只是袍身愈加肥大，衣长曳地，但袖子却发生了根本的改变，形成宽袖、小口的典型特征（图3-35）。大袖袍是蒙古族已婚贵族女性穿着的袍服，叶子奇说："元朝后

❶ [意]约翰·普兰诺·加宾尼. 蒙古史[M]// [英]道森. 出使蒙古记. 吕浦, 译. 北京：中国社会科学出版社, 1983：8.

私人收藏

私人收藏

私人收藏

团窠立鸟织金锦大袖袍
中国丝绸博物馆藏

中国丝绸博物馆藏

МОНГОЛ ХУВЦАСНЫ НУУЦ ТОВЧОО II
Үндэстний Хувцас Судлалын Академи Улаанбаатар хот，Монгол улс 2015

MONGOL COSTUMES
Academy of National Costumes research，Ulaanbaatar，Mongolia 2015

图3-35　大袖袍

妃及大臣之正室，皆带姑姑衣大袍，其次即带皮帽。"❶其中"大袍"即指大袖袍。实际上，并非后妃及大臣的正室才"衣大袍"，这种大袖袍应该是元代帝王的后妃、贵族的妻妾、官员的家眷以及有钱人家的妇女普遍穿着的袍服。普通牧民和劳动妇女则受到经济条件及劳作的限制，仍穿着传统窄袖袍，大袖袍则成为蒙古族贵族妇女的专利。

大袖袍除使用的面料颇为讲究外，交领的镶边也较男袍华丽许多。故宫南薰殿旧藏《元代帝后像册》中各位皇后所穿大袖袍的交领以纳石失为缘，均为一宽、两窄的相同形制，这些镶边应该是专织御用领袖纳石失的别失八里局的产品。这种三重镶边也是多数元代大袖袍的特征（图3-36）。皇后们所穿大袖

武宗的两位皇后

台北故宫博物院藏

图3-36 女袍交领的三道镶边

❶ [明]叶子奇.草木子[M].北京：中华书局，1959：63.

袍多数为蒙古族所喜爱的红色，镶边与此形成强烈对比，华丽异常。这样的镶边形式和色彩搭配可以起到很好的装饰作用，使袍服色彩醒目，突出了元代蒙古贵族的富足生活。大袖袍宽大、曳地，给中原人印象极深，元末熊梦祥[1]在记录大都政治经济、风土人情的《析津志》中说："袍多是用大红织金缠身云龙，袍间有珠翠云龙者，有浑然纳失失者，有金翠描绣者，有想绣者（想字疑误）。其于春夏秋冬，金绣轻重单夹不等。其制极宽阔，袖口窄，以紫织金爪，袖口才五寸许窄，即大其袖，两腋摺下，有紫罗带栓合，于背腰上有紫揪系，但行时有从女提袍，此袍谓之礼服。"[2]袍服有缠身云龙、金翠描绣，行时还需侍女帮助提起长长的衣摆，所描绘的是典型元代皇族贵妇的大袖袍。

除"大袖小口"的袖型外，有些蒙古族贵妇的袍服还直接承继了汉族的广袖。莫高窟332窟所绘蒙古供养人贵妇所穿宽大的袍服，由身后仆人帮忙提起长长曳地的袍摆，此袍就直接借用了中原宽大的广袖，成为一个重要特征，可见元代蒙古族已经接受了中原服饰文化的精髓（图3-37）。

元代大袖袍实物大多数都肥大异常，有些尺寸远远超过男装。赵珙[3]形容这种大袖袍时说："如中国鹤氅，宽长曳地，行则两女奴拽之。"[4]如中国丝绸博物馆修复的元代缂丝缘大袖袍通袖长220厘米，衣长160厘米，胸围处宽112厘米，下摆宽175厘米，袖最宽处52厘米，袖口12厘米[5]。内蒙古锡林部勒盟博物馆收藏的对鹰纹织金锦大袖袍，修复后通袖长达260厘米，衣长160厘米，下摆宽180厘米[6]（图3-38）。河北省沽源县"梳妆楼"元墓出土的鹰纹织金锦大袖袍通袖长210厘米，胸围宽100厘米，袖口15厘米[7]。蒙古国那日图岩洞墓

[1] 熊梦祥，生卒年不可确考，元末人，字自得，号松云道人，江西富州(今江西丰城市)人。官历大都路儒学提举、崇文监丞等职。

[2] [清]胡敬. 南薰殿图像考·卷下[M]// 刘英，点校. 胡氏书画考三种. 杭州：浙江人民美术出版社，2015：80.

[3] 赵珙，嘉定十四年(1221年)奉命与蒙古军议事，至燕京见到总领蒙古大军攻金的木华黎国王。其见闻撰《蒙鞑备录》。

[4] [宋]赵珙. 蒙鞑备录[M]// 王云五、从书集成初编. 上海：商务印书馆，1939：8.

[5] 娄淑琦. 浅谈元代缂丝缘大袖袍的工艺和修复[J]. 文物修复研究，2009：273-277.

[6] 娄淑琦. 元代服饰工艺及修复的介绍. [A]. 尚刚 赵丰. 丝绸之路与元代艺术 国际学术讨论会论文集. 香港：艺纱堂/服饰出版，2005：259-264.

[7] 贾汀，杨森. 浅谈元代织金锦袍服残片的修复及保护[J]. 文物修复与研究，2014：267-276.

莫高窟第332窟蒙古供养人

安西榆林窟第3窟蒙古供养人

《中国敦煌壁画全集》天津人民美术出版社 1996

图3-37 广口与小口的大袖袍

对鹰纹织金锦大袖袍

内蒙古锡林郭勒盟博物馆藏
锡林郭勒盟博物馆提供

缂丝缘大袖袍

《文物修复与研究》2009

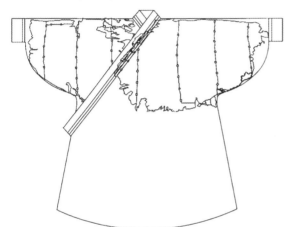

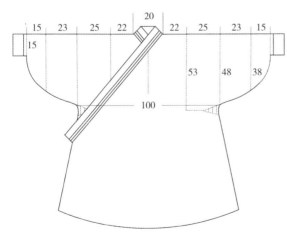

鹰纹织金锦大袖袍

沽源"梳妆楼"元墓出土 《文物修复与研究》2014

图3-38 大袖袍

出土大袖袍[1]以及各地博物馆、私人收藏的大袖袍实物都呈现宽松肥大的特征，代表了元代物质的丰富和贵妇们的奢侈生活（图3-39）。

对于蒙古贵族、官员家中的奴仆以及仍生活在草原上的普通劳动妇女来说，传统直身袍的窄袖并没有多大改变，袍服只长及脚面，不会影响日常生活和劳作。所以元代灭亡后，受到战乱影响、经济限制和现实生活环境的制约，回归草原的蒙古族较快适应所在地域的生活状态，窄袖又重新回归，成为草原上蒙古族妇女袍服袖子的一致外形且延续至今。

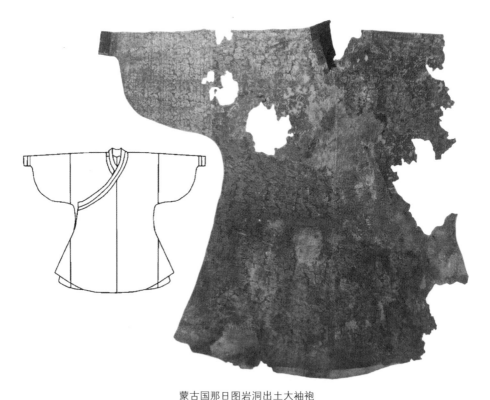

蒙古国那日图岩洞出土大袖袍

МОНГОЛ ХУВЦАСНЫ НУУЦ ТОВЧОО II
Ундэстний Хувцас Судлалын Академи Улаанбаатар хот, Моногол улс 2015

---

❶ Б.СУВДУ. ЭРДЭНЭБАТА. САРУУЛ МОНГОЛ ХУВЦАСНЫ НУУЦ ТОВЧОО II [M]. Ундэстний Хувцас Судлалын Академи Улаанбаатар хот, Моногол улс 2015：41.

织金绫卧兽纹大袖袍

江宁织造博物馆藏

卡塔尔　多哈伊斯兰艺术博物馆藏
《湖南博物院院刊》第十五辑

《隆化鸽子洞元代窖藏》河北人民出版社2010

图3-39

Nomadic Textile Arts——Textile Artifacts From the Collection of DULAMSUREN Sukhee
Ulaanbaatar：Printed in Mongolia 2018

图3-39　大袖袍

二、短袄

　　恶劣的生活环境，使得草原上的蒙古族从吃穿到住行都必须符合所生存的环境，毡帐保暖、防风，可以随时拆卸，牲畜所拉的勒勒车成为季节性转场的重要运输工具。肉食取得容易、热量高，可以保证身体的需求；短暂的夏季、漫长寒冷的严冬，保暖是蒙古族对服装的首要需求，食肉衣皮成为蒙古族的基本生活方式。因此长袍、褡忽成为草原牧民的主要服装，他们很少穿着短款的衣装。元世祖建立大元统一全国后，大量江南丝织品输入蒙古地区，使蒙古族服饰面料丰富多样。随中原文化的影响和丝织品的输入，一些中原汉族的传统服饰被蒙古族所接受，并成为日常穿着的服装，其中短袄就是离开草原生活的元代蒙古族女性的重要服装。短袄基本继承了中原服饰的结构特点：对襟直领或大襟交领，袖长至肘或到腕，衣身短小，套穿在袍服或裙衫之外（图3-40）。领缘镶边多为单色，很少有强烈的对比色，面料为中原传统丝绸，款式简单、大方。从出土实物和墓室壁画可以看出，虽然元代蒙古族妇女接受了这种中原传统服饰，但并没有像其他蒙古族服饰一样走向华丽的风格，也没有使用纳石失等奢侈的面料，而是传承了中原服饰含蓄的特点。

私人藏

印金罗夹衫

集宁路元代窖藏

花卉纹绫地印金卧兽纹对襟上衣

中国丝绸博物馆藏

薄丝绵绸袄

苏州曹氏墓出土　苏州博物馆藏

西安莲湖区元墓

陕西历史博物馆藏

图3-40

第三章　元代的蒙古族服饰与服饰文化

山西兴县麻子塔元代壁画墓

《江汉考古》2019第2期

汪世显家族13号墓出土
《汪世显家族出土文物研究》 甘肃人民美术
出版社2017

蒲城洞耳村元墓壁画

《考古与文物》2000第1期

陕西横山元代壁画墓

《考古与文物》2016第5期

图3-40 直襟短袄

　　集宁路窖藏出土的直襟短袄"棕色罗花鸟绣夹衫"是研究元代服饰不可不提的一件服装，这件直襟短袄从款式到图案完全是中原风格，上面的刺绣图案采用了汉民族传统的池塘小景——满池娇，刺绣技法似现在苏绣针法（图3-41）。这件短袄应该是输入蒙古地区的江南产品，或由蒙古贵族家的江南绣娘所制。元代许多蒙古贵族家庭强买绣工好的江南女子为家佣，专职刺绣家用绣品。满池娇是宋代形成的一种池塘小景构图风格，由直襟短袄及元代诗作中可以看出，满池娇是元代蒙古族贵妇衣衫的常用图案，"观莲太液泛兰桡，翡翠鸳鸯戏碧苔。说于小娃牢记取，御衫绣作满池娇。"❶元代蒙古族服饰更多的是多种文化的结合，在穿着风格上具有典型的时代特色，许多墓室壁画都显示出了这种蒙汉服饰文化的相互影响。不论是蒙古族墓葬、汉族墓葬，或是蒙汉合璧墓葬都有强烈的蒙古族服饰特征，其中短袄就是最常见的女性穿着。山东埠东村石雕壁画墓是一座汉族墓葬，但其中墓主人及夫人却是蒙古式的装束，并且袍服是男右衽、女左衽的元代蒙古族最为典型的前襟叠压形式。女主人及身后的丫鬟均身着直襟短袄❷，表明这种直襟短袄并没有阶级等级的区别。山西兴县红峪村元代壁画墓的墓主人是富庶的汉族地主或小官吏❸，墓主人的穿着完全是蒙古式。山西兴县牛家川出土的元代石板壁画《夫妇并坐图》的男主人应该是六品或六品以下的蒙古族官员或蒙古贵族，女主人可能是汉族，是一个蒙汉合璧家庭❹。女主人所穿的直襟短袄的对襟有一宽一窄两道镶边，与男主人的交领袍服镶边形制相同，是蒙古族传统镶边的典型形式。由此可以看出，作为汉族的女主人受到夫君及大环境的影响，在中原传统的直襟短袄上融入了蒙古族服装的装饰手法，成为民族文化融合的实例。交领短袄的领型传承自蒙古族袍服的交领，而并非来自汉唐的交领襦衣，是典型蒙汉服饰合璧的新款式（图3-42）。但这种在元代蒙古族中流行的短袄并没有植根于蒙古族的服饰类型中，当元朝灭亡、蒙古族退居草原后，这种当年时尚款式的使用率大大减少，除少数在草原城市生活的蒙古族女性仍穿用外，这种并不适合马上生活的短袄便很快退出历史舞台。

各种文化的交流，使元代的政治、经济、文化等都形成了不同于我国其他历史时期的独特风格，这种特殊性在服饰上表现得尤为突出，并使蒙古族服饰文化处于一个突飞猛进的发展时期，奠定了蒙古族服饰风格和服饰文化的基础。

❶ [元]柯九思.元宫词十五首[M]//章荑荪,选注.辽金元诗选.上海：古典文学出版社,1958：186.
❷ 刘善沂,王惠明.济南市历城区宋元壁画墓[J].文物,2005(11)：49-71.
❸ 韩炳华,霍宝强.山西兴县红峪村元至大二年壁画墓[J].文物,2011(2)：40-46.
❹ 郭智勇.山西兴县牛家川元代石板壁画解析[J].文物世界,2015(1)：3-6.

图3-41　棕色罗花鸟绣夹衫

元代集宁路窖藏出土　内蒙古博物院藏

山西兴县牛家川元代石板壁画

《文物世界》2015 第 1 期

傅元明墓出土陶俑

西安文物保护考古研究院藏

贺胜墓出土陶俑

户县文管所藏

西安市长安区韦曲出土陶俑

陕西历史博物馆藏

图3-42 交领短袄

三、元代核桃纹纳石失大袖袍分析

内蒙古达尔罕茂明安联合旗、四子王旗地区是金元时期汪古部所在地。汪古部属于笃信景教东迁至此的突厥后裔。金代，汪古部为金王朝驻守金界壕，归附成吉思汗后，成为蒙古民族的成员之一。汪古部与成吉思汗家族世代联姻，先后有16位黄金家族的公主嫁到汪古部❶。达尔罕茂明安联合旗和四子王旗从20世纪70年代起，陆续发现了一批汪古部墓葬，其中明水墓地最引人注目，该墓葬出土的丝织品是研究蒙元时期丝织品的重要文物❷。本节所研究的核桃纹纳石失大袖袍也出土于该地区。

1. 款式特征

核桃纹纳石失大袖袍是20世纪80年代出土于四子王旗，现藏于中国民族博物馆。此大袖袍深埋地下几百年，由于墓葬地处北方草原，风干物燥，具备很好地保存有机物的条件，因此这款大袖袍袍身完整，为元代蒙古族服饰的研究提供了很好的实物参考（图3-43）。

❶ 盖山林.阴山汪古[M].呼和浩特：内蒙古人民出版社，1992：43.
❷ 赵丰，薛雁.明水出土的蒙元丝织品[J].内蒙古文物考古，2001(1)：127-132.

领及前襟的里子　　　　　　　　　　　腰侧的襟和三个顺褶

图3-43　核桃纹纳石失大袖袍

核桃纹纳石失大袖袍衣长137厘米，通袖长191厘米，下摆宽115厘米，领缘宽10厘米，袖口宽13厘米。袍服为直身结构，右衽，交领，小口大袖，袍身宽大。腰侧有三个顺褶，领边、垂襟、下摆、袖子均装饰花绦、饰条等多重镶绲。各部位镶边、装饰都为元代蒙古族袍服的典型形式。大袖袍是蒙古族传统袍服与中原广袖融合的产物，是元代特有的蒙古族妇女袍服的形制。

蒙古族世代生活在北方草原，骑马是他们的重要生活方式，因此干脆利落的窄袖成为蒙古族服饰的特点，同时也是其他北方草原民族服饰的共同特征，而中原传统服装则以广口大袖为审美标准。入主中原后，蒙古族受到汉族文化和服饰的影响很大。对于蒙古族贵族来说，汉族传统的广袖是一种时尚，更是一种文化的象征。随着文化的交流，这种审美逐步影响了蒙古贵族的审美观，贵族妇女逐步加宽袍服衣袖是必然趋势。广袖与窄袖结合后的袍服保留了蒙古族袍服袖口窄小的特点，袖身却逐步加宽、变大，形成特有的大袖、小口的袖型，这种典型的袖形是传递审美文化内在含义的媒介，成为元代蒙古族已婚妇女袍服最具代表性的特征。

2. 织物分析

核桃纹纳石失大袖袍的主料为纳石失，由捻金与片金交织而成，纳石失由捻金做底、片金显花，用金量非常大，此袍必为家境殷实之蒙古贵族家眷所有。由于年代久远，袍服的大部分金箔已脱落，只在个别地方可见残留的金箔，在电镜下观察，片金的皮质基底上可以清楚找到金箔的踪迹。

从保留部分片金与捻金基底的交织图案情况可以推断，现看到纹样的深棕色部分为捻金线，而浅色部分本应该是显花的片金，由于片金多数已经脱落，露出浅色基底（图3-44）。片金表面平整，对阳光的反射好，在日光下呈现出金光灿灿的效果。捻金为蚕丝芯，Z向捻，金箔与丝线同方向扭转。由于捻金对光线反射角的变化，光泽度较片金差很多，在满金的纳石失上，通过两种不同的金线，可以织出效果斑斓的图案。从金箔的黏附程度上看，片金的皮质基底老化较快，所以能保留至今的片金数量很少。本袍服只见极少片金基底，绝大部分均已损坏、脱落。而捻金的捻度使金箔相对保存较好，虽然该大袖袍主料捻金线的金箔基本脱落，但黏附金箔的胶底仍清晰可见。

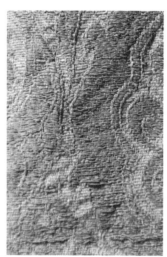

图3-44　片金

对元代织锦面料来讲，如何判定是否为纳石失，并不以是否看到金为判断的唯一标准。其实，判断是否为纳石失，应同时参考几个原则综合确定，其中织物的组织结构、捻金黏胶基底以及是否有片金的皮质基底等都是最重要的判断条件。

本款纳石失是捻金与片金交织而成，由地经和地纬织出地组织，利用弱捻特结经固结显花纹纬，使片金的光泽充分显示于织物的表面。地经、地纬捻度较大，可起到耐磨、增加抗拉强度的作用，固结经的捻度很小。捻金为元代纳石失常见的每枚2根并丝的结构，片金纹样的边缘均以熟丝固结、起股，形成纹脉，从而得到更好的图案效果（图3-45）。

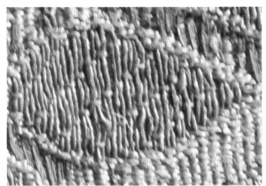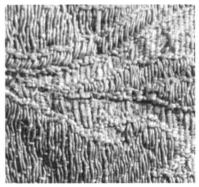

图3-45 捻金与片金

3. 装饰

本款纳石失大袖袍的镶边宽大，装饰性强，镶边中最具特色的有两部分：一个是绢地环编绣花绦，另一个是双排弱捻丝线编结的锁绒绣装饰条。

（1）绢地环编绣花绦

花绦是在3.5厘米宽的绢条上刺绣而成。底布绢条为直裁，可以避免因面幅宽度有限而造成拼接过多的问题。刺绣丝线捻度很小，针法为环编绣；纹样是一个正方形与半个同规格正方形对角组成的几何纹样，正方形边长1.1厘米，每个正方形由5×5环编结构成，纹样总宽2.3厘米（图3-46）。阿拉善盟黑城遗址出土的蓝色绫地绣莲花纹法器衬垫、绫绸百纳法器衬垫和两件河北隆化鸽子洞洞藏护膝的边缘都装饰了环编绣。由此看来，这种刺绣技法是元代蒙古族特有且非常流行的（图3-47）。

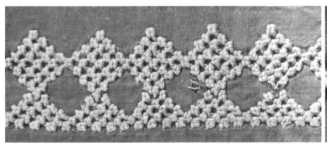

图3-46 绢地环编绣花绦

 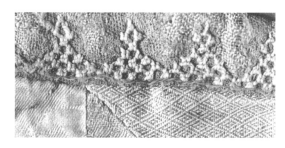

绫绸百纳法器衬垫

内蒙古阿拉善盟黑城遗址出土　内蒙古博物院藏

蓝色绫地绣莲花纹法器衬垫

内蒙古阿拉善盟黑城遗址出土　内蒙古博物院藏

绿暗花绫彩绣化蝶护膝

河北隆化鸽子洞出土　隆化民族博物馆藏

图3-47　环编绣

（2）锁绒绣装饰条

在这款大袖袍的领、袖、衣缘等部位都有锁绒绣装饰条，锁绒绣宽0.8厘米，为弱捻丝线直接绣缝于面料之上。领与袖口部位是双条排列，大袖及衣缘为单条装饰。锁绒绣一侧的辫子股宽约0.12厘米，另一侧为铺绒绣。交领边缘部分的铺绒部分内还夹有宽0.3厘米的窄皮条，其作用应该是使装饰条突出、更具立体效果。从这些锁绒绣上明显的粘胶质痕迹来看，装饰条表面应该粘有金箔，如今虽然金箔已脱落，但可以想象出当年这件大袖袍是多么华丽（图3-48）。锁绒绣是元代蒙古族服饰上很流行的一种刺绣方式，在内蒙古达茂旗明水墓地出土的缂丝紫汤荷花靴套❶、四子王旗"王墓梁"景教徒陵园王·M16出土的丝织品残片❷、中国丝绸博物馆收藏的棱格地花卉纹缂丝靴套以及中国民族博物馆收藏的纳石失靴套上都有与本大袖袍完全一样的锁绒绣装饰条（图3-49）。

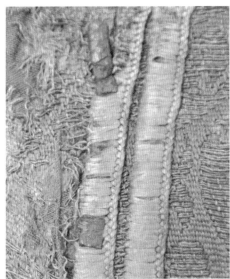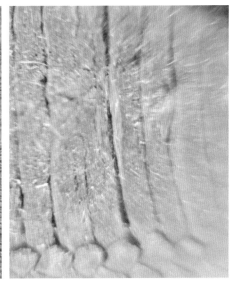

图3-48　核桃纹纳石失大袖袍装饰的锁绒绣、内压皮条及黏金胶底

---

❶ 夏荷秀，赵丰.达茂旗大苏吉乡明水墓地出土的丝织品[J].内蒙古文物考古，1992(1):119.
❷ 盖山林.阴山汪古[M].呼和浩特：内蒙古大学出版社，1991:258.

明水墓地出土缂丝靴套
内蒙古博物院藏

"王墓梁"耶律氏陵园出土丝织品残片
《阴山汪古》内蒙古大学出版社1991

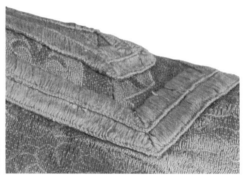

棱格地花卉纹缂丝靴套局部
中国丝绸博物馆藏

纳石失靴套
中国民族博物馆藏

图3-49　锁绒绣

4. 面料纹样

袍服面料具有典型的中国传统纹样特征，还包含了中亚纹饰特点（图3-50）。

（1）袍料纹样

主料为长10厘米，宽7厘米滴珠形核桃纹团窠与宝相花相间的四方连续纹样，主题纹样之间以缠枝相连，使主题纹样与辅助的缠枝浑然一体，花纹丰满、细腻，布局严谨，具有典型的中西合璧特色。面料充分利用了金线材料，使片金纹样与捻金衬底的满金形成金彩辉映、灿烂夺目的效果。金线与纹样的巧妙组合表现出元代纳石失织工的高超技艺和蒙古民族的审美特点。

（2）肩襕纹样

大袖袍肩部有元代典型的肩襕。肩襕宽15厘米，装饰有阿拉伯文字艺术化的变形纹样，是元代袍服中常见的装饰形式。

袖子补条纹样

肩襕纹样

核桃纹大袖袍纳石失面料纹样　　　　　　袖口飞禽纹样

图3-50　面料及辅料纹样

（3）飞禽纹样

袖口的飞禽纹样部分宽7.8厘米，两边有前述的对称双排锁绒绣装饰条。由于面料纹样损坏严重，飞禽的完整形象已无从辨认。

元代是特结组织结构走进我国的重要时期，打破了我国传统单一的地洛式组织结构形式，使固结经固结捻金及片金纹纬的特结组织加入到我国丝织品行列，为我国丝绸纺织增添了新的品种。本款为元代典型的大袖袍，纹样具有中西合璧特色，是元代蒙古贵族妇女穿着的袍服。

第三节　元代断腰袍

服饰是人类特有的劳动成果，它既是地域文化的产物，又是文化的载体。地域环境和生产方式直接影响服饰的形制，也对服饰文化的形成、发展和进步产生巨大的推动作用。在蒙古族服饰文化中，袍服最具代表性。由于蒙古族兵民合一的特点，在生产、生活和军事活动中所穿服装区别不大。质孙宴形成后，蒙古族袍服中的断腰袍除在民间穿着外，还是一类重要的宫廷服饰，成为蒙古族服饰文化的代表。

一、断腰袍的发展与变迁

服饰可以反映民族文化的整体，它体现了历史的积淀，成为特定地域和生活环境所赋予文化的最为重要的载体。蒙古族传统袍服从结构特征上可分为直身袍和断腰袍两类，这两类袍服从古流传至今，成为蒙古族服装中最为重要的类型。在蒙古族服饰文化中，断腰袍承载了非常厚重的历史责任，经历了从平凡到辉煌，再到平和的演变历程，一路走到今天，在蒙古族服饰文化历史的长河中扮演了非常重要的角色，成为蒙古族服饰文化的重要组成部分。而直身袍的发展较为平稳，现在仍是蒙古族袍服的主要形式。

1. 断腰袍的概念

断腰袍，顾名思义就是在腰节处有横向分割线而形成断腰结构的袍服。断腰袍是元代蒙古族重要的男子服装，在结构上可分为在腰间采用辫线工艺的辫线袍和只有断腰分割线而无辫线的腰线袍两类。

对于断腰袍经常有一些不准确的认识。首先，古代典籍中常有一些模糊不清的记述，如把无辫线的断腰袍称作辫线袍。实际上在《元史》中对辫线袍有明确的定义："辫线袄，制如窄袖衫，腰作辫线细摺。"❶也就是说，辫线袍有两个必备条件，既要有"辫线"，又须作"细摺"。因此，只有一条断腰分割线而无辫线的断腰袍应该称为腰线袍。当然古人有时将辫线称为腰线，其意是横在腰部的"线"，如徐霆在疏证《黑鞑事略》时就把"辫线"称为"腰线"。在元代，本身对辫线就没有严格的定义，所以文献中类似的模糊与混乱并不鲜见。其次，现代有些观点错误地把辫线袍视为统治者或贵族的特权服装。事实

---

❶ [明]宋濂. 元史·舆服一: 卷七十八 [M]. 北京: 中华书局, 1976: 1941.

上，从结构上讲，不论是断腰袍还是其中的辫线袍，虽然在元代宫廷的一些日常生活或者游猎、质孙宴等场合使用，但也是普通蒙古牧民的日常服装，因此以所使用的面料或穿着场合来定义辫线袍，就产生了一些模糊的概念。断腰袍作为一个服装结构概念，是由其结构特点所决定，而不是由其穿着的场合和制作面料所赋予。以面料和着装场合来定义断腰袍，与蒙元时期质孙宴上奢华的服饰、中外史料的大量记述以及元墓出土的部分断腰袍给人的印象有关。在质孙宴上，所有参与者的服饰都奢华、靡费，甚至连最下层的侍者、乐工等穿着的断腰袍也使用档次较高的面料，因此，直至明代在许多情况下仍把此类袍服称为"质孙"。又因为部分质孙服是由纳石失面料缝制，所以有时还称断腰袍为纳石失衣。实际上，质孙宴上的服饰有多种面料，并且是"精粗之制，上下有别"❶。而普通蒙古人穿着的断腰袍不一定使用纳石失或其他高档材料，如盐湖古墓出土的元代辫线袍使用的是当时常用且价格低廉的服饰材料——油绢，只是在镶边部位使用了纳石失，而且还是由不同下脚料拼缝而成❷。内蒙古博物院收藏的一件腰线袍使用的是绫，这是在元代很常见的服饰面料，并非高档材料。断腰袍作为蒙古族传统袍服，在面料的使用上与其他服饰品一样，由穿着人的地位和经济实力决定其质量的高低。作为普通蒙古人穿着的断腰袍只能由价格低廉的纺织品制作，这样的古代服饰实物很难保留下来。虽然不少传世品或出土的断腰袍由纳石失制作，但它们只是当时断腰袍的极小部分。如果据此就认定断腰袍是高档材料制成的贵族服饰是不准确的。实际上，在蒙元时期蒙古族的袍服中直身袍的地位明显高于断腰袍，除游猎、骑射等场合外，帝王、贵族、百官很少穿着断腰袍，羽林宿卫、内廷侍卫、内宫导从、乐工等则是以断腰袍为主要衣着，如"乐工袄，制以绯锦，明珠琵琶窄袖，辫线细褶"❸。从《事林广记》插图❹以及山西文水县北峪口元墓壁画❺等图像资料

❶ [明]宋濂.元史·舆服一:卷七十八[M].北京:中华书局,1976:1938.
❷ 王炳华.盐湖古墓[J].文物,1973(10):28-36.
❸ 同❶1941.
❹ [宋]陈元靓.新编纂图增类群书类要 事林广记[M]//《续修四库全书》编纂委员会编.续修四库全书:第1218册.上海:上海古籍出版社,2002:296,287,430,434.
❺ 山西省文物管理委员会,山西省考古研究所.山西文水县北峪口的一座古墓[J].考古,1961(3):137.

可以清楚地看出，主人均身穿直身袍，而断腰袍的穿着者都是侍者、仆人等（图3-51），从服饰上可以看出主仆关系。而且徐霆在疏证《黑鞑事略》时也明确指出"鞑主及中书向上等人不会着"辫线袍❶。

古代对一种服装款式的称呼本身就没有很严格的定义，只要描述清楚即可，所以出现不同称呼无可厚非。但对于现代研究者来说，应该从服饰结构的角度给出一个明确的概念，才可完整、科学地对古代服饰进行研究。

山西文水北峪口元墓壁画

《考古》1961第3期

山西沁源县东王勇村元墓壁画

《中国出土壁画全集》科学出版社2011

❶ [宋]彭大雅.黑鞑事略[M]//王云五.丛书集成初编.上海：商务印书馆，1937：5.

《新编纂图增类群书类要事林广记》插图

《续修四库全书》上海古籍出版社2002

图3-51 直身袍与断腰袍

2. 断腰袍的称呼

在史料中，断腰袍的称呼纷杂，有的以结构称呼，如辫线袍（袄）、腰线袍（袄）、折子衣、腰线袄子等；也有的以面料称呼，如纳石失衣和曳撒；还有以穿着场合或穿着人的身份称呼，如质孙（衣）、校尉衣、控鹤袄。断腰袍的另一个称呼"陈子衣"（程子衣❶）出现在《万历野获编》的"物带人号"条中❷，当与人名有关。在这些称呼中，除以结构特点定义的名称以及曳撒、程子衣外，其他称呼所包含的范围相对广一些，它们除指断腰袍外，有时还包括直身袍。由于断腰袍有多种款式，以上称呼多为泛称，也就是说这些名称的使用没有严格的定义和明确的说法；它们有时是指某一种款式，也经常看到同一

❶ [明]王世贞.觚不觚录[M]//景印文渊阁四库全书：第1041册.台北：台湾商务印书馆，1986：439.

❷ [明]沈德符.万历野获编·卷二十六：下册[M].北京：中华书局，1959：664.

第三章 元代的蒙古族服饰与服饰文化

名称又指另一种款式，甚至在同一文献中名称的使用也并非一致。不论如何称呼，这类袍服都是以断腰结构为特点。

以上这些断腰袍的称呼都是以款式、面料或穿着场合及穿着人定义的汉语名称，而断腰袍的真正蒙古语应为"terlig"（terlig：帖里，也作贴里，其中g在多数情况下不发音），在康熙五十六年（1717年）成书的《二十一卷本辞典》中将telig（在非规范用语中，有时将其中r省略）解释为"绸缎做的带褶的长袍"❶，现代蒙语中"terlig"仍是"袍"的意思❷。在史料中"帖里"这个词的使用率并不高，由于在元代对断腰袍多以"质孙"等称呼，"帖里"这个蒙语词并没有推广开来，而且质孙宴赋予断腰袍非常高的名气，因此"质孙"这个鼎鼎大名的称呼就成为"帖里"的代称。由于蒙元时期蒙古贵族及元代宫廷与朝鲜半岛的特殊关系，蒙古族文化及服饰对高丽以及后来的朝鲜李氏王朝产生了较大的影响，断腰袍也与"帖里"这个名称一起传入朝鲜半岛❸，直到17世纪，"帖里"철릭（천익）仍在流传，对朝鲜半岛服饰的发展起到重要作用。1992年在韩国海印寺于大寂光殿毗卢舍那佛腹中发现一批高丽时期的衣物。其中一件帖里上有墨书"年十五，宋夫介，长命之愿"❹，这些是宋夫介十五岁时的装藏物品。宋夫介是制作弓箭的匠人（古称：矢人），辛禑（王禑）十年（1383年），由于宋夫介所造弓箭品质精良，高丽王辛禑命宦官赐酒和绵❺。这件帖里虽然采用高丽常见的苎麻面料，但款式结构与元代辫线袍并无二样（图3-52）。元末明初成书的《朴通事》中多次提到各种帖里，如"明绿通袖栏帖里""通袖膝栏五彩绣帖里"等。朝鲜成宗年间（1469—1494年）崔世珍❻在

---

❶ [清]拉西. 内蒙古蒙古语言文学历史研究室整理. 二十一卷本辞典[M]. 呼和浩特：内蒙古人民出版社，1977：645.

❷ 内蒙古大学蒙古学研究院蒙古语文研究所. 蒙汉词典[M]. 呼和浩特：内蒙古大学出版社，1999：1050.

❸ 帖里：철릭（帖里、贴里）、천익（天益、天翼、缀翼、裰翼）武官穿的公服，直领，腰有褶皱。参见：국립국어원. 표준국어 대사전[M]. 서울：동아출판사，1999.

❹ [韩]Ahn In-sil. Reconstruction of Men's Robe in the Goryeo Period Based on the 13th Century's Yoseon-Cheollik and Dappo [A]. 赵丰，尚刚. 丝绸之路与元代艺术 国际学术讨论会论文集. 香港：艺纱堂服饰出版，2005：318-327.

❺ [朝]郑麟趾. 高丽史·辛禑三：卷一百三十五第137册[M]. 奎章阁图书：三十二下.

❻ 崔世珍(1473—1542)，朝鲜语文学家。朝鲜忠清北道槐山人。1503年登科，历任通训大夫、承文院提调、同知中枢府事，兼任讲隶院教授，讲授汉语、吏文，培养翻译人才。

图 3-52　韩国海印寺藏高丽时代腰线帖里
《丝绸之路与元代艺术》艺纱堂/服饰出版 2005

《朴通事》原书汉字之下以谚文❶注音并加以解释，肃宗三年（1677年）由边
暹、朴世华重新考订刊行的《朴通事谚解》中较为详细地解释了帖里的结构、
装饰、图案及面料："元时好着此衣，前后具胸背，又连肩而通袖之，脊至袖
口为纹，当膝周围亦为纹如栏干，然织成段匹为衣者有之，或皮或帛，用彩线
周遭回曲为缘，如花样刺为草树、禽兽、山川、宫殿之纹于其内，备极奇巧。
皆用团领着之，其直甚高远上之俗，今亦犹然。"❷

　　断腰袍短小、干练的袍身以及加大的下摆适合马上活动，到元代，它的仪
式感加强，成为宫廷侍卫的主要衣着。虽然断腰袍是典型的男子服装，但王世
英墓出土的身着断腰袍的骑马俑却是女子形象❸，与刘振元墓出土的男子骑马俑
从形象到穿着都如出一辙（图3-53），应该是一个信使。可见，这种形式的骑

❶ 谚文，即朝鲜文字。15世纪，在朝鲜王朝(1392—1897年)世宗大王李祹(이도，1397—1450，朝鲜第
　四代君主，1418—1450年在位)的倡导下于1443年组织一批学者创造了适合标记朝鲜语语音的字
　母体系——谚文字母，称作"训民正音"，1446年颁布。
❷ 王必成，老乞大谚解·朴通事谚解[M]．台北：联经出版事业公司，1978：朴通事谚解53．
❸ 西安市文物保护考古所．西安南郊元代王世英墓清理简报[J]．文物，2008(6)：54-68．

第三章　元代的蒙古族服饰与服饰文化

马俑是当时非常流行的陪葬俑形式，并且反映了元代北方地区辫线袍的形制和方便骑马的特征。

王世英夫妇墓出土女骑马俑　　　　　　刘元振夫妇墓出土骑马俑
《文物》2008 第 6 期　　　　　　　　《荣宝斋》2017 第 8 期
西安博物院藏　　　　　　　　　陕西省考古研究院藏

图 3-53　穿断腰袍的骑马俑

断腰袍作为蒙古族的传统袍服，从对元代及后世的影响来说，断腰袍与其说是一种服装，不如说是一种文化，这种文化通过元代重要的宫廷盛宴——质孙宴，赋予了更加丰富的内涵，将其传播得更深、更远。

二、断腰袍的类型与结构

断腰袍是具有鲜明时代特征和蕴含民族文化的袍服，它在结构上有别于我国历代服饰特征，成为古代蒙古族服饰的典范。

1. 断腰袍的类型

断腰袍的结构重点是腰间有一条横向分割线，将袍服分成上衣下裳的联属结构，这也是它与直身袍的主要区别。断腰袍还分为腰间有横向辫线的辫线袍和无辫线的腰线袍两大类，其中辫线袍最引人注目。辫线袍如同徐霆在疏证《黑鞑事略》中的解释："腰间密密打作细摺，不记其数，若深衣止十二幅❶，

---

❶ 深衣：上衣、下裳联属的断腰结构，象征两仪；上衣部分用布四幅（前、后、左右各一幅），象征一年四季；下裳用布十二幅（前片、后片、里襟各四幅），象征一年十二月。

鞑人摺多耳。又用红紫帛捻成线，横在腰，谓之腰线，盖马上腰围紧束突出，采艳好看。"❶此处将横在腰间的红色丝帛捻成的线称为腰线，也就是常说的辫线。徐霆于1235—1236年出使蒙古地区，对彭大雅（1232年赴蒙古地区）的《黑鞑事略》进行了疏证，此描述应为亲眼所见。但用中原汉族的深衣来比较辫线袍并非十分恰当，虽然二者均为断腰结构，但深衣的下摆是由十二幅面料拼接而成的平整、无褶结构（图3-54），而辫线袍的下摆部分则要做褶，最重要的是辫线袍上的辫线是深衣所不具备的。元明之交的叶子奇对蒙古族的辫线袍也有描述："北人华靡之服，帽则金其顶，袄则线其腰，靴则鹅其顶。"这里的"线"即指辫线。叶子奇还将不同时期的服装特点进行了总结："纱帽圆领，唐服也，仕者用之；巾笠襕衫，宋服也；巾环襟领，金服也；帽子紧腰，元服也；方巾圆领，明服也，庶民用之。"❷其中，特别指出元代袍服的特点是"紧腰"，其他民族的袍服多为宽松的直身结构，需另系腰带，而断腰袍在腰节处

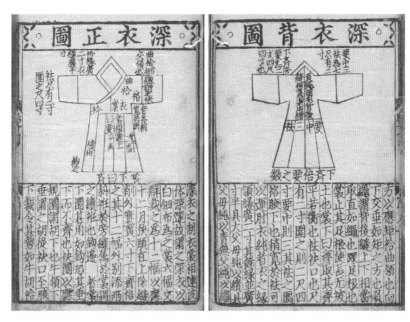

图3-54 深衣
《纂图增新类聚事林广记》书影 元至顺年间西园精舍新刊本

---

❶ [宋]彭大雅. 黑鞑事略[M]// 王云五. 丛书集成初编. 上海：商务印书馆，1937：5.
❷ [明]叶子奇. 草木子[M]. 北京：中华书局，1959：61.

有分割线，较为合体，一般情况下不系腰带，可以说叶子奇的总结抓住了断腰袍的特点，并进一步解释辫线袍并非贵族之服，而不论阶层均可服用："腰线绣通神襕，然上下均可服，等威不甚辨也。"❶

辫线袍的辫线在一定程度上可以起到腰带的作用，但即使辫线固定非常合体的袍服，单靠辫线对腰腹部的勒紧程度，在草原上骑马飞驰时也很难起到保护作用。为适应放牧或远征等快速急驰的需要，辫线袍也随着使用的特殊需求可另外增加腰带。现代蒙古族牧民的腰带长度是20尺（6.6米）左右的整幅绸料，缠绕后宽度和厚度才能在疾驰、颠簸的马上有效地保护内脏和腰不受伤害。

从现所见的元代辫线袍实物可以直观地看出辫线的数量、工艺，为研究提供了直接证据。辫线的制作有多种工艺，有用丝线拧结成线绳，用丝线编成麻花辫，或用绢条缝成细绳、细带等形式，再将这些绳或带并排缝制、固定在腰间形成辫线（图3-55）。

丝线编结的辫线　　　　　　丝线以Z向和S向拧结形成一组辫线

面料缝制的辫线　　　　　面料缝制的辫线　　　　　丝线以Z向拧结的辫线

图3-55　辫线的缝制工艺

---

❶ [明]叶子奇.草木子[M].北京：中华书局，1959：61.

辫线袍图像是研究其结构的重要
资料，从中可以清楚地看到元代辫线
袍的整体面貌。元代大德年版本《大
观本草》的《海盐图》中可见到一个
身穿辫线袍、头戴后檐帽的官吏正在
监督盐业交易❶（图3-56）。《大观本
草》的作者唐慎微（1056—1136）是
北宋药学家，唐慎微对发展药物学和
收集民间验方作出了重要贡献，开创
了药物学方剂对照之先河，他在多年
广泛采集的基础上，于北宋元丰五
年（1082年）编成《经史证类备急本
草》。北宋大观二年（1108年）重修
后改名《经史证类大观本草》，简称
《大观本草》，宋代朝廷依校刊增订为

图3-56　身穿辫线袍、头戴后檐帽的盐业官
《大观经史证类备急本草》安徽科学技术出版社
2002

《大观本草》《政和本草》《绍兴本草》等作为国家药典颁行全国。明万历年间，
开始出现《大观本草》与《本草衍义》合编的刊本，称为《重刊经史证类大全
本草》。现存《大观本草》主要版本有元大德六年（1302年）崇文书院刊本、
明嘉靖间刊本以及明万历五年（1577年）陈瑛刊本等。其中元代大德六年崇文
书院刊本的《大观本草》中有穿着辫线袍的分管盐业官吏的《海盐图》，是元
代刊行时加入的插图，因此才会出现蒙古族的典型服饰。《吐鲁番古回鹘文佛
经插图》和日本京都龙谷大学收藏的《元代古回鹘文佛经插图》中都可以看到
身着辫线袍的蒙古人❷，山西省广胜寺水神庙戏剧壁画《大行散乐忠都秀在此作
场》中武将形象的戏剧人物身着腰线袍，虽然所演出的曲目至今没有定论，但
画中却真实体现了身着辫线袍的元代武将形象（图3-57）。美国纽约大都会艺

❶ [宋]唐慎微. 大观经史证类备急本草[M]. 合肥：安徽科学技术出版社，2002：108.
❷ 党宝海、杨玲. 腰线袍与辫线袍——关于古代蒙古文化史的个案研究[A]. 沈卫荣. 西域历史语言研
　究集刊：第二辑. 北京：科学出版社，2009：38，47.

元代回鹘文佛经插图
日本京都龙谷大学藏
《西域历史语言研究集刊》科学出版社2009

陕西省元墓出土陶俑
内蒙古博物院藏

大行散乐忠都秀在此作场（局部）
山西省广胜寺水神庙壁画

济南千佛山元代壁画墓
《华夏考古》2015第4期

私人收藏

私人收藏

图3-57

蹙金绣日月云纹辫线袍
中国丝绸博物馆藏

Судлаач доктор, профессор Б.Сувд提供

北京服装学院民族服饰博物馆藏

私人收藏

图3-57 辫线袍

术博物馆藏的《赵氏三世人马图卷》是赵孟頫、赵雍❶、赵麟❷祖孙三人所画人马图合卷，其中赵雍所绘部分是一名头戴笠帽、身穿辫线袍的牵马人。另一幅赵伯驹《六骏图》中也有着辫线袍的人物形象。不同版本《事林广记》的步射总法中，教官所穿着的袍服也有所区别（图3-58）。

《纂图增新类聚事林广记》书影

元至顺间西园精舍新刊本

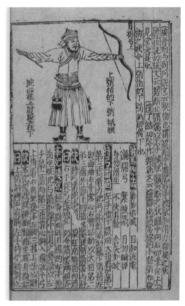

《群书类要事林广记》书影

明弘治五年詹氏进德精舍刊本

《新编纂图增类群书类要事林广记》书影

《续修四库全书》上海古籍出版社2002

《事林广记》中华书局1999

图3-58 不同版本《事林广记》的步射总法

❶ 赵雍(1289—约1361)，字仲穆，湖州(今属浙江)人，赵孟頫次子。官至集贤待制、同知湖州路总管府事。
❷ 赵麟，字彦徵，赵孟頫之孙，赵雍次子。

当辫线袍在辫线的实用性渐弱后逐步将其省略而形成无辫线的腰线袍，整个元代都处在这种变化的过程中。腰线袍的图像资料及实物并不少见，说明在元代无辫线的断腰袍也是非常流行的款式。进入明代后，无辫线的腰线袍很快成为断腰袍的主流。腰线袍实例可以在内蒙古博物院、蒙古国国家博物馆、河北隆化鸽子洞窖藏等看到。图像资料也较为丰富，如《事林广记》中《玩双陆棋图》侍者所穿袍服，高春明的《中国服饰名物考》中介绍了域外藏《蒙古帝王家居图》❶，图中蒙古帝王身着一款典型的腰线袍（图3-59）。

断腰袍具有短袍、窄袖、腰间有横向分割线的共同特点，除有辫线或无辫线外，领型以交领为主，也有少数其他形式。在前襟叠压关系上，除元代早期有少数为左衽外，多数是右衽，下摆褶的形式各不相同。实际上，对于服装来说，在保持基本功能的前提下，人们出于不同的审美和实际需要，都会进行改变，按照新的审美标准吸收新的元素，改变不适应生活环境的内容，使之更能体现服装的使用功能和人们对美的心理需求。因此，在历史上，同一个民族、同一个历史时期，同一形式的服饰在细节和装饰上都会有一定差异。也就是

山西博物院藏

蒙古帝王家居图
《中国服饰名物考》
上海文化出版社2001

僧俑　左衽腰线袍
河南登封西冯封村元墓出土
河南博物院藏

图3-59

❶ 高春明. 中国服饰名物考[M]. 上海：上海文化出版社，2001：585.

锦缘绢袍

中国丝绸博物馆藏

腰线袍（背面）

蒙古国国家博物馆藏

蒙古国那日图岩洞墓出土断腰袍

МОНГОЛ ХУВЦАСНЫ НУУЦ ТОВЧОО II
Ундэстний Хувцас Судлалын Академи Улаанбаатар
хот, Монгол улс 2015

棉布断腰袍

新疆鄯善耶特克孜玛扎墓地出土　新疆维吾尔自治区博物馆藏
《文物》2021第7期

图3-59　腰线袍

说，不论是现代还是古代，人们都会根据自己的经济实力、使用范围和审美标准对服饰进行"设计"，并赋予更多精神层面的内容，使服饰具有物质和精神的双重性，这样才能使服饰得到更好发展，促成服饰文化的发展。

2. 结构特征

（1）下摆的抽褶形式

断腰袍下摆最常见、也是最传统的是均匀的碎褶，用回针技法固定。从传世及出土实物来看，下摆做工非常精细（图3-60）。有规律的顺褶也较为常见，褶的数量少则几十，多则上百，如《事林广记》中的插图多数为此类褶。

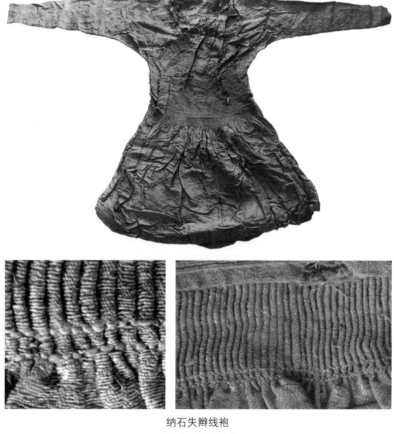

纳石失辫线袍

中国民族博物馆藏

图3-60　均匀抽褶

另一种下摆面料的裁剪同样为长方形，当抽褶集中在腰节两侧时，下摆便形成
"A"字状，明水墓地出土的织金锦袍、内蒙古博物院收藏的腰线袍便属于这一
类型。赵丰教授在其论文《蒙元龙袍的类型及地位》中按照《元世祖出猎图》
绘制的忽必烈所穿的缠身龙窄袖袍就是两侧抽褶的形式❶（图3-61）。图像上这
种类型的断腰袍与墓室壁画中扎腰带的直身袍在外观上颇为相似，因此在判断
结构类型时往往会给观察者带来困难。

内蒙古博物院藏

蒙古国国家博物馆藏（为更好保护袍服，展品由黑色网纱罩起）

图3-61

---

❶ 赵丰.蒙元龙袍的类型及地位[J].文物,2006(8):85-96.

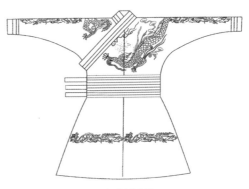

根据《元世祖出猎图》绘制的缠身龙辫线袍

《文物》2006第8期

缂丝花卉袍（辫线袍后片辫线及衣摆部分）

《中国丝绸通史》苏州大学出版社2005

图3-61　两侧有褶的A字下摆

（2）后片开衩

为便于马上活动，有些断腰袍的下摆除在前片右侧开襟处形成开衩外，还在后身左侧设计开衩，成为双侧开衩的结构（图3-62）。实际上，这样的开衩形式并非断腰袍和蒙古族所特有，以马上生活为主的草原民族为活动方便都有可能进行这样的功能性设计。金代齐国王完颜晏夫妇墓出土的直身袍就有这样后片开衩的结构❶，可以达到活动方便的目的（图3-63）。北方草原民族的直身袍多数都宽松、肥大，当衣身较为合体时，长长的袍身就限制了双腿的活动，

❶ 赵评春, 迟本毅. 金代服饰 金齐国王墓出土服饰研究[M]. 北京: 文物出版社, 1998.

为马上生活带来不便。因此增加开衩就成为这类直身袍的一种选择。但从古至今，直身袍的开衩多设计在两侧，像完颜晏墓出土的后开衩的形式并不多见。实际上，这样的后开衩具有更好地保护双腿的功能性，更适合北方寒冷气候中的马上生活。草原民族为适应地域环境与生活方式，都会发明一些适应生活状态的服饰，所以这样的开衩并不能说是不同民族服饰间传承的结果，从所掌握的实物资料来看，蒙古族断腰袍的后开衩设计更为典型（图3-64）。

前

后

云肩纹辫线袍

中国民族博物馆藏

图3-62　后片开衩

前

后

图3-63　褐地翻鸿金锦绵袍

《金代服饰 金齐国王墓出土服饰研究》文物出版社1998

鹦鹉纹织金锦辫线袍

内蒙古锡林郭勒盟博物馆藏　锡林郭勒盟博物馆提供

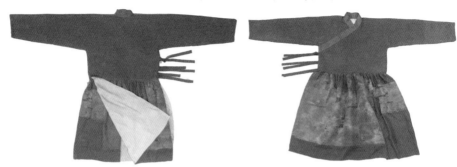

红色莲鱼龙纹绫袍

敦煌莫高窟北区121窟出土

《千缕百衲：敦煌莫高窟出土纺织品的保护与研究》艺纱堂/服饰出版 2014

图3-64　蒙古族断腰袍的后开衩设计

（3）领型

交领是古代蒙古族袍服最典型的领型，但也有少数断腰袍一改传统的交领形式，成为辫线袍中给人感觉变化最大的类型。如蒙元博物馆收藏的绢地妆花斗牛纹袍是款式非常特殊的"V"形领腰线袍❶（图3-65）。元至治刻本《全相五种平话》插图辫线袍是圆领（图3-66），而盐湖古墓出土的黄色油绢织金锦袍为低平圆领❷，虽然袍服残破严重，但作为后人见到的第一件辫线袍实物，具有非常重要的意义（图3-67）。内蒙古兴安盟博物馆收藏的一件蒙元时期的腰线袍是对襟、折角大襟形式，汪世显家族墓出土的辫线袍和莫高窟北区B121窟出土的这种领型的辫线袍代表了同一时期的领型的特点（图3-68）。彭大雅在《黑鞑事略》中记录辫线袍时说其是"右衽而方领"，徐霆在疏证此话时明确指出："正如古深衣之制，本只是下领，一如我朝道服领，所以谓之方领，若四方上领，则亦是汉人为之。"❸也就是说，这个"方领"所指的就是典型的交领。

图3-65　V型领绢地妆花斗牛纹袍
蒙元博物馆藏
《黄金 丝绸 青花瓷——马可·波罗时代的时尚艺术》艺纱堂/服饰出版2005

❶ 赵丰.蒙元龙袍的类型及地位[J].文物，2006(8)：85-96.
❷ 王炳华.盐湖古墓[J].文物，1973(10)：28-36.
❸ [宋]彭大雅.黑鞑事略[M]//王云五.丛书集成初编.上海：商务印书馆，1937：4-5.

图 3-66　圆领辫线袍《全相平话五种》插图

《中国古代服饰研究》上海书店出版社 1997

图 3-67　低平圆领辫线袍

盐城古墓出土

《文物》1973 第 10 期

内蒙古兴安盟博物馆藏

汪世显家族墓4号墓出土
《汪世显家族墓出土文物研究》甘肃人民美术出版社2017

莫高窟北区 B121 窟出土 《敦煌研究》2021 第 4 期

图 3-68 对襟、折角大襟领形

（4）袖子的长度

断腰袍作为蒙古族的传统服装，窄袖是方便活动的基本要件，在气候恶劣的北方草原，对手的保护尤为重要，因此，不论什么类型的蒙古袍，袖子都比较长，热时撮起，冷时放下护手，体现出蒙古族在传统礼制下实用为上的造物思想。明代萧大亨在《北虏风俗》中写道："凡衣，无论贵贱，皆窄其袖，袖束于手，不能容一指，其拳恒在外，甚寒则缩其手而伸其袖。袖之制，促为细摺，摺皆成对而不乱。"[1] 其中 "袖束于手，不能容一指" 并不是指袖口小到容不下一指，而是相对于中原汉族广袖而言的一种形容。《析津志》中也说 "袖口窄以紫织金爪，袖口才五寸许"[2]，五寸相当于 17.4 厘米（元代官尺合 34.8 厘米[3]），对于一般人手的大小来说，这个尺寸并不小，可以穿脱自由。现可见出土及传世的断腰袍的通袖长多数在 190～250 厘米，穿着长度都遮住全手，有些甚至过膝。超长的袖子并不是断腰袍的专利，在直身袍中也可看到不少这样

❶ [明]萧大亨.北虏风俗[M].台北：广文书局印行，1972：15.
❷ [元]熊梦祥.析津志辑佚[M].北京：北京古籍出版社，1983：206.
❸ 杨平.从元代官印看元代的尺度[J].考古，1997(8)：86-90.

的例子。超长袖子的穿着效果在《事林广记》《全相平话五种》、元青花明妃出塞图罐中步行侍从以及一些元代墓室壁画、元代出土陶俑和袍服实物中都可以清楚地看到。但也有袖子较肥大的断腰袍❶，显然是受到中原广袖影响的结果（图3-69）。超长的袖子又使马上生活、放牧和征战等受到限制，因此适当加长袖子是功能的需求，而超长袖子应该是装饰效果大于实用性的审美因素所决定，同时，袖子的长度应该与蒙古人经济状况和生活水平的提高成正比。这也说明为何我们在资料中看到的身着超长袖子袍服的人物形象都是在礼仪或娱乐等场合。有些蒙古族部落袍服超长袖子的特点一直延续至近代，但主要为女装，今天还可以看到一些这样的传世袍服实例。

元明妃出塞图罐（局部）

《事林广记》插图

《续修四库全书》上海古籍出版社2002

私人收藏

元代彩绘俑

陕西历史博物馆藏

焦作新李封村许衍墓出土

《文物》1979第8期

《丝绸之路与元代艺术》艺纱

堂/服饰出版2005

图3-69　超长袖子

❶ [韩]Moonsook Kim. The Mongol Costumes adopted in Koryo Costumes from the thirteenth to the fourteenth century[C].
赵丰，尚刚. 丝绸之路与元代艺术国际学术讨论会论文集. 香港：艺纱堂/服饰出版，2005；297-304.

（5）袖子开口——海青衣

部分元代袍服有一个很重要的结构特点，即袖根处设计开口。蒙古草原夏季昼夜温差大，如袁桷[1]在《上京杂咏》中形容上都"午溽曾持扇，朝寒却衣绵"[2]，所以出于实用需求，在袍服袖根的前面设计开口，热时可以从此伸出胳膊，形成短袖袍；冷时将胳膊穿入袖中，系扣保暖。蒙古国国家博物馆收藏的一件巴彦洪戈尔省出土的元代腰线袍（士兵的长袍），内絮棉花；这件腰线袍在衣身与袖子接缝之间留有开口，并设计搭门，平时可用搭门遮挡开口，用三粒盘扣固定；天热时，解开纽扣、伸出胳膊纳凉（图3-70）。

图3-70　元代士兵的长袍
蒙古国国家博物馆藏

这种袖根的开口结构在蒙古族所有类型的袍服中都有使用，郑思肖在《心史》中有详细的描述："衣以出袖海青衣为至礼。其衣于前臂肩间开缝，却于缝间出内两手衣裳袖，然后虚出海青两袖，反双悬纽背缝间，俨如四臂。诶虏者妄谓郎主为'天蓬后身'。衣曰'海青'者，海东青，本鸟名，取其鸟飞迅速之义；曰'海青使臣'之义亦然。虏主、虏吏、虏民、僧道男女，上下尊

---

[1] 袁桷(1266—1327)，字伯长，庆元鄞县(今浙江宁波)人。大德初荐授翰林国史院检阅官，累迁翰林侍讲学士。朝廷制册、勋臣碑铭，多出其手。

[2] [元]袁桷.上京杂咏十首[M]//[清]顾嗣立.元诗选：初集上.北京：中华书局，1987：650.

卑，礼节服色一体无别。"❶从开口伸出手臂，骑马飞驰时，悬垂在身后的两袖状如飞翔的海东青，因此称为海青衣。不论直身袍或断腰袍都可称为海青衣。蒙古国都贵查海尔岩洞墓出土的暗花缎袍服和中国丝绸博物馆收藏的绫地飞鸟纹绫海青衣与这些文字的描述完全一致，用实例说明了这种开口的重要作用（图3-71）。元代画家刘贯道的《元世祖出猎图》中所绘有元世祖忽必烈及皇

复制品

蒙古国都贵查海尔岩洞墓出土
蒙古国国家博物馆藏

❶ [宋]郑思肖.郑思肖集·心史·大义略叙[M].上海:上海古籍出版社,1991:181.

绫地飞鸟纹绫海青衣

中国丝绸博物馆藏

图3-71

中国丝绸博物馆藏

图3-71　直身袍袖子开口

后在侍从的簇拥下围猎的场面，有主要人物十人。在画中有四人的袍服袖根可见明显的开口，一射雁人将左臂的袖子脱下，耷在身后，露出红色内袍；另外三位虽然没有脱袖出臂，但从衣身与袖子之间的开口很清楚地看到里面袍服的不同色彩，尤其是忽必烈皇后穿着的袍服也有这样的开口。从这幅画作中可以看出，元代不论断腰袍还是直身袍，也不论男装或女袍，袖子上均可有开口的设计（图3-72）。熊梦祥也清楚地记述过女子大袖袍上的开口："其袖两腋摺下，有紫罗带拴合于背，腰上有紫攒系，但行时有女提袍，此袍谓之礼服。"❶

　　袖子开口的实用性也随着断腰袍向高丽的传播而被高丽以及后来的朝鲜王朝所接受，直到17世纪朝鲜李氏王朝仍流行袖子有开口的帖里，有些甚至可将整片袖子摘下，成为一件比肩。实际上就是由于这种开口设计非常强的实用性使其流传深远（图3-73）。

　　（6）腰间的固定形式

　　断腰袍的腰间固定形式有盘扣和系带两种，最典型的盘扣是编结的扣砣和扣

---

❶ [元]熊梦祥. 析津志辑佚[M]. 北京：北京古籍出版社，1983：206.

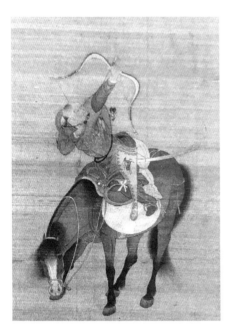

图3-72 《元世祖出猎图》中的海青衣

台北故宫博物院藏

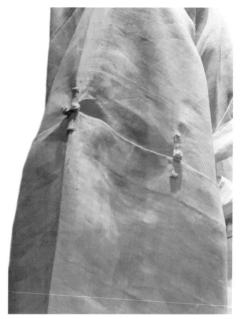

图3-73　朝鲜王朝17世纪帖里（复制品）
"一衣带水——韩国传统服饰展"中国丝绸博物馆

襻与边条成为一体，体现了蒙古族女性的高超手工技艺。图3-74是一件纳石失辫线袍腰间的盘扣边条，边条与辫线宽度相同，一侧边条编制扣砣，另一侧编制扣襻，在缝制时将有扣砣的边条固定在前片垂襟辫线的边缘，扣襻的边条固定在后片右身辫线的侧缝处。这种系扣形式的制作工艺复杂、精致，是元代所特有的缝制技术。另一种比较简单形式的盘扣与现代盘扣制作相同，单独编制扣砣和用布条制作扣襻，再固定到腰间（图3-75）。

图3-74　边条式扣襻与扣砣
中国民族博物馆藏

图3-75　布条制作的扣襻与扣砣
《黄金 丝绸 青花瓷——马可·波罗时代的
时尚艺术》艺纱堂/服饰出版2005

　　河北省沽源梳妆楼阔里吉斯墓出土的辫线袍腰侧就是用有9粒盘扣的边条固定。阔里吉斯是汪古部的第四代首领，母亲是忽必烈的女儿月烈公主。梳妆楼古墓群位于河北省沽源县城东7.5千米处，俗称辽代萧太后的"梳妆楼"，是目前我国发现的唯一一处元代贵族墓葬群，梳妆楼实际是墓葬的地上享堂。据《元史》阔里吉斯传所载生平推断，梳妆楼应该建于1298—1305年。一号墓中除阔里吉斯外，还有他娶的两位黄金家族公主：世祖忽必烈的太子真金的女儿忽答迭迷失公主和忽必烈孙成宗铁穆耳的女儿爱牙失里公主。由于汪古部与成吉思汗黄金家族的特殊关系，蒙古族传统辫线袍早已成为汪古部的男装（图3-76）。

　　用纽扣固定袍服的腰围成为一个固定的值，无法调节腰围的大小。在

第三章　元代的蒙古族服饰与服饰文化

河北省沽源梳妆楼阔里吉思墓地上享堂

辫线袍

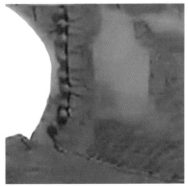

辫线袍细部

CCTV10《探索·发现》截图

图3-76 阔里吉思墓出土的辫线袍

断腰袍中较为多见的是系带固定，制作简单，腰围的调节性较好是其优点（图3-77）。

另外，从一些画作中还可以看到在穿着断腰袍时还另束有躞蹀带，以体现游牧民族日常生活中携带随身物品的功能性。山西右玉宝宁寺水陆画第58幅中身穿辫线袍的蒙古官吏的腰间系一躞蹀带，刘元振墓出土的骑马俑在躞蹀带上系着各种随身物品，可以清楚地反映躞蹀带的用途，成为草原民族的服饰特点（图3-78）。

TAЛЫН МОРЬТОН ДАЙЧДЫН ӨВ СОЁЛ
шинжлэх ухааны академи археологийн
хүрээлэн, Улаанбаатар

私人收藏

《黄金 丝绸 青花瓷——
马可·波罗时代的时尚艺
术》艺纱堂/服饰出版 2005

图3-77 系带固定的断腰袍

山西宝宁寺水陆画中佩戴蹀躞带的蒙古族官吏

山西博物院藏

蒙古国苏赫巴托尔省翁衮县元代石人

《西域历史语言研究集刊》科学出
版社 2009

郝柔墓出土骑马俑

王世英墓出土骑马俑

西安博物院藏

图3-78 蹀躞带

元代断腰袍除以上结构特点外，还可见个别款式与众不同，如前片为断腰结构，而后片却是直身的特殊结构形式，隆化鸽子洞出土的断腰袍即是这种结构的典型，虽然很少见，但其传承到明代后却成为曳撒的重要类型。

三、云肩纹纳石失辫线袍分析

蒙古族的丧葬特点决定了元代蒙古族墓葬非常罕见，至今蒙元帝王陵墓无一发现。在发现的很少的元代墓葬中，随葬品也非常有限，丝织品更是罕见。因此，各博物馆中收藏的断腰袍成为研究断腰袍的重要实例。

1. 款式特征

中国民族博物馆收藏的云肩纹纳石失辫线袍是一件规格很高的元代袍服（图3-79），与蒙古国noblemon墓出土的辫线袍非常相似（图3-80）。为元代蒙古族服饰研究提供了很好的实例。

前

后

图 3-79　云肩纹纳石失辫线袍

МОНГОЛ ХУВЦАСНЫ НУУЦ ТОВЧОО II
Үндэстний Хувцас Судлалын Академи Улаанбаатар хот, Моногол улс 2015

图 3-80　蒙古国noblemon墓出土辫线袍

　　这件云肩纹纳石失辫线袍为右衽、交领、窄袖、宽摆结构，领缘、垂襟、下摆、袖襕、袖口以及云肩均为抠花盘绣装饰。各部位镶边、装饰都是元代袍服的典型形式，但更为华丽，工艺精湛。

　　由于此辫线袍还未进行保护性修整，展开后，皱褶较多，无法在无保护的情况下得到准确数据，因此下面所测量数据与实际情况有一定差距，但从这些数据中也可看出该辫线袍的一般特征。辫线袍长126厘米，通袖长210厘米，中等身材男子穿着，袖子约至膝盖，是典型的蒙古族袍服的超长袖结构；腰围宽49厘米，下摆宽120厘米，领缘宽5厘米，袖口宽11厘米，对男装来说此袖口尺寸非常小，手的进出应该比较困难。辫线部分宽23厘米，共有92对辫线，右侧有13粒盘扣。前片底襟宽至中线，腰部细褶用回针技法固定，固定长度3.5厘米；辫线与抽褶之间的断腰分割线处由深棕色和浅棕色两根纤条夹缝固定。此外，辫线袍还在左后侧增加了开衩，使下摆呈前后两片式结构，开衩重叠量33厘米，是元代辫线袍的典型形制（图3-81）。

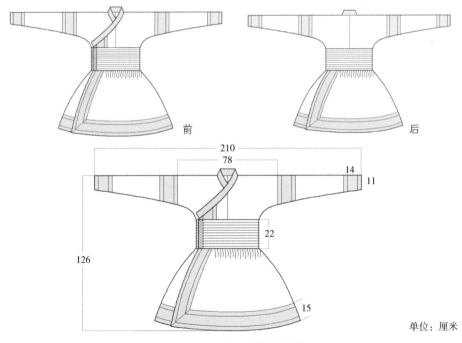

前　　　　　　　　　　后

单位：厘米

图3-81　云肩纹纳石失辫线袍线描图

2. 织物分析

辫线袍面料、贴花料、镶边的边缘料均为捻金纳石失，是两枚并丝捻金、固结经为单丝的特结锦，辫线用绢条缝合而成（图3-82）。

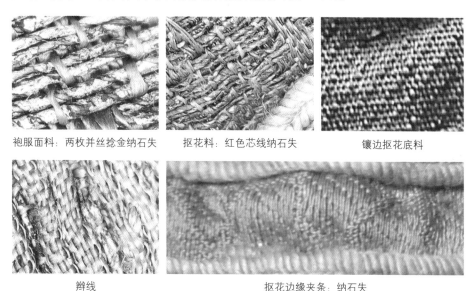

袍服面料：两枚并丝捻金纳石失　　抠花料：红色芯线纳石失　　镶边抠花底料

辫线　　　　　　　　　　抠花边缘夹条：纳石失

图3-82　面料与辅料

3. 面料纹样

纳石失面料的主题纹样为直径9.5厘米的莲花纹团窠，主纹样之间有长8厘米的奔鹿，之间以缠枝相连，花纹浑然一体，丰满、细腻、造型严谨，具有典型中西合璧的风格。满金面料充分利用了金线材料，纹样与金线巧妙组合，形成灿烂夺目的效果，表现出元代纳石失织工的高超技艺和元代蒙古族的审美特征（图3-83）。

4. 装饰

云肩纹纳石失辫线袍各部位的装饰风格一致，均采用抠花云纹和镶边工艺，云肩华丽、镶边宽大，装饰性极强。纹样底料为深褐色纳石失，其上由S捻与Z捻的浅色丝绳并排盘绕固定在纳石失衣料上构成纹样，盘绕的丝绳下又衬垫深棕色绢构成的缘边（图3-84）。交领及垂襟、袖口、袖襴等处的装饰镶边与云肩工艺相同，镶边边缘为双道对称装饰条，两根装饰条中间有纳石失夹条（图3-85）。

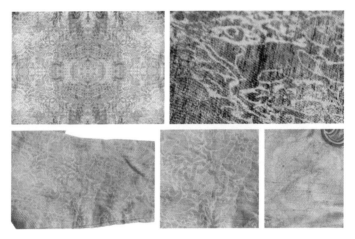

图3-83　纹样

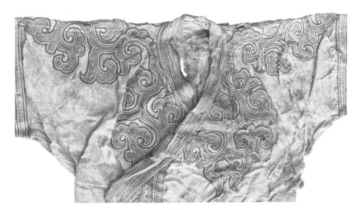

前

后

图3-84　肩部贴花

镶边、袖襕等处纹样

镶边细部

镶边细部

"王墓梁"耶律氏陵园王·M16
出土

《阴山汪古》内蒙古大学出版社1991

图3-85　镶边装饰

　　辫线由绢缝制而成的长条做成，共92对，工艺精细、均匀。扣砣及纽襻使用与镶边相同的深棕色绢缝制成细绳，盘折成宽3.5厘米的边条，边缘编结扣砣及纽襻。右侧大襟编结13粒扣砣（其中1粒缺失），扣砣编结地紧致、均匀，直径1厘米，与大襟相对应的后右侧辫线的边条为纽襻（图3-86）。

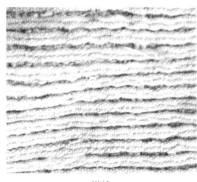

辫线

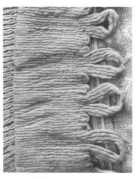

辫线的边条与纽襻

抽褶

图3-86　辫线和盘扣

断腰袍以短小、便捷的实用性成为蒙古族户外活动的重要袍服类型，是从帝王到校尉、乐工以及普通民众都可服用的袍服，从结构上讲并无阶级差别。除在蒙元时期成为蒙古族重要的袍服外，还被后来的明王朝所借鉴、传承，成为蒙古族服饰中对后世影响最大的款式。经过不断发展，虽然在结构上有一些变化，但作为蒙古族最为传统的袍服类型，依然保持了传统造型与功能。

第四节　古代蒙古族典型冠饰——罟罟冠

故宫南薰殿旧藏《元代帝后像册》中15位元代皇后所戴的罟罟冠给人很深的印象，敦煌莫高窟、安西榆林窟中戴罟罟冠的蒙古族女供养人画像，以及蒙古国博格多乌拉山岩画中戴罟罟冠的人像等都是大家比较熟悉的。这类高高的冠饰至少有四百年的文字记载，是蒙古族已婚女性的重要标志，成为古代蒙古族最具代表性的服饰之一。

一、罟罟冠的产生和发展

从远古时起，在北方草原就生活着众多不同族源的部落，他们世代繁衍，共同生活在青青草原和广袤大漠上。这些部落在相似的地域环境和生产方式中产生了相似的文化，在交往中相互影响，生活方式、服装饰品等都会互相渗透。罟罟冠到底产生于什么时期，是一个很难说清的问题，但元代是蒙古族罟罟冠使用和发展的鼎盛时期。

1. 学者对罟罟冠的探讨

罟罟冠具体产生于哪个民族，一些学者给出了自己的观点，对于这些观点需要更认真地进行分析和发掘相关文献，才能得到较为科学的结论。

日本学者江上波夫❶在《蒙古妇人の冠帽"顾姑"について》一文中认为乌桓妇女的"句决"与蒙古族的顾姑为同一物："そうしてこれと蒙古の顾姑とは恐らく同一物であらうと思われる。"❷其根据是《后汉书》乌桓传："妇人至嫁时乃养发，分为髻，著句决，饰以金碧，尤中国有簂步摇。"❸从文字可以看出，乌桓妇人的"句决"是婚姻的象征，且"尤中国有簂步摇"，《后汉书》在本节后注"簂"或为"帼"（《海篇》亦作蔮）。"帼"是妇女包头的巾或帕，"有帼步摇"是指裹头巾并饰以步摇，文字中并没有罟罟冠高耸冠体的特征，因此说"句决"是帽或头饰，而罟罟的特点是高耸的冠体，二者是完全不同的两样东西。

金启琮先生在《故姑考》中认为"姑姑"是突厥系民族之遗风❹，金启琮先生查阅了《北史》高车传中相关的记载："妇人以皮裹羊骸，戴之首上，萦屈发髻而缀之，有似轩冕。"❺首先，这样的头饰是妇女专用，但以"皮裹羊骸"是否必具有一定高度？其中的羊骸应具有特殊含义。但文字最后说明这种头饰似"轩冕"，轩为车，冕为冠，冕"广而不高"，"姑姑"则"高而不广"，所以这种"似轩冕"的形容本身就说明高车妇女头饰中的"羊骸"并不是起支撑高度的作用，由此可以判断二者应该是两个不同的概念。但金启宗先生认为"故姑"是突厥系民族的遗风是有一定道理的。在西域至中亚这片广阔草原的相似地域环境中，生活在这里的众多民族有着相似的生活方式，虽然宗教信仰和审美意识不尽相同，但信仰中对天的崇拜却是一致的，高帽就成了各民族宗教信仰物化的载体。鲁不鲁乞也看见小斡罗思男人"头上戴毛毡无边帽，帽顶长而尖"❻，实际上，在西域至中亚的广大地区，高帽的使用很普遍，并有很多这样的实例。苏贝希古墓群位于新疆鄯善县吐峪沟北口的苏巴什村和苏贝希村附近

---

❶ 江上波夫（1906—2002），1930年毕业于东京大学史学科东洋史专业。日本历史考古学家、中国北方游牧民族史学家。

❷ [日]江上波夫. ユウラシア北方文化の研究[M]. 东京：山川出版社，1951：238.

❸ [宋]范晔. 后汉书·乌桓传：卷九十[M]. 北京：中华书局，1973：2979.

❹ 金启琮. 故姑考[J]. 内蒙古大学学报（哲学社会科学版），1995（2）：38—42.

❺ [唐]李延寿. 北史·高车：卷九十八[M]. 北京：中华书局，1973：3271.

❻ [法]威廉·鲁不鲁乞. 鲁不鲁乞东游记[M]// [英]道森. 出使蒙古记. 吕浦，译. 北京：中国社会科学出版社，1983：133.

的一处台地上。其中M6是男女合葬墓，男性头戴毡帽，女子则以牛角状黑毡盘于头侧，以发卷绕其上，外套发网，呈圆盘形，顶部有一圆锥状毡棒❶，这个毡棒与罟罟冠具有相似的宗教意义，并且是已婚女性的象征。从现在掌握的资料来看，除女性佩戴高帽外，男性佩戴的情况也并不少见。虽然这些高帽的年代跨度相当大，且形制与罟罟冠不同，但高耸的帽子所代表的最重要的仍是宗教含义，这种宗教与世俗的融合成为欧亚草原中部地区许多部落和民族的共同特点（图3-87）。

苏贝希一号墓地M6出土女尸及圆锥状毡棒

《新疆古尸：古代新疆居民及其文化》新疆人民
出版社2001

吐峪沟大峡谷

苏贝希村

苏贝希古墓群遗址

❶ 新疆文物考古研究所，吐鲁番博物馆.新疆鄯善县苏贝希遗址及墓地[J].考古，2002(6)：42-57.

唐代彩绘胡人俑

吐鲁番阿斯塔那墓出土
新疆维吾尔自治区博物馆藏

塞人铜武士像

新疆伊犁新源县出土
新疆维吾尔自治区博物馆藏

元代使者献果品铜雕像

元上都遗址博物馆藏

唐代彩绘胡人俑

陕西章怀太子墓出土
乾陵博物馆藏

哈萨克斯坦金人

哈萨克斯坦国家博物馆藏

哈萨克妇女结婚服装

俄罗斯民族博物馆藏

图3-87 西域至中亚地区的高帽

伯希和❶的得意门生、法国著名蒙古学学家韩百诗❷在法文本《柏朗嘉宾

---

❶ 伯希和(PaulPelliot, 1878—1945),法国汉学家,1906—1908年在中国甘肃、新疆一带活动,对库车图木舒克以及敦煌石窟进行了广泛的考察,从敦煌莫高窟劫走六千余种文书。
❷ 韩百诗(Hambis,Louis, 1906—1978),法国蒙古史、中亚史学家。伯希和的主要继承人。历任巴黎大学北平汉学研究所所长、巴黎大学高等中国研究所所长等职。

的《蒙古史》中给"poqtaq"（罟罟冠）所加注释中说："这种头饰早在六世纪中就于嚈哒人中出现了，据中国取经僧宋云❶的记载，嚈哒王妃'头戴一角，长八尺，奇长三尺，以玫瑰五色装饰其上'。"❷嚈哒（又译挹怛、挹阗）是五、六世纪西域的一个由游牧部族建立的国家。韩百诗认为嚈哒王妃所戴的角帽与蒙古族妇女所戴的罟罟冠同为一物。但从相关史料可知，嚈哒王妃所戴的角帽与罟罟冠是完全不同的冠饰，它们所代表的含义有本质的区别。《魏书》中关于嚈哒国的条目这样说："其俗兄弟共一妻，夫无兄弟者妻戴一角帽，若有兄弟者依其多少之数，更加角焉。"❸在《北史》中也有同样的记载❹。另《隋书》"挹怛国"中记述道："兄弟共妻。妇人有一夫者，冠一角帽，夫兄弟多者，依其数为角。"❺显然这种角帽的含义与罟罟冠相差甚远。

实际上，高帽代表已婚女性的民族并不是个别的，鄂多立克在《东游记》中记述福州至浙江中间某地"已婚妇女都在头上戴一个大角筒，表示已婚"❻，这个"角筒"按字面意思应该具有一定高度，也是已婚妇女的标志，应该与蒙古族罟罟冠的内涵更为相似，但它们是完全独立发展、毫无关系的两种冠饰。古代许多民族的已婚女性都有特定的标志物，罟罟冠除代表对"长生天"的信仰外，还是对女性的一种约束，她们还将这种头饰作为展示家庭经济实力的最好舞台，充分利用其进行装饰，成为民族文化的代表。

2. 罟罟冠的产生与消亡

罟罟冠与任何物品、服饰一样，都有一个较长的发展和演变过程。开始是北方草原许多部族妇女日常所戴的防风、保暖的帽子，这顶普通的帽子最初向高发展是由宗教思想所决定。古代许多民族都信仰萨满教，可以说"萨满教是民族文化和民俗形态的母源"❼。作为原始宗教，它对人们的心理意识、原始文化

---

❶ 宋云，生卒年不详，北魏燉煌（故址在今甘肃敦煌西）人，曾赴西域求经。

❷ [法]贝凯. 柏朗嘉宾蒙古行纪[M]. 耿昇，译. 北京：中华书局，1985：117.

❸ [北齐]魏收. 魏书·西域：卷一百〇二[M]. 北京：中华书局，1974：2279.

❹ [唐]李延寿. 北史·西域：卷九十七[M]. 北京：中华书局，1983：3231.

❺ [唐]魏徵. 隋书·西域：卷八十三[M]. 北京：中华书局，1973：1854.

❻ [意]鄂多立克. 鄂多立克东游录[M]. 何高济，译. 北京：中华书局，1981：66.

❼ 富育光. 萨满教与神话[M]. 沈阳：辽宁大学出版社，1990：1.

以及服饰用品、生活习俗等的演变都产生了很大的影响。"由于蒙古萨满教同蒙古族古代生活直接联系在一起，因而也是蒙古族传统风俗习惯和生活交往形式形成的基本原因之一。"❶所以，一项普通保暖、防风的帽子，在原始宗教思想的影响下，逐步赋予了宗教内涵。长生天在上，头顶是人体离天最近的地方，身高有限，但头顶上的帽子可以变化，在这种思想下，帽子的高度在增加，人们祈求离天界更近，从此罟罟冠成为人与天对话的媒介。像罟罟冠这样以增加高度来达到与天界缩短距离的宗教思想除西域、中亚许多民族外，在欧洲也出现过，几乎同时期，欧洲高高的圆锥状帽子"汉宁"具有同样的宗教含义。

由于罟罟冠位于人体最显眼的部位，最能反映佩戴者的身份、地位和经济实力，因此将一些物件装饰于上，使它的装饰性逐步增强，高度也在进一步增加。随着蒙古势力的增强、地域扩大，尤其到元代以后，贵妇们对服装和饰品越来越注重，罟罟冠的装饰也越来越华丽，贵族和富裕人家的妇女争相将珍贵的饰物如金、银、珍珠、琥珀、松石、红珊瑚、羽毛等装饰在罟罟冠上，逐步成为贵族妇女身份和地位的象征。民间使用的罟罟冠则较简单，随着时间的推移，也不是出门必戴之冠，除在一些特殊场合佩戴外，日常生活中多戴轻巧、方便的帽子。

从现在掌握的史料来看，最早明确描写罟罟冠的是《蒙古秘史》。在成吉思汗九岁时（1170年），他的父亲也速该被塔塔儿人毒死，族人抛弃了诃额仑、铁木真母子，《蒙古秘史》中用非常动人的语言描写了当时诃额仑的坚强意志和努力生存下去的决心："诃额仑夫人生得贤能，抚育其幼子每也，紧系其固姑冠，严束其衣短带，奔波于斡难上下，拾彼杜梨、稠梨，日夜（辛劳）糊其口焉。"❷这是《蒙古秘史》首次提到罟罟冠。在困苦的条件下，妇女外出寻觅食物要戴罟罟冠，可见它对一名普通蒙古族妇女的重要性。可以推测当时的罟罟冠并不太高，装饰也很简单，只是已婚妇女所戴的具有宗教意义和身份象征的帽子，当然罟罟冠的产生必定在这之前。

元代末年，社会动荡、战乱不断，蒙古族的生活受到很大影响，罟罟冠开

❶ 满都夫. 蒙古族美学史 [M]. 沈阳：辽宁民族出版社，2000：51.
❷ 道润梯步. 新译简注《蒙古秘史》[M]. 呼和浩特：内蒙古人民出版社，1979：37.

始走下坡，高度逐渐降低、装饰性减小、佩戴的时间也在缩短，但到最终退出历史舞台仍经过很长一段时间。永乐十七年（1419年）三月，明代朝廷"赐忠义王免（"免"应为"兔"）力帖木儿绮帛各七十匹，并赐其母及妃金珠、固姑冠服并绮帛布（"布"应为"有"）差❶。此时，罟罟冠仍是明代朝廷赐给蒙古贵族的礼物，说明在明成祖永乐年间蒙古族贵妇仍使用罟罟冠。到明正统七年正月癸未（1442年3月3日），明代朝廷赐蒙古也先可汗及眷属的物品中，"罟罟袍"仍是非常重要的一项❷。由于明代蒙古时期混战不断，蒙古族的生活颠沛流离，罟罟冠逐步退出人们日常服饰的舞台，只作为已婚女性的象征，在新娘出嫁时使用，成为一顶具有象征意义的冠帽。罟罟冠到底什么时候消失，不可能找到明确答案，但至少在明万历甲午（1594年）成书的《北虏风俗》中还记载娶媳妇"归时，妇披长红衣戴高帽"❸，这里所说的"高帽"是新媳妇所戴的冠饰，象征着从姑娘到妇人的转变，因此必为罟罟冠，这是迄今见到的最晚的关于罟罟冠的记载。罟罟冠从《蒙古秘史》中铁木真九岁时第一次出现，到最后出现在《北虏风俗》中，至少有四百多年文字记载的历史。随着时间的推移，罟罟冠在历史的长河中渐渐隐去其身影，结束曾经辉煌的历程。

3. 已婚女性的象征

中外史料对罟罟冠有较多记载，作者用当事人好奇的眼光，对罟罟冠这一当时流行在蒙古族妇女中的冠饰进行了较详细的描述，为我们研究当年的历史、人文、服饰等提供了难得的资料。

罟罟冠在发展、上升期的使用率相当高。约翰·普兰诺·加宾尼1246—1247年出使大蒙古国，他记述妇女们出门或有外人的场合下，罟罟冠是必戴的头饰，它是区别姑娘和已婚女性的标志："根据这种头饰就可以把她们同其他

---

❶ [明]明太宗实录：卷二百一十[M]. 台北："中央研究院"历史语言研究所，1962：2127.

❷ [明]明英宗实录：卷八十八[M]. 台北："中央研究院"历史语言研究所，1962：1770.

❸ [明]萧大亨. 北虏风俗[M]//薄音湖，王雄. 明代蒙古汉籍史料汇编：第二辑. 呼和浩特：内蒙古大学出版社，2006：238.

妇女区别开来。"❶可见，那时不论男、女，袍服的款式及色彩都无明显区别，因此在加宾尼看来只能通过罟罟冠区别已婚女性。

作为已婚女性标志性的冠饰，罟罟冠是在女人从未婚到已婚的重要时刻戴上，因此戴罟罟冠应是婚礼上一项重要的仪式，并且为新娘戴罟罟冠的应该是娶她的男人。拉施特在《史集》中讲到旭烈兀的长子阿八哈❷登上汗位后收娶了旭烈兀的妃子秃乞台哈敦，"他给（他的）头上戴上孛黑塔黑（固姑冠）以代替脱忽思哈敦，把她立为王后。"❸同一卷中又记述旭烈兀的第七子阿合马❹"娶了勤疏的女儿、秃合察黑的母亲亦里——忽都鲁，（后来）她被怀疑行使巫术而被抛进河中。阿合马是在即位时娶她的，曾给她戴上了孛黑塔黑（固姑冠）"❺。从这两段记载可以看出，再婚女性在婚礼上同样是以佩戴罟罟冠为标志，可见，罟罟冠对于女性的婚姻具有十分重要的意义。

由于罟罟冠所具有的特殊含义，蒙古族妇女在外人面前，尤其是在陌生男人面前必须佩戴，以示自己已婚的身份，"不戴这种头饰时，她们从来不走到男人们面前去"❻。当鲁不鲁乞和教士们为蒙哥汗信奉景教（基督教聂思脱里派）的大夫人忽都台可敦❼实行洗礼时，"天已大亮了——她开始取下她的头饰（称为孛哈），因此我看到她光着头。于是她命令我们退出……"❽由此可见，罟罟冠并不是一顶普普通通的帽子，其作用也不单单是防寒、遮日、挡风，在最初向高发展的宗教意义下，随着社会的发展，到这时最主要的功能已经转变为女性婚姻的标志。戴罟罟冠是传统礼俗，是神圣的，因此外人对它的触碰是对拥

---

❶ [意]约翰·普兰诺·加宾尼.蒙古史[M]//[英]道森.出使蒙古记.吕浦，译.北京:中国社会科学出版社，1983:8.
❷ 阿八哈(1234—1282)，旭烈兀长子，伊儿汗国的第二任君主，1265—1282年在位。
❸ [波斯]拉施特. 史集·第三卷[M]. 余大钧，周建奇，译. 北京:商务印书馆，1986:100.
❹ 阿合马(帖古迭儿Tekuder,? —1284)，旭烈兀的第七子。伊儿汗国第三任君主，1282—1284年在位。
❺ 同❸161.
❻ [意]约翰·普兰诺·加宾尼.蒙古史[M]/[英]道森.出使蒙古记.吕浦，译.北京:中国社会科学出版社，1983:8.
❼ [法]威廉·鲁不鲁乞.鲁不鲁乞东游记[M]// [英]道森.出使蒙古记.吕浦，译.北京:中国社会科学出版社，1983:180.
❽ 同❼.

有者极大的不敬，李志常❶在《长春真人西游记》中说罟罟冠"大忌人触"❷即是指此。

　　除了在一定场合必须佩戴罟罟冠外，在有族人去世时，为表示对其哀悼，需将罟罟冠的冠体或顶上的羽毛装饰摘下。萧大亨在《北虏风俗》中记述道："初，虏王与台吉之死也，……唯于七日内，自妻子至所部诸夷皆去其姑姑帽顶而已。七日外，复如故也。"❸这里所说的治丧期间暂时去掉的"姑姑帽顶"应该有两种情况，第一种情况是指去掉罟罟冠顶上的羽毛等装饰，这与1291年为伊儿汗国的第四任君主阿鲁浑汗❹举行哀悼礼时"按照蒙古习俗从帽子上摘下翎毛"❺是一致的。这种"仅摘去帽结"的习俗到民国时期还在继续❻。在萨满教中，翎毛有辟邪、通天之意，在葬礼上摘去翎毛是避免逝者的灵魂由罟罟冠顶的翎毛升天，而对佩戴罟罟冠者不利。第二种情况是去掉罟罟冠的冠体，只佩戴帽子。这种情况可以从1265年旭列兀可汗的葬礼上诸位王妃的形象看出。波斯细密画中出现的绝大多数蒙古族贵妇都头戴罟罟冠，而这张在葬礼上出现的王妃们却没有佩戴罟罟冠（图3-88）。

　　作为已婚女性的象征，罟罟冠成为蒙古族最具代表性的饰品，因此，在许多文献中将"罟罟"作为已婚妇女的代称。《蒙古秘史》中的"罟罟妇人"和《南村辍耕录》中"罟罟娘子"❼都代指已婚妇女。成吉思汗建立大蒙古国之初，蒙古人的骁勇就已传遍金朝和西夏地区，太祖五年（南宋嘉定三年，1210年）有童谣流传："摇摇罟罟，至河南，拜阏氏。"此时正值"太白经天"，金代名将郭宝玉❽叹道："北军南，汴梁（今河南洛阳）即降，天改姓矣。"❾童谣中所

❶ 李志常(1193—1256)，字浩然，号真常子，奉成吉思汗之命，太祖十五年(1220年)随师丘处机(长春真人)启行赴西域谒成吉思汗，往返约四年。一路见闻成书《长春真人西游记》。

❷ [元]李志常. 成吉思汗封赏长春真人之谜[M]. 北京:中国旅游出版社，1988:49.

❸ [明]萧大亨. 北掳风俗[M]//薄音湖，王雄. 明代蒙古汉籍史料汇编:第二辑. 呼和浩特:内蒙古大学出版社，2006:241.

❹ 阿鲁浑(Arghun，1258—1291)，伊儿汗国的第四任君主。

❺ [波斯]拉施特. 史集·第三卷[M]. 余大钧，周建奇，译. 北京:商务印书馆，1985:255.

❻ 绥远通志馆. 绥远通志稿·卷五十一:第七册[M]. 呼和浩特:内蒙古人民出版社，2007:176.

❼ [元]陶宗仪. 南村辍耕录:卷二十二[M]. 北京:中华书局，2004:275.

❽ 郭宝玉(？—1222后不久)，字玉臣，华州郑县(今陕西华县)人，金代汾阳郡公，成吉思汗时期名将。

❾ [明]宋濂. 元史·郭宝玉:卷一百四十九[M]. 北京:中华书局，1976:3520-3521.

《史集》插图15世纪彩绘波斯语抄本

图3-88　旭列兀可汗葬礼上的诸位王妃

说的罟罟即指蒙古人，也就是蒙古人将至黄河之南，并借"阏氏"指金后，此处形容金朝将亡，天朝将改姓。

　　蒙古族妇女的这种造型独特的冠饰在其他民族看来非常新奇。元初随蒙古大军南下的眷属们头戴罟罟冠，就引来路人惊异的目光，聂碧窗在《咏北妇》中写道："双柳垂鬟别样梳，醉来马上倩人扶。江南有眼何曾见，争卷珠帘看固姑。"[1]坐在车里或骑在马上的蒙古族妇女们头戴高高的罟罟冠摇摇摆摆，吸引人们好奇的目光并留下很深印象。蒙元时期那些中原人见到蒙古族妇女头戴罟罟冠，都会露出不同的表情，并用各种词汇来形容这顶高高的、异于中原的冠饰。长春真人邱处机在诗中形容他所见到的蒙古人："饮血茹毛同上古，峨冠结发异中州。"[2]其中用"峨冠"来形容高耸的罟罟冠。虽然丘处机深受成吉思汗的器重，但仍摆脱不了用中原人的传统眼光看待蒙古人，他形容蒙古族的生活"饮血茹毛同上古"，男人"结发"（即梳辫子，中原男人梳髻在顶），女人戴"峨冠"，与中原传统服饰、发型区别巨大。

　　高耸的罟罟冠给人深刻的印象，尤其在元代以及后来的诗文中，好多诗人

❶ [元]陶宗仪.南村辍耕录：卷八[M].北京：中华书局，1959：102.
❷ [元]李志常.成吉思汗封赏长春真人之谜[M].北京：中国旅游出版社，1988：49.

用不同的文字进行了描述。朱有燉在《元宫词》中多次提到罟罟冠："侍从皮帽总姑麻，罟罟高冠胜六珈❶。"❷ "要知各位恩深浅，只看珍珠罟罟冠。"❸ 明代敖英❹在《塞上曲》中也有："军中频宴乐，醉后拥雕鞍。紫塞连天远，黄云拂地寒。羌儿叱拨马，胡女固姑冠。逐队营门立，春风倚笑看。"❺ 敖英生活在明中期，他对元代的了解只限于文字记载，因此所写《塞上曲》只是根据前人的记载还原元代上都头戴罟罟冠的蒙古妇女（即诗中"胡女"）。

罟罟冠作为馈赠之物还经常赠予已婚的妇人，具有一定的象征意义。贵由汗去世后，拖雷❻的大夫人唆鲁禾帖尼❼见到贵由皇后斡兀立海迷失❽，"按他们的旧习，送给她衣服和一顶顾姑（boghtagh）"❾ 表示悼念。《史集》也记载了同一件事，即"按照习俗送去了劝告的话、衣服、孛黑塔黑和对她的慰问"❿。

蒙古族非常重视罟罟冠的象征意义，并将其视为妇女的重要物品。明正统六年十二月戊戌（1442年1月17日）"泰宁卫⓫都指挥隔干帖木儿奏：以女与瓦剌也先太师为婚，今将原送马匹进贡，乞赐珍珠罟姑冠袍为礼"⓬，隔干帖木儿希望朝廷赐予即将与也先结婚的女儿罟罟冠，说明罟罟冠对于新人来说具有非同寻常的重要意义。

---

❶ 珈：古代妇女的一种首饰，珈数多少有表明身份的作用，"六珈"为侯伯夫人所用。

❷ [明]朱有燉. 元宫词一百首[M]// [元]柯九思，等. 辽金元宫词. 北京：北京古籍出版社，1988：21.

❸ 同❷26.

❹ 敖英(1479—约1552)，字子发，号东谷，江西清江人，明正德十六年(1521年)进士。历任除南刑部主事、陕西提学副使、河南右布政使等。

❺ [明]敖英. 塞上曲[M]// [清]朱彝尊. 明诗综：卷三十七. 北京：中华书局，2007：1818.

❻ 拖雷(1193—1232)，成吉思汗四子。1228年成吉思汗去世后，按照"幼子守灶"的传统，担任大蒙古国监国。庙号睿宗，谥仁圣景襄皇帝。

❼ 唆鲁禾帖尼(1192—1252)，怯烈氏克烈，拖雷妻，宪宗、世祖母。信奉基督教聂思脱里派(景教)。谥显懿庄圣皇后。

❽ 斡兀立·海迷失(？—1252)，贵由皇后，1248—1251年摄政。谥钦淑皇后。

❾ [伊朗]志费尼. 世界征服者史：上册[M]. 何高济，译. 呼和浩特：内蒙古人民出版社，1981：309.

❿ [波斯]拉施特. 史集·第二卷[M]. 余大钧，周建奇，译. 北京：商务印书馆，1985：222.

⓫ 泰宁卫，明兀良哈三卫之一，在今吉林省洮儿河流域。洪武二十二年(1389年)以兀良哈部，属奴儿干都司。

⓬ 明英宗实录：卷八十七[M]. 台北："中央研究院"历史语言研究所，1962:1738.

4. 罟罟冠在其他部族中的使用

广阔的北方草原上共同生活着许多部族，他们之间的交流、影响是不可避免的。罟罟冠的直接来源缺乏史料和实物的证明，但可以肯定这种象征已婚女性的高冠不止出现在蒙古族中。除西域、中亚的一些民族有戴高冠的习俗外，在史料中，汪古部、西辽等一些部落和民族中也有称为罟罟冠的高冠。这些罟罟冠是受到蒙古族的影响，还是本身即有，无法下定论，虽然这方面的资料相对较少，但也可以说明一些问题。

自从蒙古族先民 9 世纪走出额尔古纳河流域的丛林，到成吉思汗及其子孙在征战过程中收复了蒙古草原上的许多部落，共同组成蒙古族这个当时最强大的民族共同体，这些部落在归附成吉思汗之前，有哪些部族、部落使用过类似罟罟冠的高冠很难准确考证。但在 20 世纪七、八十年代从汪古部故地出土了多顶罟罟冠，发掘报告只说明这些是金元时期的墓葬，但这些冠饰是汪古部归附成吉思汗之前所有，还是由黄金家族妇女带到这里并为汪古部妇女所传承后的遗物，考古学家并没有给出明确的结论。

汪古部是突厥回鹘后裔，唐会昌元年（841年）回鹘为黠戛斯所破，其一部南走，定居于今内蒙古阴山南北，金代时，筑金界壕❶为金朝守卫北部边疆。汪古部归附成吉思汗后，成为蒙古族大家庭的一员。东迁的汪古部笃信景教，虽然在阴山南北生活了几百年，至元代，他们仍很好地保留了自己的生活方式和宗教信仰。由于成吉思汗家族有16位公主下嫁汪古部，可能由这些下嫁的公主将罟罟冠带到汪古部，并在汪古部逐步流传开来。在汪古部故地出土的罟罟冠主要集中在内蒙古四子王旗"王墓梁"耶律氏家族陵园❷、四子王旗城卜子古城墓葬（IM9、IM1 均为女性墓，罟罟冠置于尸骨的头部或胸部，残损严重，无法复原）❸、达茂旗木胡儿索卜嘎墓群（IM2、IM4）❹、察右后旗种地沟墓

---

❶ 金界壕：始建于金太宗天会元年(1123年)，直到承安三年(1198年)前后才最终成形，全长三千里，是规模宏大的古代军事防御工程。

❷ 盖山林. 阴山汪古[M]. 呼和浩特：内蒙古人民出版社，1991：191–201.

❸ 内蒙古文物考古研究所，乌兰察布博物馆，四子王旗文物管理所. 四子王旗城卜子古城及墓葬[A]. 魏坚. 内蒙古文物考古文集：第二辑. 北京：中国大百科全书出版社，1997：688–712.

❹ 同❸713.

地（M6、M8）❶、四子王旗红格尔地区的汪古部墓葬❷、镶黄旗乌兰沟（罟罟冠残片六片，长2—6厘米不等，呈弧形，内侧附有薄绢，可清晰看出均匀的针眼）❸等地。其中，四子王旗红格尔地区的汪古部墓葬出土多个桦树皮盒，其中只有编号宫·M7墓地中的桦皮盒可以肯定为罟罟冠的内胎。其他出现桦皮盒的宫·M1、宫·M6、潮·M2、潮·M3均为男性墓葬，且宫·M1出土的桦皮盒有提梁，内有羊腿骨，因此可以断定该桦皮盒非罟罟冠的内胎。其他三个男性墓葬中的桦皮盒如果是罟罟冠的内胎，应该是为未婚男子作为冥婚的陪葬品。马可·波罗记述过："彼等尚有另一风习，设有女未嫁而死，而他人亦有子未娶而死者，两家父母大行婚仪，举行冥婚。"❹当未婚男子去世，而没有合适的未嫁可以冥婚的女子时，用最俱已婚妇女象征的物品——罟罟冠代表女性作为陪葬应该有一定意义，至少在盖山林先生的《阴山汪古》中确认潮·M2男性墓中的桦皮盒为罟罟冠内胎❺应属这种情况。

　　其他民族使用的罟罟冠都来自零星的文献记载。没有辽代妇女使用罟罟冠的记载，在辽代墓葬以及墓室壁画中。也未有罟罟冠出现。但在西辽时期，至少在一定场合下已婚妇女是戴用罟罟冠的。在拉施特的《史集》中有这样的记载：1208年古失鲁克❻来到哈喇契丹王古儿汗❼处，并娶了古儿汗的女儿浑忽，"由于她掌握着大权，所以不许人们（给她）戴上顾姑冠。她宣布，她要按照汉女的习惯戴'尼克扯'而不戴顾姑冠。她让古失鲁克放弃基督教，迫使他信奉了偶像教。"❽《世界征服者史》中也有同样的记载，并在注释中引用美国哈佛大学弗兰西斯·伍德曼·柯立福教授的观点："尼克舍可能系金或女真词汇。"❾

❶ 乌兰察布博物馆 察右后旗文物管理所. 察右后旗种地沟墓地发掘简报[J]. 内蒙古文物考古, 1997(1): 73–78.

❷ 田广金. 四子王旗红格尔地区金代遗址和墓葬[J]. 内蒙古文物考古(创刊号): 102.

❸ 魏坚. 镶黄旗乌兰沟出土一批蒙元时期金器[A]. 李逸友 魏坚. 内蒙古文物考古文集: 第一辑. 北京: 中国大百科全书出版社, 1994: 605–609.

❹ [意]马可波罗行纪[M]. 冯承钧, 译. 上海: 上海书店出版社, 2001: 155.

❺ 盖山林. 阴山汪古[M]. 呼和浩特: 内蒙古人民出版社, 1991: 222.

❻ 古失鲁克(屈出律, ？—1218), 乃蛮部太阳汗子。1208年投靠西辽古儿汗, 1211年夺取西辽政权。1218年古失鲁克被西征的蒙古军队杀死, 西辽灭。

❼ 古儿汗(耶律直鲁古, ？—1213), 西辽末代皇帝, 1178—1211年在位。

❽ [波斯]拉施特. 史集·第一卷: 第二分册[M]. 余大钧, 周建奇, 译. 北京: 商务印书馆, 1983: 248.

❾ [伊朗]志费尼. 世界征服者史: 上册[M]. 何高济, 译. 呼和浩特: 内蒙古人民出版社, 1981: 78.

从这里可以看出，西辽女性在结婚时应该佩戴象征婚姻的罟罟冠，但浑忽公主却受汉文化的影响很深，出嫁时坚持按汉女习俗梳妆。西辽是契丹在辽朝将亡时，部分部众在耶律大石的带领下西行，在西域至中亚一带建立的汗国，虽然享国只有88年，但契丹人在这个大环境中，应该受到当地文化的影响。可以推测，西辽妇女可能吸收了当地具有特色的高帽为己用，虽然"耶律大石进入中亚后，在生活习俗方面还保持着原有传统"❶，但到西辽末期的浑忽公主时，在生活习俗上应该有很大改变。

至顺年（1330—1332年）刊印的《事林广记》中有关于穆斯林妇女佩戴罟罟冠的记载❷。元代来华的穆斯林人数众多，且西域至中亚一带自古有戴高冠的习俗，元代东来的这些穆斯林妇女有可能佩戴本民族的传统高冠，虽然外观与罟罟冠有一定差异，且不是很普遍，因此这样的说法并不能代表这些穆斯林妇女所戴的就是罟罟冠。另外，元代在朝廷任职的官员中来自西域和中亚的人占有一定比例，他们与蒙古族的接触与交流很广泛，因此蒙古族文化，特别是服饰对他们有一定影响。可以见到很多出土胡俑都身着汉族或蒙古族服饰，因此，这些官员的家眷佩戴罟罟冠也并非不可能。另外，作为蒙古贵族妇女地位象征的罟罟冠，很有可能作为礼物或馈赠逐步流向有地位的这些妇人的衣柜，并渐渐成为她们的象征性冠饰。

中国自古就有妇从夫的传统民俗，元代时嫁给蒙古族的汉族妇女应随夫家习俗穿着蒙古族服饰，自然也会佩戴罟罟冠，如蒲城洞耳村元代壁画墓的墓主夫妇二人为蒙汉合璧家庭❸，墓室壁画《堂中对坐图》中汉族女主人身穿大袖袍、头戴罟罟冠，穿戴完全是蒙古式（图3-89）。

---

❶ 魏良弢. 西辽史研究[M]. 西宁: 宁夏人民出版社, 1987: 189.

❷ [宋]陈元靓. 新编纂图增类群书类要事林广记·服饰类: 后集卷十[M]//《续修四库全书》编纂委员会编. 续修四库全书: 第1218册. 上海: 上海古籍出版社, 2002: 373.

❸ 陕西省考古研究所. 陕西蒲城洞耳村元代壁画墓[J]. 考古与文物, 2000(1): 16–21.

蒲城洞耳村元代壁画墓

图3-89　汉族佩戴罟罟冠

《考古与文物》2000第1期

生活在同一地区的不同民族在长期的交往中，其文化、生活习俗、服饰等都会相互影响、相互渗透。尤其是不同民族的通婚使得这些习俗传播得更快、更深，因此代表蒙古族的罟罟冠也会传播到其他民族中。

二、"罟罟"的词义解析

"罟罟"一词在古籍中的汉语写法有十几种，其词源可以分为两类：第一类是罟罟、顾姑、罟姑、固姑、固顾、罟罛、括罟、故姑、囤姑、姑姑等相似的发音，以及转音后的三库勒和古库勒；第二类是孛哈、孛黑塔、孛黑塔黑、播库脱等。第一类发音来源于蒙古语，《蒙汉辞典》中有"göxöl或xöxöl"（蒙语中x的读音：[ku]），意思是（马的）额鬃、顶鬃、脑门鬃❶（图3-90）；日本偕行社的《蒙古语大辞典》中hühüe意为辫发、马鬣、鸟类头顶之毛❷；

---

❶ 内蒙古大学蒙古学研究院蒙古语文研究所. 蒙汉词典[M]. 呼和浩特：内蒙古大学出版社，1999：790.

❷ [日]樋山光四郎. 蒙古语大辞典·和蒙之部[M]. 日本：偕行社编纂部，1933：1686.

Mattai Haltod 等的《蒙英辞典》中解释 kɸkee 为辫子、长发、马的额毛、鸟的冠毛、马平滑的鬃毛或尾巴等[1]。小泽重男等编译的《现代蒙英日辞典》中 xèxèl 有前发、辫子的意思[2]。羽田亨编的《满和辞典》中 kukulu 是满语禽鸟的顶毛、马骡等的脑鬃之意[3]。这类发音实际都是由蒙古语中基本音 göxöl 转音得到，其

图 3-90　马的额鬃

来源相同，意为马或飞禽头顶的鬃、羽。柯瓦列夫斯基的《蒙俄法辞典》中 kükül 除有长发、头饰、一束头发之意外，还有"一种帽子"的解释[4]，这个帽子显然指罟罟冠，很明显，这个解释并不是原有词义，而是将罟罟冠的称呼加入这个词的解释中。

第二类发音在《至元译语》解释："故故曰播库脱，然则故故非蒙语也。"[5] 实际上，孛黑塔 boqta 为突厥语"装饰用的高帽"[6]。突厥民族自古生活在中亚至西域以及蒙古草原的广大地区，佩戴高帽的历史悠久，当蒙古族的罟罟冠进入他们的眼帘时，用固有词 boqta 来表述是极为正常的。在汉字标音的《蒙古秘史》蒙语本中就描述了铁木真的母亲诃额仑头戴"孛黑塔"[7] 的形象。

日本东洋史学泰斗白鸟库吉[8]在《高丽史中所见的蒙古语之解释》一文中对"姑姑"进行了专门讨论，白鸟库吉分析元代蒙古语对妇人的冠帽称呼有二：

[1] Mattai Haltod, John Gombojab Hangin, Serge Kassatkin, Ferdinand D. Lessing. Mongolian-English-Dictionary[M]. University of California Press, 1960: 483.
[2] D. Tomortogoo. 现代蒙英日辞典[M]. 小泾重男，莲见治雄，编译. 日本：东京株式会社开明书院，1979: 700.
[3] [日]羽田亨. 满和辞典[M]. 株式会社国书刊行会，1972: 280.
[4] J. E. Kowalewski, 柯瓦列夫斯基 Dictionnaire Mongol-Russe-Francais, 3vols[M]. 台北：SMC Publishing Inc. 1993: 2623.
[5] 至元译语. 和刻本类书集成：第一辑[M]. 上海：上海古籍出版社，1990: 56.
[6] [俄]拉德洛甫. 试用突厥语方言词典[M]. 俄文版，圣·彼得堡，1897: 1654.
鲍培. 木卡吉玛梯·阿勒·阿塔布·蒙古语词典[M]. 俄文版. 莫斯科，1938: 343.
[7] 佚名. 蒙古秘史校勘本[M]. 额尔登泰，乌云达赉，校勘. 呼和浩特：内蒙古人民出版社，1980: 84.
[8] 白鸟库吉(1865—1942)，日本千叶县人。历任学习院大学教授、东京帝国大学文科大学教授，东洋文库理事。日本东洋史学、东京文献学派创始人之一。尤精于蒙古史、西域史、朝鲜史等研究。

其一为孛黑塔，据西域著录当读boqta或bogta，其二为蒙古语故姑、姑姑、顾姑、罟罟等译字，由keke转出的kükü之对音，当与训为美、风雅、装饰的怯仇儿同义❶。伯希和在《高丽史中之蒙古语》一文中同意白鸟库吉"姑姑"为kükü音译之说，伯希和说："孛黑塔就是蒙古高级妇女的高冠，姑姑的原名尚未在一种古蒙古文中见过。白鸟说是kükül的音译，同我在一九〇二年（远东法国学校校刊第二卷一五〇页）的主张一样。"其实，孛黑塔是蒙古族已婚女性的高冠，但并非只有高级妇女所独享。伯希和继续说道："然而我对于名称姑姑的女子高冠同名称kügül（怯仇儿）的男子辫发语源相同之说，不能相信。"❷怯仇儿是指蒙古族的髡发，与姑姑是完全不同的两个概念。

长春真人对罟罟这个词的解释颇有创意："以皂褐笼之，富者以红绡其末，如鹅鸭，名曰'故故'。"❸作为中原汉族，只是听说这种帽子的发音是"故故"，根据外形高高如鹅鸭，推断出像鹅鸭一样的叫声，当然是不可取的。明代沈德符❹对罟罟的解释更不知所云："元人呼命妇所带笄曰罟罟，盖虏语也。今贡夷男子所戴亦名罟罟帽，不知何所取义。"❺沈德符所生活的年代距元已两百多年，虽然自小生活在北京，但元代灭亡后留居北京的蒙古族由于受到明朝政策影响，均改汉姓、着汉装，罟罟冠当然不会在京城的蒙古妇女中使用，沈德符也不可能见过罟罟冠的模样。而"笄"是束发或固定帽子用的簪，因此所说元命妇所戴"罟罟"为"笄"肯定是不正确的。

三、对罟罟冠高度的探讨

蒙元时期的罟罟冠是非常吸引世人目光的一种高冠，因此对于它的记载及对其高度的记述、讨论相对较多。在众多文献中，罟罟冠的高度从一尺到三尺

❶ [日]白鸟库吉. 高麗史に見えたる蒙古語の解釋[M]//白鸟库吉全集·第三卷(朝鲜史研究). 东京：岩波书店，昭和四十五年(1970年)：393—484.

❷ [法]伯希和. 高丽史中之蒙古语[M]//中华教育文化基金董事会编译委员会. 西域南海史地考证译丛续编. 冯承钧，译. 上海：商务印书馆，1934：72.

❸ [元]李志常. 成吉思汗封赏长春真人之谜[M]. 北京：中国旅游出版社，1988：49.

❹ 沈德符(1578—1642)，字景倩，浙江秀水(今浙江嘉兴)人，万历四十六年(1618年)举人。

❺ [明]沈德符. 万历野获编·卷二十五：中册[M]. 北京：中华书局，1959：651.

的描述均有，但其中有一些却是出于各种目的的夸张。元代文学家杨维桢❶在《吴下竹枝歌》中写道："罟罛冠子高一尺，能唱黄莺舞雁儿。"❷朱有燉的《元宫词》中有："罟罟珠冠高尺五，暖风轻袅鹍鸡翔。"❸以上两处对罟罟冠的描写是利用它的形象、高度进行文学性的修饰，所说的高度基本符合事实。在纪实性文献中对罟罟冠的记述如郑思肖述："受虏爵之妇，戴固姑冠，圆高二尺余。"❹洪武二十年（1387年）成书的《草木子》中有："元朝后妃及大臣之正室，皆带姑姑衣大袍，其次即带皮帽。姑姑高圆二尺许，用红色罗盖，唐金步摇冠之遗制。"❺作者叶子奇是元末明初学者，元代时主要活动在江浙、湖南一带，不一定见过罟罟冠，文中说罟罟冠是"唐金步摇冠之遗制也"应该是想象之说，因为步摇为簪钗类饰品，步摇冠是金属镂空冠饰，二者与罟罟冠完全不同。从这句话也可看出，叶子奇对罟罟冠只是耳闻，并非亲眼所见。

　　李志常在《长春真人西游记》中写道："妇人冠以桦皮，高二尺许，……出入庐帐，须低回。"❻鲁不鲁乞说罟罟冠的高度为一腕尺多，相当于五十厘米左右，另装饰的羽毛或细棒"同样也有一腕尺多高；这一束羽毛或细棒的顶端，饰以孔雀的羽毛"❼。鄂多立克记载罟罟冠"高为一腕尺半"并且在顶上还装饰鹤羽❽。以上史料对罟罟冠高度的描写多数都在两尺左右。但《蒙鞑备录》的记述竟达到三尺："凡诸酋之妻则有顾姑冠，用铁丝结成，形如竹夫人，长三尺许，用红青锦绣或珠金饰之。其上又有杖一枝，用红青绒饰。"❾其中明确指出罟罟冠高三尺左右，另装饰一枝条。竹夫人是我国中原夏季纳凉用品，用竹篾编制，长约二至三尺，中空、多孔，空气从中穿过，形成局部小气候，是

❶ 杨维桢(1296—1370)，字廉夫，号铁崖、铁笛道人，会稽（今浙江省绍兴）人。泰定四年(1327年)进士，官至江西等处儒学提举。
❷ [元]杨维桢.吴下竹枝歌[M]//[清]顾嗣立.元诗选:初集下.北京:中华书局,1987:1998
❸ [明]朱有燉.元宫词一百首[M]//[元]柯九思,等.辽金元宫词.北京:北京古籍出版社,1988:24.
❹ [宋]郑思肖.郑思肖集·心史·大义略叙[M].上海:上海古籍出版社,1991:182.
❺ [明]叶子奇.草木子[M].北京:中华书局,1959:63.
❻ [元]李志常.成吉思汗封赏长春真人之谜[M].北京:中国旅游出版社,1988:49.
❼ [法]威廉·鲁不鲁乞.鲁不鲁乞东游记[M]//[英]道森.出使蒙古记.吕浦,译.北京:中国社会科学出版社,1983:120.
❽ [意]鄂多立克.鄂多立克东游记[M].何高济,译.北京:中华书局,1981:74.
❾ [宋]赵珙.蒙鞑备录[M]//王云五.丛书集成初编.上海:商务印书馆,1939:8.

最好的消暑物品（图3-91）。《蒙鞑备录》的作者赵珙于宋嘉定十四年（大蒙古国太祖十六年，1221年）作为南宋使节出使燕京，见闻撰《蒙鞑备录》。赵珙可能见过蒙古族妇女佩戴罟罟冠，但肯定没有见过罟罟冠的制作过程，也不可能知道罟罟冠的内部结构，此处只是用竹夫人来形容高耸的罟罟冠。另外，"凡诸酋之妻则有顾姑冠"只能说明赵珙可能见过贵族妇女佩戴罟罟冠，并给他很深的印象，但罟罟冠并非是贵族女性的专属冠饰。明人胡侍❶在《真珠船》中写道："罟罟冠用铁丝结成，如竹夫人，长三尺许。"实际上，胡侍是明中期人，并没有见过罟罟冠，这句话应该来源于赵珙的《蒙鞑备录》。

图3-91　竹夫人

在已发现的文献中，意大利传教士加宾尼对罟罟冠高度的记述最为特殊："这种头饰有一厄儿高，……在其顶端，有一根用金、银、木条或甚至一根羽毛制成的长而细的棍棒。"❷一厄儿相当于45英寸，也就是114厘米左右，可以想象，这样的高度，其上还装饰有各种饰品以及顶端的羽毛，是很难固定在头上的，这段描述应该加入了作者的想象与夸张的成分。

文字记载将罟罟冠的大体形制、外观等给人一个整体概念，结合图像资料、出土及传世实物可以对罟罟冠有更进一步的了解。图像资料主要来源于墓室壁画、供养人画像、传世画作以及波斯细密画和《史集》插图等。图像资料中的罟罟冠都不是很高，冠体高度大约为一个头长，与出土实物的高度相当（图3-92）。

❶ 胡侍（1492—1553），字奉之，号濛溪，宁夏卫（今宁夏银川）人。正德丁丑（1517年）进士，官至鸿胪寺少卿。
❷ [意]约翰·普兰诺·加宾尼.蒙古史[M]//[英]道森.出使蒙古记.吕浦，译.北京：中国社会科学出版社，1983：8.

榆林窟第4窟蒙古供养人

榆林窟第6窟蒙古供养人

榆林窟第6窟蒙古供养人

《中国敦煌壁画全集10·西夏元》 天津美术
出版社2006

柏孜克里克窟第27窟蒙古供养人

《高昌艺术研究》上海古籍出版社2014

蒙古国博格多乌拉山岩画

《阴山汪古》内蒙古人民出版社
1991

Nomadic Textile Arts——Textile Artifacts From the Collection of DULAMSUREN Sukhee
Ulaanbaatar，Printed in Mongolia 2018

图3-92

第三章 元代的蒙古族服饰与服饰文化

МОНГОЛ ЭХНЭРИЙН БОГТАГ МАЛГАЙ
УЛААНБААТАР 2006

莫高窟第462窟后室蒙古供养人壁画
《敦煌莫高窟北区石窟·第二卷》文物出版社2004

新疆吐鲁番的蒙古供养人壁画
俄罗斯埃米尔塔什博物馆藏
Судлаач доктор, профессор Б.Сувд 提供

图3-92 图像资料中的罟罟冠

　　罟罟冠的实物还能看到不少。私人收藏的菱纹地四瓣团花纹纳石失罟罟冠是一顶非常完整的一体式罟罟冠，高38厘米，冠体顶径16.5～21.5厘米，底径17.5～19厘米[1]，这顶一体式罟罟冠的高度包括帽子的尺寸，因此所得值较大。内蒙古正镶白旗乌宁巴图苏木出土的一顶罟罟冠高29厘米，内蒙古四子王旗乌兰花镇汪古部陵园1974年出土的罟罟冠高约30厘米[2]，达茂旗木胡儿索卜嘎墓群中IM4出土的罟罟冠高约30厘米，IM2出土的罟罟冠高约20厘米[3]（图3-93）。韩国私人收藏的一顶罟罟冠高为30厘米[4]。罟罟冠实体的尺寸才是最客观的标准（表3-2），由这些实物可以看出，不论元代还是以后各朝，对罟罟冠的文字描述或多或少都有夸张的成分，这与作者不能近距离观察，更不能直接测量有一定关系。

❶ 赵丰, 金玲. 黄金 丝绸 青花瓷——马可·波罗时代的时尚艺术[M]. 香港: 艺纱堂/服饰出版, 2005: 66.

❷ 高春明. 中国服饰名物考[M]. 上海: 上海文化出版社, 2001: 222.

❸ 内蒙古文物考古研究所, 包头市文物管理处, 达茂旗文物管理所. 达茂旗木胡儿索卜嘎墓群的清理发掘[A]. 魏坚. 内蒙古文物考古文集: 第二辑. 北京: 中国大百科全书出版社, 1997: 713-722.

❹ 贾玺增. 罟罟冠形制特征及演变考[A]. 赵丰 尚刚. 丝绸之路与元代艺术 国际学术讨论会论文集[C]. 香港: 艺纱堂/服饰出版, 2005: 210-225.

内蒙古四子王旗红格尔汪古墓潮·M2出土罟罟冠

《内蒙古文物考古文集》创刊号 1981

内蒙古达茂旗木胡儿索卜嘎墓 IM4 出土罟罟冠

《内蒙古文物考古文集（第二辑）》中国大百
科全书出版社 1997

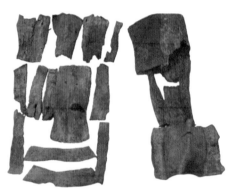

蒙古国国家博物馆藏

蒙古国约都尔图岩洞出土

蒙古国国家博物馆藏

沽源梳妆楼阆里吉思墓出土

王·M19　　　　　　　　　王·M14

内蒙古四子王旗"王墓梁"耶律氏家族陵园出土罟罟冠残片

《阴山汪古》内蒙古人民出版社1991

图3-93　罟罟冠的内胆

表3-2　罟罟冠高度统计

高度	折合厘米	资料来源	作者、收藏者或出土地点	时间	实物图
三尺许	约104.4厘米	《蒙鞑备录》	赵珙	1221年出使燕京	—
二尺许	69.6厘米左右	《长春真人西游记》	李志常	1220年正月—1223年秋西行	—
一厄尔	约114厘米	《蒙古史》	加宾尼	1246年在蒙古地区	—
一腕尺	50厘米左右	《东游录》	鲁不鲁乞	1253—1255年出使蒙古地区	—
二尺余	69.6厘米左右	《心史》	郑思肖	《心史》成书于1260—1269年	—
一尺	34.8厘米	《吴下竹枝歌》	杨维桢	作者生卒年：1296—1370年	—
一腕尺半	60厘米左右	《鄂多立克东游记》	鄂多立克	1322—1328年游历中国	—
二尺许	69.6厘米左右	《草木子》	叶子奇	作者生卒年：约1327—1390年前后在世	—
尺五	52.2厘米	《元宫词》	朱有燉	作者生卒年：1379—1439年	—

高度	折合厘米	资料来源	作者、收藏者或出土地点	时间	实物图
长三尺许	约104.4厘米	《真珠船》应该来自《蒙鞑备录》	胡侍	作者生卒年：1492—1553年	—
—	38厘米	《黄金丝绸青花瓷——马可·波罗时代的时尚艺术》	私人藏	元代	
—	约30厘米	《中国服饰名物考》	内蒙古四子王旗乌兰花镇汪古部陵园出土	元代	
—	约30厘米	《内蒙古文物考古文集》（第二辑）	达茂旗木胡儿索卜嘎墓群IM4出土	元代	
—	约20厘米	《内蒙古文物考古文集》（第二辑）	达茂旗木胡儿索卜嘎墓群IM2出土	元代	
—	34厘米	内蒙古博物院收藏	内蒙古四子王旗净州路故城出土	元代	
—	31厘米	《元上都（上册）》	元上都三面井BWSM10：6号墓	元代	
—	25.5厘米	《服装历史文化技艺与发展——中国博物馆协会第六届会员代表大会暨服装博物馆专业委员会学术会议论文集》	蒙古国约都尔图岩洞墓出土	元代	
—	30厘米	《丝绸之路与元代艺术——国际学术讨论会论文集》	韩国私人收藏	元代	
—	32.8厘米	*МОНГОЛ ХУВЦАСНЫ НУУЦ ТОВЧОО II.* Үндэстний Хувцас Судлалын Академи Улаанбаатар хот, Моногол улс 2015	蒙古国 Бурхан толгой, Хэнтий аймаг, Монгол Улс出土	元代	
—	37厘米	*THE BANNER OF HEAVEN—MATERIAL CULTURE OF THE GREAT MONGOL EMPIRE*	Erdenechuluun Purevjav收藏	元代	

高度	折合厘米	资料来源	作者、收藏者或出土地点	时间	实物图
—	40厘米	Судлаач доктор, профессор Б.Сувд提供	美国 A.Leeper收藏	金帐汉国时期	
—	21.5厘米	—	私人收藏	元代	
—	30.4厘米	—	锡林郭勒盟博物馆藏	元代	
—	33厘米	—	中国民族博物馆收藏	元代	
—	32厘米	—	蒙古国 Бурхантолгойи出土	元代	
—	40.5厘米	—	鄂尔多斯博物馆藏	元代	

  罟罟冠的冠体粗细差别相对较大,由于冠体的外观不同,因此各种尺寸的罟罟冠均有。鲁不鲁乞说"有两只手能围过来那样粗"[1],也就是直径在15厘米左右,当然,鲁不鲁乞不可能真正进行测量,应该是目测的结果。内蒙古博物院收藏的内蒙古四子王旗净州路故城附近古墓出土的罟罟冠底径为9厘米,顶部加大部分的正面宽11.5厘米,侧面宽22.5厘米,翎子残长17.5厘米[2];内蒙古二连市附近蒙古汗国时期贵妇墓葬中出土的一件罟罟冠直径为12.5厘米。

  从以上文字记载、图像资料以及出土的实物来看,罟罟冠的高度多数在一尺左右,蒙古族贵妇们所戴的高耸、装饰华丽的罟罟冠给观察者很深的印象,因此在有些记述中掺杂了作者的个人理解、夸张和炫耀的成分。不管怎样,罟罟冠本身加上装饰的羽毛,其高度肯定会使观者惊叹!

---

❶ [法]威廉·鲁不鲁乞. 鲁不鲁乞东游记[M]// [英]道森. 出使蒙古记. 吕浦, 译. 北京: 中国社会科学出版社, 1983: 120.

❷ 苏东. 一件元代姑姑冠[J]. 内蒙古文物考古, 2001(2): 99-100.

四、罟罟冠的结构与装饰

从已知图像和实物来看，罟罟冠有不同外观，但形制没有太大区别，高高的冠体是其主要特征，正是这一点吸引了众人的目光，并留下对后人极有意义的文字，成为研究的重要文献。

1. 罟罟冠的结构

罟罟冠由帽子（盔帽、兜帽或抹额速霞真）、冠体、披幅、固定发髻的小帽脱木华、系带、冠体装饰及冠顶装饰七部分组成。

从形制上看，冠体与帽子之间有两种关系，第一类是一体式罟罟冠，其特征是冠体与硬质帽壳或兜帽相连，构成一顶完整的罟罟冠（图3-94），帽壳为半圆状，多用桦树皮、枝条或由碎布用面糨糊粘成裿褙，这种款式应该另外配套连接披幅的小帽脱木华。帔幅可以保暖并能遮挡草原、大漠上随时会刮起的风沙，从《番骑图》中顶风前行的妇人所戴的罟罟冠可以看出披幅的作用。一体式罟罟冠的另一种是冠体与兜帽相连，这种罟罟冠与第二类分体式的外形相似，但佩戴相对简单一些，也较容易固定（图3-95）。第二类为分体式结构，即冠体与兜帽分为两部分，在佩戴时相互配合，构成完整的罟罟冠。这种罟罟冠在鲁不鲁乞的《东游记》中有非常详细的介绍："这是用树皮或她们能找到

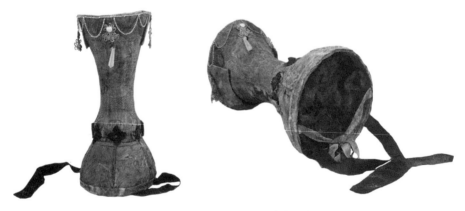

图3-94　一体式罟罟冠1：冠体与帽壳相连

《黄金 丝绸 青花瓷——马可·波罗时代的时尚艺术》艺纱堂/服饰出版2005

图3-95 一体式罟罟冠2：冠体与兜帽一体
中国民族博物馆藏

的任何其他相当轻的材料制成的。这种头饰很大，是圆的，……其顶端呈四方形，像建筑物的一根圆柱的柱头那样。这种字哈外面裹以贵重的丝织物，它里面是空的。在头饰顶端的正中或旁边插着一束羽毛或细长的棒，同样也有一腕尺多高；这一束羽毛或细棒的顶端，饰以孔雀的羽毛，在它周围，则全部饰以野鸭尾部的小羽毛，并饰以宝石。……，因此，当几位贵妇骑马同行，从远处看时，她们仿佛是头戴钢盔手执长矛的士兵；因为头饰看来象是一顶钢盔，而头饰顶上的一束羽毛或细棒则象一枝长矛。"❶鲁不鲁乞对罟罟冠上的装饰进行了详细的说明，与美国A. Leeper收藏的分体式罟罟冠完全相同（图3-96），在许多博物馆中，都收藏有这种兜帽实物，汪世显家族墓也出土过相同的兜帽，中国丝绸博物馆和北京服装学院民族服饰博物馆都收藏有这种类型罟罟冠的兜帽（图3-97）。不论是哪一种形制的罟罟冠，要使其能牢固地戴在头上，使用系带是必不可少的。《蒙古秘史》中就有"紧系罟罟冠"的描写❷。

❶ [法]威廉·鲁不鲁乞. 鲁不鲁乞东游记[M]// [英]道森. 出使蒙古记. 吕浦，译. 北京：中国社会科学出版社，1983：120.
❷ 道润梯步. 新译简注《蒙古秘史》[M]. 呼和浩特：内蒙古人民出版社，1979：37.

第三章 元代的蒙古族服饰与服饰文化

281

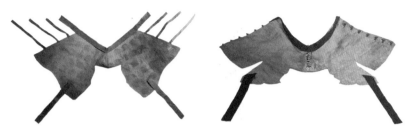

A.Leeper 收藏　金帐汗国出土
Судлаач доктор，профессор Б.Сувд 提供

《黄金 丝绸 青花瓷——马可·波罗时代的时尚艺术》
艺纱堂/服饰出版 2005

图 3-96　分体式罟罟冠

前　　　　　　　　　　　　　　　　后

汪世显家族 4 号墓出土的罟罟冠兜帽
《汪世显家族出土文物研究》甘肃人民美术出版社 2017

鸾凤穿花纹织金锦罟罟冠兜帽　　　　　　　　圆点纹纳石失罟罟冠兜帽
北京服装学院民族服饰博物馆藏　　　　　　　　北京服装学院民族服饰博物馆藏

私人收藏　　　　　　　　　　　　　　　　　*私人收藏*

图3-97　分体式罟罟冠的兜帽

　　罟罟冠的冠体廓形多数呈上大下小的Y形（图3-98），但中外观察者的描述角度有很大不同。加宾尼说："在她们的头上，有一个以树枝或树皮制成的圆的头饰。……其顶端呈正方形；从底部至顶端，其周围逐渐加粗，在其顶端，有一根用金、银、木条或甚至一根羽毛制成的长而细的棍棒。这种头饰缝在一顶帽子上，这顶帽子下垂至肩。这种帽子和头饰覆以粗麻布、天鹅绒或织锦。"❶鄂多立克的描述最为有趣："已婚者头上戴着状似人腿的东西，高为一腕尺半，在那腿顶有些鹤羽，整个腿缀有大珠；因此若全世界有精美大珠，那

---

❶ [意]约翰·普兰诺·加宾尼. 蒙古史[M]// [英]道森. 出使蒙古记. 吕浦，译. 北京：中国社会科学出版社，1983：8.

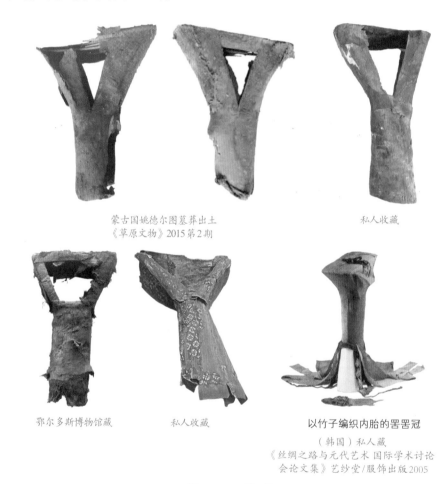

准能在那些妇女的头饰上找到。"❶生活在宋元之交的俞琰❷在《席上腐谈》中写道："向见官妓舞柘枝，戴一红物，体长而头尖，俨如靴形，想即是今之罟姑也。"❸其中"体长"是指冠的高度，"头尖"指的应该是冠顶上的羽、枝等物，而"靴形"则形容了罟罟冠上大、下小的造型。此外还可见冠体上下相同的圆筒造型，虽然所见不多，但也可以看出，不同地域、不同时期，罟罟冠造型也是有一定区别的（图3-99）。

蒙古国姚德尔图墓葬出土
《草原文物》2015第2期

私人收藏

鄂尔多斯博物馆藏

私人收藏

以竹子编织内胎的罟罟冠
（韩国）私人藏
《丝绸之路与元代艺术 国际学术讨论
会论文集》艺纱堂/服饰出版2005

图3-98 Y形冠体

❶ [意]鄂多立克. 鄂多立克东游录[M]. 何高济，译. 北京：中华书局，1981：74-75.
❷ 俞琰(1258—1314)，字玉吾，号全阳子、林屋山人、石涧道人。吴郡(郡治今江苏苏州)人。宋元之际道教学者，入元，隐居不仕，著书立说。
❸ [元]俞琰. 席上腐谈·卷之上[M]// 王云五. 丛书集成初编. 上海：商务印书馆，1936：5.

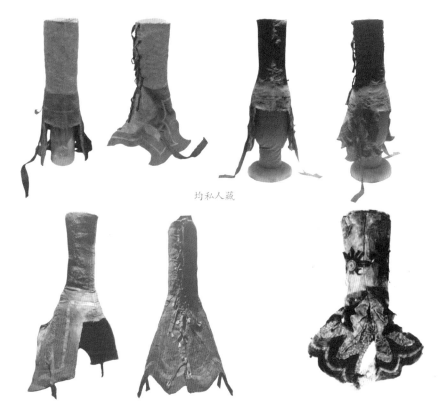

均私人藏

卡塔尔 伊斯兰艺术博物馆藏
МОНГОЛ ХУВЦАСНЫ НУУЦ ТОВЧОО II
Ундэстний Хувцас Судлалын Академи Улаанбаатар хот,
Монгол улс 2015

花鸟纹罟罟冠
北京服装学院民族服饰博物馆藏

图3-99　圆筒型冠体的罟罟冠

　　不论拥有者的地位如何，罟罟冠的内胎材料并没有本质区别，只要好塑形、轻便即可，北方地区的罟罟冠主要以桦树皮作内胎材料，徐霆疏证《黑鞑事略》时就提到"画木为骨"❶（画木即桦木）。在北方草原从东到西广泛生长着桦树，对于世代成长于大草原的蒙古族来说，用桦树皮制作罟罟冠应该是首选，桦树皮本身即为片状，裁剪、缝合可很容易得到冠体。现所见到的罟罟冠实物的内胎绝大多数是以桦树皮缝制而成，许多文献记载也证实了这种做法。但使用桦树皮制作冠体内胎，多数也需要有强度好、轻便、韧性好的木棍或竹子辅助支撑，可使高高耸起的冠体更稳固、坚实。元上都三面井BWSM10：6

---

❶ [宋]彭大雅.黑鞑事略[M]//王云五.丛书集成初编.上海：商务印书馆，1937：4.

号墓（墓主是40～45岁的女性）出土罟罟冠的内胆由桦树皮缝制，并用竹条编制框架，底部用竹条加固，外包裹绢类丝织品。罟罟冠高31厘米，冠体是与以往不同的椭圆形，粗11厘米×6厘米，顶部尺寸24.5厘米×12厘米❶（图3-100）。2005年在蒙古国东方省那日图岩洞墓发现一顶罟罟冠，罟罟冠口朝下放置在墓主人右肩处（"达茂旗木胡儿索卜嘎墓群"的罟罟冠同样放在右肩处），旁边还有一木制的插羽毛的托座。冠体以桦树皮与柳树枝做骨架，外包黄棕双色绸缎，冠体两侧边缘有两条黄色系带。此外，蒙古国的"巴彦乌勒盖省巴彦特苏木岩洞墓、科布多省门海尔苏木哈日陶勒盖上营盘岩洞墓、巴彦洪格尔省博木博格尔苏木约都尔图岩洞墓也出土了罟罟冠残件。其中巴彦洪格尔省博木博格尔苏木约都尔图岩洞墓出土的桦树皮罟罟冠只有冠体部分，保存较好。用柳条做骨架，外用两块桦树皮接合成圆筒状。冠体正面要比起后面部分要高而宽，顶部呈倒梯形。筒外包裹着寿纹地碎花红段。冠体长25.5厘米，宽20.2厘米"❷。

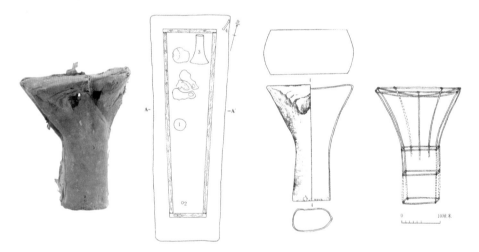

图3-100　元上都三面井BWSM10号墓出土的罟罟冠

《元上都》中国大百科全书出版社2008

❶ 魏坚.元上都[M].北京：中国大百科全书出版社，2008：660.
❷ 通格勒格，阿尔泰山东麓考古新发现所见蒙元服饰——蒙古国西部地区岩洞墓出土服饰[A].服装历史文化技艺与发展　中国博物馆协会第六届会员代表大会暨服装博物馆专业委员会学术会议论文集.北京：《艺术与设计》杂志社，2014：78.

在各地为官的蒙古族家眷们的罟罟冠内胎应该有一小部分是就地取材，熊梦祥说罟罟冠"胎以竹，凉胎者轻，上等大、次中、次小"❶。熊梦祥是元代官员，他虽然见过蒙古妇女佩戴的罟罟冠，但肯定没有看过罟罟冠的内部结构，此话是按照他作为南方人所熟知的竹子所推断的结果，但这种推断是有一定道理的。虽然有些蒙古人在南方为官，眷属的罟罟冠以及服饰也为蒙古族家佣制作和缝制，这些人开始并不掌握竹篾的编制工艺，但久居内地应该可以逐步学习，如韩国私人收藏的一顶罟罟冠内胎即为竹子❷。但郑思肖在《心史》中说罟罟冠以"竹篾为骨"❸应该只是猜测了。郑思肖生活在宋元交替之际，入元后，辞官回乡，《心史》成书于南宋末年，他肯定没有见过罟罟冠的内部结构及材料，这个描述只是根据自己的理解或他人所述而成。

陈元靓在《事林广记》中说罟罟冠："以皮或糊纸为之，朱漆剔金为饰，若南方汉儿妇女，则不得戴之。"❹陈元靓是南宋末至元代初年的民间人士，没有到过蒙古地区，在内地可能见过戴罟罟冠的蒙古族女性，但不会近距离观察，因此很难知道罟罟冠内胎的材料，他应该是以中原人的经验推断，而这样的推断也有一定道理。元代进入内地的蒙古族不在少数，在中原生活久了，制作罟罟冠的材料有可能就地取材，但以皮为芯，是无法支撑整个罟罟冠，应该是陈元靓的臆断。内胎用纸或布都需要用面糨糊粘成袼褙，布袼褙韧性好，容易下一步的缝制。但也不能完全否定用纸袼褙制作罟罟冠的可能，由于很难保存，无法肯定这样做的真实性。图3-101是一顶私人收藏的罟罟冠，

图3-101 布袼褙内胆的罟罟冠
私人收藏

❶ [元]熊梦祥.析津志辑佚[M].北京:北京古籍出版社,1983:205.
❷ 贾玺增.罟罟冠形制特征及演变考[A].赵丰,尚刚.丝绸之路与元代艺术 国际学术讨论会论文集[C].香港:艺纱堂服饰出版,2005:210-225.
❸ [宋]郑思肖.郑思肖集·心史·大义略叙[M].上海:上海古籍出版社,1991:182.
❹ [宋]陈元靓.新编纂图增类群书类要事林广记·服饰类:后集卷十[M]//《续修四库全书》编纂委员会编.续修四库全书:第1218册.上海:上海古籍出版社,2002:373.

就是用布衲褙做的内胎，说明这种做法也不是猜测。陈元靓所说的"朱漆剔金为饰"即以漆器的做法在内胎上着漆、剔金。由于女主人所拥有的罟罟冠必须由蒙古族女性家佣制作，这些蒙古族家佣不可能掌握"朱漆剔金"的技术，因此应该是陈元靓的想象之说。

2. 罟罟冠的装饰

罟罟冠的装饰包括三部分：包裹的面料、钉缀的各种饰品以及冠顶装饰。

包裹罟罟冠的面料质地与使用人的身份、地位和经济状况有直接关系，如贵妇人用"销金红罗饰于外""包以红绢金帛"[1] "以大红罗幔之"[2] 或"覆以……天鹅绒或织锦"[3]。内蒙古四子王旗汪古部耶律氏陵园王·M10号墓出土的罟罟冠"筒外包扎着一层黄纱布，其上有用纸和彩绸扎成的绿色花带，带上蔓、叶、花备具"，王·M6号墓中的罟罟冠"外面包着绚丽多彩的团花绸"[4]，罟罟冠实物还有不少以金答子或纳石失包裹（图3-102）。蒙古国 Бурхан толгой，Хэнтий аймаг，Монгол Улс 出土的罟罟冠上包裹着印有"福""寿"字样的印金织物[5]，体现了中原文化对蒙古族的影响（图3-103）。经济状况不好的普通牧民则用青毡、黑布等包裹，或"覆以粗麻布"[6]，装饰简单，高度较低，顶端通常用野鸡毛装饰。

罟罟冠上的装饰丰富多彩，既有流行元素，也有拥有者的创意，只要是小巧精致、绚丽耀眼的饰品，不论材质，都可以装饰在罟罟冠上，除代表家族的财富与地位外，追逐时尚与个性也是这些罟罟冠主人的重要考虑。由于出土的罟罟冠经过几百年的地下埋藏，内胎、包裹的纺织品及顶上的羽毛等有机物很难保存，多数出土的罟罟冠都残破不堪，甚至有些只可见金属、石制等装饰

[1] [宋]彭大雅.黑鞑事略[M]// 王云五.丛书集成初编.上海：商务印书馆，1939：4.
[2] [元]熊梦祥.析津志辑佚[M].北京：北京古籍出版社，1983：205.
[3] [意]约翰·普兰诺·加宾尼.蒙古史[M]// [英]道森.出使蒙古记.吕浦，译.北京：中国社会科学出版社，1983：8.
[4] 盖山林.阴山汪古[M].呼和浩特：内蒙古人民出版社，1991：191-201.
[5] [蒙古]Б. СУВД У. ЭРДЭНЭБАТ А. САРУУЛ. МОНГОЛ ХУВЦАСНЫ НУУЦ ТОВЧОО Ⅱ.Ундэстний Хувцас Судлалын Академи Улаанбаатар хот，Моногол улс，2015：28.
[6] [意]约翰·普兰诺·加宾尼.蒙古史[M]// [英]道森.出使蒙古记.吕浦，译.北京：中国社会科学出版社，1983：8.

净州路出土　　　　　　　　　达茂旗出土

用金答子包裹的罟罟冠

内蒙古博物院藏

纳石失罟罟冠兜帽　　　　　　　　　纳石失罟罟冠兜帽

中国丝绸博物馆藏　　　　　北京服装学院民族服饰博物馆藏

图3-102　用金答子和纳石失包裹的罟罟冠

包裹印有"福""寿"丝织品的罟罟冠

Бурхан толгой, Хэнтий аймаг, Моногол улс 出土
МОНГОЛ ХУВЦАСНЫ НУУЦ ТОВЧОО II
Ундэстний Хувцас Судлалын Академи Улаанбаатар хот, Моногол улс 2015.

图3-103

包裹罟罟冠里层面料上的六字箴言

ТАЛЫН МОРЬТОН ДАЙЧДЫН ӨВ СОЁЛ
шинжлэх ухааны академи археологийн хүрээлэн, Улаанбаатар 2014

图3-103　面料上有文字的罟罟冠

物。在罟罟冠的装饰物中，现可见最多的是各种金属饰管、饰牌和石质饰物等。其中各种材质的饰管较常见，有金或银鎏金、铜鎏金等材质，上面有不同工艺制作的纹样，如内蒙古明博草原文化博物馆收藏的一件金饰管（原物标为罟罟冠羽毛筒）❶，装饰纹样由掐丝牡丹与缠枝纹结合，精致而细腻；管身有两个小圈（一个丢失），其作用是缝缀固定（图3-104）。这样的饰管在许多墓葬中都曾出土，是元代罟罟冠装饰的流行形式。此外，使用较多的装饰还有各种形状的花丝镶嵌饰牌。恩格尔河元代墓葬追缴文物虽然没有发现罟罟冠的痕迹，但金饰片、金珠饰、金贝饰、银贝饰、琥珀坠饰、珍珠饰等残件应该是罟罟冠上的饰件❷。A.Leeper收藏的一顶非常完整的罟罟冠是冠体与兜帽分体的形制，在冠体前后均装饰有银鎏金饰管，冠体的前面还有圆形掐丝银鎏金饰牌，后面由珍珠缝饰三联方胜图案（图3-105）。

察右后旗种地沟汪古部墓地M6、M7、M8都出土了罟罟冠及装饰物，虽然有的罟罟冠已无法提取，但上面装饰的铜制饰管及圆形泡饰非常典型。其中管饰5件，是由铜片焊接成管状，管身一侧有两个小圈，用以缝缀在罟罟冠的冠体上。饰管的纹饰有阴刻精致的牡丹花（M6：2，长5.9厘米，直径1.4厘米）、浮雕式玫瑰花与宝相花结合图案（M7：2，长7厘米、直径1.7厘米）。出

---

❶ 北京民俗博物馆.草原丝路——内蒙古明博草原文化博物馆精品文物展[M].北京：北京工艺美术出版社，2017：84.

❷ 丁勇.苏尼特左旗恩格尔河元代墓葬的再认识[J].草原文物，2011(2)：90-94.

图3-104　元代纯金罟罟冠饰管和饰牌

内蒙古明博草原文化博物馆藏

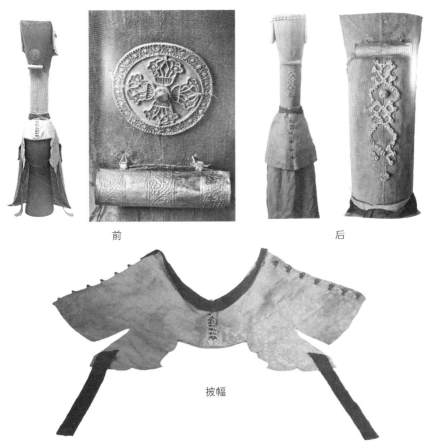

前　　　　　　　　　　　　后

披幅

图3-105　罟罟冠装饰

Судлаач доктор, профессор Б.Сувд提供

土的5件圆形泡饰（饰牌），皆用0.1厘米厚的铜片阴刻模压而成，弧形突起，中间有1~2个小孔，有个别孔上还残留有丝线，应该是缝制固定的缝线。图案有牡丹加连珠纹（M7：4，直径4.1厘米），花草纹加细密的花瓣（M8：3，直径4.1厘米），文字加六组阴刻云纹（M6：4，直径3.7厘米），文字加两周凸弦纹（M7：5，直径4.2厘米）等❶（图3-106）。

"王墓梁"耶律氏家族陵园王·M6出土的罟罟冠上面缝制一对纹样精致的金质管饰，还装饰着一只圆形铁质饰片，上有象征景教的十字架纹饰。王·M10出土的罟罟冠上装饰有绚烂的孔雀羽毛，还有一只三寸多长的小木棍，

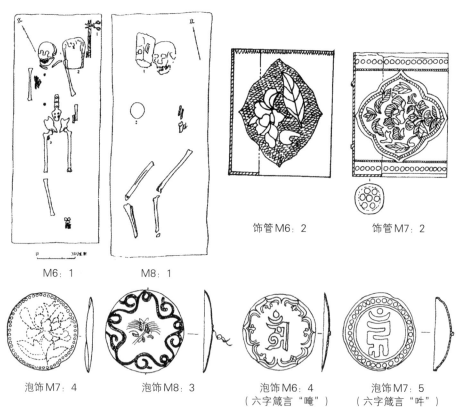

饰管 M6：2　　　　饰管 M7：2

M6：1　　　　M8：1

泡饰 M7：4　　　　泡饰 M8：3　　　　泡饰 M6：4　　　　泡饰 M7：5
（六字箴言"唵"）　（六字箴言"吽"）

图3-106　种地沟墓地出土的罟罟冠饰管和饰牌
《内蒙古文物考古》1997第1期

❶ 乌兰察布博物馆，察右后旗文物管理所. 察右后旗种地沟墓地发掘简报[J]. 内蒙古文物考古，1997
（1）：73-78.

上面连着一个木质的十字架❶。由此可以看出，汪古部妇女将十字架作为笃信景教的标志物装饰在罟罟冠上，表示对信仰的虔诚（图3-107）。

桦树皮内胎　　　　装饰金筒（饰管）及纹样　　　　铁质圆形十字架

内蒙古四子王旗"王墓梁"耶律氏家族陵园王·M6出土

装饰十字架和孔雀羽毛的小棍子　　　　　　木质十字架

内蒙古四子王旗"王墓梁"耶律氏家族陵园王·M10出土　《阴山汪古》内蒙古人民出版社1991

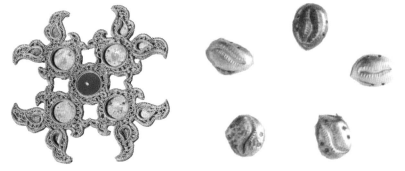

掐丝嵌宝石金花饰　　　　　　　　金贝饰

苏尼特左旗恩格尔河元代墓葬出土　内蒙古博物院藏

图3-107

---

❶ 盖山林.阴山汪古[M].呼和浩特：内蒙古人民出版社，1991：234.

敖汉旗双井乡四棵树村出土　　　　锡林郭勒盟博物馆藏　　　　蒙古国苏赫巴托尔省翁贡县塔万
　　　　　　　　　　　　　　　　　　　　　　　　　　　　　　　托尔盖5号墓出土

图3-107　罟罟冠的装饰

　　罟罟冠的冠顶装饰同样视地位和经济状况而有很大的差别。贵妇用孔雀尾、雉尾、顶珠、华丽的绒球或用各种贵重面料包裹的铁丝等，在行进中飘舞摇曳。在萨满教传统文化中，鸟类的羽毛有辟邪、吉祥之意，可以助人们祈求生活幸福、安康。因此这些羽毛不论长短，也不论华丽与否，宗教意义是最重要的依据。生活在大都的贵妇人们在罟罟冠顶上装饰华丽的鸡尾以及染以五色、似飞扇形的翎儿[1]。有些罟罟冠"顶之上，用四五尺长柳枝，或铁打成枝，包以青毡。其向上人，则用我朝翠花或五彩帛饰之，令其飞动。以下人，则用野鸡毛。"[2]在生活中这样的冠饰会有许多不便之处，因此"出入庐帐，须低回"，坐车时还需将翎毛摘下，"香车七宝固姑袍，旋摘修翎付女曹"，并"凡车中戴固姑，其上羽毛又尺许，拔付女侍，手持对坐车中，虽后妃驼（驭）象亦然"[3]，固定这些翎羽需要具有稳定作用的支架，在一些罟罟冠实物的顶部仍保留这样的装置（图3-108）。自古华丽、雍容的孔雀尾羽都是人们喜爱的装饰品，罟罟冠顶的装饰当然也少不了它。内蒙古博物院收藏的内蒙古四子王旗净州路古城附近古墓出土的罟罟冠就带有残长17.5厘米翎子[4]。

❶ [清]胡敬. 南薰殿图像考·卷下[M]// [清]胡敬胡氏书画考. 刘英，点校. 杭州：浙江人民美术出版社，2015：79-80.

❷ [宋]彭大雅. 黑鞑事略[M]// 王云五. 丛书集成初编. 上海：商务印书馆，1937：4.

❸ [元]杨允孚. 滦京杂咏[M]//[清]顾嗣立. 元诗选：初集下. 北京：中华书局，1987：1964.

❹ 苏东. 一件元代姑姑冠[J]. 内蒙古文物考古，2001(2)：99-100.

罟罟冠内胎与冠顶插羽毛的金属座

私人收藏

罟罟冠顶插羽毛的金属座

锡林郭勒盟博物馆藏

МОНГОЛ ХУВЦАСНЫ НУУЦ ТОВЧОО II
Үндэстний Хувцас Судлалын Академи Улаанбаатар хот, Моногол улс 2015

图3-108

蒙古国那日图岩洞出土罟罟冠插翎毛托座和翎筒

*《服装历史文化技艺与发展 中国博物馆协会第六届会员
代表大会暨服装博物馆专业委员会学术会议论文集》《艺
术与设计》杂志社 2014*

罟罟冠及冠顶托座和翎筒

蒙古国国家博物馆藏

图3-108　罟罟冠顶饰部件

3.罟罟冠的佩戴

罟罟冠的佩戴需要经过非常复杂的几个步骤。一体型罟罟冠佩戴相对简单，分体型的佩戴过程要复杂许多，但效果更加华丽和高贵。不论是一体型或分体型的罟罟冠，佩戴前都需将长发束至头顶，戴上脱木华小帽（图3-109），再将发髻放入冠体中，以此起到固定冠体的作用，同时还能保证头型的圆润。从所掌握的文献来看，只有鲁不鲁乞详细记录了罟罟冠的完整佩戴过程，而他对罟罟冠的了解源于一次意外事件。方济各会士威廉·鲁不鲁乞1253—1255年出使蒙古地区，宪宗三年主显节后第八天（1254年1月13日）黎明前，信

Судлаач доктор, профессор Б.Сувд提供

四子王旗"王墓梁"耶律氏家族陵园王·M10出土
《阴山汪古》内蒙古人民出版社 1991

图3-109　不同款式的脱木华小帽

奉聂思脱里教（景教）的蒙哥汗的各位夫人和其他贵妇来到小教堂，鲁不鲁乞和教士们为蒙哥汗的大夫人忽都台可敦（可敦，蒙古语：皇后、夫人）实行洗礼，"天已经大亮了——她开始取下她的头饰（称为孛哈），因此我看到她光着头。"❶忽都台可敦摘掉层次繁多、佩戴复杂的罟罟冠的过程给鲁不鲁乞留下深刻印象，由此推测佩戴的过程并做出详细记录："她们把头发从后面挽到头顶上，束成一种发髻，把兜帽戴在头上，把发髻塞在兜帽里面，再把头饰戴在兜帽上，然后把兜帽牢牢地系在下巴上。"❷其中涉及三个部件，首先是戴在最里面的兜帽脱木华，佩戴时把发髻塞在里面，这个"里面"是指脱木华上的洞，再将"头饰"（即冠体）戴到发髻上，最后配戴最外层的兜帽，并紧系在下巴上。鲁不鲁乞解释道："富有的贵妇们在头上戴这种头饰，并把它向下牢牢地系在一个兜帽上，这种帽子的顶端有一个洞，是专作此用的。"这个有洞的帽子是指戴在外面的兜帽。鲁不鲁乞记录的罟罟冠部件和佩戴顺序与A.Leeper收藏的罟罟冠完全相同，两者之间可以完美互解（图3-110）。按照文字的解释和罟罟冠的实际情况，将如此高冠牢牢戴在头上，每一部分都需要系带加以固定，尤其是冠体的固定非常重要。由此，项下的系带应该有三条：首先是最为华丽的脱木华的Y形带子，分别固定帽顶和小披幅；另外在冠体的披幅里面还设计H形带，是固定冠体的关键，也是罟罟冠上最重要的带子；最后是兜帽系带，兜帽上面的孔洞有一对系带，可紧紧地系住冠体；在兜帽的下面还有两条固定在项下的带子。

从《蒙古秘史》记载最早出现罟罟冠的1170年到1594年萧大亨的《北虏风俗》成书，罟罟冠的文字记载至少有四百年的历史，实际使用的时间应该长得多。其鼎盛期在元代，明代后罟罟冠开始衰落直至完全消失。罟罟冠从宗教意义开始，到拥有重要的社会性，成为已婚女性的象征。贵族妇女的罟罟冠华丽、装饰性强，高度较高，使用时间长，消失晚；而蒙古族劳动妇女的罟罟冠较为简单，高度也较低，作为日常冠帽所佩戴的年代相对较短，但作为婚姻的

❶ [法]威廉·鲁不鲁乞.鲁不鲁乞东游记[M]//[英]道森.出使蒙古记.吕浦,译.北京：中国社会科学出版社,1983：180.
❷ 同❶120.

a.长发束至头顶　　b.戴上脱木华并　　　c.戴冠体和披幅并将　　　d.佩戴兜帽,与冠体
　形成发髻　　　　系紧Y形带　　　　　H形系带系于项下　　　　系紧,再将兜帽带
　　　　　　　　　　　　　　　　　　　　　　　　　　　　　　　绑定（此图兜帽带
　　　　　　　　　　　　　　　　　　　　　　　　　　　　　　　　　未系）

图3-110　罟罟冠的佩戴过程

象征,在婚礼上仍使用了很长时间。

　　入明后,由于明代上层对留居内地蒙古族的歧视,再没有人佩戴罟罟冠,此后,中原人基本没有机会看到其身影。可以说明代以后对罟罟冠的各种描述、记载均以元代的文字作为基础,有些应该增加了个人的主观猜测。

第五节　蒙古族袍服左衽向右衽的转变

"衽"即衣襟，《说文》解释"衽，衣衿也。"❶中国古人衣袍掩襟方向从甲骨文中"衣"的书写方式"🖊️🖊️🖊️🖊️🖊️"❷可以清楚地看到其左、右掩襟形式均有，反映了中华文明早期衣袍掩襟的多样性。至金文时期，衣襟仍然左衽、右衽同时使用："🖊️""🖊️"❸。秦始皇统一中国（前221年）后，推行"车同轨，书同文字"❹的政策，创制了小篆，在小篆中"衣"只有象征右衽的书写形式：🖊️（衣为偏旁的部分小篆：🖊️表、🖊️里、🖊️袭、🖊️袖、🖊️装）❺。由此可见，我国服饰掩襟形式由最初的随意性，到逐步固定并被赋予了礼制的内涵，成为我国服饰文化中最为典型的、具有文化含义的形式。

中国自古十分看中衣襟的整洁与否，正所谓"楚必敛衽而朝"❻，说明衣襟在中国传统观念中具有深层次的"仪、礼"文化内涵。当将简单的衣襟叠压方向与穿衣人群文化的发展程度相联系时，左衽和右衽所代表的就不只是衣襟叠压方向那么简单。自古，不同地域服装的衣襟叠压方向就有所不同，中原汉族自秦后均以右衽为主要特征，而周边的少数民族则多为左衽。此后，古人对服装左衽和右衽的理解就不仅仅是简单的衣襟左右叠压的问题，而看作是不同族群的文化区别，将其赋予了很强的文化含义，即以"左衽""右衽"来区分科技进步程度的快慢。

一、少数民族与左衽

黄河、长江中下游地区气候温润、雨量适中、土地肥沃，人称华夏，是中华民族的发祥地之一，生活在此的人们较早进入农耕社会，在科技、文化等方

---

❶ [汉]许慎. 说文解字[M]. 北京：中华书局，1963：170.

❷ 刘开田，陈靖. 甲骨文形义集释[M]. 武汉：武汉出版社，2007：408.

❸ 陈初生，金文常用字典[M]. 西安：陕西人民出版社，1987：802.

❹ [汉]司马迁. 史记·秦始皇：卷六[M]. 北京：中华书局，1963：239.

❺ 冯庆传，曹公度. 中华小篆大字典[M]. 上海：上海锦绣文章出版社，2017：618.

❻ [汉]司马迁. 史记·留侯世家：卷五十五[M]. 北京：中华书局，1963：2040.

面发展较快。周边地区自然条件相对较差，多为渔猎、游牧等少数民族所居，由于生产方式不同，决定了中原民族与周边少数民族衣襟叠压方向的差异。

1. 少数民族衣襟的左衽

"左衽"的衣着习俗是许多史书记录少数民族服饰的重要特征，东汉班固说北方少数民族是"被发左衽"❶。此外，柔然（芮芮）"编发左衽"❷，突厥"其俗披发左衽，穹庐毡帐，随水草迁徙，以畜牧射猎为务"❸。东晋隆安五年（401年），鉚勿仑劝武威王利鹿孤莫称帝时说道："吾国自上世以来，被发左衽。无冠带之饰，逐水草迁徙；无城郭室庐，故能雄视沙漠，抗衡中夏。"❹室韦"披发左衽"❺，北魏鲜卑也是"披发左衽"❻，早期契丹人的服饰均为左衽，且到辽时"蕃汉诸司使以上并戎装，衣皆左衽。"❼盘领是中原传统服装，契丹人借鉴后，仍以本民族传统服装左衽为其开襟形式，形成多民族服饰结构及文化的融合。在众多辽代墓室壁画中都可清楚地看出服装左衽的特点，法库叶茂台辽墓是辽代早期墓葬，墓主是契丹老年贵族女性，其袍衫均为左衽❽。契丹著名画家胡瓌的《卓歇图》长卷中均为身着交领、左衽、窄袖长袍的各色人物，这些都反映出辽代早期服饰左衽的事实。高丽显宗❾元年（辽统和二十七年，1009年）契丹攻打高丽西京（今朝鲜平壤），高丽战败，王室根据大将姜邯赞的建议南撤。显宗九年（1019年）第三次高丽与契丹之战中，姜邯赞率部大破契丹，史称龟州（今朝鲜平安北道龟城市）大捷。显宗手书道："庚戌年（1010年）中有虏尘，干戈深入汉江滨。当时不用姜公策，举国皆为左衽人。"❿也就是，如果当年不听姜邯赞之言南撤的话，如今很可能为契丹所破，显宗用左衽比喻契

❶ [东汉]班固.汉书·匈奴:卷九十四下[M].北京:中华书局,1964:3834.
❷ [南朝梁]萧子显.南齐书·芮芮传:卷五十九[M].北京:中华书局,1972:1023.
❸ [唐]令狐德棻.周书·突厥:卷五十[M].北京:中华书局,1971:909.
❹ [宋]司马光.资治通鉴·安皇帝 丁:卷一百一十二[M].北京:中华书局,1956:3517.
❺ [后晋]刘昫.旧唐书·室韦:卷一百九十九下[M].北京:中华书局,1973:5357.
❻ 同❷983.
❼ [元]脱脱.辽史·仪卫二:卷五十六[M].北京:中华书局,1974:907.
❽ 辽宁省博物馆等.法库叶茂台辽墓记略[J].文物,1975(12):26-36.
❾ 高丽显宗(王询,992—1031),字安世,高丽王朝第八位君主,1009—1031年在位.
❿ [朝]郑麟趾.高丽史·姜邯赞:卷九十四 第九十六册[M].奎章阁图书:9下.

丹人。关于女真人左衽的记载和图像资料很多。在北宋受到金人入侵、山河破碎之时，诗人陆游❶感叹道："尔来十五年，残虏尚游魂。遗民沦左衽，何由雪烦冤。"❷女真人的左衽还有许多实例证明，南宋时，岳珂❸看到"余至泗，亲至僧伽塔下。……设五百应真像，大小不等，或塑或刻，皆左其衽"❹。这些僧伽塔都是女真人所建（图3-111）。

敦煌石窟159窟的吐蕃供养人

《中国敦煌壁画全集7·中唐》 天津人民美术出版社2006

河北宣化下八里辽代壁画墓

《文物》1990第10期

图3-111

❶ 陆游(1125—1210)，字务观，号放翁，越州山阴(今浙江绍兴)人。宋孝宗时赐进士出身。中年入蜀，投身军旅生活，官至宝章阁待制。

❷ [宋]陆游.陆游集·剑南诗稿：卷九·第一册[M].北京：中华书局，1976：253.

❸ 岳珂(1183—1243)，字肃之，号倦翁，相州汤阴(今属河南)人，岳飞之孙。开禧元年(1205年)进士，官至户部侍郎、淮东总领置使。南宋文学家、史学家。

❹ [宋]岳珂.桯史[M].西安：三秦出版社，2004：349.

内蒙古阿鲁科尔沁旗东沙布日台2号辽墓
《中国出土壁画全集》科学出版社2012

东魏茹茹公主墓出土
河北邺城博物馆藏

北魏武士俑

山西大同宋绍祖墓出土
山西博物院藏

金代山西稷山县化峪3号墓杂剧俑

山西博物院藏

金代山西大同徐龟墓西壁散乐侍酒图

《考古》2004第9期

克孜尔石窟　龟兹供养人像

《中国新疆壁画全集3·克孜尔》
天津人民美术出版社1995

辽代胡瓌　卓歇图（局部）

北京故宫博物院藏
《中国织绣服饰全集4·历代服饰卷》天津人民美术出版社1995

辽代几何形花叶纹锦袍

中国丝绸博物馆藏

元代蒙古族左衽直身袍

内蒙古达尔罕茂明安联合旗出土　内蒙古博物院藏
《走向辉煌——元代文物精品特展》内蒙古博物院 2010

图3-111　北方少数民族的左衽

除北方民族外，南方少数民族左衽的记载也不少，如《后汉书》中有："西南夷者，……其人皆椎结左衽，邑聚而居，能耕田。"❶居东南沿海的瓯越人也是"披发文身，错臂左衽"❷。蜀郡西北的莋国也是"披发左衽"❸。虽然记载较为零散，但也可以看出不少南方少数民族服装左衽的特点。明初，朝鲜人崔溥❹在其《漂海录》中记录中国江南"妇女所服皆左衽"，且有"自沧州以北，女服之衽或左或右，至通州以后皆右衽"❺之说。左衽与右衽并不是简单的服饰前襟叠压关系的问题，其实在一些士人眼中，已将穿衣习惯上升至文化层面。自古中原人遭外族袭扰、入侵时，往往以左衽来形容这种耻辱，即左衽已成为少数民族的代名词。唐朝"胡虏蚕食于内，自凤翔以西，邠州以北皆为左衽矣。"❻实际凤翔（今陕西宝鸡凤翔）以西、邠州（今陕西彬县）以北地处关中平原，是汉族的传统居住地，此话说明这时已有许多身着左衽服装的少数民族在此生活。

2. 衣襟叠压方向与文化进步的关系

中原地区农业发展较快、经济进步，具有先进的生产力、较高的文化水平和先进的科学技术，并且服装自古为右衽，因此从心理角度来讲，古人认为右衽代表较先进的生产力、文化与经济。而少数民族的服装则以"左衽"为主要特征，因此在中原文化中，左衽、右衽即成为划分文化和科技进步与否的衣着符号。左衽的传统来自特有的生产与生活方式，少数民族的生活主要以狩猎、渔猎、畜牧为主，外出时间长，需要随身携带许多生活用品及食物，因此习惯于右手持生产用具、弓箭（左弓、右箭）等大型物品，而一些零星的生活用品

❶ [南朝宋]范晔.后汉书·南蛮西南夷列传:卷八十六[M].北京:中华书局,1965:2844.

❷ [清]程薿初集注.战国策集注·武灵王平昼闲居章:卷五[M].上海:上海古籍出版社,2013:178.

❸ [宋]乐史.太平寰宇记·莋都国:卷一百七十九:第八册[M].北京:中华书局,2007:3423.

❹ 崔溥(1454—1504),字渊渊,号锦南,朝鲜全罗道罗州(今韩国务安郡)人,24岁中进士第三名,29岁中文科乙科第一名,朝鲜推刷敬差官。朝鲜李朝成宗十八年(1487年,明代弘治元年)崔溥从济州岛北返奔父丧,海上遇风暴,漂流至中国浙江台州海岸。几经周折,在沿途明朝官员的护送下,经陆路、水路到达北京,受到弘治皇帝的接见,历经135天辗转回国。

❺ [朝]崔溥.漂海录——中国行记:卷三[M].北京:社会科学文献出版社,1992:194.

❻ [明]魏焕.九边考·榆林镇:卷七[M]//薄音湖,王雄.明代蒙古汉籍史料汇编:第一辑.呼和浩特:内蒙古大学出版社,2009:254.

除悬于腰间的蹀躞带之外，还将部分物品揣在由腰带束袍所形成的衣襟中，掏取、使用由左手完成，逐步形成一种约定俗成的、以左衽为主的掩襟形式。也就是说，左衽是适应生产和生活的需要所形成的服装结构，与文化的进步与否并无关系。由于历史原因所形成的中原汉族与周边少数民族之间的文化差异与矛盾，左衽自然就成为代表这些民族的衣着符号。春秋时，齐桓公❶任管仲❷为相，对内整顿朝政、推行改革，对外"尊王攘夷"，当时各诸侯国苦于北方游牧部落的袭扰，齐桓公九合诸侯，北击山戎，南伐楚国，成为中原第一个霸主。《论语》中记载孔子与弟子谈话时就用到这一典故："管仲相桓公霸诸侯，一匡天下，民到于今受其赐。微管仲，吾其披发左衽矣！"❸即如果没有管仲，我们都要成为披发、左衽之人，这是孔子遵从礼制的一种"华夷之辩"，用左衽来代指周边少数民族。

二、蒙古族袍服前襟叠压方向的转变

蒙古族作为重要的北方草原民族，不论在额尔古纳河流域的丛林生活，还是西迁至蒙古草原成为草原上的一支重要力量，在与周边民族接触的过程中，所有进步文化都成为其学习的重要内容。在成吉思汗建立大蒙古国后，蒙古族与汉民族接触的机会逐步增多，中原的新思想、新文化、新观念直接或间接地影响了世代生活在草原上的人们，使蒙古族服装的形制也在逐渐发生变化。

1. 中原文化的影响是蒙古族袍服前襟叠压方向转变的根本

蒙古族与其他北方草原民族一样以左衽为服装的重要特征，大蒙古国时期，与中原汉民族接触较多的贵族及上层人士受中原文化的影响，袍服前襟的叠压关系已开始由左向右改变。成吉思汗封"四杰"之一木华黎为国王，在与中原征战的过程中，其领导的蒙古军队深入至山、陕等地，期间，这些汉族地

---

❶ 齐桓公(？—前643)，姜姓，名小白，春秋时齐国第十五位国君，前685—前643年在位。
❷ 管仲(约前723—前645)，姬姓，名夷吾，字仲，颍上(今安徽省颍上县)人，齐桓公时担任国相，春秋时期法家代表人物，谥敬。
❸ [宋]朱熹注.论语集注:卷七[M]//宋元人注.四书五经.论语.北京:中国书店,1985:61.

区的文化对他有很大影响，使木华黎的"衣服制度，全用天子礼"**❶**，天子服饰即中原服装，其重要特征为右衽，也就是在大蒙古国早期，部分蒙古族已经开始接受中原的右衽。

绍定五年（1232年）南宋使团出使大蒙古国时，彭大雅作为书状官随行，见闻汇集成《黑鞑事略》，其中提到蒙古族袍服前襟的叠压关系："其服，右衽而方领。"**❷**其实，作为南宋使节，所到之处非常有限，草原上的蒙古族牧民四处游牧、居住分散，所以很难接触到民间，因此彭大雅所说的右衽只是他看到的局部情况。《黑鞑事略》只是篇幅几千字的见闻录，对服饰的描写非常简略，但特指出右衽，可见彭大雅以中原人特有的观念来观察，将袍服前襟的叠压方向作为衡量蒙古族生活状态的尺度。加宾尼1245—1247年出访蒙古地区时记录了当时人们穿着的服装均为右衽："男人和女人的衣服是以同样的式样制成的。他们不使用短斗篷、斗篷或帽兜，而穿用粗麻布、天鹅绒或织锦制成的长袍，这种长袍是以下列式样制成：它们（二侧）从上端到底部是开口的，在胸部折叠起来；在左边扣一个扣子，在右边扣三个扣子，在左边开口直至腰部。"**❸**也就是里襟由左侧的一粒扣子固定，右衽大襟则由三粒扣子固定。但这并不代表当时所见到的蒙古族服饰的所有情况，尤其是女装。此时采用右衽的女装应该是极个别的情况，其中说"男人和女人的衣服是以同样的式样制成的"，应该指款式相同，而非指开襟方向。鲁不鲁乞在1245年出使蒙古地区时同样看到"这种长袍在前面开口，在右边扣扣子"**❹**。加宾尼和鲁不鲁乞是大蒙古国中后期来此的西方传教士，他们的活动范围有限，只能接触到部分蒙古人，所以上述记载并不代表此时蒙古族袍服前襟叠压关系的一般情况。蒙古族官员、士兵等在与中原接触中，接受中原文化的速度不同，理解也不一样。因此，在左衽向右衽转变的过程中，开始只是形式上的模仿，有些人对新文化、新事物的理解较快，也较为深刻，他们能较快了解右衽所包含的深层次的文化

---

❶ [宋]赵珙.蒙鞑备录[M]//王云五.丛书集成初编.上海：商务印书馆，1939：3.

❷ [宋]彭大雅.黑鞑事略[M]//王云五.丛书集成初编.上海：商务印书馆，1937：4.

❸ [意]约翰·加宾尼.蒙古史[M]//[英]道森.出使蒙古记.吕浦，译.北京：中国社会科学出版社，1983：8.

❹ [法]威廉·鲁不鲁乞.鲁不鲁乞东游录[M]//[英]道森.出使蒙古记.吕浦，译.北京：中国社会科学出版社，1983：120.

含义，因此这些思想意识促使他们在服饰上首先进行改变，即将袍服前襟叠压从左向右转变。由于蒙古族兵民合一的特点，他们回到草原深处之后将所接受的新思想带到家乡，成为右衽传播的重要途径。但更为看重传统文化的人对袍服向右衽转变应该有更多顾虑，真正在文化上理解右衽所代表的含义并从心理上接受仍需要较长的时间。此时在民间，袍服的前襟应该仍以左衽为主。

元代蒙古族的统治形成了独具特色的草原游牧文化与中原政治、经济与文化融合的历史时期。不论是中原汉族，还是蒙古族或其他少数民族，打破传统，重新树立文化观需要一定勇气和决心。在当时的政治背景下，这种改变与融合的起因是积极的，在这种积极的态度下，制度的保证又成为重要的推动力量。蒙古族传统袍服左衽向右衽的转变就是一个很典型的例子。

衣襟叠压方向的改变不只是形式上左衽向右衽的变化，它代表着长期生活在北方草原的蒙古族向中原先进文化学习的积极表现，代表着内心的态度。虽然"元初立国，庶事草创，冠服车舆，并从旧俗"❶，此处所谓"旧俗"即是指前朝金宋的服制，也就是元初皇帝衮冕、百官公服等均依前朝，并且更明确了前襟的叠压关系："公服，制以罗，大袖，盘领，俱右衽。"❷《元典章·礼部》中所载的服制也明确"公服俱右经（衽）"❸。此后，公服必须符合标准。元初许多蒙古族为官者，尤其是进驻中原的蒙古族在思想深处并非都赞成右衽，一些传统文化的维护者无法违抗制度的约束，但在内心深处却是维护传统的典型，在很长一段时间内，居家服饰的左衽习俗仍存。如至元六年（1269年）蒙古族张按答不花与夫人李云线的墓室壁画中人物均穿着蒙古族左衽袍服。据墓中题记载，墓主人张按答不花是宣德州（今河北宣化）人，自上辈即进入中原地区，并娶河中府（今山西省永济）的汉族女子李云线为妻❹。中国自古有妇从夫之理，嫁入蒙古族的李云线自然要按照蒙古族的习俗生活、穿戴。墓葬应该是按照墓主人张按答不花的意愿绘制的墓室壁画，尤其在《对坐图》中夫妻二人均为左衽袍服，作为元代早期的墓葬，反映出墓主人对蒙古族传统习俗的情

❶ [明]宋濂.元史·舆服一：卷七十八[M].北京：中华书局，1976：1929.
❷ 同❷1939.
❸ [元]沈刻元典章·礼部二：第十册[M].北京：中国书店出版社，1985：典章二十九2上.
❹ 陕西省考古研究所.陕西蒲城洞耳村元代壁画墓[J].考古与文物，2000(1)：16–21.

感。图3-112波斯细密画中人物袍服、装饰、妇女的罟罟冠与其他同时期的波斯细密画无异，但却出现男女均左衽的情况，说明在中亚蒙古汗国生活的蒙古贵族在与当地民族错居中仍对传统服饰文化保持着深深的眷恋，可见代表传统文化的左衽持续了较长时间。

ТАЛЫН МОРЬТОН ДАЙЧДЫН ӨВ СОЁЛ
шинжлэх ухааны академи археологийн
хүрээлэн, Улаанбаатар 2014

图3-112　波斯细密画中的左衽

民间袍服不必遵守公服制度的约束，前襟叠压方向的改变还需一个适应阶段，女服尤是如此。随着时代的发展，蒙古族袍服的右衽逐步成为服装的主流。

2. 关于成吉思汗画像右衽的讨论

故宫南薰殿旧藏《元代帝后像册》有绢本帝像八幅、后像十五幅，这本《元代帝后像册》现藏于台北故宫博物院；此外，在中国国家博物馆还藏有一

帧成吉思汗画像（图3-113）。蒙元御
容都是元代所绘或缂丝织就，袍服均为
右衽。大蒙古国时期的几位大汗像是忽
必烈时期按照元代形制绘制，其中包括
成吉思汗画像❶，自然会与元代的服饰制
度相符。

　　成吉思汗时期，蒙古族对中原汉文
化的接触有限，右衽所代表的文化内涵
对当时蒙古族的影响刚刚开始，因此
成吉思汗本人及大蒙古国时期的几位
大汗的袍服是否为右衽，是值得探讨的
问题。

　　第一，在伐金和西夏的过程中成吉

图3-113　元太祖成吉思汗画像
中国国家博物馆藏

思汗首先接触到中原汉文化。金朝的建立者女真人及其祖先虽然世代生活在松
花江和黑龙江流域的广大地区，但金国自从天会五年（1127年）灭北宋后，所
占地域已达到黄淮的广大地区。一百多年间，从政治制度的建立，到经济、文
化及习俗，中原汉文化对金朝有很深的影响。从舆服制度上讲，"皇帝服通天、
降纱、冠冕、逼舄，即前代之遗制也"❷，也就是说，女真人在立国初期即继承
前朝北宋的服饰制度，帝王、百官改穿汉服，同时接受右衽。在民间，许多女
真人都效仿宫廷及汉族的穿着，服装的前襟逐步由左衽改为右衽。金大安三年
（1211年）二月，成吉思汗亲率大军攻打金朝，贞祐二年（1214年）三月，金
宣宗❸遣使向蒙古求和，并将卫绍王❹的女儿岐国公主送给成吉思汗为妻。所
以，成吉思汗在与金朝的各种接触中接受了许多汉文化。

❶ 尚刚.元代御容[J].故宫博物院院刊，2004(3):31-39.
❷ [元]脱脱.金史·舆服中:卷四十三[M].北京:中华书局，1973:975.
❸ 金宣宗(完颜珣，1163—1224)，初名吾睹补，又名从嘉，金朝第八位皇帝，1213—1224年在位，年号
　 贞祐、兴定、元光，庙号宣宗，谥继天兴统述道勤仁英武圣孝皇帝。
❹ 卫绍王(完颜永济，？—1213)，本名允济，字兴胜，金朝第七位皇帝，1208—1213年在位，年号大安、
　 崇庆、至宁，谥绍。

西夏虽然不及金朝深入汉文化的腹地，但汉文化对其的影响更甚。在长达几十年的与金、西夏的接触中，汉文化对成吉思汗及蒙古族的影响较大，也是蒙古族袍服左衽向右衽转变的起始。

第二，蒙古族三次西征受到中亚、西亚及欧洲文化的影响，右衽也是其中之一。第一次西征由成吉思汗挂帅，历时五年；第二次西征由拔都带领，第三次西征由旭烈兀统领。这三次西征是元朝建立前最大规模与西方文化接触的时期，在这来来去去的几十年间，西方的文化、技术以及所有新鲜事物都给蒙古族耳目一新的感觉，同时当地人的右衽也成为蒙古族所注意的特征，这个与中原人一致的表象使他们领略到一丝右衽与文化之间的关系，使之成为部分蒙古族在建元之前改左衽为右衽的一个理由。

第三，全真道掌教长春真人丘处机的中原传统道教思想对成吉思汗的影响。在成吉思汗西征期间，受成吉思汗之邀，南宋嘉定十三年（1220年）正月，丘处机及弟子18人离开山东昊天观，以73岁高龄启程西行、远赴西域。这些人穿越千山万水，于嘉定十五年（1222年）四月实现了龙马会（丘处机属龙，成吉思汗属马）。第二年春季，丘处机向成吉思汗辞行，于冬天抵达宣德府（今河北宣化）。长春真人是中原传统文化的代表，在与成吉思汗接触的过程中，中原汉文化对成吉思汗有很大触动，期间不一定直接提到衣襟叠压关系的问题，但成吉思汗对左衽与右衽所代表的文化内涵无疑是很清楚的，通过与长春真人的交流，更深地了解了中原汉民族的文化、世界观及对事物的看法，因此这个敏感的区分文化的表现应该成为影响成吉思汗的重要内容。

综合以上三点，成吉思汗后期应该已将衣襟由左衽转变为右衽，但应该在一定场合仍使用左衽。所以元代初期所绘制的成吉思汗画像的右衽并不是元人的附会，除符合元代服饰制度外，实际情况也应如此。

古代民族在科学、文化、经济等方面相互学习和交流对各民族文化的进步起到重要作用。在服饰文化方面，汉族传统的右衽被少数民族以及蒙古族统治者所借鉴，并作为官制采纳，汉族也从少数民族服饰中学到了许多东西，从而折射出在历史发展的进程中，各民族之间文化学习、交流的客观必然性。蒙古族服饰的演变经历了一个漫长而复杂的过程，所代表文化的发展也受到各民族文化交流的影响。蒙古族袍服前襟从左衽向右衽的转变，反映了蒙古民族在文化和意识形态方面向汉族学习的一个十分重要的事例。但从所见元代记载及图像资料可以看出，蒙古族服装前襟叠压关系转变的过程并不是一个简单、迅速的事情，这种改变代表着蒙古族从传统习俗到思想意识向先进中原文化看齐的脚步。

3. 蒙古族袍服向右衽转变的历程

蒙古族袍服实物中有据可查的、最早的右衽是内蒙古达茂旗明水墓地出土的织金锦袍（图3-114），这是成吉思汗建立大蒙古国前汪古部的墓地❶。汪古部是成吉思汗收复的、组成蒙古族的众多部落之一。此前汪古部是金的属臣、为金朝守边的突厥遗部，从文化、宗教信仰、生活方式上都继承了突厥的传统，而突厥民族是以左衽为服饰特点。但明水墓地的这件织金锦袍却以右衽这个显著的特征区别于当时共同生活在漠南的其他民族及部落的左衽。

图3-114 明水墓地出土辫线袍
内蒙古博物院藏

---

❶ 夏荷秀, 赵丰. 达茂旗大苏吉乡明水墓地出土的丝织品[J]. 内蒙古文物考古, 1992(1、2合刊): 113–120.

元代，在官服必须右衽的制度以及中原文化的影响下，男装右衽已经成为主流，但对世代生活在草原上的蒙古族牧民来说，虽然中原文化对他们有一定影响，但较为有限，因此袍服左衽向右衽的转变持续了很长一段时间。其实，与中原接触较多的蒙古人，包括蒙古族官员，怀着对民族文化深深的眷恋，左衽也没有很快消失。如在集宁路出土的窖藏丝织品中有一件印金提花长袍即为左衽、交领、窄袖，从同窖藏出土漆碗上的年款上看，是己酉年（1309 年）以后的藏品❶。从这批窖藏文物所记载的文字可以推断这件袍服属于集宁路达鲁花赤的女眷❷，达鲁花赤❸是当地最高行政长官，其家眷理应很快接受元代统治者提倡的袍服右衽的政策。由此可以看出，左衽对当时人们仍具有重要的意义。世居甘肃的汪古部汪世显家族是金、元、明三朝统治集团的上层人物。汪世显家族墓地元代墓葬出土的服装、人俑、砖雕武士等多为右衽；而 M11 墓室西壁正中砖雕墓主人坐像则身着左衽袍服、头戴笠帽，为标准的蒙古族服饰❹。同墓出土的"妆花云雁衔苇纹纱夹袍"也为左衽（图 3-115），说明身居中原并为上层人物的服装虽在官服和中原汉族服饰的影响下早就应该以右衽为衣着特点，但最后的形象仍保留本民族的传统文化特征。

《事林广记》是南宋末年至元初陈元靓撰写的日用百科全书型的民间类书。收录元代以前的各类图书编纂而成，是中国第一部配有插图的类书。《事林广记》问世后，在民间广为流传，自南宋末年到明代初期，书坊不断翻刻，每次翻刻都增补一些新内容。现在能见到的《事林广记》中至顺年间（1330—1333年）建安椿庄书院刊本和日本元禄十二年（1699年）翻刻的元泰定二年（1325年）刊本中都有大量元代社会生活、语言文字等方面的内容，真实反映出元代的社会风貌及蒙古族的服饰特点，插图绘制的各类人物均身着右衽蒙古袍，说明到至顺年间从主人到仆人，男子服饰的右衽已经成为主流。元代是我国历史上继唐以后又一空前开放的社会，此时，蒙古族传统文化与中原汉文化以及周边其他具有悠久历史民族的传统文化相融合，使蒙古民族文化得到了历史性的

❶ 潘行荣. 元集宁路故城出土的窖藏丝织物及其他[J]. 文物，1979(8): 32-35.
❷ 盖山林. 阴山汪古[M]. 呼和浩特：内蒙古人民出版社，1991: 246.
❸ 达鲁花赤：蒙古语 darugači，意为"掌印者"，元官名，多数行政机关及各路府州县均设置达鲁花赤。
❹ 甘肃省博物馆，漳县文化馆. 甘肃漳县元代汪世显家族墓葬[J]. 文物，1982(2): 1-12.

印金花卉绫左衽长袍

内蒙古集宁路故城窖藏出土　内蒙古博物院藏

汪世显家族墓M11鸾鸟衔枝纹夹纱袍

甘肃省博物馆藏
《汪世显家族墓出土文物研究》
甘肃人民美术出版社2017

山西阳泉东村元墓夫妇对坐图

《文物》2016第10期

图3-115

陕西蒲城洞耳村元墓　行别献酒图
《考古与文物》2000 第 1 期

散乐图

《西安韩森寨元代壁画墓》文物出版社2004

河南登封王上村元代壁画墓

郑州市文物考古研究院藏
《中国出土壁画全集·河南》科学出版社2012

图3-115　元代的左衽袍服

发展。右衽作为中原文化的载体，在元代社会中逐步使用、流行，是接受更多先进观念、加快社会进步的表现之一。

千百年来形成的生活习俗需要一个较长的改变和适应期。蒙古族袍服前襟的叠压关系到底什么年代完全改为右衽，不可能找到确凿的证据。可以承认，"左"向"右"的改变直到明代初期还未彻底完成。但在万历甲午年（1594年）成书的《北掳风俗》中有："夫披发左衽，夷俗也。今观诸夷，皆祝发而右衽矣" ❶，也就是说当时许多周边少数民族服装前襟"左"向"右"的转换都已完成，这也标志着周边少数民族对中原文化的汲取，使中华民族大家庭共同进步的步伐更加一致。

三、元代男右衽、女左衽的文化特征

蒙汉文化的交流由元代统治者所倡导，这首先是政治需要，同时也为蒙古族服饰的发展、演变做了重要铺垫。蒙古族本身就是由不同族源、不同语言、不同宗教信仰、不同风俗习惯的部落组成的民族共同体，这些部落的生产方式和意识形态虽然由相似的地域形态所决定的同属一类风格，但也各具特点。大蒙古国建立以后，各部文化重新融合，形成蒙古族文化，但这种文化与中原汉文化有较大差距，要想统治中原乃至更广大的地区，就必须学习和掌握汉文化，在诸多方面为民族间的交往创造条件，从而达到政治上的高度统一。元代蒙古族服饰作为文化的一个特殊载体，在保留本民族固有特性、习俗的同时，也接受其他民族服饰的长处，这是民族交流的必然结果。由于元代蒙古族男女与社会的接触程度不同，蒙古族袍服前襟叠压形式也出现了男女差异。

1. 元代官制下的男右衽、女左衽

元代除公服右衽外，与外界接触较多的男子服装较早接受了右衽，但不论在民间还是权贵阶层，女装左衽都持续了很长时间。在许多出土陶俑、墓室壁

---

❶ [明]萧大亨. 北掳风俗[M]// 薄音湖，王雄. 明代蒙古汉籍史料汇编：第二辑. 呼和浩特：内蒙古大学出版社，2006：244.

画、传世画作中可以清楚地看出这个时期袍服男右衽、女左衽同时存在的事实，尤其是元代陪葬的各种类型陶俑，男右衽、女左衽是非常典型的特征。虽然元代统治者提倡右衽，但在民间，多年形成的左衽习俗仍主导着人们的思想和生活方式。公服在强制的制度下必须服从新的规定，在民间，男性的社会交往较多，他们接受外界的思想观念较快，自然"右衽"就比以家庭为中心的女性接受得快。女性服装并没有制度约束，因此可以按照自己的喜好继续传承固有习俗，从而形成具有时代特色的服饰特征。西安北郊红庙坡元墓是1325—1368年的蒙古贵族墓，女俑身着交领左衽短衫、男俑穿着右衽两侧有褶断腰袍❶。辽宁凌源富家屯元墓大约为元代早中期墓葬，墓主人是有一定官职的中下层蒙古族官吏❷，在墓室壁画中，男袍为右衽，女袍均为左衽。1988年发现的济南柴油机厂元墓，墓主应是家资富厚的地主阶级，该墓甬道东壁《牵马图》中牵马人的衣冠服饰与汉族有别，所穿的是右衽衣衫❸，而佩戴的则是元代常见的蒙古族笠帽式样，由此可见元代蒙汉民族服饰的相互影响。

元代蒙古族袍服男右衽、女左衽的图像资料非常丰富，主要以元代墓葬壁画和出土陶俑为主，充分说明元代社会蒙古族受中原文化影响和对本民族文化传承之间的冲突与调和（图3-116）。

2. 其他草原民族袍服左衽向右衽转变的事例

北方少数民族服装由左衽向右衽转变的过程就是向汉民族学习、共同提高的过程。随着与中原交流逐步增多，这些左衽民族受到中原文化的影响越来越多，借用服装前襟叠压关系的改变作为接受中原文化的载体，虽然进程快慢不同，但在这个过程中汉民族的先进文化对少数民族有巨大的影响，服装前襟叠压关系的改变是这些民族文化进步的重要内容，使少数民族在历史发展过程中民族文化得到更快发展。北魏（鲜卑）、西夏（党项）、辽（契丹）、金（女真）、元（蒙古）、清（满）这些少数民族政权为国家和民族的进步做出过重

---

❶ 卢桂兰，师晓群.西安北郊红庙坡元墓出土一批文物[J].文博，1986(3)：92-94.

❷ 辽宁省博物馆，凌源县文化馆.凌源富家屯元墓[J].文物，1985(6)：55-64.

❸ 济南市文化局文物处.济南柴油机厂元代砖雕壁画墓[J].文物，1992(2)：17-23.

西安曲江缪家寨元代袁贵安墓出土陶俑

《文物》2016 第 7 期

山西兴县牛家川元代石板壁画

埠东村石雕壁画墓北壁

《文物》2005 第 11 期

章丘元代壁画墓

山西交城裴家山元墓壁画

《文物季刊》1996 第 4 期

图 3-116

内蒙古凉城后德胜村元墓壁画

内蒙古博物院藏
《中国出土壁画全集》科学出版社 2012

赤峰元宝山元墓壁画

《文物》1983 第 4 期

图3-116　男右衽、女左衽

要贡献，他们早期服饰的共同特点均为左衽。民族服饰作为文化的一个特殊载体，在保留民族固有特点和习俗的同时，也接受其他民族服饰的长处，逐步发展变化，这是民族交流的必然结果，也是服装由左衽向右衽转变的一个重要的动因。

在早期北魏朝廷中，鲜卑语、汉语杂用，孝文帝❶为加强对黄河流域的统治，太和十七年（493年）把国都从平城（今山西大同）迁到洛阳，推行一系列汉化改革运动，包括改革官制和服饰制度。十九年六月己亥（495年7月9日）孝文帝下诏："不得以北俗之语，言于朝廷。违者，免所居官。"❷即在朝廷上必须使用汉语，服装依汉制，孝文帝还下令将鲜卑的复姓改为单音汉姓，孝文帝的拓跋氏改姓元氏，汉名元宏。此后在北魏服饰中同样出现了男右衽、女左衽并存的时期，如宁夏固原北魏墓棺板漆画中就有男右衽和女左衽的墓主形象❸（图3-117）。

《文物》1984第6期　　　　　　　《固原北魏墓漆棺画》宁夏人民出版社1988

图3-117　宁夏固原北魏墓棺板漆画

高昌国王伯雅在大业四年（608年）娶隋朝华容公主，八年（612年）伯雅下令："先者，以国处边荒境，披发左衽。今大隋统御，宇宙平一。孤既沐浴和风，庶均大化。其庶人以上，皆宜解辫削衽。"❹高昌将左衽向右衽的改变作为是否臣服强国的重要标志，很典型地说明了左衽、右衽的政治动因与文化

❶ 孝文帝(拓跋宏、元宏，467—499)，北魏第七位皇帝，471—499年在位。太和十八年(494年)，迁都洛阳，全面推行汉化。年号延兴、承明、太和，庙号高祖，谥孝文皇帝。

❷ [唐]李延寿.北史·本纪三:卷三[M].北京:中华书局，1974:114.

❸ 固原县文物工作站.宁夏固原北魏墓清理简报[J].文物，1984(6):46-56.

❹ [唐]李延寿.北史·西域:卷九十七[M].北京:中华书局，1974:3215.

意义。民族习惯和传统的保持代表着文化以及对先人的尊敬和难以割舍的情感，民族间交往频繁，在生产、生活、经济、文化中相互影响，但仍有许多无法改变的传统观念和生活习俗。如羌胡就是"披发左衽，而与汉人杂居"❶，他们在不同文化中坚守传统，无意改变千百年来的传统文化。实际上不论哪一个民族，对传统意识的保持都建立在对本民族深深的情感之上。因此，虽然中原汉族将"左衽"看成是落后的代名词，许多民族仍无法舍弃；当然左衽有在生产、生活、征战等过程中的实用性使其不可能很快改变。

916年（辽神册元年）耶律阿宝机建立辽朝，服饰分南、北官制："北班国制，南班汉制，各从其便焉。"❷进一步说明"国母与蕃官皆胡服，国主与汉官即汉服"❸，也就是在宫廷之上左衽、右衽会同时出现。在国制与宫廷的倡导之下，契丹贵族、官员的服装很快转变为右衽，而民间男袍左衽、右衽同时出现也成为普遍的情况，如库伦1号辽墓❹、张文藻墓❺中壁画都同时出现左衽和右衽。这说明在辽代，对民间服饰并没有限制，而中原的右衽意识对契丹人产生潜移默化的影响，使之逐步转变（图3–118）。

备茶图（左右衽均有）　　　　　散乐图（第一排里左衽、外右衽）

图3–118　辽代左衽、右衽同时出现

河北宣化张文藻墓出土　《文物》1996第9期

❶ [宋]范晔.后汉书·西羌:卷八十七[M].北京:中华书局,1972:2878.

❷ [元]脱脱.辽史·仪卫二:卷五十六[M].北京:中华书局,1974:905.

❸ [宋]叶隆礼.契丹国志[M].上海:上海古籍出版社,1985:225.

❹ 吉林省博物院,哲里木盟文化局.吉林省哲里木盟库伦旗1号辽墓发掘简报[J].文物,1973(8):2–18.

❺ 河北省文物研究所,张家口市文物管理处,宣化区文物管理所.河北宣化辽张文藻壁画墓发掘简报[J].文物,1996(9):14–46.

女真族先从附于辽，金太祖完颜阿骨打1115年（北宋政和五年、辽天庆五年）灭北宋和辽朝建立大金国，成为北方重要的少数民族政权。进入燕地之后，辽、宋的服饰制度对金有非常大的影响。在政治体制上，"太祖入燕，始用辽南、北面官僚制度。"❶与辽同样，金朝在服饰制度上也采用南、北官制的原则，即仿辽实行女真旧制和汉制的双重服饰体制。官服制度以宋为主，而妇人采用"直领、左衽"，袭辽制❷。随着中原文化的渗入，民间学习中原服饰已成风气，金统治者为保护民族传统，曾令："女直人不得改为汉姓及学南人装束，违者杖八十，编为永制。"❸说明在金初改汉姓、穿汉装的女真人不在少数，才有此规定。金初期，在政治制度和服饰上均采用传统与中原二重体制，直到熙宗天眷元年（1138年）八月颁行"天眷新制"，改燕京枢密院为行台尚书省，才结束了双重体制并存的局面，成为金代政治制度上的重要转折。至此，金朝在文化上逐渐趋向汉化。到金中期，女真贵族改汉姓、着汉服的现象越来越普遍，金帝世宗❹意识到民族传统文化在消失，因此倡导学习女真字和女真语，但已无法挽回女真汉化的趋势❺。虽然世宗皇帝号召国人保持民族传统，但在各方面学习中原汉族文化并没有停止，女真上层贵族接受汉文化最快、汉化程度也最深。同时，世宗帝很清楚要想统治南至黄淮的广大汉族地区，需要向中原文化汲取营养，吸收治国理念，并急于宣扬自己统治的正统性，于是在大定十五年（1175年）宣公服"'袍不加襕，非古也。'遂命文资官公服皆加襕"❻，袍服加襕是中原汉族官制所属，可见此时金朝宫廷已经敞开全面汉化的大门。虽然在汉化的路上迈进得较快，但服饰上的汉化进程仍受到很大一部分人的传统思想与文化所约束，因此金代的墓室壁画及各种文物中经常左衽、右衽同现。

❶ [元]脱脱.金史·韩企先:卷七十八[M].北京:中华书局,1975:1779.
❷ [元]脱脱.金史·舆服下:卷四十三[M].北京:中华书局,1975:985.
❸ 同❷。
❹ 金世宗(完颜雍,1123—1189),会宁府会宁县(今黑龙江省哈尔滨市)人。金朝第五位皇帝,1161—1189年在位,年号大定,庙号世宗,谥光天兴运文德武功圣明仁孝皇帝。
❺ 中国文明史编辑部.中国文明史·宋辽金时期:第六卷 第四册[M].台北:地球出版社,1991:1865–1883.
❻ [元]脱脱.金史·舆服中:卷四十三[M].北京:中华书局,1975:982.

到明初，与中原接触较多的少数民族衣襟的叠压方向多数由左衽改为右衽，但朱有燉在诗中仍用左衽来形容边疆女子："河西女子年十八，宽着长衫左掩衣。"❶河西指甘肃黄河以西之地，即西戎所属各部所在地，这些民族此时均已完成左衽向右衽的改变，但朱有燉仍以其固有观念用左衽形容这些民族。从我国古代对服装左衽的理解可以深刻地感受到左衽和右衽所代表的文化、经济、生产方式、意识形态等方面的区别，因此各民族袍服左衽向右衽的转变具有重要的意义。

四、元代汉族服饰中左衽的流行

元代统治者在许多方面强调向中原先进文化看齐，但在中原地区，少数民族的左衽也曾作为时髦的装束流行。《明太祖实录》就记载："元世祖起自朔漠以有天下，悉以胡俗变易中国之制，士庶咸辫发椎髻深檐胡俗，衣服则为裤褶窄袖及辫线腰褶，妇女衣窄袖短衣，下服裙裳，无复中国衣冠之旧。甚者易其姓氏为胡名，习胡语，俗化既久，恬不知怪。"❷可见，元代中原人对蒙古族文化、服饰都充满好奇，习胡语、改胡名、穿胡衣成为当时所追求的社会时尚。现所见元代汉族墓葬出土服饰、墓室壁画、陶俑以及流传至今的雕塑、壁画等或多或少地遗留着蒙古族的文化特征，左衽便是其中之一。所以至明初，太祖就下诏禁一切与蒙古族有关的文化："其辫发，椎髻，胡服，胡语，胡姓，一切禁止。"❸由此可见，当时蒙古族的许多民族习俗仍在内地流行，因此才明令禁止，且"复衣冠如唐制"❹。这说明蒙古族统治中原虽不到百年，但对中原服饰文化也产生了一定影响。

1. 墓室壁画和出土陶俑中的左衽

西安韩森寨元墓是一座汉族墓葬（至元二十五年，1288年），墓主是家境

---

❶ [明]朱有燉. 元宫词一百首[M]// [元]柯九思, 等. 辽金元宫词. 北京古籍出版社, 1988: 25
❷ [明]明太祖实录: 卷三十[M]. 台北: "中央研究院" 历史语言研究所, 1962: 525.
❸ 同❷.
❹ 同❷.

富足的汉族富户。此墓壁画表现的是汉族地主的生活，所绘人物也均为汉族，但人物所着服装都是男右衽、女左衽❶。河北涿州元墓❷、洛阳伊川元墓❸、河南尉氏县元墓❹等墓葬壁画中均为男右衽、女左衽。这些都反映了身为统治阶级的蒙古族文化对北方汉族的影响。山西屯留县元代壁画墓是一个典型的汉族富户左衽的例子，从墓室壁画题记可以看出，这是一个河东南路潞州屯留县市泽村汉族韩姓家族墓地。墓室壁画绘制了这个时期中原地区常见的门神、孝子故事、八仙人物、北斗七星（M1墓室券顶北侧），其中的人物服饰均为元代汉族常见形制，整体来讲具有典型的汉族墓葬的特点❺，但其中人物不论男女衣着前襟均呈现左衽的特点。山西兴县红峪村至大二年（1309年）元墓的墓主是汉族官吏或地主，《夫妇对坐图》中墓主人及夫人的穿着完全是蒙古式，男主人着右衽窄袖袍服、头戴方笠，女主人内着左衽、外穿对襟短袄❻（图3-119）。2021年在济南市发现的元代郭氏家族墓地中，M12壁画中也有女装左衽。在陕西出土的元代墓葬中有大量陶俑，都有男右衽、女左衽的特征，如西安曲江元李新昭墓❼、西安航天城元墓❽、延安虎头峁元墓❾、袁贵安墓❿、贺胜墓⓫以及西安韦曲蕉村元墓、刘元振夫妇墓⓬、京兆总管府奏差提领段继荣夫妇合葬墓⓭和契丹人耶律世昌墓⓮等。这些例子说明在元代北方地区的汉族及其他民族学习蒙古族袍服的左衽已成为时尚。

元代，中原民众虽然受传统汉文化熏陶，但蒙古族作为统治阶级，在政

❶ 西安市文物保护考古所.西安韩森寨元代壁画墓[M].北京：文物出版社，2004：30.

❷ 河北省文物研究所，保定市文物管理处，涿州市文物管理所.河北涿州元代壁画墓[J].文物，2004(3)：42-60.

❸ 洛阳市第二文物工作队.洛阳伊川元墓发掘简报[J].文物，1993(5)：40-44.

❹ 刘未.尉氏元代壁画墓札记[J].故宫博物院院刊，2007(3)：40-52.

❺ 山西省考古所等.山西屯留县康庄工业园区元代壁画墓[J].考古，2009(12)：39-46.

❻ 山西大学科学技术哲学研究中心.山西兴县红峪村元至大二年墓[J].文物，2011(3)：40-47.

❼ 马志祥，张孝绒.西安曲江元李新昭墓[J].文博，1988(8)：3-6.

❽ 西安市文物保护考古研究院.西安航天城元代墓葬发掘简报[J].文博，2016(3)：13-18.

❾ 延安市文化文物局，延安市文管所.延安虎头峁元代墓葬清理简报[J].文博，1990(2)：1-6.

❿ 西安市文物保护考古研究院.西安曲江缪家寨元代袁贵安墓发掘简报[J].文物，2016(7)：23-42.

⓫ 咸阳地区文物管理委员会.陕西户县贺氏墓出土大量元代俑[J].文物，1979(4)：10-22.

⓬ 陕西省考古研究院.元代刘黑马家族墓发掘报告[M].北京：文物出版社，2018：32-43.

⓭ 陕西省文物管理委员会.西安曲江池西村元墓清理简报[J].文物参考资料，1958(6)：57-61.

⓮ 陕西省考古研究院.蒙元世相——陕西出土蒙元陶俑集成[M].北京：人民美术出版社，2018.

山西兴县红峪村元墓对坐图

《文物》2011第3期

河南尉氏县元墓对坐图中女主人身着左衽短袄

《故宫博物院院刊》2007第3期

河北涿州元代壁画墓

《文物》2004第3期

韩森寨元代壁画墓中女左衽、男右衽

《西安韩森寨元代壁画墓》文物出版社200

山西屯留县元代壁画墓

《考古》2009第12期

榆林元代壁画墓

《文博》2011第6期

图3-119　汉族左衽

治、文化上占据主导地位，左衽即是与中原文化不同的、在外表上最能体现统治阶级特色的一个服饰结构特征，因此元代汉族向蒙古族学习的时髦装束便是左衽，从中可以看出社会习俗的多样性。

左衽在中原的流行和右衽在蒙古族中的推行都成为民族文化交流的一部分。当然，它们并不是等同的，蒙古族服装推行右衽是向先进文化学习的重要表现，而左衽在中原只作为时髦的装束而流行（图3-120）。

元代　磁州窑白地黑花山水图枕

上海博物馆藏

西安韦曲蕉村元墓出土陶俑　　　　　袁贵安墓出土陶俑

《蒙元世相——陕西出土蒙元陶俑集成》人民美术出版社 2018

图3-120

耶律世昌墓出土陶俑　　　　　　陕西西安江庆村132号墓出土陶俑

《蒙元世相——陕西出土蒙元陶俑集成》人民美术　　　中国国家博物馆藏
出版社 2018

陕西曲江张达夫及夫人墓出土陶俑

《文物》2013 第 8 期

图3-120　其他民族的男右衽、女左衽

2. 地上文物中的左衽

元代蒙古族服饰最具特点的左衽有违中原汉民族的传统观念，但在时尚与传统相遇时还是时尚占了上风。左衽除在民间流行外，在不少寺庙、道观壁画也可见其踪影。

山西右玉宝宁寺建于明英宗天顺四年（1460年），寺中所藏139幅水陆画❶的绘制年代众说纷纭，在最初的研究成果《宝宁寺明代水陆画》中确认为明代作品❷，但也有学者认为这些水陆画是元代作品，因为从画作的内容、人物服饰等方面来看，是元代的风俗❸。实际上，其中至少部分应该是元代作品，因为图中绘有穿辫线袍的官吏，有男右衽、女左衽的衣着风格，还出现了头戴方笠的人物形象，起码这部分水陆画可以肯定是元代的遗存（图3-121）。

往古孝子顺孙等众　　　妃后宫嫔媒女等众　　　往古雇典婢奴弃离妻子孤魂众

山西博物院藏

图3-121　宝宁寺水陆画

山西洪洞县广胜寺水神庙内的元代戏曲壁画《大行散乐忠都秀在此作场》的创作时间是泰定元年（1324年）。其中著名杂剧艺人忠都秀女扮男装，宋式圆领红色宽衫内穿着的却是左衽交领袍服；舞台上另外两位女性以及幕后探头观望女同样在戏服内穿着左衽服装，壁画中男子服装皆为右衽，水神庙其他壁画中还有许多身着左衽服装的女性形象（图3-122）。山西省平遥县双林寺千

❶ 水陆画：是寺院举办水陆法会时用到的神祇鬼灵的图像，通常包括壁画、卷轴画、版画和石刻，山西右玉县宝宁寺水陆卷轴画共一百三十九幅，是举行水陆法会时所用，现藏于山西省博物院。

❷ 山西省博物馆. 宝宁寺明代水陆画[M]. 北京：文物出版社，1985：7.

❸ 李德仁. 山西右玉宝宁寺元代水陆画论略[J]. 美术观察，2000(8)：61-64.

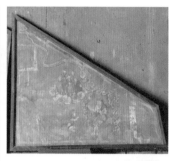

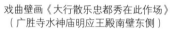

戏曲壁画《大行散乐忠都秀在此作场》
（广胜寺水神庙明应王殿南壁东侧）

广胜寺下寺大雄宝殿壁画（西山墙上
方象眼处）

图3-122　山西省洪洞县广胜寺壁画

佛殿有30多尊栩栩如生的供养人像，其中女子均身着左衽衣装，男装均为右衽，具有典型的元代特色（图3-123）。可见，虽然元代蒙古族的传统左衽逐步转变为右衽，而汉族却将左衽作为统治阶级文化的代表而追随，成为时髦的装束。山西芮城永乐宫，又名大纯阳万寿宫，始建于南宋淳祐七年（1247年），元至正十八年（1358年）竣工，前后达110多年。永乐宫保存一千平方米的元代道教全真教派壁画，真实反映了元代全真教教义及世俗生活❶。壁画题材丰富，绘画技法高超，继承了唐、宋优秀的绘画技法，融汇元代的绘画特点，形成了永乐宫壁画的独特风格。在永乐宫壁画中可见众多神仙及世俗人物身着左衽服饰，反映了元代蒙古族服饰文化在各阶层和文化中的传播（图3-124）。山西太原晋祠圣母殿是为纪念晋国开国诸侯唐叔虞（后被追封为晋王）的母后邑姜后而建，大殿创建于北宋太平兴国九年（984年），后经过历代擘划营造和修葺扩充，成当今规模。圣母殿中完整保存了四十三尊泥塑彩绘像，除龛内

---

❶ 金维诺.永乐宫壁画全集[M].天津：天津人民美术出版社,1997：3.

图3-123 山西省平遥县双林寺千佛殿供养人牛普林、冯妙喜像

纯阳殿西壁壁画（局部）

纯阳殿南壁西侧壁画（局部）　　由九峰山移至永乐宫纯阳殿的吕洞宾坐像

图3-124 芮城永乐宫中的左衽

两个小像是后附外，其余是宋代原塑●，但其中三十三尊侍女像中有几尊左衽塑像，虽然形象、妆容仍袭前代风格，但左衽成为元代改塑遗存的重要证据（图3-125）。河北石家庄毗卢寺、山西稷山县青龙寺等壁画以及山西晋城玉皇庙彩塑都有身穿左衽服装的人物形象，从众多左衽形象可见，元代左衽在北方地区的流行较为广泛。

图3-125　山西太原晋祠元代泥塑侍女像

　　有元一代，汉民族传统典故画作中，也有部分蒙古族的左衽时尚留存于世。元代画家张渥●至正六年（1346年）作《九歌图》●，描写屈原的《九歌》中之神祇共20人。虽是中原传统典故，但画中人物着装具有非常典型的男装右衽、女装左衽的特征，打下了时代的烙印（图3-126）。

　　元末明初画家卫九鼎●的《洛神图》是以曹植《洛神赋》中虚构邂逅美丽

● 太原市文物管理委员会，山西晋祠文物保管所.晋祠[M].北京：文物出版社，1981：5.

❷ 张渥(？—1356年后不久)，字叔厚，号贞期生，淮南(今安徽合肥)人。屡举不中，仕途失意，遂寄情诗画。

❸ 九歌图：至正六年(1346年)冬十月，张渥为其好友言思齐所绘，纵29厘米，横523.3厘米，纸本，吉林省博物院藏。

❹ 卫九鼎，生卒年不详，活动于元代后期，字明铉，浙江天台(今浙江台州市天台县)人。

绝伦的洛神为主题，故事表达人神之恋飘渺迷离、悲伤怅惘之情。画中洛神身着汉族传统长衫，但其左衽的特点引人注目，表明元末中原对蒙古族服饰文化中的左衽特点已经掌握得十分纯熟，在这里左衽的出现并不感觉突兀（图3-127）。倪瓒❶为这幅画题词的落款为"戊申"，也就是明太祖元年（1368年），这说明该画完成于元代。入明后，何孟春❷说左衽习俗一直到明朝建立以后还延续了百年有余❸。但实际情况并非如此，朱元璋立足中原即祛除蒙古族留下的一切，留居内地的蒙古人怕受到排挤、迫害，纷纷改名换姓，所以不论是蒙古族还是其他民族，衣着中的左衽并没有传承多久，而是随着朱元璋北进的脚步迅速销声匿迹。何孟春应该是指元代留存的造像、壁画等仍有左衽，而未得到改正的情况，并非指人的穿着。

图3-126 张渥《九歌图》中的湘夫人
吉林省博物院藏

图3-127 卫九鼎《洛神图》中的洛神
《中国历代服饰文物图典 辽金西夏元代》
上海辞书出版社2019

❶ 倪瓒(1301—1374)，字元镇，号云林子，江苏无锡人，元代画家、诗人。
❷ 何孟春(1474—1536)，字子元，郴州(今属湖南)人，明弘治六年(1493年)进士。官历兵部侍郎、吏部侍郎、吏部尚书。
❸ [明]何孟春.余冬序录摘抄内外篇：卷一[M].北京：中华书局，1985：2.

在元代多民族杂居的社会生活中，通过人与人的交往，民族习俗的交融是必然的。元代多元化的社会生活使各民族学习对方的长处，蒙古族也学习了中原民族的许多优秀的文化，促进民族文化进步，对巩固统治具有重要作用。百年的时间对一个民族的历史来说并不长，但对于蒙古族在文化上的进步具有非常重要的意义。千百年来形成的左衽习俗，经过较短时间即改变，随右衽带来的是中原积累了几千年先进文化，这是蒙古族从奴隶制一跃迈进为成熟封建制的重要标志之一。而中原汉族对左衽的效仿，除北方较为突出外，到元末，江南士人风俗也有蒙古化的倾向，辫发短衣、效仿蒙古人的语言、服饰，以祈求官运亨通。实际上这种习俗并不限于士绅、官宦人家，其影响逐渐波及民间，体现了各民族相互学习、共同进步的过程。

第六节　元代蒙古族的发式与妆容

一代天骄成吉思汗及其子孙从北方草原上一个不大的部落发展成纵横欧亚广大地区的强大帝国，从大蒙古国到元代的160多年间，作为首个统治广大国土的少数民族，蒙古族在文化、习俗、穿着、妆容等方面都有别于中原大众所熟悉的一切，成为当年备受关注的焦点，也是后人研究其文化特色的重要内容。

一、发式

北方少数民族自古就有髡发的习俗，而汉民族则自幼便不可随意断发，将"身体发肤，受之父母，不敢毁伤，孝之始也"❶视为人生的信条。

---

❶ [春秋]孔丘，郑注疏.孝经·开宗明义[M].南京:江苏凤凰美术出版社，2017:1

1. 北方草原民族的髡发

北方草原地域广阔，自古生活着众多民族，这些民族在相似的生活环境中形成了相似的生活习俗和文化特征。除蒙古族髡发外，西至匈奴、突厥、党项，东到契丹、女真以及后来的满族都有髡发的习俗（图3-128）。髡发是北方草原民族的重要特征，匈奴人的头发"大部分被剃去，但往往在头顶留一

契丹　通辽市库伦旗七号辽墓壁画

《文物》1987第7期

女真　山西平定县城关镇
一号金墓壁画

《中国出土壁画全集》
科学出版社2012

党项　榆林窟第29窟壁画

《中国敦煌壁画全集》
天津人民美术出版社1996

粟特　河西高台县地埂坡M4墓葬壁画

《敦煌学辑刊》2010第2期

清代髡发

中国国家博物馆藏

图3-128　北方草原民族的髡发

簇头发，又编两条小辫挂在耳后"❶。西夏建国后，开国皇帝景宗李元昊就颁行
"秃发令"即"元昊初制秃发令，先自秃发。及令国人皆秃发，三日不从令，
许众杀之"❷，其次，"乌桓者，本东胡也，……以髡头为轻便"❸。渤海国同样为
"髡发左衽"❹，鲜卑宇文莫槐❺部"人皆剪发而留其顶上"❻，实际上，生活在北方
草原的许多民族均有髡发之俗。

　　女性髡发也常见于鲜卑、乌桓、契丹等民族中。乌桓女子婚前髡头，婚后
留发为髻，"妇人至嫁时乃养发，分为髻"❼，云燕之地"良家士族女子皆髡首，
许嫁方留发"❽。而鲜卑女子则是婚前蓄发，婚后髡头："鲜卑者，亦东胡之支
也，……唯婚姻先髡头。"❾豪欠营辽墓是辽代早期墓葬，女性墓主保留了完整
的髡发形象，"额头上部剃去宽5.5厘米的一片头发，有0.8厘米长的发根。头
顶长发集为一束，用纱带捆扎，带结在头顶中央。在这束头发的右侧抽出一小
绺，梳成一条小辫，绕经前颅，返回头顶中央，压在大束头发的上面，辫梢另
用一根纱带扎住。其余头发披在脑后及耳朵两侧，直至肩上。两鬓只见右侧，
剩有3—4厘米长的头发十余根。"❿在宣化辽代张世古墓和张恭诱墓壁画中女性
髡发的发型与此基本相同⓫，可以说这种头顶留一束朝天辫的髡发是契丹妇女的
典型发式（图3-129）。

❶ [美]W. M.麦高文.中亚古国史[M].章巽，译.北京：中华书局，1958：109.
❷ [宋]李焘．续资治通鉴长编：卷一百一五：第九册[M]．北京：中华书局，1985：2704.
❸ [宋]范晔.后汉书・乌桓鲜卑：卷九十[M].北京：中华书局，1983：2979.
❹ [元]脱脱.宋史・宋琪：卷二百六十四[M].北京：中华书局，1983：9126.
❺ 宇文莫槐（？—293），西晋时期鲜卑宇文部首领，《北史》称其为匈奴人，"出于辽东塞外，其先南单
于远属也，世为东部大人。其语与鲜卑颇异。"一般认为，宇文部应该是东汉时北匈奴瓦解后的余
众与鲜卑族长期杂处而被同化的后裔。
❻ [唐]李延寿.北史・匈奴宇文莫槐：卷九十八[M].北京：中华书局，1983：3266.
❼ [南朝宋]范晔.后汉书・乌桓鲜卑：卷九十[M].北京：中华书局，1983：2979.
❽ [宋]庄绰 张端义.鸡肋篇・贵耳集[M].上海：上海古籍出版社，2012：16.
❾ 同❼2985.
❿ 乌兰察布文物工作站.察右前旗豪欠营第六号辽墓清理简报[J].文物，1983（9）：1-8.
⓫ 张家口市宣化区文物保管所.河北宣化辽代壁画墓[J].文物，1995（2）：4-28.

张世古墓M5　备茶图

张恭诱墓M2　备茶图

《宣化辽墓壁画》文物出版社2001

图3-129　契丹女性髡发

2. 蒙古族男子的髡发

13世纪中期，蒙古族开始走上华夏大舞台的中央，他们的生活习俗、传统文化、服饰发型等都受到中原人的审视。"髡发"这个与中原几千年不同的发式引起人们的好奇，并常常出现在各种记载中。在这些文字中，对髡发的称呼多样，如"婆焦""不狼儿""怯仇儿""三搭头"等。不论怎样称呼，发型的主要特点是头顶部分剃光，留有一撮刘海，后留有长发，披散或辫成多条麻花辫。清人吴铎辑《净发须知》下卷转引《大元新话》记载元代各式发型："按大元体例，世图故变，别有数名。还有一答头、二答头、三答头、一字额、大开门、花钵椒、大圆额、小圆额、银锭、打索绾角儿、打辫绾角儿、三川钵浪、七川钵浪、川著练槌儿。还那个打头，那个打底：花钵椒打头、七川钵浪打底，大开门打头、三川钵浪打底，小圆额打头、打索绾角儿打底，银锭样儿打头、打辫儿打底，一字额打头、练槌儿打底。"❶ "不浪儿"是中原孩童的发式，有多种样式，活动时前后摆动，犹如不浪鼓，因而称"不浪儿"。宋代理宗赵昀❷时期，中原就有"剃削童发，必留大钱许于顶左名'偏顶'，或留之顶前，束以彩缯，宛若博焦之状，或曰'鹁角'"❸。中原只有孩童才有的发型，成为北方草原众多民族成人的发式，因此借用同样的名称来称呼。

古代文献对蒙古族发型有不相同的描述，南宋遗民郑思肖记述蒙古族的髡发较为详细："'三搭'者，环剃去顶上一弯头发，留当前发，剪短散垂，却析两旁发，垂绾两髻，悬加左右肩衣袄上，曰'不狼儿'，言左右垂髻，碍于回视，不能狼顾。或合辫为一，直拖垂衣背。"❹这里描述的主要有两种发型，一种是脑后垂辫犹如清代满族男子发式，只不过蒙古族的髡发有刘海，这种发式可以参考刘黑马墓出土的陶俑，额顶髡发，脑后垂两条长长的发辫❺，或如宝鸡元墓中武士俑独垂一辫❻（图3-130）。另外一种是左右两辫，但发辫是在耳后编结，并不会阻碍视线，因此说"左右垂髻，碍于回视，不能狼顾"（狼顾：像狼一样不停地回头张望）却有些偏颇。实际上"男子结发垂两耳"❼是使用率最高的蒙古族男子发型，"结发"即将头发编成发辫，与中原汉民族男子将长发绾成锥髻盘于头顶的发式完全不同。赵珙也说："上至成吉思，下及国人，皆剃婆焦，如中国小儿留三搭头在囟门者，稍长则剪之，在两下者，总小角垂于肩上。"❽多桑仔细解释了蒙古族的发型："剃发作马蹄铁形，脑后发亦剃。其余发听之生长，辫之垂于耳后。"❾鲁不鲁乞也注意到蒙古族发式的特

❶ 沈从文.中国古代服饰研究[M].增订版.上海：上海书局出版社，1997：445.
❷ 宋理宗(赵昀，1205—1264)，绍兴府山阴县(今浙江绍兴)人，南宋第五位皇帝，1224—1264年在位。年号宝庆、绍定、端平、嘉熙、淳祐、宝祐、开庆、景定，庙号理宗，谥建道备德大功复兴烈文仁武圣明安孝皇帝。
❸ [元]脱脱.宋史·五行三：卷六十五[M].北京：中华书局，1973：1430.
❹ [宋]郑思肖.郑思肖集·心史·大义略叙[M].上海：上海古籍出版社，1991：182.
❺ 陕西省考古研究院.蒙元世相——陕西出土蒙元陶俑集成[M].北京：人民美术出版社，2018：121.
❻ 刘宝爱 张德文.陕西宝鸡元墓[J].文物，1992(2)：28-43.
❼ [元]李志常.成吉思汗封赏长春真人之谜[M].中国旅游出版社，1988：49.
❽ [宋]赵珙.蒙鞑备录[M]//王云五.丛书集成初编.上海：商务印刷馆，1939：7.
❾ [瑞典]多桑.多桑蒙古史：上册[M].冯承钧，译.北京：中华书局，2004：30.

0 └──────┘ 5cm

西安长安区韦曲刘黑马墓出土陶俑　　　　西安莲湖区小土门元墓出土　陕西历史博物馆藏
　　　　　　　　　　　　　　　　《蒙元世相——陕西出土蒙元陶俑集成》人民美术出版社2018

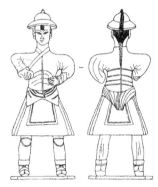

武士俑　　　　　　　　　　男侍俑　　　　　　　　刘元振墓出土

陕西宝鸡元墓出土
《文物》1992第2期

西安北郊红庙坡元墓出土　　　　《新编纂图增类群书类要事林广记》下棋图

　　　　　　　　　　　　　　　　《续修四库全书》上海古籍出版社2002

图3-130　双辫和独辫的发式

别，在《东游记》中作了更为形象的描述："男人们在头顶上把头发剃光一方块，并从这个方块前面的左右两角继续往下剃，经过头部两侧，直至鬓角。他们也把两侧鬓角和颈后（剃至颈窝顶部）的头发剃光，此外，并把前额直至前额骨顶部的头发剃光，在前额骨那里，留一簇头发，下垂直至眉毛。头部两侧和后面，他们留着头发，把这些头发在头的周围编成辫子，下垂至耳。"❶鲁不鲁乞对剃发的顺序解释得比较清楚，但不管怎样剃，最终是留下前额的一小撮头发，形成刘海儿，头顶至两鬓的头发全部剃掉，只剩下耳后的头发，"在头的周围编成辫子"，也就是有多条辫子，在多数情况下，这些辫子还要对折固定。蒙古族与众不同的发式成为人们关注的焦点，仔细观察并记录，为后人留下准确的第一手资料，加宾尼更详细地记述过蒙古族男子的发型："在头顶上，他们像教士一样把头发剃光，剃出一块光秃的圆顶，作为一条通常的规则，他们全都从一个耳朵到另一个耳朵把头发剃去三指宽，而这样剃去的地方就同上述光秃圆顶连结起来。在前额上面，他们也都同样地把头发剃去二指宽，但

图3-131　武宗皇帝像
中国国家博物馆藏

是，在这剃去二指宽的地方和光秃圆顶之间的头发，他们就允许它生长，直至长到他们的眉毛那里；由于他们从前额两边剪去的头发较多，而在前额中央剪去的头发较少，他们就使得中央的头发较长；其余的头发，他们允许它们生长，象妇女那样；他们把它编成两条辫子，每个耳朵后面各一条。"❷将耳后一条或多条辫子对折固定形成一个小圈，这样的发型在蒙元时期的大汗及皇帝画像（图3-131）、陶俑、传世画作中都可以看到。郑麟趾在《高丽史》中也说："蒙古之俗，剃顶至额，方其形，留发其中，谓之'怯仇儿'。"❸

❶ [法]威廉·鲁不鲁乞.鲁不鲁乞东游记[M]//[英]道森.出使蒙古记.吕浦，译.北京：中国社会科学出版社，1983：119.
❷ [意]约翰·普兰诺·加宾尼.蒙古史[M]//[英]道森.出使蒙古记.吕浦，译.北京：中国社会科学出版社，1983：7.
❸ [朝]郑麟趾.高丽史·忠烈王一[M].奎章阁藏本，卷二十八4上-4下.

或"谓之开剃"❶。"怯仇儿"这个词只在《高丽史》中出现,伯希和的"高丽史中之蒙古语"中对"怯仇儿"进行了解释:"怯仇儿,即蒙古语之 kägül(《元朝秘史》作客古勒),此言辫发。白鸟以为就是此后(第二十条)姑姑等名之同名异译,然而也不自然。"❷伯希和对白鸟库吉主张蒙古女子的高冠罟罟与男子辫发怯仇儿的语源相同并不完全认同❸。至元末,蒙古族"其发或辫、或打纱练椎,庶民则锥髻"❹,说明发式已经有了一定变化。

3. 蒙古族女子发式

元代蒙古族女性的发型比较简单,婚前独辫、婚后分发留双辫,若佩戴罟罟冠则梳髻在头顶。元代诗人、翰林院编修官廼贤❺到过蒙古草原,他在《塞上曲》中写道:"双鬟小女玉娟娟,自卷毡帘出帐前。忽见一枝长十八,折来簪在帽檐边。"❻其中"玉娟娟"形容少女像玉石一样洁白秀美,"长十八"为北方草原的花草名。诗中描绘梳着一双小辫的少女站在毡帐前,但按照蒙古族传统女子发式,出嫁前的少女不会梳双辫,只有婚后才可分发、垂双辫。廼贤虽然到过蒙古草原,但对蒙古民族习俗并不了解,因此对毡帐前的年轻女子是少妇而非少女并不是很清楚。朱有燉也描述过这种麻花辫的情形:"十五胡姬玉雪姿,深冬校猎出郊时。海青帽暖无风冷,鬓发偏宜打练椎。"❼

与契丹人一样,蒙古族不仅男子髡发,妇女在结婚后有时也要髡发。鲁不鲁乞在为蒙哥汗的信奉聂思脱里教的大夫人实行洗礼时"天已经大亮了——她开始取下她的头饰(称为字哈),因此我看到她光着头。于是她命令我们退出……"❽,此处"光着头"应该有两个含义,一是蒙古族妇女在陌生男人面前必须戴帽,而此时大夫人摘下罟罟冠,所以让这些为她洗礼的男人退出去。二

❶ [朝]郑麟趾.高丽史·舆服一[M].奎章阁藏本,卷七十二11下.
❷ 冯承钧.西域南海史地考证译丛续编[M].上海:商务印书馆,1934:71.
❸ 同❸72.
❹ [明]叶子奇.草木子·杂制篇:卷三[M].北京:中华书局,1959:61.
❺ 廼贤(1309—?),字易之,西域葛逻禄人,世居金山之西。历任东湖书院山长、翰林国史院编修官.
❻ [元]廼贤.廼贤集校注·塞上曲[M].叶爱欣,校注.郑州:河南大学出版社,2012:171.
❼ [明]朱有燉.宫词一百首[M]//[元]柯九思.辽金元宫词.北京:北京古籍出版社,1988:23.
❽ [法]威廉·鲁不鲁乞.鲁不鲁乞东游记[M]//[英]道森.出使蒙古记.吕浦,译.北京:中国社会科学出版社,1983:180.

是，在大夫人摘下罟罟冠时，鲁不鲁乞应该看到她的髡发，因此他的说法比较可信："在结婚以后，妇女就把自头顶当中至前额的头发剃光。"❶ 在已知的图像资料中很少见到蒙古族妇女髡发的形象，但在元代帝后像中有三位皇后在罟罟冠下用薄纱敷额，可以清晰看到额顶的髡发（图3-132）。

不知名皇后　　　　　　英宗皇后　　　　　　顺宗皇后

图3-132　元代皇后像
台北故宫博物院藏

4. 民族文化传播中的髡发

髡发是北方草原民族特有的发式，是传统文化的重要组成部分，但这种文化也随着蒙古族与外界接触的增多而逐步减少。如中原右衽一样，右衽、左衽与文化的先进与落后并没有任何关系，但文化发展较快地区的人们所表现出的外在形象、气质、风貌，甚至衣服前襟叠压方向都有一种连带关系。同样，蒙古族的髡发、辫发或披发与中原民族的油光锃亮、一丝不苟的锥髻发式在外部形象上有巨大差别。一些逐步接受中原文化的蒙古族开始学习中原汉族文化，除右衽外，不断发也是其中重要的外在形象。在形式上向中原文化看齐，内心也随时代的发展而逐步吸收新的观念。成吉思汗的四杰之一木华黎之子孛鲁❷

❶ [法]威廉·鲁不鲁乞.鲁不鲁乞东游记[M]// [英]道森.出使蒙古记.吕浦，译.北京：中国社会科学出版社，1983：120.
❷ 孛鲁(1197—1228)，蒙古开国名将、太师国王木华黎之子。

就 "美容仪不肯剃婆焦，只裹巾帽著窄服"❶。孛鲁不肯髡发，学习中原人裹巾戴帽，但仍然穿着传统窄袖袍服，成为元代生活在中原地区蒙古族的常见形象。实际上孛鲁受到父亲木华黎的影响很大，因为木华黎 "衣服制度，全用天子礼"❷，可见，中原文化对蒙古族的影响在成吉思汗时期即已开始，接触越多，文化的传播就越快。

文化传播是双向的，蒙古族接受汉族文化的时间较早，元立国后，部分汉族人出于不同心理，也在逐步接受部分蒙古族文化，但这种接受首先是为了讨好蒙古贵族、提高政治地位，其二是赶时髦，其三是在与蒙古族通婚的过程中接受蒙古族文化。不论哪种情况，在元代，尤其是北方地区学习蒙古语、改蒙古名、穿蒙古衣、留蒙古族发式都成为一种时尚。南宋降元将领黄万石就 "削顶，三搭辫发"❸。汉民族在 "不断发" 的传统观念束缚下，在发式上改变需要很大勇气，"毁伤" 其发者应该不多。至元末，在以右丞相伯颜为代表的蒙古保守贵族的煽动下，元代朝廷下令禁止中原人学习蒙古语❹，想维护蒙古族在元代的最高统治地位和阶级利益，但在民间，这种阻止并不能达到真正效果。

由于高丽与元代宫廷的特殊关系，双方宫廷及民间往来频繁。元代有七位公主嫁给高丽王，随行入高丽的人员众多，也为其带去了蒙古族文化。有元一代，高丽王在做世子期间多为质子，在元朝生活，同时学习了很多蒙古族文化与习俗，这些都是蒙古族文化进入高丽的重要途径。剃发、易服自然成为这个时期高丽上层的重要文化特征。

高丽元宗王倎❺即位时就有人劝其 "效元俗改形易服"，王倎回答："吾未忍一朝遽变祖宗之家风，我死之后卿等自为之。"❻但元宗世子王昛❼在元为质期间深受蒙古族习俗的影响，入质不久即 "开剃"。至元九年（高丽元宗十三

---

❶ [宋]赵珙. 蒙鞑备录[M]//王云五. 丛书集成初编. 上海：商务印书馆，1939：3.

❷ 同❶.

❸ [宋]郑思肖. 郑思肖集·心史·杂文[M]. 上海：上海古籍出版社，1991：155.

❹ [明]宋濂. 元史·伯颜：卷一百三十八[M]. 北京：中华书局，1976：2142.

❺ 王倎(1219—1274)，高丽王朝第24任君王，1260—1274年在位，即位后改名王禃.

❻ [朝]郑麟趾. 高丽史·忠烈王一[M]. 奎章阁藏本，卷二十八6下.

❼ 王昛(1236—1308)，字輖，初名谌(中国史书作愖)，1276年改名賰，1293年改名昛，高丽第25任国王，1274—1298年、1298—1308年在位。

年，1272年）二月王昛回到开京（今朝鲜开城）时，"国人见世子辫发、胡服，皆叹息，至有泣者。"❶至元十一年（1274年）五月王昛迎娶元世祖忽必烈的女儿忽都鲁揭里迷失公主，开始了元丽之间"舅甥之好"的姻亲关系，当年七月王昛回国继承王位，是为忠烈王。"王入朝时已开剃，而国人则未也，故责之"❷。忠烈王元年（1275年）十月忽都鲁揭里迷失公主赴高丽，前往迎接的大将军朴球等已模仿国王"开剃"。十二月，"宰枢议曰：金侍中若还，必即开剃。开剃一也。盍先乎？于是宋松礼❸、郑子琦开剃而朝，余皆效之。"❹忠烈王四年（1278年，至元十五年）二月"令境内皆服上国衣冠，开剃"，"上国"即指元朝，从此，高丽已是"时自宰相至下僚无不开剃，唯禁内学馆不剃。左丞旨朴恒呼执事官谕之於是学生皆剃"❺。时隔不久，学生也一律改留蒙古发式。五月，忠烈王、忽都鲁揭里迷失公主、世子王璋返元，忽必烈问北京❻同知（同知：官名）康守衡高丽服色如何，康守衡回答"服靴靶衣帽至迎诏贺节等时，以高丽服将事"，忽必烈说："人谓朕禁高丽服，岂其然乎汝国之礼，何遽废哉。"❼忠烈王曾来元16次，是来元最多、受到蒙古族文化影响最深的高丽王。

除姻亲关系及两国之间的特殊"朝贡"外交关系外，高丽贡女、宦官以及贵族子弟来华当怯薛的数量非常庞大，以致"京师达官贵人必得高丽女，然后为名家。高丽婉媚，善事人，至则多夺宠"❽。此后至元末，高丽与元朝的交流空前频繁，促进了双方的文化交流，在服饰上相互影响、借鉴。高丽上下"皆服上国衣冠"并不是元统治者的强迫命令，而是曾长期在元居住的高丽王和世子带头"开剃"、穿戴蒙古衣冠，大臣百官群起效仿，最后由高丽统治者下令

❶ [朝]郑麟趾.高丽史·元宗三[M].奎章阁藏本，卷二十七27上.

❷ [朝]郑麟趾.高丽史·忠烈王一[M].奎章阁藏本，卷二十八4下.

❸ 宋松礼（송송례，？—1289），高丽王朝时期的军事及政治人物，曾协助高丽元宗消灭武人政权。元宗十三年（955年）元宗为恭贺蒙古建立国号大元，以任枢密院副使的他出使元大都，同年他亦被任命为忠清道指挥使.

❹ 同❷6下.

❺ [朝]郑麟趾.高丽史·舆服一[M].奎章阁藏本，卷七十二11下.

❻ 北京：今内蒙古自治区赤峰市宁城。辽中京大定府，元初为北京路总管府，至元七年"改北京为大宁，二十五年改为武平路，后复为大宁"。[明]宋濂.元史·地理二：卷五十九[M].北京：中华书局，1976：1397.

❼ 同❷36上.

❽ [明]权衡.庚申外史[M].郑州：中州古籍出版社，1991：96.

在全国推行，使蒙古族衣装和发式在高丽得到推广。

  元朝期间的高丽受到中华文化的影响比以往更多，尤其在服饰、发型等形式上的影响更为持久，虽然恭愍王王颛❶即位之初"立即放弃蒙古式辫发、脱掉胡服，力图展现自主意识"❷，但这并非容易之事。首先，此时蒙古与高丽的直接联系已有百年历史，消除这些影响并非一朝一夕即可完成；另外恭愍王少年时入元为质（至正二年，1341年），并在至正九年（1349年）迎娶元魏王孛罗帖木儿之女宝塔失里（追赠鲁国人长公主）为妻，到至正十一年（1351年）即王位，十二月返高丽，在华生活十年之久，元朝及蒙古族文化、服饰对其影响很深。从恭愍王所绘《天山大猎图》（图3-133）中两位髡发、蒙古衣装的骑马追逐者可以看出，在高丽后期蒙古族文化影响的深度，实际上"事元以来，开剃、辫发袭胡服殆将百年及大明"❸。明朝立国（洪武元年，1368年）后，明太祖即"赐恭愍王冕服，王妃、群臣亦皆有赐。自是衣冠文物焕然复新，彬彬乎古矣"❹。但蒙古族文化对历代高丽王的影响并非小觑，直到"恭愍

高丽恭愍王绘天山大猎图
韩国国立中央博物馆藏
韩国国立中央博物馆网站（收藏品番号：긴깐10867）

恭愍王与鲁国公主
韩国京畿道博物馆藏
韩国京畿道博物馆网站

图3-133　高丽恭愍王像

---

❶ 王颛(1330—1374)，号怡斋、益堂。初名祺，1366年改颛。高丽王朝第31任君主，1352—1374年在位，谥恭愍。
❷ [韩]国立中央博物馆. 国立中央博物馆常设展览指南[M]. 首尔：国立中央博物馆，2017：111.
❸ [朝]郑麟趾. 高丽史·舆服一[M]. 奎章阁藏本，卷七十二1下.
❹ 同❸.

王二十三年（1374年）五月禁止效胡剃额"，实际到下一任高丽王王禑❶十三年（1387年）六月才真正"始革胡服依大明制"❷，到此高丽终于结束了元以来开剃、辫发和着蒙古族服装的历史。但蒙古族断腰袍却完全融入高丽和朝鲜时期的服装中，其影响持续了几百年。

二、女性妆容

虽然生活在艰苦的环境，蒙古族女性仍具爱美之心，并善于打扮自己。一个民族的审美意识是所生活的地域赋予的基本能力，并受到民族交往的影响，形成独特的审美观。

1. 以胖为美，小鼻小眼一字眉

蒙元时期蒙古族女性以胖为美，那时"妇女们是惊人的肥胖"❸，从北京故宫南薰殿旧藏《元代帝后像册》的各位皇后像可以很直观地看出丰润的脸庞应该是当时女性美的标准（图3-134）。由于蒙古族外貌的特点是高颧骨、平鼻子，加上肥胖、丰满的脸庞，使本来就小的鼻子更显平小，因此当时小鼻子就成为审美标准之一。加宾尼认为："在外貌上，鞑靼人同一切其他的人是十分不同的，因为他们两眼之间和两个颧骨之间较其他民族为宽。他们的面颊也相当突出在他们的嘴上面；他们有一个扁平的和小的鼻子，他们的眼睛是小的，他们的眼皮向上朝向眉毛。"❹西方人依自己的审美观审视蒙古族的相貌，当然会给出与东方人不同的解释。鲁不鲁乞在《东游记》中就说："一般认为，她们的鼻子越小，就越美丽。"❺鲁不鲁乞1253年东行进入蒙古地区，他在这里遇

---

❶ 王禑(1365—1389)小字牟尼奴，高丽王朝第32任君主，1374—1388年在位。

❷ [朝]郑麟趾. 高丽史·舆服一[M]. 奎章阁藏本，卷七十二13上.

❸ [法]威廉·鲁不鲁乞. 鲁不鲁乞东游记[M]// [英]道森. 出使蒙古记. 吕浦，译. 北京：中国社会科学出版社，1983：120.

❹ [意]约翰·普兰诺·加宾尼. 蒙古史[M]// [英]道森. 出使蒙古记. 吕浦，译. 北京：中国社会科学出版社，1983：7.

❺ [法]威廉·鲁不鲁乞. 鲁不鲁乞东游记[M]// [英]道森. 出使蒙古记. 吕浦，译. 北京：中国社会科学出版社，1983：120.

仁宗皇帝后

英宗皇帝后

明宗皇帝后

图3-134　元代皇后像
台北故宫博物院藏

到拔都的亲戚司哈塔台（Scatatai），在他的斡耳朵中，鲁不鲁乞看到："他的妻子坐在他旁边。我确实相信，她是把两眼间的鼻子割掉了，为的是她的鼻子可以更为扁平，因为她那处地方根本没有鼻子；她用黑油膏涂搽在那处地方，并涂搽在双眉上，我们看来丑恶可怕。"❶司哈塔台的妻子是否真的割掉了鼻子，通过这些文字并不能肯定，不管怎样，在鼻子处以及双眉上涂搽的黑色油膏使面容如此特别，按西方人的审美标准肯定无法理解，所以鲁不鲁乞认为是"丑恶可怕"的。

　　面部化妆自古都是人类妆饰的重点，从诸皇后画像可以看出元代蒙古族女性对眉毛修饰的共同特点，即"一字眉"。这种眉形应该是先将真眉剃去，另于额上画两道水平、细长的"一字眉"，这是当时流行的眉形。《元代帝后像册》中各位皇后的"一字眉"细长、整齐，与纤小的眼、鼻、唇和谐地组合在丰满、圆润的脸庞上，显得十分干净。画眉如"自拂双眉黛"❷，其实在眉型的审美上，是与五官相互呼应的，细眉细眼、樱桃小口一直到近代仍是中国美女的标准，加上如柳叶的"一字眉"成为当时美的时尚。隋唐时期妇女红妆是面

❶[法]威廉·鲁不鲁乞.鲁不鲁乞东游记[M]// [英]道森.出使蒙古记.吕浦，译.北京：中国社会科学出版社，1983：126.

❷[元]陶宗仪.南村辍耕录[M].北京：中华书局，1959：159.

饰的主流，有"翠柳眉间绿，桃花脸上红"❶之喻，"红妆翠眉"应该是当年颇为流行的另外一类妆容，在敦煌壁画中也有出现。元代这种"桃花脸上红"的妆容仍然流行："拂冰弦慢捻轻拢，一种天姿，占断芳丛。额点宫黄，眉横晚翠，脸晕春红。"❷

"眼无上纹"❸即单眼皮，是蒙古族主要的眼部特征，但在《元代帝后像册》的十五幅皇后像中有元世祖昭睿顺圣皇后、纳罕、顺宗昭献元圣皇后、武宗文献昭圣皇后以及一位未标身份皇后等五位是双眼皮，按照这个比例来说，在元代皇后中双眼皮的比例并不算小。

2. 佛妆

"佛妆"与佛教的盛行有一定关系。早在汉代，妇女就有额部涂黄的妆扮，由于佛教盛行，南北朝以后在许多方面都受其影响，涂金的佛像为女性美容带来许多启示，使妇女的审美观产生了一定变化。佛妆的流行在唐代达到鼎盛，此后在中原地区逐步衰落，但辽、金仍流行并一直延续至元代。按照史料记载，辽代契丹妇女佛妆的用色应该特别重，以致"北妇以黄物涂面如金"❹，宋代诗人彭汝砺❺在诗中写道："有女夭夭称细娘，真珠络臂面涂黄。华人怪见疑为瘴，墨吏矜夸是佛妆。"❻由于契丹女性的佛妆浓重，与中原妇女的佛妆有很大区别，以至彭汝砺用瘴气所致来形容。

追随时尚自古是文化的重要组成部分，蒙古族也从多方面吸收不同的审美文化，元代蒙古族妇女佛妆的流行就是受到辽金影响的结果。中原已经衰落的佛妆，此时在蒙古族妇女中仍流行，吸引了那些来自中原惊奇的目光，并发出感叹："妇女往往以黄粉涂额，亦汉旧妆传袭，迄今不改也。"❼徐霆疏证彭大

❶ 王重民. 敦煌曲子词集·奖美人[M]. 上海：商务印书馆，1950：28.
❷ [元]张可久. 张可久集(校注)[M]. 杭州：浙江古籍出版社，1995：365.
❸ [元]陶宗仪. 南村辍耕录[M]. 北京：中华书局，1959：4.
❹ [宋]叶隆礼. 契丹国志[M]. 上海：上海古籍出版社，1985：242.
❺ 彭汝砺(1047—1095)，字器资，饶州鄱阳(今江西波阳)人，宋哲宗元祐六年(1091年)以吏部侍郎为贺辽主生辰国信使。
❻ 蒋祖怡 张涤云整理. 全辽诗话[M]. 长沙：岳麓书社，1992：161.
❼ [宋]赵珙. 蒙鞑备录[M]//王云五. 丛书集成初编. 上海：商务印书馆，1939：7.

雅的《黑鞑事略》时说："妇女真色，用狼粪涂面。"❶按王国维的注释，这句话"疑有误字"，但并未指出误字为何。实际上"狼粪涂面"中并不一定有"误字"，应该是观察者并没有深入当地人的生活，不了解妇女涂面所用何物，根据蒙古族对狼的崇拜以及狼粪的颜色，主观认定黄物为狼粪。实际上，佛妆所用黄粉来自栝楼的果实。栝楼是多年生的草本植物，在我国各地都有分布，块根及果均可入药，果实成熟后呈黄褐色，辽金元时期，人们捣汁、磨粉即成为佛妆的妆料。宋人庄绰❷在《鸡肋篇》中也提到云燕之地妇女"冬月以括（应为栝）蒌涂面，谓之佛妆"，其后又继续写道："但加傅而不洗，至春暖方涤去，久不为风日所侵，故洁白如玉也。"❸用栝楼粉涂面肯定是佛妆的妆容需要，但"加傅而不洗"的目的是护肤，使春暖洗去后露出洁白的肌肤，符合中国传统"一白遮百丑"的审美观。通过秋冬栝楼粉的保护，避免了寒风的刺激、遮挡冬季极寒的温度，在基本封闭的环境中度过至少半年的时光，春暖花开之时洗去，一定会露出洁白如玉的面色。

爱美之心人皆有之，自古中国女性就使用各种方法化妆、美白。中原女性妆容多施粉美白，脸颊再扑朱粉、眉画黛，但对于草原女性来说，化妆水平和掌握色彩的平衡却是一个大难题，以致帖木耳大夫人"面上所施之铅粉过于浓厚，以至类似带有纸制之面具"❹。直到明代，蒙古族女性的妆容"亦以朱粉以饰，但施朱则太赤，施粉则太白。"❺虽然化妆技术和审美与中原有异，但蒙古族女性的爱美之心却与其他民族一样。在阴山汪古部故地就出土了木梳、铜镜、粉囊等许多化妆用具❻，可见当年女性对面部肌肤的保养与妆容非常重视，但有些不正确的方法和面膏的使用对皮肤构成了严重的伤害："由于她们涂搽

---

❶ [宋]彭大雅.黑鞑事略笺证[M]// 王国维.王国维全集:第十一卷.杭州:浙江教育出版社,2009:372.

❷ 庄绰,生卒年不详,约北宋末前后在世,字季裕,清源(今属山西太原)人,一说惠安(今属福建泉州)人.曾任官于襄阳、鄂州等处.

❸ [宋]庄绰,张端义.鸡肋篇·贵耳集[M].上海:上海古籍出版社,2012:16.

❹ [西班牙]克拉维约.克拉维约东使记[M].杨兆钧,译.北京:商务印书馆,1985:144.

❺ [明]萧大亨.北虏风俗[M]// 内蒙古地方志编纂委员会总编辑室.内蒙古史志资料选编:第三辑.呼和浩特:内蒙古地方志编纂委员会总编辑室,1985:144.

❻ 盖山林.阴山汪古[M].呼和浩特:内蒙古人民出版社,1991:247.

第三章 元代的蒙古族服饰与服饰文化

面孔，可怕地损毁了她们的外貌。"❶

　　当然佛妆的妆扮也有不同形式，宋人朱彧在《萍洲可谈》中记载其父北使时："见北使耶律家马车来迓，毡车中有妇人，面涂深黄，谓之'佛妆'红眉黑吻，正如异物。"❷这个契丹妇女的黄面与红眉、黑吻共同组成完整的佛妆，说明辽金元时期都有用红色颜料描眉者。元好问❸诗云："宫额画眉阔，黛黑抹金缕。"❹唐代颇流行异域风情的胡风妆饰，白居易❺在"时世妆"中详细描述了当时西北妇女的妆容："时世妆，时世妆，出自城中传四方。时世流行无远近，腮不施朱面无粉。乌膏注唇唇似泥，双眉画作八字低。妍媸黑白失本态，妆成尽似含悲啼。圆鬟无鬓椎髻样，斜红不晕赭面状。昔闻被发伊川中，辛有见之知有戎。元和妆梳君记取，髻椎面赭非华风。"❻其中的"乌膏注唇唇似泥"即描写了乌唇。契丹、蒙古妇女唇涂黑色的妆饰风格应该与唐朝时北方少数民族"乌膏注唇"的妆容一脉相承。

3. 额黄与花钿

　　除满脸涂黄的"佛妆"外，元代还流行局部的"额黄"妆饰。额黄是在南北朝以后流行起来的一种妆容，唐以后这种妆饰逐步减少，粘花钿开始增多。元代时，额黄和花钿仍在流行，"蛾眉频扫黛，宫额淡涂黄。半弯罗袜窄，十指玉纤长。"❼额黄与红粉成为元代女性妆容的典型。在《史集》也记载大蒙古国时期妇女们用"兀卜只儿台"这种红果代替红粉擦脸，"兀卜只儿台"是当地生长的一种红果，"成吉思汗那里有用（这种）果子制成（类似）脂蜡（之

❶ [法]威廉·鲁不鲁乞. 鲁不鲁乞东游记[M]// [英]道森. 出使蒙古记. 吕浦, 译. 北京：中国社会科学出版社, 1983：120.

❷ [宋]朱彧. 萍洲可谈：卷二[M]. 北京：中华书局, 2007：142.

❸ 元好问(1190—1257)，字裕之，太原秀容(今山西忻州)人，金宣宗兴定三年(1219年)进士，官至翰林知制诰。

❹ [金]元好问. 遗山集·赠莺：卷二[M]//景印文渊阁四库全书：第1191册. 台北：台湾商务印书馆, 1986：31.

❺ 白居易(772—846)，字乐天，号香山居士，祖籍山西太原。唐代现实主义诗人。

❻ [唐]白居易. 白香山诗集：卷四[M]//景印文渊阁四库全书：第1081册. 台北：台湾商务印书馆, 1986：96.

❼ 无名氏. [仙吕]点绛唇·金盏儿[M]//隋树森. 全元散曲：下册. 北京：中华书局, 1964：1797.

物）擦胡子的习惯。" ❶在元代诗、曲、词中有大量描写额黄的句子，马祖常 ❷
在《明日在罗中官园池次韵》中描写道："帝里春光媚，花前可独行。额黄团带
小，眉绿画痕轻。" ❸袁桷也说过："白雁西风几夕阳，故园牢落是宅乡，独怜寿
客三秋晚，不受玄神一夜霜。晓沐缓垂苍玉珮，晚妆愁带紫罗囊，凝香深院谁
消得，时许飞琼点额黄。" ❹此外耶律楚材、刘洗、王恽、张宪等都记述了元代
妇女点额黄的妆容，说明元代妇女额黄很普遍。虽然有些诗中所描述的不一定
是蒙古族妇女，但根据当时蒙古族妇女所流行的额黄、红粉，可以推测元代所
流行的妆容也应该为蒙古族女性所钟爱。

花钿是元代蒙古族女性较为喜欢的面饰，花钿也称花子，盛行唐代，至元
代，花钿的流行已近尾声。关于花钿的起源，据宋高承《事物纪原》引《杂五
行书》描述南朝宋武帝 ❺女寿阳公主："人日卧于含章殿檐下，梅花落额上，成
五出花，拂之不去，经三日洗之乃落，宫女奇其异，竞效之。花子之作，疑起
于此。" ❻因故也称之为"寿阳妆"或"梅花妆"。也有传说是唐代上官婉儿为
掩黥迹以梅花遮掩，却成为时尚妆容而流行开来，陶宗仪就说过："今妇人面
饰用花子，起自唐昭容上官氏所制，以掩黥迹。大历已前 ❼，士大夫妻多妒悍，
婢妾小不如意，辄印面，故有月黥，钱黥。" ❽关于花钿起源的传说有许多，但
各朝女性对美的追求都是一样的。隋唐时花钿已成为妇女的常用饰物，从两宋
直到元代花钿妆饰仍很普遍，花钿之一的美人痣在元代也是较为流行的妆饰，
在凌源富家屯元代一号墓壁画《启关图》中三个侍女身着左衽长衫、额间均点
美人痣 ❾。此墓葬反映了元代中期的中下层官吏的生活，可见，此时美人痣仍流

---

❶ [波斯]拉施特.史集·第一卷：二分册[M]. 余大钧,周建奇,译.北京:商务印书馆,1983:152.

❷ 马祖常(1279—1338),字伯庸,光州(今河南潢川)人。延佑二年(1315年)会试第一,廷试第二。自
英宗朝至顺帝朝,历任礼部尚书、御史中丞、枢密副使等职。

❸ [元]马祖常.石田先生文集[M].郑州:中州古籍出版社,1991:36.

❹ [元]袁桷.清容居士集:卷十一[M]//王云五.丛书集成初编.上海:商务印书馆,1937:190.

❺ 宋武帝(刘裕,363—422),字德舆.彭城郡(今江苏省徐州市)人。南朝宋开国君主,420—422年在位,
庙号高祖,谥武皇帝。

❻ [宋]高承.事物纪原:卷三[M].北京:中华书局,1989:144.

❼ 大历:唐代宗李豫年号。李豫(727—779),初名李俶,唐朝第八位皇帝(不计武则天和殇帝),762—
779年在位,年号宝应、广德、永泰、大历。庙号代宗,谥睿文孝武皇帝。已前:应为"以前"。

❽ [元]陶宗仪.南村辍耕录[M].北京:中华书局,2004:109.

❾ 辽宁省博物馆 凌源县文化站.凌源富家屯元墓[J].文物,1985(6):55–64.

行。不管怎样，自从它成为女性的妆饰起，一直延续了几百年，直到元末才慢慢离开人们的视线。

花钿可以使女性更加妩媚，因此得到众多文人的注意，在他们留给后世的佳作中有许多相关的内容。面贴花钿的女性妖娆多姿，但炎热的夏季，粘贴花钿的胶剂由于汗水的浸湿纷纷落下，使人感到惋惜："罗帕香匀粉汗妍，拂落花钿。"❶又"汗溶粉面翠花钿"❷，张可久❸也形容女子打秋千时"汗模糊湿褪花钿"❹。

三、耳环与面纱

1. 耳环

蒙古族戴耳环起源于什么时期，无据可考，但在蒙元时期的文献中则较为常见。蒙古族女性双耳均戴耳环，而男性只在左耳佩戴，"貂帽谁家美少年，黄金耳环月样圆。"❺金元光二年（元太祖十八年，1223年），金代末帝哀宗完颜守❻绪听到成吉思汗大军到来，送来大量礼物请降，这些礼物中包括一大盘珍珠，成吉思汗下令将珍珠赐给耳朵上有孔的人每人一颗，"当时（耳上）没有（穿孔）的人马上在自己的耳朵上穿了孔"❼。格鲁塞❽在描述钦察汗国君主别儿哥❾时说："他是一位真正的蒙古人，黄皮肤，稀疏的胡子，头发在两耳后梳成辫子，戴着尖顶帽子，一只耳朵上戴着镶嵌着一颗宝石金耳环。"❿郑思肖也说过蒙古"男子俱戴耳坠"⓫。

❶ [元]萨都刺.[南吕]一枝花·妓女蹴鞠[M]//隋树森.全元散曲：上册.北京：中华书局，1964：700.
❷ [元]查德卿.[南吕]醉太平·春情[M]//隋树森.全元散曲：下册.北京：中华书局，1964：1160.
❸ 张可久(约1270—1348后)，字小山，庆元(今浙江宁波)人.元散曲家.
❹ [元]张可久.[越调]寨儿令·秋千[M]//隋树森.全元散曲：上册.北京：中华书局，1964：878.
❺ [元]释福报.和西湖竹枝词[M]//雷梦水.中华竹枝词.北京：北京古籍出版社，1997：1672.
❻ 完颜守绪(1198—1234)，大兴府大兴县(今北京市)人，金朝第九位皇帝，1224—1234年在位.年号正大、开兴、天兴，庙号哀宗，谥庄皇帝.
❼ [波斯]拉施特.史集·第一卷：二分册[M].余大钧，周建奇，译.北京：商务印书馆，1983：320.
❽ 勒内·格鲁塞(René Grousset，1885—1952)，法国历史学家，亚洲史研究界的泰斗.
❾ 孛儿只斤·别儿哥(？—1267)，术赤之子，拔都弟，金帐汗国君主，1257—1267年在位.
❿ [法]勒内·格鲁塞.草原帝国[M].蓝琪，译.北京：商务印书馆，1998：504.
⓫ [宋]郑思肖.郑思肖集·心史·大义略叙[M].上海：上海古籍出版社，1991：182.

蒙古族佩戴耳环是一个古老的习俗，到清代仍很流行，《出塞纪略》就记述了清代喀尔喀妇人"两耳俱着坠环，男子则但左耳着环，而虚其右"❶，这种佩戴耳环的古老习俗一直延续至今。

2. 面纱

古代西北民族佩戴面纱的情况较为多见，除宗教因素影响外，其作用之一是夏天蔽日、秋冬防沙，与唐代幂䍦、帷帽具有同样的功用，罟罟冠和笠帽的披幅也是具有同样功能的设计。由于北方草原的地形、地貌并不是理想中的平坦大草原，在海拔一千米以上的高原，除草原外，还有许多高山、大漠和沙丘，属温带大陆性气候。这里气候多变、温差大、雨量小，干燥是这里的重要特点。萨都剌在《上京即事》中形容上都"卷地朔风沙似雪，家家行帐下毡帘"❷。四季的风沙常使人无法睁开双眼，佩戴面纱除保护双眼外还可以减少对沙尘的吸入，相当于现在口罩的作用。从《番骑图》上可以看到以纱遮口、迎风前行的女性形象（图3-135）。郑思肖也记述了在北方草原上迎风前行的蒙古族妇人以面纱和"口罩"遮挡风沙："加皂罗为面帘，仍以帕子幂口障沙尘。"❸其中"幂"即遮蔽之意，可见面纱的实用性。

鲁不鲁乞也见过蒙古族"所有的妇女都跨骑马上，象男人一样。她们用一块天蓝色的绸料在腰部把她们的长袍束起来，用另一块绸料束着胸部，并用一块白色绸料扎在两眼下面，向下挂到胸部"❹。克拉维约1404年在帖木儿处看到"此地民间妇女，无分冬夏，面上皆带面罩，夏日防阳光之晒，冬季御寒风之吹。宫内妇女装束，大致亦如此"，帖木儿的大夫人也"面罩白色薄纱"❺，虽然妇女戴面纱有宗教含义，但防晒、御风仍是重要的功能。

除在空旷的原野上需要遮挡口鼻之外，在质孙宴上，马可·波罗看到为大

❶ [清]钱良择. 出塞纪略 奉使俄罗斯行程录(及其他一种)[M]. 北京：中华书局，1991：28.
❷ [元]萨都剌. 上京即事[M]// 武安国，聂振弢，选注. 元诗选注. 郑州：中州古籍出版社，1991：512.
❸ [宋]郑思肖. 郑思肖集·心史·大义略叙[M]. 上海：上海古籍出版社，1991：182.
❹ [法]威廉·鲁不鲁乞. 鲁不鲁乞东游记[M]// [英]道森. 出使蒙古记. 吕浦，译. 北京：中国社会科学出版社，1983：120.
❺ [西班牙]克拉维约. 克拉维约东使记[M]. 杨兆钧，译. 北京：商务印书馆，1985：144.

图3-135 番骑图（局部） 戴"口罩"的牵驼妇人
北京故宫博物院藏

汗端酒的大臣也"皆用金绢巾蒙其口鼻，俾其气息不触大汗饮食之物"。注释
中解释道："此种卫生方法，出于游牧部落之蒙古人，似不应知之，殆因袭汉
人之制。"❶沙哈鲁❷遣使团出使大明（1419—1422年），1420年12月14日抵达
北京，第二天在明成祖朱棣❸的赐宴上，使臣们看到皇帝两侧"站着两个太监，
他们的嘴被一种用纸板制成的东西一直封到耳边"❹。实际这也是为遮挡太监的
口气不至沾染到皇帝的食物，这种防止口气的做法应该是宫廷的常态。

　　元代蒙古族的发式、妆容源于独特的地域环境。从髡发、戴耳环、面纱到
受到外来文化影响的佛妆、花钿等都体现了蒙古族的文化和审美观。

---

❶ [意]马可波罗行纪[M].冯承钧，译.上海：上海书店出版社，2001：219.

❷ 沙哈鲁(Shahrukh，1377—1448)，帖木儿第四子，帖木儿帝国君主，1405—1447年在位.

❸ 朱棣(1360—1424)，明代第四位皇帝，1402—1424年在位，年号永乐，庙号成祖，谥启天弘道高明肇
运圣武神功纯仁至孝文皇帝.

❹ [波斯]火者·盖耶速丁.沙哈鲁遣使中国记[M].何高济，译.北京：中华书局，1981：122.

曾经辉煌的大元在农民起义军的冲杀声中撕裂，以长城为界，朱元璋在以南地区建立了新的王朝，蒙古族在长城以北的广袤草原继续游牧生活。此后的两百多年间，明蒙间的关系一直以对立为主，使生活在艰苦北方草原的蒙古族牧民缺衣少穿，生活异常艰辛。虽然蒙古贵族可以从与明代朝廷的朝贡中获得一定生活物资，但仍无法满足全部需求。"隆庆义和"后，明蒙之间的关系虽有所缓和，但经过两百年的困苦与磨难，蒙古族服饰形成了简单、实用的风格。

第四章

明代蒙古时期的蒙古族服饰

第一节　质孙服对明代服饰的影响

　　明代立国以恢复中原文化为目标，因此对前朝的一切都持否定态度，认为只有汉族才是正统的中华统治者。但是当新王朝建立之后，嘴上说的和实际执行的却有一定距离，尤其是在对待前朝服饰的态度上则更是爱恨交加。明统治者在服装制度上既强调恢复唐宋服制，在实际执行中又大量借鉴元代服饰，尤其是元代质孙宴上夺人眼球的质孙服之一的断腰袍，明代宫廷则全面承袭，可以说是直接拿来。这种借鉴从宫廷侍从开始，直到帝王、皇室、百官，再到广大士绅阶层，成为明代流传最广的新型服装。

一、明代对"断腰袍"的称呼

　　朱元璋以"拯生民于涂炭，复汉官之威仪"❶为旗号，灭元兴明。在建制上，以承唐宋为名义，实际上却继承了元代的部分服饰制度。明代初期不管是上层阶级的政治体制，还是下层社会的民俗民风，都或多或少地保留了元代的痕迹，尤其明代从上到下都无法对元代质孙服之一的断腰袍视而不见。在质孙宴上，质孙服整齐划一的色彩、奢华的面料、靡丽的装饰给人留下了非常深刻的印象，对后世产生了很大的影响。从款式上讲，质孙服与普通蒙古族袍服的款式完全相同，其中的断腰袍除蒙古族继续使用外，明朝统治者将其直接借用，并为清代朝袍所传承，成为蒙古族服饰中对后世影响最大的一种。

　　自元始，"质孙"这个词就有两个含义。一是指真正意义上的质孙服，也就是在质孙宴上穿着的一色衣，它象征着蒙元时期的辉煌和皇室、贵族、百官

---

❶ [明]明太祖实录:卷二十六[M].台北:"中央研究院"历史语言研究所,1962:403.

的奢华生活。随着蒙古朝廷退居漠北，举办质孙宴的政治条件和经济基础已不具备，质孙宴随之消亡，之后再无质孙服。第二种是指质孙服款式之一的断腰袍，这里要讨论的就是在第二种意义下的"质孙"。

明代立国后虽然蒙古贵族退居漠北雄风不再，但当年辉煌的质孙宴给后世留下了深深的遐想，质孙宴上曾经的主角之一断腰袍被明代统治者直接利用，并演变出新的款式，成为明代服饰的新宠，流传甚广。在明代，断腰袍有许多不同称呼并存：质孙、辫线袄（子）、辫线袍、腰线袍（袄）、校尉衣、控鹤袄、摺子衣、程子衣、帖里、曳撒等，其中使用最多是"质孙"和"曳撒"。"曳撒"是明代服饰中独有的词汇，有时也写为"曳襒""裸襒""一撒""一襒""一色"等，在元末明初高丽汉语课本《朴通事》和《老乞大》中则写为"衣撒"。不论什么写法，它们都是义同、音似、字不同，明初成书的《碎金》中明确写成"曳撒"二字。其实，"曳撒"这个词即源于质孙宴上的"一色"衣，或"颜色"这个词。但在明早期仍多称呼断腰袍为"质孙"，并且依其在元代的主要功能作为内廷侍卫、宦官的服饰，后使用范围逐渐扩大，款式也不断变化。永乐以后"曳撒"这个称呼的使用逐步增多，明中期直至清初，在一些学者的笔下仍可见到"质孙"这个词，但多已不知其意。如沈德符在《万历野获编》中写道："又有所谓只孙者，军士所用，今圣旨中，时有制造只孙件数，亦起于元……今但充卫士常服，亦不知其沿胜国胡俗也。"[1]明末清初孙承泽解释为："校尉皆衣质孙，其名乃元旧也。"[2]方以智在《物理小识》中也说过："质孙者，为五色团花，乃元服，今校尉服也。"[3]崇祯辛未（1631年），方以智开始收集撰写《物理小识》的材料，至崇祯癸未（1643年）完成初稿。也就是到明末时，这种断腰袍仍在使用，但对于其来历，多数人已不知晓了。方以智在另一本著作《通雅》中详细描述了他所见断腰袍的特征："近世摺子衣，即直身，而下幅皆襞积细折如裙，更以条环束要（腰），正古深衣之遗。……

---

[1] [明]沈德符.万历野获编：中册[M].北京：中华书局，1959：366.

[2] [清]孙承泽.春明梦余录：卷六十三[M].北京：北京古籍出版社，1992：429.

[3] [清]方以智.物理小识·衣服类：卷六[M].上海：商务印书馆，1937：154.

智闻吾乡三十年前士夫多服。"❶此处的摺子衣即断腰袍，并且三十年前还是方以智的家乡人经常穿着的袍服。断腰袍是独立于中原服饰而发展起来的蒙古族传统袍服，此说为"深衣之遗"就有些臆断。

在《明宫史》"牌穗"条中同时提到裰撒与贴里（也作帖里）为两种不同类型的袍服："穿裰撒者、贴里者，俱不带牌穗有绦"❷，其中明确裰撒和贴里在款式上有所区别。可见，曳撒、摺子衣、贴里等都是对断腰袍的称呼，并且名称的使用并非有严格的定义，多数是按照当时人们的习惯，形象地对断腰袍命名和称呼。

实际上，在浩瀚的古籍中，判断一个词或一句话是否为所需要的内容，应认真分析才能确认。如宋末元初学者郝经在《怀来醉歌》中有："胡姬蟠头脸如玉，一撒青金腰线绿。当门举酒唤客尝，俊入双眸耸秋鹘。"❸这里的"一撒"与"曳撒"并非一回事。辫线袍是蒙元时期典型的男子袍服装，而诗中胡姬所指北方草原女性，"腰线绿"是腰系绿色腰带之意，而并非辫线，其中"一撒"应该与"一色"同义。所以将郝经的这句话作"曳撒"的词源，会产生误导。

由于元代蒙古族断腰袍有不同的款式，其众多名称多是对断腰袍的泛称，并没有严格的定义。除辫线袍（袄）、腰线袍（袄）、校尉衣、控鹤袄等由元流传至明的名称外，曳撒、摺子衣、程子衣则是明代才出现的称呼。"曳撒"是明代对不同款式断腰袍最为广泛的称呼，"摺子衣"是以款式结构的特点所起的名称，而"程子衣"出现在《万历野获编》"物带人号"❹中，应该与程姓之人有关。明代快行亲从官刻期也着断腰袍，洪武三年（1370年）成书的《明集礼》中明确指出刻期着"腰线袄子"❺，与《三才图会》中的腰线袄子款式相同：断腰、辫线、下摆有褶，但前襟将元代常见的交领改为中原传统盘领，袖子的

❶ [清]方以智.通雅·衣服：卷三十六[M]//景印文渊阁四库全书：第857册.台北：台湾商务印书馆，1986：693.
❷ [明]吕毖.明宫史：卷三[M]//景印文渊阁四库全书：第651册.台北：台湾商务印书馆，1986：645.
❸ [元]郝经.陵川集[M]//[清]顾嗣立.元诗选：初集上.北京：中华书局，1987：405.
❹ [明]沈德符.万历野获编：下册[M].北京：中华书局，1959：664.
❺ [明]徐一夔.明集礼·冠服：卷四十[M]//景印文渊阁四库全书：第650册.台北：台湾商务印书馆，1986：223.

肥度也略有增加。可见明代朝廷借鉴元代断腰袍后，也按照传统审美加以设计。"刻期"即快行亲从官，"汉唐禁卫皆选轻捷之士，而未尝立名。至宋置快行亲从官，即今刻期之谓也。其服书无明文。元谓之贵赤，其服如常服，而以阔丝绦大象牙雕花为识。国朝谓之刻期。冠方项巾，衣胸背鹰鹞花腰线袄子，诸色阔丝匾绦，大象牙雕花环行胜八带鞋。"❶洪武二年（1369年）"诏定侍仪舍人及校尉、刻期冠服"❷（图4-1）。

不论怎么称呼，明时的"断腰袍"与元代的"质孙"有本质的区别，但在使用范围上却有不少相似之处。其实，明代统治者就是看到当年"质孙"的优点和在质孙宴上特殊地位才加以利用，并且成为明代重要的服装类型。

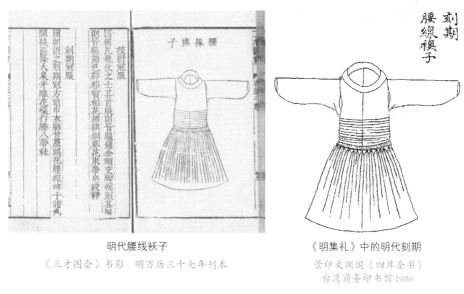

明代腰线袄子

《三才图会》书影　明万历三十七年刊本

《明集礼》中的明代刻期

景印文渊阁《四库全书》
台湾商务印书馆1986

图4-1　盘领腰线袄子

二、明代服饰制度对"质孙"的继承

蒙古族断腰袍通过质孙宴这个具有深远意义的集政治、娱乐、宴飨和统一

❶ [明]徐一夔.明集礼·冠服：卷三十九[M]//景印文渊阁四库全书：第650册.台北：台湾商务印书馆，1986：199.
❷ [明]俞汝楫.礼部志稿·章服考：卷六十四[M]//景印文渊阁四库全书：第598册.台北：台湾商务印书馆，1986：73.

服饰色彩于一体的活动对后世产生广泛而深远的影响，从而使断腰袍成为明代宫廷内侍、校尉、贵胄、文武百官甚至帝王骑乘、游乐、礼乐、宴饮等场合穿着的重要服饰，款式更加丰富。

1. 禁"胡风"与穿"质孙"的矛盾

元代是第一个统治全国、鼎立中原的少数民族政权，在多元文化的背景下，蒙、汉服饰之间无疑都受到很大的影响，并得到了较大发展。明王朝夺取政权雄霸中原后，以削除"异族"统治、恢复"正宗"的汉族制度为旗号，试图在政治上全面去除蒙古族的影响，在各个领域尽量排斥前朝的东西，主张"驱除胡虏，恢复中华，立纲陈纪，救济斯民❶。在服饰制度上，立国之初就下令废除元朝服制，继而禁胡服："不得服两截胡衣，其辫发椎髻、胡服、胡语、胡姓一切禁止。"❷在洪武元年（1368年）二月"诏衣冠如唐制"❸，全面恢复唐宋的衣冠制度，推崇唐宋的"正统"文化，整顿和恢复传统的汉族礼仪、制度。但是，元代蒙古族服饰的影响广泛而深远，在宫廷服饰制度上形成了特殊的服饰文化。"高皇帝❹驱逐故元，首禁元服、元语。今帝京，元时辇毂所都，斯风未殄，军中所带火帽既袭元旧。"❺在民间，尤其是北方地区，"元胡乱华，华尽胡俗。深檐，胡帽也。裤褶腰褶，胡服也。裤褶褶在膝，腰褶皆细密，攒束以便上马耳。妇女则窄袖短衫。明兴，尽除故陋，一用唐制，用夏变夷，上续羲、轩垂统，令严法行。然常见河以北，帽犹深檐，服犹腰褶，妇女衣窄袖短衫，犹十之三，见于郡县。而吾里，予童儿犹是习，久而难变，甘陋而相忘耳。"❻在江南地区这种影响同样未绝，浙江嘉兴南湖区许安村明墓出土的陶俑❼就清楚地说明这一点，男俑着右衽、窄袖断腰袍，女俑穿左衽、窄袖短袄，

---

❶ [明]明太祖实录: 卷二十六[M]. 台北: "中央研究院"历史语言研究所, 1962: 402.

❷ [明]明太祖实录: 卷三十[M]. 台北: "中央研究院"历史语言研究所, 1962: 525.

❸ [清]张廷玉. 明史·太祖二: 卷二[M]. 北京: 中华书局, 1973: 20.

❹ 高皇帝(朱元璋, 1328—1398), 字国瑞, 濠州钟离(今安徽凤阳)人, 明代开国皇帝, 1368—1398年在位, 年号洪武, 庙号太祖, 谥号开天行道肇纪立极大圣至神仁文义武俊德成功高皇帝.

❺ [明]史玄. 旧京遗事 旧京琐记 燕京杂记[M]. 北京: 北京古籍出版社, 1986: 23.

❻ [明]王同轨. 耳谈类增: 卷四十一[M]. 郑州: 中州古籍出版社, 1994: 351.

❼ 吴凤珍. 嘉兴地区明代墓葬及相关问题研究[J]. 荣宝斋, 2016(4): 58–73.

完全是元代装束（图4-2）。

明统治者不但不能消除这种文化的影响，在服饰制度中还可看到一些自相矛盾之处：一方面禁胡服，另一方面在具体的官仪制度中却继承了前朝的内容为己所用。如洪武二年礼官议定"侍仪舍人冠服"："依元制，展脚幞头，窄袖紫衫，涂金束带，皂纹靴。"❶其中"展脚幞头"是中原传统首服，而"窄袖"则传承蒙古族的服装形制，也就是说，元代侍仪舍人的服饰本身就是中原服饰与蒙古族服饰的融合，明代朝廷无取舍全部继承。尤其看到断腰袍作为骑乘、游乐之服的诸多优点和在质孙宴上的独特角色而将其承袭。宣德元年（1426年）更造卤簿仪仗，再次强调"其执事校尉，每人鹅帽，只孙衣，铜带靴履鞋一副"❷。由此可以看出，明代朝廷不仅将断腰袍作为校尉服饰，就连"只孙"这个词也照搬，直到永乐以后，"曳撒"之名才逐步增多。到万历年间，"在朝见下工部旨，造只逊八百副。皆不知只逊何物，后乃知为上直校鹅帽锦衣

图4-2　明代陶俑男右衽、女左衽
浙江嘉兴南湖区许安村明墓出土　《荣宝斋》2016第4期

❶ [清]张廷玉.明史·舆服三：卷六十七[M].北京：中华书局，1973：1648.
❷ [清]张廷玉.明史·仪卫：卷六十四[M].北京：中华书局，1973：1592.

也。"❶可见，到万历年间许多人已不知"只逊"这个词为何物了，但校尉衣仍沿用当年校尉质孙——断腰袍的款式。

其实明代宫廷从一开始就没有放弃"质孙"，并为皇家所用，朱元璋第十子鲁王朱檀❷就是典型代表。朱檀生活在明代初年，出生两个月即获封鲁王，朱檀"好文礼士，善诗歌"❸，但因服金丹中毒而亡，时二十岁，谥号"荒"。朱檀墓出土的织锦缎云龙纹袍❹是一款典型的元代蒙古族辫线袍（图4-3），可见断腰袍从明立国之始就没有离开宫廷，为日后进一步传承打下了重要的基础。许多明墓出土的质孙、曳撒、程子衣、腰线袄子等不同称呼的袍服均为元代断

《鲁荒王墓》文物出版社2014

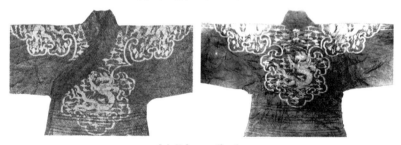

《文物》1972第5期

图4-3　朱檀墓出土织锦缎云龙纹袍

❶ [明]蒋一葵.长安客话：卷一[M].北京：北京古籍出版社，1982：11.
❷ 朱檀(1370—1390)，朱元璋第十子，洪武三年(1370年)获封鲁王，谥荒。
❸ [清]张廷玉.明史·诸王：卷一一六[M]北京：中华书局，1973：3575.
❹ 山东省博物馆.发掘明朱檀墓纪实[J].文物，1972(5)：25-36.

腰袍传承而来，种类非常丰富。由于断腰袍使用的面料、色彩和纹饰不同，形成不同等级，成为明代朝廷及赐服的重要服饰类型。同时，士大夫、乡绅、处士等也纷纷效仿，使其逐步深入民间，成为具有时代特色的燕居服饰。

蒙古族断腰袍通过明代从上到下的继承、传播，到清代不仅款式仍在使用，连名称仍保留，"清初六家"之一的查慎行❶在《人海记》中记述："元亲王及功臣侍宴者，则赐冠衣，谓之只孙。今仪从所服团花只孙，当是也。"❷实际上，元代蒙古族断腰袍的结构一直影响到清代服饰的款式，清帝后、百官朝袍即为上衣下裳的连属结构，下裳有襞积，是元代断腰袍传承至明代曳撒，再由清代所承继的结果。但清代所接受的断腰袍已经与质孙服没有任何联系，而是蒙古族的断腰、增加襞积的袍服结构在传承几百年后，由于方便户外及马上活动的优点而被后人继承、变化的结果（图4-4）。

2. 从宦官、扈从服饰到帝王服饰，再到民间常服的传播

在明代的276年间，尤其在永乐（1403—1424年）以后"质孙"的地位不断上升，成为宫廷内侍、校尉、贵胄、文武官员甚至帝王骑乘、游乐、礼乐、宴饮等场合穿着的重要服饰，款式也更加丰富，成为明代服饰的重要类型。

如果说明代初年对"胡俗"的革除是朱元璋所代表的传统汉民族对北方草原强大起来的蒙古族文化的不屑及对蒙古人的畏惧，但蒙古族留给中国的文化遗产是朱家王朝所无法抗拒的。继承元代断腰袍的首先是明代宫廷那些在帝王身边的宦官、校尉，这也是元代宫廷及质孙宴上的穿着人群之一。

永乐以后，"宦官在帝左右，必蟒服，制如曳撒，绣蟒于左右，系以鸾带，此燕闲之服也。次则飞鱼，惟入侍用之。"❸虽然，"永乐间，禁中凡端午、重九时节游赏如剪柳诸乐事，翰林儒臣皆小帽、褉襖，侍从以观，观毕各献诗歌

---

❶ 查慎行（1650—1727），字悔余，号初白，初名嗣琏，字夏重，杭州府海宁（今浙江省海宁市）人。康熙时举人，赐进士出身，特授翰林院编修。

❷ [清]查慎行. 人海记·质孙衣：卷下 [M]. 清末小嬛嬛山馆刻本：40上.

❸ [清]张廷玉. 明史·舆服三：卷六十七 [M] 北京：中华书局，1973：1647.

元代云龙纹纳石失辫线袍

内蒙古锡林郭勒盟博物馆藏　锡林郭勒盟博物馆提供

明代帖里　无锡钱樟夫妇墓出土

无锡博物院藏 《钱家衣橱：无锡七房桥明墓出土服饰保护修复展》中国丝绸博物馆 2017

清代康熙御用石青实地纱片金边单朝衣

中国国家博物馆藏

图4-4　元、明、清断腰袍廓形比较

词。上亲第高下，赏黄封宝楮有差。"❶在明宣宗朱瞻基❷的宣德年间，曳撒已经成为明代宫廷休闲、游乐的重要服饰，发挥了窄袖、袍身短小、下摆宽大等方便活动的优点。尹直❸在成化年曾任经筵❹讲官，归田后撰《謇斋琐缀录》，回忆到："宪宗皇帝，观解于后苑，伏视所御青花纻丝窄詹（檐）大帽、大红织金龙纱曳撒、宝装钩绦又侍。"孝宗皇帝❺"而予蒙赐衣，内亦有曳撒一件，此时王之制，所宜尊也"❻。宪宗皇帝朱见深❼是曳撒的爱好者，在《宪宗元宵行乐图》中可见宪宗与众朝臣、随从、宦官等穿着曳撒在元宵佳节游乐的情景（图4-5）。

宪宗元宵行乐图（局部）

中国国家博物院藏

明宪宗调禽图

中国国家博物院藏

图4-5

❶ [明]尹直.謇斋琐缀录：卷二[M].浙江范懋柱家天一阁藏本：3下.
❷ 朱瞻基(1398—1435)，明朝第五位皇帝，1425—1435年在位，年号宣德，庙号宣宗，谥宪天崇道英明神圣钦文昭武宽仁纯孝章皇帝。
❸ 尹直(1427—1511)，字正言，号謇斋，江西泰和(今属江西省吉安市)人，景泰五年(1454年)进士，成化初，充经筵讲官。官至翰林院学士、兵部尚书、礼部右侍郎。
❹ 经筵，帝王为讲论经史而特设的御前讲席。始于汉唐，宋代始称经筵，讲官以翰林学士或其他官员充任或兼任。宋代每年二月至端午节、八月至冬至节为讲期，逢单日入侍，轮流讲读。元、明、清三代沿袭此制，明代尤为重视经筵。
❺ 孝宗皇帝(朱祐樘，1470—1505)，明朝第九位皇帝，1487—1505年在位，年号弘治，庙号孝宗，谥建天明道诚纯中正圣文神武至仁大德敬皇帝。
❻ [明]尹直.謇斋琐缀录：卷八[M].浙江范懋柱家天一阁藏本：10下.
❼ 朱见深(1447—1487)，明朝第八位皇帝，1464—1487年在位，年号成化，庙号宪宗，谥纯帝。

朱瞻基行乐图（局部）

北京故宫博物院藏

图4-5 身穿曳撒的明代皇帝

　　虽然如此，对断腰袍的接受之路也不是一帆风顺的，直到入明一百多年后还有人对它颇有微词，并大胆发表意见。正德十三年（1518年）正月，武宗"车驾还京，传旨，俾迎候者用曳撒大帽、鸾带。寻赐群臣大红纻丝罗纱各一。其服色，一品斗牛，二品飞鱼，三品蟒，四、五品麒麟，六、七品虎、彪；翰林科道不限品级皆与焉；惟部曹五品下不与。时文臣服色亦以走兽，而麒麟之服逯于四品，尤异事也"❶。武宗要求迎候队伍中的众朝臣穿着曳撒，引起了一些人的不满，朱鸣阳❷就言道："曳撒大帽，行役所用，非见君服。皆近服妖也。"❸其中说到"非见君服"，应是一种说辞，明宣宗、宪宗两位皇帝在此前几十年已开始服用，这时曳撒已经广泛流传，但朱鸣阳仍形容其为"服妖"，可看出，这些官员对先朝服饰的矛盾心理。"服妖"为服饰奇异之意，《汉书》释："风俗狂慢，变节异度，则为剽轻奇怪之服，故有服妖。"❹监察御史虞守随❺也对这种举动提出不满："盖中国之所以为中国者，以有礼仪之风，衣冠文物之美也。况我祖宗革胡元腥膻、左衽之陋，冠服、礼仪具有定式。圣子神孙、文臣武士万世所当遵守，奚可以一时之便，而更恒久之制

❶ [清]张廷玉.明史·舆服三：卷六十七[M].北京：中华书局，1973：1638-1639.
❷ 朱鸣阳，生卒年不详，字应周，号南冈，福建莆田人。明正德辛未(1511年)进士，历任户部中、礼部都给事中、浙江参政、浙江右布政使等职。
❸ [清]张廷玉.明史·五行一：卷二十九[M].北京：中华书局，1973：476.
❹ [汉]班固.汉书·五行中之上：卷二十七[M].北京：中华书局，1965：1353.
❺ 虞守随(约1482—1528)，字惟贞，别号芝岩，浙江义乌华溪人，正德九年(1514年)进士，授四川道监察御史。

乎？"❶可见虞守随对曳撒这一源于前朝的服饰相当鄙视，而以"中国者"自居，认为中原传统的礼仪之风、衣冠之美应是帝王和文臣武士所遵守的信条。沈德符也在《万历野获编》中写道："若细缝袴褶，自是虏人上马之衣，何故士绅用之以为庄服也？"❷虽然接受之路并不平坦，但明代帝王对曳撒钟爱有加，孝宗皇帝更是"早则翼善冠、衮绣员（应为圆）领，食后则服曳撒、玉钩绦"❸。在帝王的倡导下，曳撒还是逐步成为群臣、士大夫阶层的常服，并且"迩年以来，忽谓程子衣、道袍皆过简，而士大夫宴会必衣曳撒，是以戎服为盛，而雅服为轻"❹，此处称曳撒为戎服，来源于前朝宫廷校尉及蒙古族户外穿着的特点。以至后来"召对宴见，君臣皆不用袍，而用此"❺。"时贵臣，凡奉内召宴饮，必服此入禁中，以表隆重。"❻到隆庆（1566—1572年）初年，"士大夫忽以曳撒为夸，争相制用。"❼虽然当年奢华、盛大的质孙宴早已远去，但曾经的辉煌则成为明代统治者、百官以及士大夫效仿的榜样。

赐服是我国古代帝王对有功臣僚的一种褒奖。元代众朝臣都身着皇帝御赐的质孙服参加盛大的质孙宴，成为我国服装史上重要的一页而永留史册。到明代，断腰袍同样继承了当年质孙的这个殊荣，文武百官穿着的绣有蟒、飞鱼、斗牛等纹样（这些纹样不在品官服制之内）以及饰膝襕的断腰袍，都属于皇帝的御赐，只有受皇恩赏赐才有资格穿用，并且"贵而用事者，赐蟒，文武一品官所不易得也"❽。万历帝师于慎行❾在癸未、甲申年（1583—1584年）三次扈从圣驾前往上陵，万历帝赐其"大红织金曳撒、鸾带等物"❿。由于曳撒在朝廷中

---

❶ [明]明武宗实录：卷一百七十[M].台北："中央研究院"历史语言研究所，1962：1385-1386.

❷ [明]沈德符.万历野获编：下册[M].北京：中华书局，1959：664.

❸ [明]尹直.謇斋琐缀录：卷八[M].浙江范懋柱家天一阁藏本：10下.

❹ [明]王世贞.觚不觚录[M]//王文濡.说库：下册.扬州：广陵书社，2008：1022.

❺ [清]张廷玉.明史·舆服三：卷六十七[M].北京：中华书局，1973：1647.

❻ [明]沈德符.万历野获编：中册[M].北京：中华书局，1959：366.

❼ [清]查继佐.罪惟录：志卷四[M].杭州：浙江古籍出版社，1986：505.

❽ 同❺.

❾ 于慎行(1545—1607)，字可远，又字无垢，东阿县东阿镇(今山东平阴县东阿镇)人.隆庆二年(1568年)进士，改庶吉士，授编修，历任礼部右侍郎、左侍郎、礼部尚书.万历三十五年(1607年)诏加太子少保兼东阁大学士.

❿ [明]于慎行.穀城山馆诗集：卷一十六[M]//景印文渊阁四库全书：第1291册.台北：台湾商务印书馆，1986：155.

的使用面较大，这种赐予也通过不同的方式进行。首先，皇帝对贵臣、政要和出于政治目的的赐予应是亲自或通过朝廷进行的。如明代朝廷为稳定北部边疆、安抚蒙古王公贵族而进行的赏赐和给赐，其中正统四年（1439年）、六年（1441年）赐脱脱不花可汗的物品里就有"曳撒"❶，正统六年（1441年）正月给赐瓦剌可汗之物中也有曳撒❷。明代朝廷对"董卜韩胡"差来国师、禅师、都纲道官、喇嘛、番僧、头目、寨官人等赐"每人彩段一表里，留边每人折表里阔生绢四匹，俱与折钞绢二匹，靴袜钞五十锭。番僧每人纻丝绫贴里僧衣一套，头目人等每人纻丝绫贴里俗衣一套，氆氇等物例不给价"❸。其中同是用纻丝绫缝制的贴里有"僧衣"和"俗衣"之别，说明两种贴里应该在色彩和纹样上有所不同。另外，还有许多曳撒只是赐予臣僚面料，并规定使用的纹样，而由受赐者自己完成制作，如前面引用的正德十三年那次武宗还京令迎候者用曳撒之事，就是赐群臣大红纻丝罗纱，并规定依品级采用不同的纹样，但制作需要自己完成。或者"给赐"只是一种允许，而袍服则由自己解决。由此产生了赐服泛滥，不少纹饰等级混乱，僭越之风屡禁不止的结果。但宫内侍役、扈从、乐工等所穿着的断腰袍应与当年质孙宴上同类角色一样，是工作服性质的服饰，并非御赐。明赐服所用断腰袍的织造由工部所属的织染机构所负责，掌管则属文思院❹。

断腰袍（曳撒、贴里）在明代是由宫廷、官僚阶层向下逐步渗透传播，对世俗生活有很大影响，乡绅、处士等文人阶层也纷纷效仿，使其逐步深入民间，成为具有时代特色的燕居服饰。如淮安王镇墓出土的"白布连衣白褶裙"❺就是明代标准的曳撒，王镇卒于弘治乙卯（1495年），只是"家资颇为足用"，并无官职。泰州刘家山子刘氏家族墓地的刘鉴❻、刘湘父子墓分别出土多

---

❶ [明]王世贞.弇山堂别集·北人之赏:卷一十四[M].北京:中华书局,1985:359.

❷《准格尔史略》编写组.明实录·瓦剌资料摘编[M].乌鲁木齐:新疆人民出版社,1982:78.

❸ [明]俞汝楫.礼部志稿·主客司职掌给赐:卷三十八[M]//景印文渊阁四库全书:第597册.台北:台湾商务印书馆,1986:708.

❹ [明]明会典·工部十五:卷一百六十一[M]//景印文渊阁四库全书:第618册.台北:台湾商务印书馆,1986:586.

❺ 江苏省淮安县博物馆.淮安县明代王镇夫妇合葬墓清理简报[J].文物,1978(3):1-15.

❻ 泰州市博物馆.江苏泰州明代刘鉴家族墓发掘简报[J].文物,2016(6):41-62.

件断腰袍服❶，道士顾守清墓也出土过三件曳撒❷，等等。明应天府承寇天叙❸就"每日戴小帽穿一撒坐堂，自供应朝廷之外，一毫不妄用"❹。顾起元❺在《客座赘语》中说："南都在正、嘉间❻医多名家……常服青布曳撒，系小皂绦顶圆帽，着白皮靴。"❼可见到明中期以后断腰袍已成为一种使用较为广泛的民间服饰（图4-6）。

织锦缎蟒龙纹曳撒

南京博物馆藏

花缎深衣M1：23

泰州刘鉴墓出土 《文物》2016第6期

香色麻飞鱼服

山东博物馆藏

云纹花缎绣蟒袍

江苏苏州明墓出土 苏州博物馆藏

《中国历代服饰文物图典·明代》上海辞书
出版社2018

图4-6 明代的断腰袍

❶ 泰州市博物馆. 江苏省泰州明代刘湘夫妇墓清理简报[J]. 文物, 1992(8): 66–77.

❷ 上海市文物保管委员会. 上海市郊明墓清理简报[J]. 考古, 1963(11): 620–622.

❸ 寇天叙(1480—1533), 字子惇, 号涂水, 山西榆次人。正德三年(1508年)进士, 历任南京大理寺评事、应天府丞, 嘉靖初以功迁刑部右侍郎, 改兵部右侍郎。

❹ [明]周晖. 金陵琐事·三人协力: 卷一[M]. 南京: 南京出版社, 2007: 34.

❺ 顾起元(1565—1628), 字太初, 一作璘初、瞒初, 号遁园居士, 应天府江宁(今江苏南京)人, 万历二十六年(1598年)殿试一甲第三人。官至吏部左侍郎, 兼翰林院侍读学。

❻ 正、嘉间, 即明正德至嘉靖年间(1506—1566年)。

❼ [明]顾起元. 客座赘语·南都诸医[M]. 北京: 中华书局, 1987: 227.

3. 断腰袍"贴里"在朝鲜半岛的流传

断腰袍除在大明国流行外，也是朝鲜王朝时期重要的男装款式，其流行的源头有二，首先，元代朝廷与高丽的舅甥关系使蒙古族服饰、发式等在高丽逐步流行，断腰袍也是其中之一。虽然高丽及元朝均已被朝鲜和明朝所取代，但元代及蒙古族给后人留下的服饰文化遗产却在这些地区继续传播、发展。高丽王王禑在位期间明朝已立国，为顺应宗主国的政策，王禑"十三年（1386年）六月始革胡服，依大明制"❶，但经过一百多年的交往，元朝与高丽关系已深入高丽的每个角落，服饰改革并不是一朝一夕可以完成的，因此朝鲜取代高丽后，断腰袍贴里仍成为朝鲜王朝上到国王、下到士绅阶层的流行服饰。其次，明代宫廷作为赐服，也使断腰袍流向朝鲜宫廷及贵族的衣橱。不论在高丽还是朝鲜，贴里早已走向民间，成为士绅阶层服饰的重要组成部分（图4-7）。

朝鲜边脩（1447—1524）墓出土腰线贴里
韩国　国家民俗博物馆藏

16世纪贴里（复制品）
一衣带水——韩国传统服饰展
中国丝绸博物馆

图4-7　朝鲜王朝时期的贴里

三、明代断腰袍的结构类型

元代断腰袍的结构特征为右衽、窄袖、短袍、断腰结构，下摆有不同形式的褶，这些特征都具有实用功能。断腰袍为明王朝上下继承后，初期在款式上

---

❶ [朝]郑麟趾.高丽史·舆服一：卷七十二[M].奎章阁藏本：13上.

与元代的断腰袍非常相似，后逐步变化，形成独特风格。

1. 断腰袍在明代的演变

随着时间的推移，明代的断腰袍在结构上逐步变化，形成许多新的款式，而这些变化是由实用性、审美性和中原汉民族服饰的影响所致。断腰结构是下摆褶裥和放摆的必要条件，下摆放大，活动才更加方便、自如。蒙古族传统断腰袍为收腰结构，辫线和另增加的腰带是蒙古族骑乘时为保护内脏和腰背而形成的重要结构部件；窄袖也是为方便骑马、打猎、习武、征战所必需的形式。明宫廷内侍、朝臣等并不以马为家，也不出征打仗，所以辫线的使用逐步减少，而只有分割线的腰线袍逐步成为明代断腰袍的主流。另外，腰部变得宽松，长度也有所增加，为适应中原传统审美标准袖子逐步加宽，形成宽袖、小口的"袂圆袪方"❶的袖型，现代人称之为"琵琶袖"。不论怎样，断腰袍（曳撒）的主要方便之处还是"便于乘马"❷。据彭时❸《彭文宪公笔记》载："（天顺三年）五月五日（1459年6月5日），赐文武官走骠骑于后苑。其制：一人骑马执旗于前，二人驰马继出，呈艺于马上，或上或下，或左或右，腾踯矫捷，人马相得。如此者数百骑，后乃为胡服臂鹰走犬围猎状终场，俗名曰走解（应为獬），而不知所自始，岂金元之遗俗欤？今每岁一举之，盖以训武也。观毕，赐宴而回。"❹其中在围猎场上穿着的"胡服"便指断腰袍。可见断腰袍为君臣外出骑乘、游乐等场合穿着的主要服饰，仍延续着游牧民族服饰的优点。

对于断腰袍的款式，王世贞❺在《觚不觚录》中描述得较为详细："袴褶，戎服也，其短袖或无袖；而衣中断，其上有横摺而下复竖摺之，若袖长则为曳撒；腰中间断，以一线道横之则谓之程子衣；无线道者，则谓之道袍，又曰直

❶ [明]李东阳.大明会典·冠服一：卷六十[M].扬州：江苏广陵古籍刻印社，1989：1030。
❷ [清]张廷玉.明史·舆服三：卷六十七[M].北京：中华书局，1973：1647.
❸ 彭时(1416—1475)，字纯道，又字宏道，号可斋，庐陵安福(今江西吉安市安福县)人。正统十三年(1448年)，状元及第，授翰林院修撰。历任太常寺少卿兼侍读、兵部尚书、太子太保、文渊阁大学士、吏部尚书、少保、内阁首辅等职。谥文宪。
❹ [明]彭时.彭文宪公笔记[M]//王云五.丛书集成初编.上海：商务印书馆，1936：20.
❺ 王世贞(1526—1593)，字元美，号凤洲，又号弇州山人，苏州府太仓州(今江苏太仓)人，嘉靖二十六年(1547年)进士，官至南京刑部尚书。

掇（裰）。此三者燕居之所常用也。"❶这段话涉及四种服装，后三者均为燕居之服。"袴褶"是上服褶、下着袴的合称，"褶"是短袖或无袖，源于汉末，便骑乘，是为戎服。而"曳撒"是长袖，"衣中断"即断腰结构，下有横褶，再下为竖褶，这是指典型的辫线袍。而程子衣是只有一条横线的腰线袍，道袍则是没有断腰的直身结构。在此虽然没有全面描写曳撒的情况，但辫线袍和腰线袍的典型内容都囊括其中。王世贞对四种不同款式的袍服叙述得非常清楚，但到王世贞所生活的明中期，有辫线的曳撒已经非常少见，省掉辫线的腰线袍（此处称为程子衣）成为此时男服的主流。

实际上，断腰袍为明继承后，还发展出众多的款式，而名称并没有严格的定义，从早期的"质孙"到后来的曳撒、贴里、程子衣等只是称呼不同而已。而使用范围则从校尉、宫内侍从到文武百官，甚至帝王，再逐步传入民间，成为明代较为重要且士绅阶层普遍穿着的服装类型。

2. 明代断腰袍的款式结构特点

（1）早期基本保持辫线袍的主要特征

明代早期，多数断腰袍仍保持辫线的结构特征。随着时间的推移，无辫线的腰线袍逐步成为主流，它的结构更符合中原服饰的特点以及人们的审美需求。

（2）后襟不断的款式

万历二十九年（1601年）入宫的宦官刘若愚❷在《酌中志》中记述了断腰袍的另一种形式："裰撒，其制后襟不断，而两傍有摆，前襟两截，而下有马面褶，往两旁起。惟自司礼监写字以至提督止，并各衙门总理、管理，方敢服之。"❸从所描述的款式来看，此款裰撒是两侧有"摆"，后身为整片、前片是断腰结构，下面有马面褶的款式。侧摆是明代服饰的独特结构形式，直身结构与断腰结构都可以有侧摆的设计。实际上，前片断腰、后片直身的结构并非明代所发明，在元代即可见到，河北隆化鸽子洞出土的断腰袍就是这种结构的典

❶ [明]王世贞.觚不觚录[M]//景印文渊阁四库全书：第1041册.台北：台湾商务印书馆，1986：439.
❷ 刘若愚(1584—？)，原名刘时敏，定远(隶属安徽省滁州市)人。万历二十九年(1601年)入宫为宦官，隶属司礼太监。
❸ [明]刘若愚.酌中志·内臣佩服纪略：卷十九[M].北京：北京古籍出版社，1994：166.

型❶（图4-8），明代将这种结构继续传承、使用得更加广泛。从《朱瞻基行乐图》和《明宪宗元宵行乐图》中绘制的众多朝臣、宦官所穿着的这种后襟不断的曳撒可以看出，在款式上并没有地位、职务的不同，但色彩与纹样却有地位高低的差别（图4-9）。

图4-8　元代鸽子洞出土后不襟断、前襟两截的腰线袍

河北隆化民族博物馆藏　《洞藏锦绣六百年 河北宣化鸽子洞洞藏元代文物》文物出版社2015

图4-9　明代后襟不断、前襟两截的有侧摆曳撒

宪宗元宵行乐图（局部）　中国国家博物馆藏

❶ 隆化民族博物馆.洞藏锦绣六百年 河北隆化鸽子洞洞藏元代文物[M].北京：文物出版社,2015：90.

（3）袖子的变化

由于生活环境的需要，蒙古族袍服均为窄袖，且袖子都较长，有些场合穿着的袍服袖子长度超过膝盖，甚至直达下摆。明代早期的曳撒还保留窄袖的特征，随着时间的推移，袖子逐步发生变化，首先是袖长减短，绝大多数丢弃了超长袖子，但在宫中超长袖子仍存在，实际上这既是传承蒙古族袍服的超长袖子，也是沿袭汉民族的审美（图4-10）。明代断腰袍袖子变化最大的是接受中原传统广袖而形成的大袖、小口的"琵琶袖"，这种袖型与元代蒙古族妇女的大袖袍有异曲同工之处，但袖子的宽度却小许多。苏州范帷一墓出土的"黄地四合如意云纹花卉缎贴里"、湖北张懋墓出土的"浅黄色素缎百褶裙服"[1]、江苏徐蕃墓出土的"八宝花缎曳撒"[2]以及四川出土"缎地麒麟纹曳撒"[3]等都是典型的"琵琶袖"结构的曳撒（图4-11）。

明宣宗时期宫中身着超长袖子曳撒的宦官

朱瞻基行乐图卷（局部）　北京故宫博物院藏

---

❶ 王善才，湖北省文物考古研究所.张懋夫妇合葬墓[M].北京：科学出版社，2007：彩板3.

❷ 泰州市博物馆.江苏泰州市明代徐蕃夫妇墓清理简报[J].文物，1986(9)：1-15.

❸ 顾苏宁.明代缎地麒麟纹曳撒与梅花纹长袍的修复与研究[J].四川文物，2005(5)：89-96.

明宪宗时期的窄袖曳撒

宪宗元宵行乐图（局部）中国国家博物馆藏

图4-10 明代超长袖子和窄袖

黄地四合如意云纹花卉缎贴里

苏州范帷一墓出土 苏州丝绸博物馆藏

珊瑚钩藤纹曳撒

徐俌墓出土 南京博物馆藏

图4-11 明代"琵琶袖"曳撒

（4）下摆褶的形式更加丰富

曳撒下摆有碎褶、马牙褶以及马面褶等款式。碎褶是最常见的种类，如益宣王朱翊鈏墓出土两件交领右衽"连衣裙"❶、南京徐俌墓出土的"百褶裙服"❷等都是碎褶的结构形式，泰州胡玉墓出土的"素绸连衣裙"下摆有888个褶❸。在《明宫史》"顺褶"条中定义："褶之上不穿细纹，俗为'马牙褶'，"❹马牙褶就是有规律的顺褶；马面褶是明代断腰袍中最常见的褶的形式，如南京邓府山王洪（王志远）明墓出土"祥云纹缎曳撒"❺。两侧做褶的曳撒也是明代较为流行的款式，朝鲜柳馨远❻《磻溪随录》记载有关明朝"衣撒直领"的内容："其制前贴里，后如直领，左右两傍各有襞积"❼是指前断腰、后直身的曳撒，且只在两侧抽褶。随着审美的变化，下摆的款式、结构也有了新的发展，增加侧摆的曳撒逐步增多，成为明代的特有形式。如北京南苑苇子坑明墓出土的多款袍服❽均为有侧摆曳撒，侧摆不限于断腰袍，在明代直身袍上加侧摆也是常见的结构形式（图4-12）。

（5）领型的变化

曳撒多为传统交领，但也有少数其他领型。除《明集礼》中刻期的盘领外，《弇山堂别集》"北虏之赏"中还说到另外一种"青暗花并口对襟曳撒"，是正统四年（1439年）赐脱脱不花王可汗的物品❾。这种对襟款式的领型应该是元代断腰袍同样领型的传承结果。

明代继承了元代蒙古族断腰袍的多数款式，随着中原服饰的影响而更加丰富，其地位的提高、使用面的扩大，变化也在常理之中。但此时断腰袍的主要职能已与元代的使命大相径庭。

❶ 江西省文物工作队.江西南城明益宣王朱翊鈏夫妇合葬墓[J].文物，1982(8)：16-28.

❷ 南京市文物保管委员会 南京市博物馆.明徐达五世孙徐俌夫妇墓[J].文物，1982(2)：28-33.

❸ 黄炳煜.江苏泰州西郊明胡玉墓出土文物[J].文物，1992(8)：78-85.

❹ [明]刘若愚.明宫史·内廷服佩：水集[M].北京：北京古籍出版社，1982：77.

❺ 邵磊，骆鹏.明宪宗孝贞皇后王氏家族墓的考古发现与初步研究[J].东南文化，2013(5)：68-84.

❻ 柳馨远（유형원）(1622—1673)，字德夫，号磻溪，朝鲜汉城（今韩国首尔）人，未入仕。朝鲜李朝时期唯物主义哲学家，实学派开创者。

❼ [朝]柳馨远.磻溪随录·衣冠：卷二十五[M].首尔：东国文化社，檀纪四二九一年(1958年)：493.

❽ 北京市文物队.北京南苑苇子坑明代墓葬清理简报[J].文物，1964(11)：45-47.

❾ [明]王世贞.弇山堂别集·北虏之赏：卷十四[M].北京：中华书局，1985：259.

苏州范帷一墓出土曳撒

苏州丝绸博物馆藏

南京邓府山王志远墓（M2：1）出土曳撒

南京博物馆藏

泰州徐蕃墓出土盘领有侧摆直身袍——孔雀补服

图4-12　有侧摆的曳撒和盘领直身袍

　　断腰袍的几种基本款式似乎并没有等级区别，但色彩和纹样却代表着不同阶级。帝王、官员的断腰袍必饰纹、饰襕。装饰纹样有龙、蟒、飞鱼、斗牛等，"襕有红、黄之别耳"❶，因此常有蟒衣曳撒和膝襕曳撒之说。此外，还要随官职不同，增加相应的补子，如"红者缀本等补，青者否"❷，《明宫史》内臣服佩"贴里"条也述："其制如外廷之披褶。司礼监掌印、秉笔、随堂、乾清宫管事、牌子、各执事近侍都许穿红贴里缀本等补，以便侍从御前。凡二十四衙门、山陵等处官长、随内使小火者，俱得穿青贴里。"❸也就是低等级侍者所服的青贴里上既没有纹样，又不加襕，实为青色素服。在明代史书中，袍服除有不同的称呼之外，还经常见到用纹样作为其名称，如蟒衣、飞鱼服、斗牛服等，这些都是袍服上纹样的名称，并不代表具体的款式，也就是饰有这些纹样的袍服可以是直身袍，也有可能是断腰袍。

　　断腰袍通过质孙盛宴这个特定的历史产物，被赋予了"质孙"的名称，成为世人所瞩目的盛世华服的典型，为后世所乐道、颂扬。断腰袍从蒙古族传统袍服，到质孙宴上面料奢侈、装饰华丽的与宴之服；从明初被认为是"服妖"的官宦之服，到明代朝廷上下皆服的曳撒；清代又与满族传统的服饰结合，构成朝袍的基础，完成了它的一个轮回，在中国服饰发展的历史上占有重要的一席之地。

第二节　明朝的封锁对蒙古族服饰的影响

　　1368年，元代朝廷弃两都、走漠北，硕大的元帝国在风雨飘摇中倒塌。在原元代版图上，明王朝占据了中原的广大地区，蒙古族在北方草原维持着脆弱的政权。明蒙之间的对立给生活在北方草原的蒙古族造成了诸多影响，尤其是原居住在都城的皇亲国戚和各地为官的贵族们长期的城市生活，很多人已经

❶ [清]张廷玉.明史·舆服三：卷六十七[M].北京：中华书局，1973：1647.

❷ [明]刘若愚.酌中志·内臣佩服纪略：卷一九[M].北京古籍出版社，1994：166.

❸ [明]吕毖.明宫史·内臣佩服：卷三[M]//景印文渊阁四库全书：第651册.台北：台湾商务印书馆，1986：643.

"遂皆舍弓马而事诗书" **❶**，虽然 "元代蒙古贵族与契丹贵族一样，仍保留着游牧民族习俗，不仅皇帝有斡耳朵，皇后甚至诸王都有自己的斡耳朵。……正因为这样，蒙古贵族退回草原后很快就适应了草原生活，完成了向游牧政权的转化" **❷**。实际上，回到草原后的适应期应该不短。他们从统治阶级天堂般穿金戴银到单一的草原生活，从思想到生活质量上都有极大的落差。

一、经济基础的崩塌

元代社会的发展依赖幅员辽阔的国土以及汇集八方的资源，经济基础绝大多数仍续前朝的积累和发展。独自建立起来的社会生产及官营机构主要是供给元代朝廷、蒙古贵族及各级官员所特需的物品，这些机构、作坊多集中于大都、上都及其周边以及西北和各草原城市中。元末农民起义如星星之火从各地兴起，正常的生产、生活秩序被打乱，当这股浪潮风起云涌般波及各城镇，尤其是两都时，首先被破坏的就是工商这些毫无自保能力的群体。他们是城市和贵族经济的基础，更是生活在都市的蒙古族最基本的生活来源。因此说，经济基础的坍塌使得蒙古经济走向崩溃。

1. 经济基础薄弱的移民城市——上都

大都及周边的各类官营手工业非常集中，很大一部分是元代建立起来的、为元代统治者服务的机构，它们具有典型的时代特色。随着蒙古族的离开，这些主要供给元代朝廷和贵族的纺织品、各种服饰和生活用品的官营手工业瞬间衰落，匠户随即转入民间、散居各地，产品内容也根据民间的需求在种类和内容上发生了很大改变，逐步转型为传统的中原风格。但上都及众多草原城市的情况却与之不同。上都所在地原名曷里浒东川，位于桓州之东，滦河北岸，今内蒙古锡林郭勒盟正蓝旗；夏季金莲花盛开，使广阔草原金黄一片，美不胜

❶ [元]戴良.九灵山房集(附补编)·鹤年吟稿序:卷十三[M]// 王云五.丛书集成初编.上海:商务印书馆，1936:183.
❷ 达力扎布.北元汗斡耳朵游牧地考[A].南京大学元史研究室.内陆亚洲历史文化研究　韩儒林先生纪念文集.南京:南京大学出版社,1996:369.

收。金大定八年五月庚寅（1168年7月6日），改曷里浒东川为金莲川❶，金世宗将此地选为金代宫廷、贵族的捺钵之地。由于蒙、金交战，金代建立的部分草原城市遭到破坏，金莲川这个金代贵族的捺钵之地也基本荒芜。宪宗六年（1256年）忽必烈根据刘秉忠的建议，在这里建造草原城市开平府。中统四年五月戊子（1263年6月16日），升开平府为上都❷，至元十一年（1274年）大都宫阙竣工，忽必烈在大明殿接受诸王、百官朝贺❸，此后建立了两都巡幸制度。上都与一般的城市不同，它是根据元代统治者的政治和生活需要人为建立的移民城市，而非按照社会与经济规律自然发展而形成。虽然到元末已建城近百年，但这是一个在较短时间内形成的以外来人口为主、经济基础非常薄弱、文化处于不稳定状态的城市。城市人口的迅速膨胀，繁荣了城市，但短时间内聚集的人口，缺乏稳定的基础，也带来了诸多社会问题。

上都是元朝的政治、经济、军事和文化中心之一。这一时期的元朝疆域辽阔、强盛空前，开创了中国及世界游牧民族历史的新纪元。上都作为元代的开国都城是一个典型的草原城市，早期定居于此的是忽必烈和他的"金莲川幕府"的幕僚们，并在此筑城屯田，改变了部分进驻此地的蒙古族逐水草而居的习俗。这里同样为来自内地、西域和中亚的农人、工匠、猎户、商贾等提供了施展才华的舞台。上都形成了规模较大、设施完善的城市体系，为日后更好地统治中原奠定了一个较为稳定的根据地。到至元十八年（1281年）上都路有41062户，人口118191人❹，其中有很大部分居于上都城及周围。这里的居民除从事满足自己生活必需品的生产外，作为都城，最重要的是每年中有近半年时间，生产元代朝廷在这里的生活必需品。至元三十年（1293年）上都城内就有工匠2999户❺，他们中关于制毡、制革、染织等与服饰有关的行业占有很大比例。随着城市的快速发展，手工业匠户也越来越多。

上都迅速形成并快速发展起来，但其基础较为松散、薄弱，它依赖于元宫

---

❶ [元]脱脱. 金史·世宗上：卷六[M]. 北京：中华书局，1975：142.
❷ [明]宋濂. 元史·世祖二：卷五[M]. 北京：中华书局，1976：92.
❸ [明]宋濂. 元史·世祖五：卷八[M]. 北京：中华书局，1976：153.
❹ [明]宋濂. 元史·地理一：卷五十八[M]. 北京：中华书局，1976：1350.
❺ [明]宋濂. 元史·世祖十四：卷十七[M]. 北京：中华书局，1976：373.

廷、蒙古贵族、百官的更多往来与支持，这种繁荣和几乎所有的城市产业，都是赖以元代朝廷每年中有半年驻于此的维系。除元代的最后十年，皇帝每年有近半年的时间在上都处理国事、接受外国使节和蒙古宗王的朝觐，有六位元帝是在上都举行的登基大典❶。在上都，除了处理政务，元帝王、贵族、百官在每年六月吉日举办规模盛大的质孙宴，持续数日，消耗无以计数的食品、酒类，尽情地狂欢、狩猎、行乐，此外还举办祭祀活动，"自谷粟布帛，以至纤靡奇异之物，皆自远至。"❷上都有来自各地的民众，为满足常住人口的生活，他们中来自草原的牧民多从事奶酒、制革、制弓、制靴等传统手工业；有些是迫于元代朝廷的压力而迁于此地的工匠，来自中原、西域、中亚等地的商贾云集于此，还有高高在上的蒙古贵族，不论哪类人，从心里讲，这里并不是故乡。因此，当元末社会处于大动荡时，这里便成为一击即溃的状态，人口以飞快的速度四散，使这座曾经辉煌的城市瞬间成为空城。

元末，顺帝妥懽帖睦尔厌于朝政，朝廷腐败、赋税沉重、社会动荡，民不聊生，加之自然灾害频发，各地农民起义如星火燎原，极大动摇了元朝的统治。至正十一年（1351年）五月，爆发韩山童、刘福通领导的红巾军起义，次年，郭子兴响应，聚众起义，平民出身的朱元璋投奔郭子兴。至正十八年（1358年）十二月红巾军北上"陷上都，焚宫阙"❸。至正二十三年（1363年）红巾军余党由高丽返回途中，再次对上都进行肆意劫掠，城内居民溃散南逃，上都实际已经名存实亡。至正二十八年正月初四（1368年1月23日），朱元璋在应天府（今南京）称帝，国号大明，年号洪武。同年以"驱逐胡虏，恢复中华"的口号北伐，兵临大都城下。闰七月二十八日（1368年9月11日），元顺帝妥懽帖睦尔召议北逃事宜，宦官赵伯颜不花痛哭道："天下者，世祖之天下，

❶ 上都举行登基大典的蒙元汗/帝：世祖忽必烈(中统元年三月，开平继大汗位，至元三十一年正月崩于大都紫檀殿)、成宗铁穆耳(至元三十一年四月上都大安阁即位，大德十一年正月崩于大都玉德殿)、武宗海山(大德十一年五月上都大安阁即位，至大四年正月崩于大都玉德殿)、天顺帝阿速吉八(泰定四年九月上都即位，同年十一月败于两都之争，下落汉文史料无载，蒙文史料均记载死于此战乱。阿速吉八只做了42天皇帝)、文宗图帖睦尔(天历二年八月上都大安阁复位，至顺三年八月崩于上都)、惠宗(顺帝)妥懽帖睦尔(元统元年六月上都即位，至正三十年四月崩于应昌)。

❷ [元]虞集.上都留守贺公墓铭[M]//(元)苏天爵.元文类：卷五十三.上海：上海古籍出版社，1993：689.

❸ [明]宋濂.元史·顺帝八：卷四十五[M].北京：中华书局，1976：945.

陛下当以死守，奈何弃之！"❶当晚，顺帝妥懽帖睦尔携太子、后妃及部分大臣弃大都、奔上都，八月初二（1368年9月14日），大都失陷，结束了蒙古族对中原近百年的统治，明改大都为北平。元代朝廷至上都时，这里已经遭农民起义军焚毁、掠夺十年之久。至正二十九年六月十三日（1369年7月16日），在明军的追击下，顺帝又弃上都奔应昌❷。第二年四月二十八日（1370年5月23日），妥懽帖睦尔病死应昌，庙号惠宗。由于妥懽帖睦尔未反抗朱元璋的北征，明代朝廷赐"顺帝"。为彻底消除后患、稳固统治，明军又八次派兵深入漠北，紧追不舍，北元朝廷最后退至漠北故都哈刺和林。经历元末明初的多次战火，元上都已沦为废墟，从此退出了历史舞台，成为一座沉睡在草原上的文化遗址。

2. 不堪一击的草原城市

草原城市除大都、哈刺和林外，各路府所在地及元代诸王、投下封地内还建立了许多大大小小的草原城镇、驿站，草原城市如集宁（位于今内蒙古察哈尔右翼前旗土城子村）、净州（位于今内蒙古四子王旗乌兰花镇城卜子村）、应昌（位于今内蒙古赤峰市克什克腾旗西北）、中都（位于河北张北县）、丰州（位于今内蒙古呼和浩特东郊）、察罕淖尔行宫（位于河北沽源小宏城）、宝昌（位于今河北沽源县九连城古城）、砂井（位于今内蒙古四子王旗红格尔苏木）等，这些草原城市是北方草原的重要交通枢纽和贸易集散地。它们具有相似的城市特点，即外来人口是这里的主要支柱，经济基础较为薄弱，因此当外部环境发生较大变化时，这里就会受到极大冲击，甚至使经济基础倒塌、组成城市的最重要的基础——人口四散，城市手工业随之消失，"甚至可以说连元初所引进的手工业及农业也都不见了"❸。因此，当这些建立在脆弱基础上的大厦倾倒之后，很快成为一堆碎石。

---

❶ [明]宋濂.元史·顺帝十：卷四十七[M].北京：中华书局，1976：986.

❷ 应昌：至元七年(1270年)置府，后至元二十二年(1285年)改为路。治所应昌在今内蒙古克什克腾旗达来诺尔附近，是元代弘吉刺部贵族建立的草原城市。

❸ [日]中山茂.清代蒙古社会制度[M].潘世宪，译.北京：商务印书馆，1987：19.

二、明蒙互市对蒙古人生活的影响

蒙古贵族猖狂逃出大都后，明军没有给他们一丝喘息机会，一路追击。回到草原的蒙古贵族们，失去了往日的生活状态，在明朝军队的追击下，生活在动荡中的蒙古统治集团内部为了各自的利益争斗不断，矛盾重重。到永乐初年分裂为东蒙古的成吉思汗系蒙古本部（鞑靼）和西蒙古卫拉特部（瓦剌）两大势力集团。在明代朝廷的封锁下，各地的物资几乎无法进入草原。

1. 明朝的封锁对蒙古草原的影响

明初，虽然部分在中原为官、生活的蒙古族回到北方草原，但当年成吉思汗叱咤风云的雄风仍使朱家王朝胆寒，为防止蒙古族南进，洪武年间就开始修筑长城、设立九边。在明朝统治的两百多年时间里，长城的修筑一直没有停止过。长城九边重镇包括：辽东镇、蓟州镇、宣府镇、大同镇、三关镇（即偏头、宁武、雁门三关）、榆林镇（也称延绥镇）、宁夏镇、甘肃镇、固原镇❶。九边重镇也成为明蒙贸易的重要口岸，人员往来、货物交换、朝贡等都由所属口岸进出，同时也成为明代朝廷管控漠北的重要窗口。

明蒙分立后，明代朝廷对蒙古草原进行了长期的经济封锁，至此，蒙古族从统治阶级到北走塞北，生活从顶峰瞬间转为谷底。尤其是从中原撤退到草原的皇亲国戚、贵族、官员们，他们已经习惯了中原的生活方式和长期富足的生活状态，出逃之时并没有携带更多的物资，因此在明朝的重重封锁下，生活一下跌落到北方草原贫瘠土地的自给自足。生活上巨大的落差，使这些从享受生活到自取温饱的人们倍感生活的失落。以前奢侈的生活方式一去不复返，这使许多蒙古贵族非常不适应，缺衣少食成为袭扰明朝边境及内部争斗的重要原因。在整个明代，明朝廷对蒙古族的态度有敌对、剑拔弩张，也有怀柔、开放贸易；在经济利益上，蒙古族的上层贵族与普通平民之间有着巨大差异，草原自给的生活物资极为有限和单一，朝贡的回赐仅限于各级贵族，平民只能从互

❶ [明]魏焕.九边考[M]//薄音湖,于默颖.明代蒙古汉籍史料汇编:第六辑.呼和浩特:内蒙古大学出版社,2009:227–309.

市中获取少量所需物品，而且互市时开时关，这种不平衡使得草原普通牧民的生活极为贫困。明太祖朱元璋致元臣图噜的劝降书中就说："部下者，口无充腹之食，体无御寒之衣。"❶可见当时蒙古族的生活窘境。

明代初期，明蒙一直处于对立状态，蒙古成为明代朝廷最头痛之处。直到明英宗土木堡之变❷成为双方平息征战的重要分水岭。为防止蒙古族利用铁器制造武器，明代朝廷限制向蒙古草原出售铁质农具、铁锅，甚至到景泰元年（1450年）才准许"铜汤瓶、锅、红缨鞍辔、剪子等物"的买卖❸，到隆庆五年（1571年）三月还严格限制"铁锅等物不得阑出"❹，以至于有些蒙古人"生锅破坏，百计补漏用之，不得已至以皮贮水煮肉为食"❺。隆庆义和❻后，明朝逐步开放互市，但为彻底消除蒙古贵族的优越感，仍限制众多高档丝织品和金属制品的输出，使昔日标志封建等级的高档丝织品成为稀有之物。虽然此后明蒙互市相对宽松许多，但蒙古族所得到的物资远远满足不了基本生活的需要，而这种交易也并不平等，使蒙古族在北方草原单一、脆弱的游牧经济中艰辛度日。在艰苦环境中成长起来的蒙古族，逐步习惯了这种与大自然融为一体的生活方式，甚至小王子❼"其服食器用与他虏无大异"❽。

在严密的控制下，蒙古族从穿到用绝大多数都只能依赖草原获得。南北长期对立对蒙古族的影响逐渐明显，上至贵族、下到普通牧民都受到极大伤害，

❶ [明]姚士观.明太祖文集·与元臣图噜书:卷五[M]//景印文渊阁四库全书:第1223册.台北:台湾商务印书馆,1986:43.
❷ 土木堡之变:明朝正统十四年(1449年)明英宗朱祁镇北征瓦剌兵败、被俘,史称土木堡之变.土木堡位于河北省张家口市怀来县城东10公里处,是长城防御系统的组成部分.
❸ [明]俞汝楫.礼部志稿·迤北鞑靼及卫喇特:卷三十八[M]//景印文渊阁四库全书:第597册.台北:台湾商务印书馆,1986:699.
❹ [明]方孔炤.全边略记:卷二[M]//薄音湖 于默颖.明代蒙古汉籍史料汇编:第三辑.呼和浩特:内蒙古大学出版社,2006:90.
❺ [明]王崇古.王鉴川文集·确议封贡事宜疏:卷二[M]//陈子龙.明经世文编:第二册.北京:中华书局,1962:3370.
❻ 隆庆义和:明朝隆庆年间,在内阁大臣高拱、张居正的力促下,隆庆五年(1571年)明蒙达成了对阿勒坦汗的封王、通贡和互市协议,结束了明朝与蒙古近二百年的敌对状态,史称"隆庆和议".
❼ 小王子(达延汗,孛儿只斤·巴图蒙克,1473—1516),成吉思汗第十五世孙,蒙古察哈尔人,《明史》称之为小王子.
❽ [明]峨岷山人.译语[M]//薄音湖,王雄.明代蒙古汉籍史料汇编:第一辑.呼和浩特:内蒙古大学出版社,2006:224.

尤其是底层的牧民,"其瘦饿之形,穷困之态,边人共怜之"❶。隆庆四年(1570年),总督山西互市以及山西、宣(今河北张家口宣化区)、大(今山西大同)军务的王崇古❷力主与阿勒坦汗议和并上疏:"今虏中布帛锅釜,皆仰中国,每入寇则寸铁寸布皆其所取。"❸次年王崇古在《确议封贡世宜疏》称:"北虏散处漠北,人不耕织,地无他产,虏中锅釜针线之日用,须藉中国铸造,绸缎绢布之色衣,惟恃抢掠。今既誓绝侵犯,故虏使于乞封贡之初,即求听伊买卖充用,庶可永免盗窃。"❹长期封锁,加之草原连年旱灾、蝗灾、白灾不断,使许多牧民无法生存,归顺、来降明朝的蒙古人越来越多,宣德九年二月己未(1434年3月21日),大同军务总兵官武安侯郑亨❺在奏章中说,来降的蒙古族军民"衣裳坏弊,肌体不掩。及有边境男妇旧被掳掠逸归者,亦皆无衣裳"❻。此时蒙古人民困苦、贫穷的生活令人心酸。

有明一代,在北方草原生活的蒙古族所需纺织品及服饰等物资来源主要有:

草原自产:以皮张和毛毡为主。皮张主要是羊皮和牛皮,兼有狩猎所得珍贵的貂皮、狐皮等;毛毡主要是羊毛毡和驼毛毡。

明代朝廷的给赐与回赐:蒙古贵族进京朝贡,按照官职,明代朝廷给予赏赐(给赐);所带朝贡物品,按照定例回赐。

互市贸易:九边重镇所属各关口是明蒙贸易的重要地点,占人口大多数的草原牧民的生活物资主要靠各口岸的贸易获得。民间易市时,蒙古人以购买衣料和生活必需品为主,其中包括绸缎、棉布、靴帽、针线、药品等。蒙古贵族除朝贡获得回赐外,还有部分来自贸易,但对于贵族来说,最大诉求在于掌握

❶ [明]王崇古.王鉴川文集·酌许虏王请乞四事疏:卷三[M]//[明]陈子龙.明经世文编:第二册.北京:中华书局,1962:3379.
❷ 王崇古(1515—1588),字学甫,号鉴川,山西蒲州(今山西永济)人。嘉靖二十年(1541年)进士,官历刑部尚书、兵部尚书等职。
❸ [明]明穆宗实录:卷五十一[M].台北:"中央研究院"历史语言研究所,1962:1277.
❹ [明]王崇古.王鉴川文集.确议封贡事宜疏:卷二[M]//[明]陈子龙.明经世文编:第二册.北京:中华书局,1962:3363.
❺ 郑亨(1356—1434),合肥(今安徽合肥)人。任中府左都督,封武安侯。明成祖永乐年间(1403—1424年),郑亨五次参与北伐,镇守大同,追赠漳国公,谥忠毅。
❻ [明]明宣宗实录:卷一百八[M].台北:"中央研究院"历史语言研究所,1962:2424.

互市的贸易权，从中获得巨大利益。

走私：在正常贡市得不到满足时，走私也是解决蒙古民众需求的一个屡禁不止的途径。走私物品主要是吃、穿、用等小宗物品，明蒙大小口岸、各阶层都存在这种情况，进京朝贡使团也会夹带部分物资在口内进行私下交易。

2. 明蒙互市

宣府、大同、山西三镇互市贸易始于正统三年（1438年）。正统（1436—1449年）到嘉靖（1522—1566年）年间，明蒙边境局势动荡，互市贸易几经波折，经历三开三罢，"土木堡之变""庚戌之变"等重要事件成为互市贸易多次关闭的直接促因。明中期后，东蒙古势力逐渐强大，成吉思汗黄金家族后裔阿勒坦汗❶所属土默特部游牧在今内蒙古呼和浩特一带，从明朝嘉靖年间崛起，阿拉坦汗将漠南草原霸主察哈尔部逐于辽东，成为右翼蒙古首领，并注意与明朝修好，发展贸易。嘉靖二十九年（1550年），阿勒坦汗在多次遣使要求开放朝贡贸易未果后兵临北京城下，以武力要求明朝政府开放边贸，史称庚戌之变。次年，明廷被迫开放宣府、大同等地口岸与蒙古进行马匹交易。不久，明代朝廷单方面拒绝蒙古方面牛羊交易的请求，关闭马市，双方再次开战。阿勒坦汗在"北狄顺义王俺答谢表"中表达了封贡对土默特部的影响："臣弟把都儿分驻察罕根脑，接连朵颜三卫，各边市不许开市，衣用全无，毡裘不奈夏热，段布难得。"❷在蒙古各方势力的胁迫下，贡市及口岸贸易逐步展开，但明代朝廷仍恐惧蒙古族的进犯，互市受到许多限制，隆庆四年（1570年），阿勒坦汗孙把汉那吉因为家庭矛盾而投奔明朝，阿勒坦汗以此为契机与明朝谈判。会谈中阿勒坦汗除要求归还把汉那吉外，重点谈到了蒙明和睦相处、开展互市贸易对双方的好处，次年（隆庆五年，1571年）达成协议，史称"隆庆议和"。双方建立了通贡互市关系，在宣府到甘肃一线开放十一处贸易口岸。阿勒坦汗

---

❶ 阿勒坦汗(俺答汗，1507—1581)，成吉思汗第十七世孙，蒙古右翼土默特部首领，隆庆五年(1571年)受明封为顺义王，是为第一代顺义王。

❷ [明]俺答. 北狄顺义王俺答谢表[M]// 薄音湖，王雄. 明代蒙古汉籍史料汇编：第二辑. 呼和浩特：内蒙古大学出版社，2006：103.

也被明帝朱载坖❶封为"顺义王"。通贡互市加强了蒙古各部与明朝的经济、文化联系，结束了明蒙长达二百余年的敌对局面，从此，二者建立了的和平贸易关系。明代朝廷为笼络阿勒坦汗，对其的赏赐相当丰厚，大红纻丝膝襴衣表里、金带、金顶大帽等都是给赐之列❷。"近奉贡惟谨，我恒赐之金段文绮，故其部夷亦或有衣锦服绣者，其酋首愈以为荣也。"❸蒙古各部以马、牛、羊等易得大量丝绸、棉布以及日用杂品。但高档面料都集中在蒙古贵族手中，草原牧民仍多以皮袍、棉袍为主，吊面材料也多为棉布和价格低廉的丝绸品种。对于生活用品，明代朝廷的限制逐步减小，至明末，虽然"独兵刃、硝黄、钢铁及龙蟒衣物有禁"❹，但也在逐步开放："每人许收买牛一只，犁铧一副，锅一口。不许将违禁物私夹卖，违者巡按御史究治。"❺

隆庆义和后，人为的贸易限制被部分解除，明蒙之间的经济渠道基本畅通，互市贸易繁盛发展，交易地点相对固定，并有了明确的市场管理制度及贸易规则。隆庆六年（1572年）设隶属大同左卫道中路的杀胡口马市❻，是明蒙贸易的重要口岸之一。此后得胜堡❼、新平堡❽等马市重新开放。

杀胡堡❾是明代大同镇72边堡中大同左卫道中路所辖十一堡之一，长城在此的口岸为杀胡口（1926年更名杀虎口）（图4-13）。明代朝廷为抵御蒙古瓦剌部南侵，多次从此口出兵征战（图4-14）。云石堡是明长城大同道威远

---

❶ 朱载坖(1537—1572)，明朝第十二位皇帝，1566—1572年在位，年号隆庆，庙号穆宗，谥契天隆道渊懿宽仁显文光武纯德弘孝庄皇帝。

❷ [明]瞿九思. 万历武功录·俺答列传中[M]//薄音湖. 明代蒙古汉籍史料汇编：第四辑. 呼和浩特：内蒙古大学出版社，2007：58.

❸ [明]萧大亨. 北房风俗[M]//薄音湖，王雄. 明代蒙古汉籍史料汇编：第二辑. 呼和浩特：内蒙古大学出版社，2006：244-245.

❹ 同❷95.

❺ [明]郭造卿. 卢龙塞略[M]//薄音湖，王雄. 明代蒙古汉籍史料汇编：第二辑. 呼和浩特：内蒙古大学出版社，2006：381.

❻ 马市分为大市和小市，大市每年开放一次，一次一个月，小市每月一次。杀虎口马市属小市。

❼ 得胜堡，位于今河北张家口市万全区堡子湾乡。嘉靖二十七年设，万历二年砖。周三里四分，高三丈八尺。

❽ 新平堡，位于今山西省大同市天镇县新平堡村，嘉靖二十五年土筑，隆庆六年砖。周三里六分，高三丈五尺。

❾ 杀虎堡，位于河北朔州市右玉县杀虎口长城内。嘉靖二十三年土筑，万历二年改砖包。周二里，高三丈五尺。

图4-13　杀胡堡与杀胡口马市
《宣大山西三镇图说》台北"中央图书馆"1982

路所辖四堡之一，位于山西省右玉县境内。云石堡分新、旧两堡，云石旧堡为嘉靖三十八年（1559年）土筑，云石堡市场隆庆六年（1572年）初设小市，以杂物交易为主，区别于以马匹为主要易物的杀胡口马市。后因山高无水，防守难，且离边市太远，于万历十年（1582年）在旧堡以西建云石新堡❶（图4-15）。至此，右卫道的边境贸易全面开放。

双方的贸易以易物为主，如隆庆五年（1571年）"一布衣可易一皮袄"❷，此时棉花的种植、纺织技术已经成熟，其制品在中原已经非常普及，价格低廉，因此在北方草原，棉布成为广大蒙古族牧民日常穿着的主要衣料。

平稳的局势使生活水平较前有所提高，表现在服饰上，款式更加丰富，面料档次有所提高。到明末，萧大亨❸在《北虏风俗》中说"衣以皮为之，近奉贡惟谨，我恒赐之金段文绮"，披肩领"贾哈""必以锦貂为之"，"妇女虽不甚佳丽，然最务藻饰"❹。虽然所指为贵族，但可以看出，此时人们的生活水平有所提高，生活物资也较为丰富。

---

❶ 云石新堡，即云石堡，位于河北朔州右玉云石堡村。嘉靖三十八年土筑，万历十年改建砖。周一里七分，高四丈。

❷ [明]瞿九思. 万历武功录·俺答汗传下[M]//薄音湖. 明代蒙古汉籍史料汇编: 第四辑. 呼和浩特: 内蒙古大学出版社, 2007: 95.

❸ 萧大亨(1532—1612)，字夏卿，号岳峰，山东泰安(今山东泰安市)人，嘉靖四十一年(1562年)进士，历任山西参政、宁夏巡抚、宣大山西总督，官至刑部尚书。

❹ [明]萧大亨. 北虏风俗[M]//薄音湖, 王雄. 明代蒙古汉籍史料汇编: 第二辑. 呼和浩特: 内蒙古大学出版社, 2006: 248.

杀虎口

杀虎堡

杀虎口长城

杀虎口通顺桥

图4-14 杀虎口

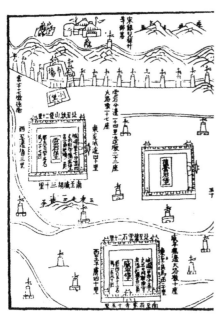

云石旧堡

云石新堡

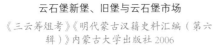

云石堡新堡、旧堡与云石堡市场

《三云筹俎考》《明代蒙古汉籍史料汇编（第六
辑）》内蒙古大学出版社 2006

图 4-15　云石堡

三、蒙古贵族朝贡所得纺织品

　　虽然明蒙长期对立，但明朝除修筑长城抵御蒙古族的袭扰外，从明早期
始，朝廷就对各部蒙古贵族采取了许多拉拢手段，封爵赐官、通贡，以怀柔蒙
古各部首领和贵族，并与蒙古各部先后建立了朝贡关系。蒙古贵族取得物品的
重要渠道即为朝贡所得回赐。进京朝贡带去贡马、上等裘皮、牛羊等，明代朝
廷的回赐较为丰富，也形成一定的制度，"四夷来宾，厚往薄来"❶的原则成为
维系明蒙关系的重要纽带。

---

❶ [明]俞汝楫.礼部志稿·查覈赐夷段匹：卷九十一[M]//景印文渊阁四库全书：第598册.台北：台湾
　商务印书馆，1986：656.

388

1. 蒙古各部朝贡使团基本情况

朝贡使团及部分贵族或属下"遣使"来明的目的是获得既得利益，一是丰厚的回赐，二是争取贸易机会。

据亨利·塞瑞斯《蒙古朝贡使团系年表》❶整理的结果，最早来明朝贡的使团是永乐元年十一月丙子（1403年11月16日）兀良哈部哈儿兀歹派遣脱忽思等二百三十人，最后是万历四十二年正月壬午（1614年3月9日）斡尔多斯泰宁卫阿不害等派遣的由咬歹率领的二百六十九人的使团。这210年中朝贡共880多次，最多的是英宗正统年间（1436—1449年），平均每年11.2次，正统四年竟达19次之多。朝贡使团主要为瓦剌和兀良哈三卫（泰宁卫、朵颜卫、福余卫）。景泰五年（1454年）瓦剌太师也先❷去世后，瓦剌力量迅速削弱，朝贡只零星进行。此后的朝贡主要以三卫支撑，但由于大汗更迭频繁，朝贡使团来京的次数逐步下降，嘉靖年间，平均每年只有1.44次。到万历四十二年（1614年）正月后再也没有蒙古各部朝贡的记录。

实际上，经过明早期对蒙古各部又打、又拉的政策，蒙古贵族从中获得了较大的利益，使得朝贡队伍的人数迅速增加，从开始的百人左右，到景泰年间已达到几千人的规模，如与明通贡之初，最初瓦剌朝贡使臣也不过五十人，到景泰三年十一月甲子（1452年12月16日），瓦剌部进京朝贡，明代朝廷就赐宴2945人❸。然而其因"利朝廷爵赏，岁增至二千余人。屡敕，不奉约。使往来多行杀掠，又挟他部与俱，邀索中国贵重难得之物。稍不餍，辄造衅端，所赐财物亦岁增"❹。景泰四年（1453年）也先遣使三千人，贡马四万匹，明代朝廷"各照品级赏金厢犀带九条，钑花❺金带九条、素金带三条、花银带一条。其三千余人所贡马及貂鼠皮通赏各色织金、彩素纻丝二万六千四百三十二匹，本

---

❶ [美]亨利·塞瑞斯. 明代蒙古朝贡使团[A]. 达力扎布. 中国边疆民族研究：第三辑. 北京：中央民族大学出版社，2010：292-358.

❷ 也先(1407—1454)，蒙古族瓦剌部首领，正统十四年(1449年)土木堡之役俘明英宗。汗号大元田盛大可汗。

❸ [明]明英宗实录：卷二百二十三[M]. 台北："中央研究院"历史语言研究所，1962：4820.

❹ [清]张廷玉. 明史·瓦剌：卷三百二十八[M]. 北京：中华书局，1974：8499.

❺ 钑花：指用金银刻镂出的花纹。

第四章　明代蒙古时期的蒙古族服饰

389

色并各色阔绢九万一百二十七匹，衣服三千八十八袭，靴袜毡帽等件全"❶。入京城朝贡会获得所需之物，所以朝贡的队伍逐步扩大，巨大的给赐、回赐、接待、赐宴等增加了明代朝廷的负担，使明廷无法承受其压力。鉴于财力、物力及边境安全的考虑，明中期以后，对朝贡使团的规模进行了一定的限制；将朝贡者分为三级，有部分拒入关，其次是可以入关，允许在关内进行贸易活动，只有少数允许入朝。"（弘治）元年（1488年），贡使六千余人，准放一千五百余人；三年，三千五百余人，准放一千五百人；四年，五千人，准放一千七百余人；九年，三千人，准放一千人；十年，六千人，准放二千人。至京者，以五百人为率。"❷弘治三年二月癸巳（1490年3月1日），迤北及瓦剌进贡使臣人数庞大，因此明代朝廷只许迤北"一千一百名入关，四百名入朝；瓦剌许四百名入关，一百五十名入朝"❸。弘治十一年（1498年）三月小王子达延汗遣使臣阿黑麻等6000人求贡，2000人准许入关❹，但至六月"北虏小王子奏欲入贡，既得命而竟迁延不至"，且入大同境袭掠墩军❺。因为蒙古朝贡使团进入明地后的所有衣、食、住、行、医等都由明朝廷负责，尤其是回赐丰厚，蒙古诸部时常不循定例朝贡，正统四年朝贡竟达19次之多，成为明期间朝贡次数最多的年份，此后来朝蒙古使团受到明代朝廷的限制，逐年减少。嘉靖朝的45年历史中只有65次朝贡，嘉靖六年、十七年、三十八年无朝贡记录。万历年间朝贡又有抬头之势，平均每年达到4次，大大超出成化至隆庆一百年间的平均值。并且来朝很不平均，万历十七年有12次之多，而万历二十七年、二十九年和三十六年无朝贡记录。

　　明代朝廷逐步发现一些使团来明的目的并不单纯，逐步产生反感，如弘治十三年（1500年）六月礼部右侍郎焦芳奏报："近来，迤北小王子等累年假以进贡，邀我重赏。"❻明代朝廷也一次次采取防范措施，来协调与蒙古之间的朝

---

❶ [明]明英宗实录：卷二百二十五[M]．台北："中央研究院"历史语言研究所，1962：4918-4919．

❷ [明]俞汝楫．礼部志稿·迤北小王子卫喇特三王：卷三十五[M]//景印文渊阁四库全书：第597册．台北：台湾商务印书馆，1986：658．

❸ [明]明孝宗实录：卷三十五[M]．台北："中央研究院"历史语言研究所，1962：757．

❹ [明]明孝宗实录：卷二百〇九[M]．台北："中央研究院"历史语言研究所，1962：3893．

❺ [明]明孝宗实录：卷二百一十三[M]．台北："中央研究院"历史语言研究所，1962：4012．

❻ [明]明孝宗实录：卷一百六十三[M]．台北："中央研究院"历史语言研究所，1962：2944．

贡关系。到明后期逐步强调贸易，拒绝部分朝贡团进京。

2. 回赐的纺织品

在蒙古各部的朝贡中，进贡的大宗是马匹、珍贵皮张、牛羊、骆驼以及各种宝石等中原稀缺之物。据曹永年先生统计，仅正统年间瓦剌三次朝贡，即向明朝官方输出貂皮、银鼠皮、青鼠皮等近18万张❶。明代朝廷给赐、回赐和朝贡使团乞赐的物品主要是各种服装、衣料、生活用具、药品等，而衣料有彩段、织金、绢、纻丝等，并多数是表里（表：面料，里：里料）同赐。但有些高档服饰、用品并不一定满足所乞，如景泰三年（1452年）"也先及其诸酋乞黄紫织金九龙纻丝及金酒器、药材、颜料、乐器、佩刀诸物"。礼部回复道："龙袍金器非所宜用，但与药材诸物。"❷

明代朝廷对蒙古来朝及所带之物的赐予有两种方式，即"赏（给赐）"与"偿（回赐）"，对朝贡之人，明代朝廷按照来者官职的高低进行给赐，也就是只要进京朝贡者，宫廷即有"赏"；而对来朝时所带的附载物品的质量和数目给以对应价值的财物作为回赐，即"偿"，"四夷朝贡到京，有物则偿，有贡则赏"❸，且"凡各处夷人贡到方物例不给价"❹，虽然是"例不给价"，但实际上也是按照所贡之物的价值和来朝者的官职和重要程度确定回赐的数量和价值。洪武二十六年（1393年）规定："凡远夷之人，或有长行头匹及诸般物货，不系贡献之数，附带到京愿纳入官者，照依官例，具奏关给钞锭，酬其价值。"❺并规定："凡诸番四夷朝贡人员及公侯官员人等，一切给赐如往年，有例者止照其例，无例者斟酌高下等第题奏定夺。然后本部官具本奏闻关领给赏。"❻永乐

❶ 曹永年. 明代蒙古史丛考[M]. 上海：上海古籍出版社，2012：103.
❷ [明]严从简. 殊域周咨录（节录）：卷十八[M]//薄音湖，王雄. 明代蒙古汉籍史料汇编：第一辑. 呼和浩特：内蒙古大学出版社，2006：399.
❸ [明]明宪宗实录：卷六十三[M]. 台北："中央研究院"历史语言研究所，1962：1281.
❹ [明]俞汝楫. 礼部志稿·凡朝贡方物：卷三十六[M]//景印文渊阁四库全书：第597卷. 台北：台湾商务印书馆，1986：672.
❺ [明]申时行. 明会典·给赐一：卷一百[M]//景印文渊阁四库全书：第617册. 台北：台湾商务印书馆，1986：910.
❻ 同❺.

十九年（1421年）正月，礼部尚书吕震❶依据各周边少数民族的官阶高低，进一步制定了"蛮夷来朝赏例"："三品四品人，钞百五十锭，锦一段、纻丝三表里；五品，钞百二十锭，纻丝三表里；六品七品，钞九十锭，纻丝二表里；八品九品，钞八十锭，纻丝一表里；未入流，钞六十锭，纻丝一表里。"永乐帝旨："朝廷驭四夷，当怀之，以恩今后朝贡者悉依品给赐，赍虽加厚不为过也。"❷对于品阶外的蒙古各部首领、贵族进京朝贡的给赐同样也规定了标准，在天顺年（1457—1464年）后定例："一等正副使每人彩段六表里、绢五匹，二等使臣彩段四表里、绢三匹，三等彩段二表里、绢二匹，四等彩段一表里、绢一匹，俱与纻丝衣一套，红毡帽一顶，靴袜各一双。"❸自此以后，对入明朝贡者皆按以上赏例标准。明代朝廷对附载货物，除给少量钱钞外，大多以折物的形式进行，但所折价比例并不固定。如永乐三年（1405年），上马绢四匹、布六匹，而永乐九年（1411年）赐瓦剌顺宁王（马哈木）时，一匹上等马折彩缎十表里❹，隆庆五年（1571年）顺义王阿勒坦汗进贡，赐上马每匹采段二表里、阔生绢一匹，因为是初贡，加赏采段一表里❺。万历年间，明朝与蒙古之间的关系较为缓和，相互之间互利互弊，虽然蒙古方面需要明朝的肯定，明代朝廷也要用更多的赏与偿来稳定蒙古族。两者之间制定了许多条约，有一些明显是不平等条约，但处于劣势的蒙古族也不得不执行。如隆庆五年（1571年）五月，阿勒坦汗受封顺义王时立下规矩条约中就有蒙古人"夺了汉人帽子手帕大小等物，一件罚羊一只"❻。至万历末年，规矩、条约愈加苛刻，甚至按照明代朝廷所需，对每年互市马匹限制额度，这种互市明显对蒙古族不平等。

明蒙局势与朝贡次数和赏赐数量有直接关系，在明早期，明代朝廷为拉拢

❶ 吕震(1365—1426)，字克声，陕西临潼人。洪武十九年(1386年)以乡举入太学，历任真定知府、大理寺少卿、刑部尚书、礼部尚书、太子太保等职。

❷ [明]明太宗实录：卷二百三十三[M]. 台北："中央研究院"历史语言研究所，1962：2249.

❸ [明]俞汝楫. 礼部志稿·迤北鞑靼及卫喇特[M]//景印文渊阁四库全书：第597册. 台北：台湾商务印书馆，1986：698.

❹ [明]申时行. 明会典(节录)[M]//薄音湖，王雄. 明代蒙古汉籍史料汇编：第二辑. 呼和浩特：内蒙古大学出版社，2006：216.

❺ 同❹217.

❻ [明]王士琦. 三云筹俎考(节选)·俺答初受顺义王封立下规矩条约[M]//薄音湖，王雄. 明代蒙古汉籍史料汇编：第二辑. 呼和浩特：内蒙古人民出版社，2006：412.

与蒙古各部之间的关系，对来朝与赏赐很少限制，到英宗正统年间（1436—1449年）对蒙古族的给赐和回赐达到顶峰，"赐北虏之厚，无过于正统时"❶，其中占比最大的是纺织品和服装。沈德符《万历野获篇》中详细记录了正统六年（1441年）赐瓦剌也先的物品："北虏之赏，莫盛于正统时，……惟六年之赏更异，今录之：赐可汗五色彩段，并纻丝蟒龙直领褡护、曳撒、比甲、贴里一套，红粉皮圈金云肩膝襕通衲衣一，皂麂皮蓝条钢线靴一双，砆红兽面五山屏风坐床一，锦褥九，各样花枕九。夷字孝经一本，锁金凉伞一，绢雨伞一，箜篌、火拨思、三弦各一幅，并赐其妃胭脂绒绵丝线等物。至八年，又赐可汗纻丝盛金四爪蟒龙单缠身膝襕暗花八宝骨朵云一匹，织金胸背麒麟白泽狮子虎豹青红绿共四匹，八宝青朵云细花五色段二十六匹，素段五十六匹，彩段八十七匹，印花绢十匹；可汗妃二人白泽虎豹朵云细花等段十六匹，彩段十六匹，花减金铁盔一顶，钑金皮甲一副，花框鼓鞭鼓各一面、琵琶、火拨思、胡琴等乐器，及钻砂焰硝等物。又赐丞相把把只织金麒麟虎豹海马八宝骨朵云纻丝四匹，彩绢四匹，素绢九匹。其余平章伯颜贴木儿小的失王、丞相也里不花、王子也先孟哥、同知把答木儿、金院南剌儿、尚书八里等，皆赏彩段绸绢有差。上又赐御书谕太师淮王中书右丞相也先，赐织金四爪蟒龙纻丝一、织金麒麟白泽狮子虎豹纻丝四，并彩绢表里。又赐也先母妃五人、妃四人，诸织金缯彩，所以怀柔之者至矣，而卒不免英宗土木之祸。至上皇陷虏后，尚有黄白金诸赐，以羁縻之。直至彰义门（今北京广安门）一战得胜，嗣后挞伐既张，可汗弑死，也先以骄虐见戕，虏势渐衰，中国赏亦顿薄。"❷首先可以看到英宗正统时给赐量非常之大，但自从也先在明景泰五年（1454年）被暗杀身亡后，瓦剌从此衰落，"中国赏亦顿薄"也是自然的事。

隆庆义和后，阿勒坦汗与明代朝廷的往来频繁，除明代朝廷规定的朝贡外，乞赏的情况也不少见，如万历四年（1576年）四月阿勒坦汗向明代朝廷乞"蟒衣、金段、纻丝、水獭、金箔、颜料之类，约值不下数百金，甚难应"。使明代朝廷顾虑的是"尽给则夷无厌，不给则夷情失"，"惟是顺义款贡，国家封

<hr />

❶ [明]王世贞. 弇山堂别集·北虏之赏：卷十四[M]. 北京：中华书局，1985：259.
❷ [明]沈德符. 万历野获编·瓦剌厚赏：卷三十[M]. 北京：中华书局，1959：776–777.

他王，许他年年进贡，年年开市，尔等月月来讨赏，尔北地所用服食无一物不问我讨，讨亦酌量与。"❶由此看来，蒙古人所需要的仍是以衣物、布料为主的草原无法生产的生活资料，且"富者以马易段帛，贫者亦各以牛羊毡裘易布匹针线"❷。

长城是隔绝中原与北方草原的人为高墙，在明代两百多年的时间里，蒙古族缺衣少用成为生活的常态。朝贡只限部分蒙古贵族和各部大小头目，在明代朝廷设置的重重限制下，普通民众只能通过边贸得到所需纺织品、衣物和日用品。明代后期，由于蒙古族与明代朝廷的关系缓和，长城关隘在许多限制下逐步限时开放，在相对和平的环境中，蒙古族的生活有了一定好转，但在长期封锁下，简单、大方、实用的服饰风格已经形成。各部封建主、贵族不仅在辖地内行使政令，且制定服制，强调各自的特点，使各部服饰开始显现不同之处。

第三节 明代蒙古时期的蒙古族服饰面料类型

元代朝廷北迁后，汗权衰落。蒙古各部与明代朝廷的长期对抗以及封建贵族之间的争权夺位，导致战乱频繁、社会动荡、经济急剧萎缩、畜牧业生产衰退，使蒙古草原经济遭到严重破坏。绝大多数蒙古人在颠沛流离的生活中，服饰面料只能就地取材，穿着简单、实用的服装，稀有裘皮还要成为进贡明代朝廷之物，以换取生活必需品。部分上层贵族虽然能从朝贡中得到部分纺织品和服装，并从边贸控制权中获得好处，但中小贵族、封建主的服饰和纺织品也需要从其他渠道获得，他们的服饰具有同样装饰简单、面料就地取材的变化趋势。

---

❶ [明]郑洛. 抚夷记略·诫房求讨过多[M]//薄音湖，王雄.明代蒙古汉籍史料汇编：第二辑.呼和浩特：内蒙古大学出版社，2006：146.

❷ [明]瞿九思. 万历武功录·俺答列传下[M]//薄音湖.明代蒙古汉籍史料汇编：第四辑.呼和浩特：内蒙古大学出版社，2007：96.

一、丝绸

这个时期的蒙古草原战乱不断，各部势力割据，蒙古族内部贫富差距加大，加之明代朝廷的封锁，来自中原的纺织品，尤其是高档丝织品受到极大限制。除草原产皮张外，服饰面料均需来自内地。受制于明代朝廷的对蒙态度，断断续续得到的纺织品和生活用品无法满足散居大漠南北广大地区普通牧民的需求；对蒙古贵族来说，代表元代丝织品巅峰的织金锦只能用来装饰衣缘，其他高档丝织品得来也相当不易。

1. 蒙古草原得到的丝织品品种

明代丝织业的发展相当快，尤其是爽滑、柔软、光润的缎纹织物受到明代帝后、权臣、贵族的喜爱，也受宠于蒙古贵族。明代缎纹织物以五枚缎为主，品种之多可以从查抄明代大贪官严嵩的财产名录中看出。大贪官严嵩❶受宠于嘉靖皇帝❷，官至宰相，专权二十余年，晚年被弹劾，家业被抄，家产清册《天水冰山录》❸中有金银、珠宝、字画、高档丝织品及服装无数，其中丝织物有各种缎（9151匹）、绢（743匹）、绫（11匹）、罗（647匹）、纱（1147匹）、绸（814匹）、改机（274匹）、绒（591匹，包括褐6匹）、锦（214匹）、琐幅（106匹）、葛（57匹）、布（576匹）等，共14331匹；服装1304件。这些丝织品中，缎纹织物包括织金缎、织金妆花缎、缂丝缎、遍地金缎、剪绒缎、素缎、锦缎、沉香缎等❹。明代种类繁多的缎织物已取代锦的地位，成为最主要的高档衣料，但这些高档缎织物流向北方草原却受到诸多限制。

明中期以后，虽然朝廷对开放草原与中原之间的物资交流相对宽松，内地多数丝织品都可以到达蒙古草原，但标志封建等级制度的高档丝织品仍受到禁

❶ 严嵩(1480—1567)，字惟中，号勉庵等，江西分宜(今江西新余市分宜县)人，弘治十八年(1505年)进士。历任武英殿大学士、太子太师等职。

❷ 嘉靖皇帝(朱厚熜, 1507—1567)，明朝第11位皇帝，1521—1567年在位，年号嘉靖，庙号世宗，谥钦天履道英毅圣神宣文广武洪仁大孝肃皇帝。

❸《天水冰山录》取自篟衍集内吊翁诗："太阳一出冰山颓"之意。[明]无名氏. 天水冰山录[M]// [明]陆深等. 明太祖平胡录(外七种). 北京：北京古籍出版社，2002：100.

❹ [明]天水冰山录[M]//[明]陆深. 明太祖平胡录(外七种). 北京：北京古籍出版社，2002：167–187.

止，甚至"禁花云缎与虏交易"❶。明代朝廷对高档丝织品限制的目的是要打消蒙古封建主、贵族通过服饰面料所产生的优越感，从多方面压制蒙古族。明代蒙古族的衣着、饰品的式样趋于简单，装饰减少，面料就地取材的比例增大，贵族们虽然通过朝贡可以得到部分面料，但有限的数量使他们的服饰也具有同样的变化趋势。

明代北方草原通过贸易得到的中原纺织品以中低档为主，主要满足广大中下层蒙古族的需求。在明代统治者对大漠南北的经济封锁下，草原上广大贫苦牧民陷于"爨❷无釜，衣无帛"❸"日无一食，岁无二衣，实为难过"❹的境地。"隆庆和议"后，明蒙双方开通互市增多，蒙古各部以马牛羊及珍贵裘皮从内地易得所需布料和日用品："市，我以段绸布绢棉花，针线、改机、梳篦、米盐、糖果、梭布、水獭皮、羊皮，全易虏马牛羊骡驴及马尾、羊皮、皮袄诸种。"❺

2. 剪绒（天鹅绒）

元代剪绒（即怯绵里、天鹅绒）得到上层社会的广泛欢迎，但全部依赖进口以满足宫廷及贵族的需求，国内并没有掌握其织造技术。到明代揭开剪绒的织造技术之谜，从此，剪绒在中国的发展十分迅速，并成为重要的高档纺织品。

明代我国对绒织物的名称多种多样，虽然再无人称其为怯绵里，但剪绒仍是这类织物的名称之一，此外天鹅绒、漳绒、漳缎、倭缎等都是这类起绒织物的称呼。漳绒、漳缎由于产自福建漳州、泉州一带而得名，漳绒为平绒组织，漳缎则为缎纹地提花绒。学界对倭缎的探讨较多，在《天工开物》《福建通志》

---

❶ [明]明孝宗实录：卷一五十[M].台北："中央研究院"历史语言研究所，1962：2652.

❷ 爨：灶。

❸ [明]瞿九思.万历武功录·俺答汗传下：卷八[M]//薄音湖.明代蒙古汉籍史料汇编：第四辑.呼和浩特：内蒙古大学出版社，2007：79.

❹ [明]王崇古.王鉴川文集·酌许虏王请乞四事疏：卷三[M]//[明]陈子龙.明经世文编：第二册.北京：中华书局，1962：3378.

❺ [明]瞿九思.万历武功录·阿勒坦汗传下：卷八[M]//薄音湖.明代蒙古汉籍史料汇编：第四辑.呼和浩特：内蒙古大学出版社，2007：84.

上说倭缎来自东夷，漳州人仿制倭缎的技术来源于此❶。现代蒙古语中仍将平绒称为ögedeng，并解释俗称大绒，旧称倭缎❷。现在蒙古族乌珠穆沁部仍使用这种倭缎制作传统蒙古袍的连襟、领子、马蹄袖及开衩等各处镶边。

日本人策彦周良❸的《入明记》收录了自永乐元年至天顺八年间（1403—1464年）明廷赐日本的国礼单，其中就包括天鹅绒，永乐四年（1406年）和永乐五年（1407年）有"白天鹅绒绛丝觉衣"，应为缎纹地的起绒织物，说明当时已有提花绒织物❹。能够织造可以提供国礼的提花绒，说明此时织造天鹅绒的技术已经较为纯熟。

江浙、福建、两广、四川等是明代中国丝织品的重要产地，但剪绒的纺织则主要集中于福建的漳州、泉州一带，随着时间的推移，织造技术也逐步向周边及更远的地区扩散。丝织品的重要产地江浙、两广等地很快掌握剪绒的织造原理，但漳绒、漳缎的名称已经被人们所认识，因此不论哪里生产的同类绒织物，都会继续使用初始产地的名称。

明代中国人什么时候掌握纺织剪绒的技术，并没有确切时间，到明中期许多地方都已经熟练掌握这项技术。沈德符在《万历野获编》中讲到嘉靖二十九年（1550年）张居正❺因病离开北京回到故乡江陵（今湖北省荆州）休假三年，"江陵时，岭南仕宦有媚事之者，制寿幛贺轴，俱织成青霄为地，朱灏为寿字，以天鹅绒为之。当时以为怪，今则寻常甚已。"❻古代贺幛、礼幛、寿幛等常使用绫、缎、绸等材料，这里用天鹅绒做寿幛，虽然大家以为新奇，但也说明张居正在江陵时，岭南的天鹅绒已不是稀罕之物，只是用来做寿幛则是一种创新。到沈德符编写《万历野获编》时已经是半个世纪后的事了，此时这种用天鹅绒做寿幛已经非常普遍。嘉靖四十四年（1565年）八月严嵩被抄家时，

❶ [明]宋应星.天工开物[M].香港：中华书局香港分局，1978：94.
❷ 内蒙古大学蒙古学研究院蒙古语文研究所.蒙汉词典[M].内蒙古大学出版社，1999：276.
❸ 策彦周良(1501—1579)，号怡斋，日本京都天龙寺高僧，作为日本遣明使，明嘉靖十八年(1539年)和嘉靖二十六年(1547年)两次率领遣明贸易使节团入明。将入明见闻记录成《入明记》。
❹ 赵丰.天鹅绒[M].苏州：苏州大学出版社，2011：4-5.
❺ 张居正(1525—1582)，字叔大，号太岳，江陵(今湖北荆州)人。历任吏部尚书、建极殿大学士、内阁首辅等。明代唯一生前被授予太傅、太师的文官。谥文忠。
❻ [明]沈德符.万历野获编：上册[M].北京：中华书局，1959：316.

查抄没收的家产中有各种绒织物585匹，其中有"大红织金蟒绒二十七匹，青织金妆花仙鹤补绒三十四匹"❶，这时绒织物的纺织技术已经非常成熟。

西班牙驻菲律宾第三任总督弗朗西斯科·德·桑德❷1576年在给西班牙国王腓力二世（Felipe Ⅱ，1527—1598）一份报告中称："中国什么都不缺，唯独没有绒织物，为何没有呢？因为他们还不懂得如何织造，但是一旦他们有机会看到生产过程，他们很快就能学会制作了。"❸弗朗西斯科·德·桑德并没有到过中国，他的报告中所涉及的关于中国的文字均来自在中国的传教士。可以肯定的是此时中国人已经熟练掌握了剪绒的织造技术，这些传教士应该没有亲眼见到剪绒的纺织，就臆断中国人"不懂如何织造"。因为在中国人掌握剪绒的织造技术后，初期的生产也只是在福建、广东一带，没有来过这些地方，并且剪绒还没有在市场大量销售的情况下，而说没有掌握织造技术，也是可以理解的。仅过了16年的1592年，利玛窦❹在韶州（今广东韶关）看到当地人织造天鹅绒，在11月15日给父亲写的信中说道："几年前中国人也学会了织天鹅绒，技术不错。"❺利玛窦1582年8月7日抵达澳门，次年9月10日到肇庆，1590年派往韶州，居住到1594年。利玛窦给父亲的信是在广东期间的事，他可能不知道彰、泉早已经掌握了剪绒的织造技术，而广东人掌握天鹅绒的织造技术也可能并不是在"几年前"，应该更早。以上文字记载的说法限于观察者所见，可能并不全面，当使用范围比较大或亲眼所见时，掌握其纺织技术才受观察者肯定。万历八年（1580年）正月阿勒坦汗小女出嫁时向明廷所讨财物中就有剪绒五匹❻，既然阿勒坦汗讨要，说明剪绒在国内早有生产，并且深居草原的蒙古族已经熟知。从万历二十八年（1600年）三月"广洋卫镇抚戴君恩奏，广东

---

❶ [明]天水冰山录[M]// [明]陆深. 太祖平胡录(外七种). 北京：北京古籍出版社，2002：176–177.

❷ 弗朗西斯科·德·桑德(Francisco de Sande，1540— 1602)，1575—1580年任菲律宾总督。

❸ 赵丰. 天鹅绒[M]. 苏州：苏州大学出版社，2011：19.

❹ 利玛窦(Matteo Ricci，1552—1610)，意大利人。1571年加入耶稣会，受教会派遣来中国传教，1582年抵达澳门，开始了在中国的传教、工作和生活。1610年5月11日在北京去世，葬于北京阜成门外二里沟。

❺ [意]利玛窦. 利玛窦全集之三·利玛窦书信集：下册[M]. 罗渔，译. 台湾：光启出版社，辅仁大学出版社联合发行，1986：117.

❻ [明]郑洛. 抚夷纪略[M]// 薄音湖，王雄. 明代蒙古汉籍史料汇编：第二辑. 呼和浩特：内蒙古大学出版社，2006：155.

遗盐及名马、天鹅绒、锁袱、黎锦、珠宝皆土产,上即命徵收,总督戴耀极言之,不听"❶。从中可知,到此时广东肯定已经熟练掌握天鹅绒的纺织技术。万历四十年(1612年)《漳州府志》物产"罗有二样,一为硬罗,一为软罗,但不如苏杭佳;亦有织天鹅绒者,不如漳州佳"❷。江浙一带继漳州后开始生产绒织品,但在技术上仍落后于漳州。直到清中期以后技术才逐步赶上彰泉,至清末"剪绒则在孝陵卫(今南京市紫金山南麓),其盛与绸缎圩"❸,并且"又有绒机,则孝陵卫人所织,曰卫绒;其浅文深理者,曰天鹅绒"❹。但这个新的名称"卫绒"并没有流传开来。

　　明代的绒织物技术有了快速发展,出土实物增多,为后人研究明代纺织业发展和剪绒的纺织技术提供了很好的实例。建极殿大学士王锡爵❺墓出土的剪绒五道梁忠靖冠的绒面均匀、密实❻,反映了当时剪绒的纺织水平。定陵还出土了双面绒实物,说明万历时期绒织物的纺织技术已经相当成熟(图4-16)。

　　绒织物的织造成本非常大,经纱、纬纱及绒纱均为蚕丝线,但由于起绒部分丝线的使用量太大,明中期以后开始在剪绒中加入棉纤维,利用棉线起绒,大大降低成本,使剪绒逐步走向民间。但棉绒手感不像丝绒那样润滑、绵软,易沾尘、挂土的缺点令人十分困扰:"其帛最易朽污,冠弁之上,顷刻集灰;衣领之间,移日损坏。今华夷皆贱之,将来为弃物,织法可不传云。"而很少见到这类面料的蒙古族"见而悦之"❼。由于粗糙的棉绒纱与爽滑的丝线地组织结合,造成棉绒固结不牢、易脱落,极易损坏,所以质量很不稳定。进入北方草原的剪绒受到蒙古族的喜爱,在袍服的各部位镶边处代替了很难得到的库锦(纳石失),逐步成为一种时尚。以黑色剪绒做底的镶边,与高明度的面料结

❶ [清]谷应泰.明史纪事本末:卷六十五[M].北京:中华书局,1977:1014.
❷ [明]阳思谦,徐敏学,吴维新.万历重修泉州府志·帛之属:卷三[M].台北:台湾学生书局,1987:265.
❸ [清]甘熙.白下琐言:卷八[M].南京:南京出版社,2007:150.
❹ [清末民初]陈作霖.金陵物产风土志[M]//陈作霖,陈诒绂.金陵琐志九种:上.南京:南京出版社,2008:137.
❺ 王锡爵(1534—1611),字元驭,号荆石,苏州府太仓州(今属江苏太仓)人。授翰林院编修,官历礼部右侍郎、文渊阁大学士、太子太保、吏部尚书、建极殿大学士,为内阁首辅等。
❻ 苏州市博物馆.苏州虎丘王锡爵墓清理纪略[J].文物,1975(3):51-56.
❼ [明]宋应星.天工开物[M].广州:广东人民出版社,1976:94.

绣龙补双面绒方领女夹衣

《定陵》文物出版社 1990

定陵出土双面绒

《天鹅绒》苏州大学出版社2011

王锡爵墓出土的剪绒面忠靖冠

苏州博物馆藏

图4-16　明代剪绒

合，形成了蒙古族服饰的独特风格。

　　由于剪绒面料厚实、绒面爽滑的特性，多用在镶边以及服饰上。直到清代皇帝大阅时櫜鞬❶的"鞬"以"银丝缎为之，绿革缘，天鹅绒里，面缀金环系明黄緌"。亲王、郡王的"櫜鞬皆以青倭缎为之"，皇帝大礼随侍櫜鞬"鞬以青倭缎为之，櫜以革蒙青倭缎，余俱如"❷（图4-17）。不论櫜或鞬，都是利用了天鹅绒厚实而爽滑的特点，以其为里可以很好地保护弓和箭，也使抽取方便。

　　剪绒是"纺"与"织"结合的产物，但在一些文献中常出现"编"与

---

❶ 櫜鞬：櫜指箭囊，鞬指弓袋。

❷ [清]允禄.皇朝礼器图式·武备二：卷十四[M].扬州：广陵书社，2004：647.

皇帝大閱櫜鞬

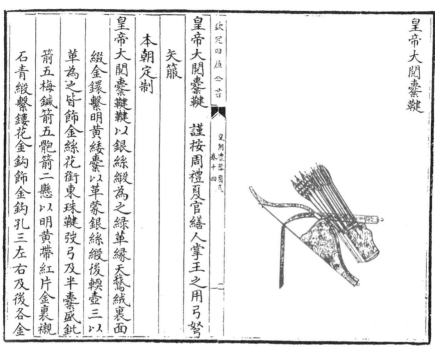

皇帝大閱櫜鞬　謹按周禮夏官繕人掌王之用弓弩

矢箙

本朝定制

皇帝大閱櫜鞬以銀絲緞為之綠革緣天鵞絨裏面

綴金鏒鞶明黃綏櫜以革蒙銀絲緞後輒壹以

革為之皆飾金絲花銜東珠鞬弢弓及半櫜盛鈚

箭五梅鍼箭五觛箭二懸以明黃帶紅片金裹襯

石青緞鑿鏤花金鈎飾金鈎孔三左右及後各金

皇帝大禮隨侍櫜鞬

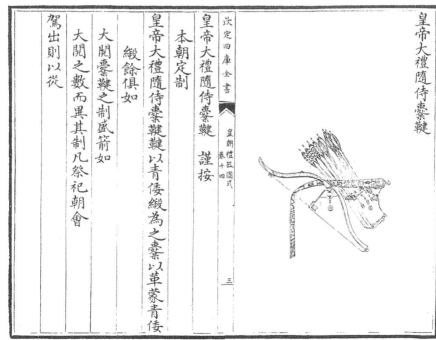

皇帝大禮隨侍櫜鞬　謹按

本朝定制

皇帝大禮隨侍櫜鞬以青倭緞為之櫜以革蒙青倭

緞餘俱如

大閱櫜鞬之制盛箭如

大閱櫜鞬之數而異其制凡祭祀朝會

駕出則以從

图4-17　皇帝大阅櫜鞬与皇帝大礼随侍櫜鞬

《皇朝礼器图式》广陵书社 2004

第四章　明代蒙古时期的蒙古族服饰

"织"结合的记载，实际所指的是地毯，也就是所谓的"单"。《格古要论》中提到："西洋剪绒单，出西蕃，绒布织者。其红绿色，年远日晒，永不退色。紧而且细，织大小番犬形，方而不长，又谓之同盆单，亦难得。"❶《格致镜原》也称："剪绒花毯以木棉线为经，采色毛线结纬而剪之花样，异巧应手而出能为广数丈者。"❷其中所说的"剪绒单"或"剪绒花毯"均是指编织的地毯，而非剪绒织物。虽然地毯和剪绒均为起绒物，但剪绒是纺织品，而地毯是以毛线或棉线为经线、毛线为绒纬的编织品，织造技艺完全不同。北方草原及西北地区很早就掌握地毯的编织技术，《长物志》中也有"绒单出陕西、甘肃"的说法，但其"冬月可以代席，狐腋貂褥不易得，此亦可当温柔乡矣，毡者不堪用，青毡用以衬书大字"❸，此处的"绒单"是指地毯而非服装用剪绒。甘、陕等西北地区有许多少数民族，蒙古族也不少，他们除在毡帐中使用地毯外，还用作鞍毯和车毯等。

二、裘皮、毛毡

北方草原气候恶劣，四季干燥、风大，冬季寒冷，夏季昼夜温差大，因此皮毛制品是这里人们主要的服饰材料；加之中原纺织品销往北方草原的数量及质量都受限于明廷，裘皮制品的使用量较元代更大。

1. 裘皮制品

在明代，世代生活在北方草原的蒙古族所使用的裘皮、毛毡制品与元代没有什么区别，因为本身是就地取材，不需要依赖内地的供给，因此明代时期蒙古族的这类服饰可体现北方草原服饰的特点。各领主、贵族是狐皮、貂皮、银

❶ [明]曹昭 王佐.格古要论：卷八[M].北京：金城出版社，2012：273.
❷ [清]陈元龙.格致镜原·居处器物类二：卷五十四[M]//景印文渊阁四库全书：第1032册.台北：台湾商务印书馆，1986：109.
❸ [明]文震亨.长物志：卷八[M].南京：广陵书社，2016：66.

鼠皮等高档毛皮的主要拥有者，披领"贾哈"就"必以锦貂为之"❶，这些珍贵毛皮还是进贡明廷的主要物品；但占人口绝大多数的普通牧民只能穿着羊皮、狗皮等低档毛皮制品。褡忽所使用的材料多为毛长、保暖的毛皮，狐皮、山羊皮、狗皮、狼皮等是首选材料。绵羊皮主要制作皮袍，毛向里，保温效果好。羔皮的毛短、皮板薄，多缝制春夏皮袍；由于羔皮面积小，所缝制的皮袍接缝很多，因此需要有吊面遮挡。元代时，不论是羔皮还是老羊皮，很多都增加吊面，既可遮挡接缝，又可以显示贵重丝绸的华贵，彰显拥有者的社会地位。由于明廷的封锁和北方草原的艰辛生活，多数蒙古人无法或无能力得到丝绸面料，因此羊皮袍加吊面的比例大大减少，草原牧民对粉皮、熏皮使用的增加也使熟皮、粉皮染色技术和熏皮技术更加纯熟。正统六年（1441年）明朝廷赐可汗的衣物中有"红粉皮圈金云肩膝襕通衲衣"❷，粉皮是蒙古族传统服饰材料，这时由明朝廷反赐予蒙古贵族，也就是说蒙古族的粉皮制品已经为中原人所接受，并成为衣料的重要类型。

2. 毡制品

蒙古族女性非常能干，承担家中的一切大小事务，"男子放牧挑水打柴，妇人揉皮挤奶"❸，此外，妇女还需承担几乎所有制作服装、饰品、靴帽、擀毡、毛皮加工等繁重劳动。羊毛、驼毛是加工毡子和搓绳的主要原料。"其取羊毛，则岁取二次或一次。积其毛若干，则合邻家之妇，聚而为毡，彼此交作，不数日而毡毕成。"❹剪羊毛在每年天气暖和的四月和初秋，这时温暖的气温可使减去毛的羊安然度过这个特殊时期，天冷之前长出的新毛可以使羊更好地度过寒冷的冬季。毛毡主要为毡帐、车舆等的幪罩及铺垫之用，少量用作制作袄褂和

❶ [明]萧大亨. 北房风俗[M]//薄音湖，王雄. 明代蒙古汉籍史料汇编：第二辑. 呼和浩特：内蒙古大学出版社，2006：245.
❷ [明]沈德符. 万历野获编：下册[M]. 北京：中华书局，1959：776.
❸ [明]萧大亨. 北房风俗[M]//薄音湖，王雄. 明代蒙古汉籍史料汇编：第二辑. 呼和浩特：内蒙古大学出版社，2006：240.
❹ 同❸247.

毡帽、毡靴、毡袜。万历十四年（1586年），麦力哥❶随兄西行青海，要求明朝在肃州（今甘肃酒泉）开市，被拒，遂率三万余骑拥至塞上索赏，被明军击退，在罚没的物品中就有"毡袄一袭"❷。

明代棉花的种植和棉纺织业日趋成熟，价格便宜的棉织物逐步成为广大蒙古族牧民日常穿着的主要衣料，羔皮袍的吊面也多为棉布。同时夹袍、棉袍的里料也由原来的绸缎改为价格低廉的棉布，棉袍的绵絮也从以前单纯的羊毛扩大到棉花，或二者混合使用。实际上，以棉布为里可使袍服的保暖性能更好，因此这一做法延续至今。

第四节　明代蒙古时期的蒙古族服饰款式特点

明代蒙古时期，蒙古族在战乱和颠沛流离的生活中艰难度日，往日奢华的服饰风格一去不复返，在缺衣少穿的境况下形成了简单、实用的服装特点。

一、反应明代世俗生活的美岱召壁画

由于明代蒙古时期长期处于战乱和被封锁的境况，这个时期来自蒙古族自己的文献资料非常少，其中最重要的应该是位于漠南土默川的美岱召❸壁画，可以准确地反应明后期土默特部的生活及服饰情况。

明初，在大同镇"筑内外二边墙，各屯军牧守。膏腴可耕，粮饷亦足，后

---

❶ 麦力哥(麦力艮)，孛儿只斤氏，达延汗四子阿尔苏博罗特孙。明代蒙古右翼多罗土蛮部领主，驻牧于山西偏关外。

❷ [明] 瞿九思. 万历武功录: 卷九[M]//薄音湖. 明代蒙古汉籍史料汇编: 第四辑. 呼和浩特: 内蒙古大学出版社, 2007: 170.

❸ 美岱召: 美岱，蒙古语"弥勒"，明称为灵觉寺，清赐名寿灵寺。始建于明嘉靖三十六年(1557年)，坐落在阴山南部，背靠九峰山，面临土漠川，今内蒙古土默特右旗美岱召镇。曾是阿勒坦汗"大明金国"的都城和政治中心。是藏传佛教格鲁教派传入蒙古地区后建立的第一座寺院，后成为藏传佛教在蒙古地区的重要弘法中心。

俱失守，弃为虏地"❶，长城沿线的一些城镇"孤悬极边，与胡虏共处一地，无寸山尺水之隔"❷，此时漠南地区是明蒙争夺的焦点。嘉靖（1522—1566年）初年，成吉思汗第十七世孙阿勒坦汗所带领的土默特部驻牧丰州川❸。经过近两百年的明蒙战乱，此时的丰州川已经没有了昔日"风吹草低见牛羊"的櫹爽草场，大片草场荒芜，加之中原农民出边开垦草场，成为漠南草原最早开始农耕的地区之一。此时，土默特部的生活较为艰辛，"以故最喜为寇抄"❹。到嘉靖后期，土默特部逐步成为漠南地区最强大的蒙古部落，隆庆年间（1567—1572年）阿勒坦汗在丰州川建立了大板升城，此后将丰州川称为土漠川。大板升城是后城中寺（原名灵觉寺，后改寿灵寺）、城寺合一、政教一体的蒙古土默特部的政治中心。万历三年（1575年）"俺答请城名，上赐其城曰福化"❺。万历十五年到万历三十四年（1587—1606年）由五兰姚吉❻将其改建成召，亦称美岱召，并迎请西藏高僧迈达里胡图克图在此主持了弥勒佛像开光盛典，并掌管蒙古草原教务。从此，美岱召由原来城寺合一、政教一体的"都城"，转变成为藏传佛教在蒙古草原的弘法中心（图4–18）。

隆庆六年（1572年）阿勒坦汗决定模仿元大都修建新城"库库和屯"（今内蒙古呼和浩特），万历九年（1581年）"朝廷赐名归化"❼，从此，归化城逐渐成为蒙古草原的政治、经济、文化中心。

阿勒坦汗妃三娘子❽是蒙古瓦剌奇喇古特部（土尔扈特部）哲恒阿噶之女。土默特部阿勒坦汗出征瓦剌时，与瓦剌奇喇古特部联姻，娶三娘子为妻。三娘子辅佐阿勒坦汗，极力维护与明朝的和平关系，隆庆五年（1571年）明蒙双方

---

❶ [明]魏焕，郑晓.皇明九边考(皇明四夷考合订本)[M]. 台北：华文书局，1968：251.

❷ [明]韩邦奇.大同纪事[M]//薄音湖 王雄.明代蒙古汉籍史料汇编：第一辑.呼和浩特：内蒙古大学出版社，2006：263.

❸ 丰州川，亦称丰州滩，今内蒙古呼和浩特平原。

❹ [明]王士贞.北虏始末志[M]//薄音湖 王雄.明代蒙古汉籍史料汇编：第二辑.呼和浩特：内蒙古大学出版社，2006：23.

❺ [明]方孔炤.全边略记：卷二[M]//王雄.明代蒙古汉籍史料汇编：第三辑.呼和浩特：内蒙古大学出版社，2006：92.

❻ 五兰姚吉，即大成姚吉，阿勒坦汗孙媳，把汉那吉之妻。五兰：蒙语，红色，姚吉：蒙语，夫人。

❼ 同❺95.

❽ 三娘子(钟金夫人、克兔哈屯、也儿克兔哈屯，1550—1612)，阿勒坦汗之妻，隆庆义和后明代朝廷封其"忠顺夫人"。

图4-18 美岱召

终于宣布休兵罢战（即隆庆义和），开始通贡互市，明代朝廷封阿勒坦汗"顺义王"、三娘子为"忠顺夫人"。阿勒坦汗去世后，三娘子按蒙古族传统"收继婚"习俗，下嫁阿勒坦汗长子乞庆哈❶，乞庆哈去世后，三娘子再嫁其子扯力克并移居归化城。三娘子三嫁土默特部"顺义王"，三封"忠顺夫人"，维系了土默特部长达几十年的安定局面。

　　美岱召壁画是宗教与世俗的集合，现存壁画1516.781平方米，大雄宝殿西墙壁画141.075平方米❷，下方的纪实性壁画《阿勒坦汗家族礼佛图》最受瞩目，是研究明代蒙古族宗教、风俗、服饰最直观的素材。壁画长16.5米，高1.78米，描绘大小人物58个，其中主要人物9人。画中记录了阿勒坦汗家族的礼佛场面。壁画分为南北两部分，南为《迎佛图》，北是《三娘子图》。

　　《三娘子图》（图4-19）长6.65米、高1.78米，其中绘制人物18人（北侧绘一尊宽1.3米的大红司命主，与该壁画无关），中间坐在铺有红毯木几上的老

❶ 乞庆哈（黄台吉，？—1586），阿勒坦汗长子，第二代顺义王。

❷ 张海斌. 美岱召壁画与彩绘[M]. 北京：文物出版社，2010：37-38.

年三娘子头戴棕黑色红顶立檐帽，帽顶镶白色东珠，身穿黄色对襟大氅，外缘镶棕色貂皮，内穿红色窄袖长袍，双辫套圭形发袋，双耳坠环，体态雍容、表情安详。左侧是第三代顺义王扯力克，头戴与三娘子相似的红顶棕黑色立檐帽，帽顶嵌红宝石，身穿灰色大氅，内着红色窄袖袍，领与马蹄袖均为棕色貂皮。壁画右侧身穿灰色长袍、罩红色比肩、围披领、头戴红顶立檐帽的少妇是五兰妣吉。

　　《迎佛图》（图4-20）长6.65米、高1.8米，描绘大小人物43人。画面以五兰妣吉为中心，绘制了万历三十四年（1606年）麦达里呼图克图活佛（右侧红衣者）为弥勒佛像主持开光仪式的场面。五兰妣吉身后的少年是孙子猛克，左侧可能是五兰妣吉与不他失礼之子素襄。从两幅壁画人物服饰来看，与元代风格、气质有较大差别。

图4-19　阿勒坦汗家族礼佛图——三娘子图

图4-20　阿勒坦汗家族礼佛图——迎佛图

二、传统服饰的传承

明代以后，由于受到明蒙特殊关系的影响，广大蒙古族民众的生活陷入窘境。北方草原有限的城市、集镇衰落，与中原的联系时断时续，生活物资多数只能靠草原上有限的物产供给，服饰也随时代改变而产生变化。由于获得中原面料的渠道受阻，普通民众的皮袍较少使用吊面，装饰简单，形成了实用、大方的服饰风格。

1. 直身袍的传承

元代蒙古族服装有传承千百年的传统式样，也有来自中原的服饰以及新设计的流行款式，这些服装在明代蒙古时期这个特定历史的时间和空间下，按照适者生存的法则，淘汰了那些不适应草原生活的款式，其中最典型的即是源自中原的对襟短袄，当然也有新款式出现。但不论时代如何变化，形成并成长于蒙古草原的直身袍成为伴随蒙古族世代的服装继续传承。

传统直身袍有春夏季穿着的单袍、吊面羔皮袍、棉袍以及秋冬季穿着的吊面皮袍、棉皮袍（外层有棉絮、里层为羊皮）、白茬皮袍和熏皮袍等形式。美岱召壁画中除僧人外，俗人都在比肩或氅衣内穿着窄袖直身袍，从形制上看，不论是哪种材料，其款式仍保持最原始的状态：直身、交领、右衽、窄袖，但在壁画中已出现马蹄袖。

直身袍的袖子仍然较长，并撮至手腕，在袖口附近形成一条条撮痕，这与萧大亨在《北虏风俗》中的描述一致，"凡衣无论贵贱，皆窄其袖，袖束于手，不能容一指。其拳恒在外，甚寒则缩其手而伸其袖。袖之制促为细褶，褶皆成对而不乱。"❶萧大亨说窄袖不能容一指，并非指袖口小到无法容下一指，袖口较小是北方游牧民族服装的典型形制，但穿脱仍然非常方便，此处"不能容一指"只是与汉民族的广袖比较而言。另外，萧大亨还说"其衷衣甚窄，以绳准其腰

---

❶ [明]萧大亨. 北虏风俗[M]//薄音湖, 王雄. 明代蒙古汉籍史料汇编：第二辑. 呼和浩特：内蒙古大学出版社, 2006：244.

而服之，不以带束也"❶，"亵衣"即内衣或衬衣，这里应该指夏季单袍。明代蒙古族直身袍在领型上仍然延续交领形式，蒙古国哈剌和林额尔德尼召察必庙西墙壁画的蒙古供养人穿着的袍服与元代并没有太大差异，但袖肥却增加了不少；美岱召大雄宝殿北壁壁画中藏传佛教十八罗汉之一的达摩多罗所穿交领直身袍的袖子却肥大异常，显然这些都是受中原广袖影响的结果（图4-21）。

美岱召大雄宝殿北壁　穿着广袖的达摩多罗

察必庙西墙壁画中的蒙古供养人

蒙古国哈剌和林额尔德尼召

图4-21　中原广袖的传承

❶ [明]萧大亨.北虏风俗[M]//薄音湖，王雄.明代蒙古汉籍史料汇编：第二辑.呼和浩特：内蒙古大学出版社，2006：245.

　　草原上蒙古族困苦的生活使他们无暇顾及穿着，能够保暖是主要目标。以致"出行无导从，服饰无等级，行如雁行，人亦莫知谁为王，谁为台吉也"❶。不论是直身袍还是外穿的比肩，其交领镶边配色都较元代质朴许多，服饰色彩简单，较为多见的是红色、棕黄、灰青和白色，这些也是这个时期服饰的常用色彩。虽然色彩简单，但整体色调搭配协调、大方（图4-22）。

图4-22　美岱召壁画中的直身袍

2. 比肩

　　比肩是元代流行起来的蒙古族服饰，至明代蒙古时期使用更为广泛，成为人们外出套穿在袍服外面的常服。《礼佛图》中多数人在直身袍外着比肩，且多为交领，同时也有对襟和圆领等款式。比肩的交领与袍服相同，领缘均为双条拼接结构，是元代袍服镶边形制的传承。比肩袖子较为宽大，袖长齐肘，在袖口有两条绲边装饰。画中的对襟比肩，不论长款或短款，都与元代对襟袄有一定关系，但形式有较大变化，它们一改元代对襟袄的圆领对襟形式，成为曲线式对襟，还有的将前襟缩成结。圆领比肩的领型应该源自中原传统盘领，类似的比肩在呼和浩特乌素图召庆缘寺明代壁画中也可以见到（图4-23）。这些新款式的比肩成为明代蒙古族服饰创新的典型。

　　沈德符《万历野获编》描述比肩是元代"流传至今，而北方妇女尤尚之，

---

❶ [明]萧大亨.北虏风俗[M]//薄音湖，王雄.明代蒙古汉籍史料汇编：第二辑.呼和浩特：内蒙古大学出版社，2006：249.

美岱召壁画

乌素图召庆缘寺壁画

图4-23 召庙壁画中的比肩

以为日用常服。至织金组绣，加于衫袄之外，其名亦循旧称，而不知所起"❶。沈德符对比肩是明承元较为清晰，但他并未到过蒙古地区，不可能知晓万历年间蒙古族的生活情况，此处说比肩"织金组绣"，应该是按照元代蒙古族的生活情况所做的臆测，并非实情。

3. 披领

美岱召壁画中许多人物都肩围披领，上有两条装饰缘边，形制基本相同，

❶ [明]沈德符. 万历野获编·比甲只孙：卷十四[M]. 北京：中华书局，1959：366.

第四章 明代蒙古时期的蒙古族服饰

411

均为单色（红或黄）。这些披领轻便、柔软，前面扎结固定，与明代中原的披领形制基本相同（图4-24）。披领（披肩）在战国时已形成，不论材质、软硬、款式以及装饰华丽与否，在我国各朝各代从未间断过，一直流传至近代。

美岱召壁画中的披领

明代《宪宗元宵行乐图》中的披领　　　　　元代　辽宁凌源富家屯元墓壁画中的披领
中国国家博物馆藏　　　　　　　　　　　　《文物》1985第6期

图4-24　披领

　　云肩是披领的一种，由于边缘或装饰图案似如意云头而得名。云肩是元代比较流行的服饰品种，经过发展，到明代蒙古时期已经十分成熟。元代的云肩多数是以图案的形式出现在袍服上，到明代，云肩多为独立配饰。萧大亨详细记述了此时云肩的款式："又别有一制，围于肩背，名曰贾哈。锐其两隅，其式如箕，左右垂于两肩，必以锦貂为之。"❶贾哈是蒙古语"领子"（jax_a）之

❶ [明]萧大亨.北虏风俗[M]//薄音湖，王雄.明代蒙古汉籍史料汇编：第二辑.呼和浩特：内蒙古大学出版社，2006：245.

意❶，这里所指"锐其两隅"即为硬质云肩，这种挺硬、厚重的云肩在《三云筹俎考》的插图中可清晰地看到❷。到清代，硬质披领成为宫廷重要的服饰品种，在民间，软质披领（云肩）继续传承，并发展得更为丰富和多样（图4-25）。

清代蒙古族云肩

Монгол костюмс XXКиы музейн үзмэр цуглуулагч Б.Сувд 藏

元代蒙古供养人的云肩

莫高窟第332窟

《三云筹俎考》中的明代披领

《明代蒙古汉籍史料汇编（第六辑）》 内蒙古大学出版社 2009

图4-25 云肩

4. 冠帽与发型

美岱召壁画中人物均戴帽，冠帽可以分为暖帽、圆顶立沿帽、笠帽等六类，其中有元代传承至此的形制，但随时间的推移有了较大的变化；也有明代出现的新款式。

---

❶ 内蒙古大学蒙古学研究院蒙古语文研究所. 蒙汉词典[M]. 呼和浩特：内蒙古大学出版社，1999：1303.

❷ [明]王士琪. 三云筹俎考[M]//薄音湖，王雄. 明代蒙古汉籍史料汇编：第二辑. 呼和浩特：内蒙古大学出版社，2006：148.

刚回到草原的蒙古族仍保留戴笠帽的习俗，但在大草原的生活环境中，骑马加大了佩戴笠帽的不便，这种宽檐大帽便开始走下坡，在草原生活的牧民基本淘汰了这种不适合生活的帽子，但在城市或定居生活的蒙古人仍将这种帽子看成是传统文化的载体，更是民族自我情感的表达而继续传承。在美岱召壁画中最引人注目的帽子是五兰姊吉和素襄所戴的彩条笠帽，帽子的款式与传统无别，但帽檐的彩条设计在画面中异常醒目。在《迎佛图》中还有10个人物头戴黄色或红色笠帽，这些笠帽的款式相同，但帽顶装饰有不同造型，主要有顶珠、红缨或展翅等几种形式。《迎佛图》中的荷叶边凉帽有僧人凉帽和俗人凉帽各两款，其形制相似，僧人凉帽为无顶珠的质朴款式，俗人凉帽则有顶珠装饰（图4-26）。顶珠除有装饰作用外，更具有实用功能，宽檐帽在脱戴帽子时可以抓住帽檐；但对于没有帽檐或帽檐较窄的款式，则需要增加顶珠或顶结等装置来摘、戴帽子。可见顶珠、顶结是实用功能与装饰集于一处的设计。不同质地、色彩和精致程度的顶饰表达了拥有者不同的社会地位与经济实力。到清代，冠帽中的顶戴与花翎又增加了重要的社会识别功能，成为区别官职的标

图4-26 美岱召壁画中的笠帽

识。姚士麟❶在《见只编》中描述三娘子画像时很清楚地说明了三娘子从长相到穿戴的详细情况，三娘子"曲眉秀目，面有一黑子，耳坠大环，头戴席帽，一如虏王，上穿青锦半臂，下著绛裙，袜而不鞋，腰悬一刀，手挂白数珠，藉地而坐"❷。吴震元❸在《三娘子》中也有相同的描述❹，应该引用了姚士麟的这一段文字。上面文字描述的三娘子的形象与美岱召的《三娘子图》非常接近。在这段文字中将比肩按照汉族的传统称为半臂，而称笠帽为"席帽"，也就是制作材料是"席"，即由草、藤、竹等编织而成，外面用织物包裹，这仍是元代笠帽形制的传承。这个描述可以与美岱召太后庙保存的一顶三娘子的笠帽真品（"金钟夫人遗物"）相互印证。这顶笠帽为圆顶、宽檐，用黄色花罗包裹，帽顶有粉色绫编结的纽结及飘带。帽顶装饰如意云纹补花，并用深浅两种蓝色丝线及白色丝线编结的绦带压边，在如意云纹上用深蓝色丝绳盘绣出"寿"字纹，以白色丝绳压边（图4-27）。

　　《三云筹俎考图》中有许多头戴笠帽的人物，但由于人物非常小，帽顶均画成尖状，实际应该为普通笠帽，并非此时出现的新款式。呼和浩特乌素图召

图4-27　钟金夫人遗物
美岱召藏

---

❶ 姚士麟(1559—1644)，字叔祥，嘉兴海盐(今浙江海宁)人。
❷ [明]姚士麟.见只编：卷上[M]//王云五.丛书集成初编.上海：商务印书馆，1936：37.
❸ 吴震元(？—1642)，字长卿，太仓(今属江苏省苏州市)人。万历四十三年(1615年)举人，授滦州知州，补德安通判，衡州、漳州府同知。
❹ [明]吴震元.三娘子[M]//薄音湖，王雄.明代蒙古汉籍史料汇编：第二辑.呼和浩特：内蒙古大学出版社，2009：210.

庆缘寺壁画中也有戴笠帽的牧羊人形象，可见在明代蒙古时期蒙古族除继承戴帽的习俗外，还发挥笠帽在草原夏季烈日下防暑的实用性（图4-28）。

《三云筹俎考》

《明代蒙古汉籍史料汇编（第六辑）》内蒙古大学出版社2009

乌素图召庆缘寺壁画中戴笠帽的牧羊人

图4-28 笠帽

《北虏风俗》中还记述了一种小帽："其帽如我大帽，而制特小，仅可以覆额，又其小者，止可以覆顶，俱以索系之项下。其帽之檐甚窄，帽之顶赘以朱英，帽之前赘以银佛。制以毡，或以皮，或以麦草为辫绕而成之，如南方农人之麦笠然，此男女所同冠者。"❶这种小而窄檐的帽子制作材料非常广，可以是毛毡、皮子或席编，但结构上仍属于笠帽。这样"仅可覆顶"的小帽既不保暖又不遮阳，礼仪象征和装饰效果的意义更大。

立檐帽在元代并不多见，敦煌第332窟壁画的元代蒙古行香贵族所戴立檐帽和山西沁源县东王勇村元墓中男俑戴的圆顶立檐帽可以说是立檐帽的前身（图4-29）。美岱召壁画中立檐帽的比例大大增加，其帽顶均为红色或饰有朱纬，立檐用貂皮制作，既保暖又美观，体现了蒙古贵族的高贵气质（图4-30）。这种圆顶立沿帽与清代官帽中的暖帽十分相似，尤其是朱纬的形制基本相同。貂皮历来都是蒙古贵族所喜爱的贵重毛皮，"貂产辽东外徼建州地及朝鲜国。其鼠好食松子，夷人夜伺树下，屏息悄声而射取之。一貂之皮，方不盈尺，积

---

❶ [明]萧大亨.北虏风俗[M]//薄音湖，王雄.明代蒙古汉籍史料汇编：第二辑.呼和浩特：内蒙古大学出版社，2006：244.

蒙古行香贵族戴立檐帽·敦煌第332窟
《中国敦煌壁画全集10·西夏元》
天津人民美术出版社2006

山西沁源县东王勇
村元墓
《中国出土壁画全集2》
科学出版社2012

《三才图会》书影
明万历三十七年刊本

图4-29　元代和明代《三才图会》中的立沿帽

图4-30　美岱召壁画中的立檐帽

六十余貂，仅成一裘。服貂裘者，立风雪中，更暖于宇下。睐入目中，拭之即出，所以贵也。色有三种，一白者曰银貂，一纯黑，一黯黄。"❶美岱召壁画中立檐帽的帽檐应属"黯黄"类深棕色貂皮。

　　暖帽是蒙古族传统帽子，明代的暖帽前有外翻边、后有披幅，虽然与元代暖帽的外观有一些改变，但总体变化并不大（图4-31）。草原民族的暖帽自产生之日，便以保暖为第一要务，在漫长的游牧生活中，除延续其保暖功能外，社会属性也在逐步增加，成为保暖与礼仪、审美的集合体。

---

❶ [明]宋应星.天工开物[M].广州：广东人民出版社，1976：102.

明代美岱召壁画中的暖帽 　　《元世祖出猎图》中的暖帽

台北故宫博物院藏

图4-31 暖帽

　　浑脱帽是西域胡人的传统帽子，虽然在我国的流行面并不广，但可从头戴尖顶浑脱帽的西晋（266—316年）青瓷胡人武士俑❶看出其款式特点。唐代中西交流广泛，胡人来华频繁，浑脱帽的使用相对较多，当年"太尉长孙无忌❷以乌羊毛为浑脱毡帽，人多效之，谓之'赵公浑脱'"。尽管佩戴的人并不少，但当时仍被认为"近服妖也"❸。浑脱帽的帽檐可随气温冷暖上翻或下放，非常适合北方游牧民族的生活。

　　因为没有元代蒙古族戴浑脱帽的图像资料和文字史料，所以无法判断浑脱帽在元代的使用情况，但从美岱召壁画中有多款浑脱帽的情况可以推断，元代应该会戴用浑脱帽。美岱召壁画中的浑脱帽为圆顶并有顶珠。明末清初张岱❹的《夜航船》中解释"浑脱，毡帽也"❺。浑脱帽应该多为毛毡制品，虽然使用得并不广泛，但自古传承并未中断，直到今天仍可以见到它的身影，浑脱帽至少有一千七八百年的历史（图4-32）。

　　髡发是北方草原民族特有的发型，元代蒙古族的髡发十分流行，到明代，

❶ 施加农.西晋青瓷胡人俑的初步研究[J].东方博物，2006(1)：73-81.
❷ 长孙无忌(594—659)，字辅机，河南洛阳人，鲜卑拓跋氏，李世民的长孙皇后兄。唐朝开国功臣，封齐国公，后徙赵国公。
❸ [宋]欧阳修，宋祁.新唐书·五行一：卷三十四[M].中华书局，2000：581.
❹ 张岱(1597—1679)，字宗子，又字天孙，号陶庵，浙江山阴（今浙江绍兴）人，明清之际文学家。
❺ [明]张岱.夜航船[M].杭州：浙江古籍出版社，1987：467.

美岱召壁画中的浑脱帽

西晋　戴浑脱帽胡人俑

杭州萧山博物馆收藏
《东方博物》2006第1期

明代　山西隰县小西天彩塑中的浑脱帽

图4-32　浑脱帽

按照萧大亨所说："其人自幼至老，发皆削去，独存脑后寸许，为一小辫。余发稍长即剪之．惟冬月不剪，贵其暖也。"❶文中所描述的发型应该是元代此类髡发的传承。

美岱召壁画中女性多为两条发辫，并使用圭形发袋套住发辫。发袋用黑色面料制作，并用刺绣装饰，提高发袋的装饰性（图4-33）。蒙古族女性结婚后要分发（梳两条辫子），北方草原风沙大、气候恶劣，将发辫装在圭形发袋中，

❶ [明]萧大亨．北虏风俗[M]//薄音湖，王雄．明代蒙古汉籍史料汇编：第二辑．呼和浩特：内蒙古大学出版社，2006：244.

图4-33　美岱召壁画中戴圭形发袋的妇女形象

可保持其清洁，这种习俗一直延续到近代。

未婚女性的发型有不同形式，《三娘子图》右侧五兰妣吉下方的四位头戴立檐帽的女性，在小帽下有许多小辫垂肩，印证了《北掳风俗》中所记载的："若妇女，自初生时业已留发，长则为小辫十数，披于前后左右，必待嫁时，见公姑，方分为二辫，末则结为二椎，垂于两耳。" ❶蒙古族少女梳多条辫子的习俗一直存在，直到民国十五年（1926年），蒙古乌梁海（兀良哈）部"妇女衣尚洁整，发结小辫十余个" ❷。

三、消失的款式与新款式的出现

服饰是文化的重要组成部分，当生活环境和生活方式发生改变时，一些不再适应生活的服饰会逐步退出历史舞台，也会产生相适应的新款式。

❶ [明]萧大亨.北房风俗[M]//薄音湖，王雄.明代蒙古汉籍史料汇编：第二辑.呼和浩特：内蒙古大学出版社，2006：244.

❷ 马鹤天.内外蒙古考察日记[M]//亚洲民族考古丛刊：第六辑.台北：南天书局，1982：87.

1. 消失的款式

服饰的改变是实用与审美结合的结果，元代身居中原各地的蒙古人多达四十余万，这些人受中原文化的影响很深，在生活方式和文化上都有或多或少的改变，虽然元代灭亡后，只有六万余人回到草原❶，他们在文化和穿着上将中原汉民族的服饰及服饰观带回草原，对世代居住在草原的牧民也有一定影响，但也有一些服饰因不适应草原生活而消失。

在古代，一个服饰类型或款式的产生都需有一定的实用基础，当生活环境发生变化时，不适应新环境的款式便会失去生存的条件和价值而被淘汰。元代流行于蒙古族女性中的对襟短袄便是最典型的例子。对襟短袄本是中原女子的衣装，由元代入主中原的蒙古族家眷所承袭，并逐步流行于生活在中原和各草原城市的蒙古族女性中，而游牧在广阔草原的蒙古族牧民并没有接受这样不适应草原生活的款式。因此，不具有生活基础的对襟短袄，在蒙古族回到草原后便很快退出了绝大多数蒙古族的服饰舞台，只有少数生活在城镇的蒙古族妇女穿着。

方笠是元代非常流行的男子帽式，但在明代蒙古时期的各种史料及图像资料中都难觅其踪影。此时的草原生活使绝大多数蒙古人都奔波在寻求生存的大草原上，艰苦的生存环境、连年的征战和明代朝廷对长城内外贸易的限制使人们的生活异常艰难，方笠不适合这样动荡的生存环境，无法挽回被淘汰的命运，最终完成了它的历史使命。

2. 马蹄袖的出现

马蹄袖是明代才出现的袍服部件，它集实用和装饰于一体。蒙古族生活在冬季漫长的北方草原，传统的超长袖子可以保护手不会因寒冷而冻伤，但在日常生活中，长长的袖子往往需要撮起并翻折，这样袍服的里子就成为袖子的外翻边，逐步使用异色面料制作袖边，形成装饰，便产生了马蹄袖。天气寒冷时将马蹄袖翻下，可以遮挡寒风及冷气对手的侵袭，天暖和时，将马蹄袖翻起来，便成为装饰性很强的袖口。从美岱召壁画可以看出，此时已经出现了马蹄

❶ [清]萨囊彻辰.蒙古源流:卷五[M].呼和浩特:内蒙古人民出版社,1981:223.

袖的造型，窄小的袖口、配色协调的马蹄袖是这幅壁画中多数袍服的结构特点，虽然马蹄形曲线廓形并不是特别明显，但可以说，此时的异色外翻边是马蹄袖的早期形式（图4-34）。

图4-34　美岱召壁画中的马蹄袖

意大利传教士卫匡国❶在《鞑靼战纪》中说努尔哈赤在天启元年（1621年）攻占辽阳时，女真人"穿着拖到脚面的长袍。袖子不像中国人的那样宽大，却有点像波兰和匈牙利人，只是把袖口做成马蹄子式样"❷。实际上，卫匡国是崇德八年（1643年）到中国，顺治七年（1650年）年离开，他看到的应该是这期间满族的穿着情况，天启元年女真人的长袍是否有马蹄袖并非他亲眼所见。美岱召《阿勒坦汗家族礼佛图》的绘制应该早于此，而在这之前女真各部是否有马蹄袖并没有实物及史料加以证明，因此可以说美岱召壁画是现今所见最早的马蹄袖形象。

3. 坎肩

随着时代的变迁，蒙古族在北方草原的生活也会发生一些改变。社会文化的进步、生产方式的改变为服饰的改变提供了契机，使蒙古族服饰在时代的进步中逐步融入新的成分、适应新的生活方式，其中影响最大的是漠南蒙古族的服饰。

---

❶ 卫匡国（马丁诺·马蒂尼，Martin Martini，1614—1661），意大利人，汉名卫匡国，字济泰。天主教耶稣会传教士。1643年来华传教，先后游历江南各地，曾觐见顺治帝。1650年受耶稣会中国传教团委派，赴罗马教廷陈述耶稣会关于"中国礼仪之争"的见解。在欧洲期间出版了关于明清战争的记录《鞑靼战纪》。1658年再次来华，居杭州，1661年6月6日因霍乱逝。

❷ [意]卫匡国.鞑靼战纪[M]//杜文凯.清代西人见闻录.戴寅，译.北京:中国人民大学出版社,1985:11.

明代蒙古时期出现的坎肩是蒙古族女性的重要服饰，其特点是无袖、对襟或交领，罩于袍服之外，传承于中原的背心。背心是一种无领、无袖，对襟结构的长罩衫，是在裲裆基础上发展而来。到宋代其结构已经发展完善，到明代款式并没有大的变化。明中期以后，随着中原汉族移民来到口外开垦漠南土地，汉族服饰也一同带到这里。在蒙汉杂居、交流的过程中，汉族服饰被蒙古族所接受，并流传开来。当然，在蒙古族妇女接受背心之后，会按照蒙古族的审美标准逐步变化，最终形成适应生活和审美的坎肩。在《迎佛图》中有四款黑色坎肩，无领、无袖、对襟，五兰姚吉则在比肩外穿着红色坎肩。这些坎肩无装饰，款式简单、大气，反映出这个时期的整体服饰风格。随着时代变迁，这种坎肩逐步演化为后来蒙古族妇女穿着的长坎肩，成为许多部落已婚妇女的典型衣着。

　　漠南地区一直是肥美的草场，但在明蒙关系紧张的一百多年中，漠南的大片草场轮牧减少、草场荒芜。明后期的一百年中，口内的许多百姓为躲避饥荒、逃避官司或不堪苛捐杂税而从山西、陕西、河北等地通过长城的各个关口、市集出边，来到漠南地垦土地，同时来蒙的明兵"诸叛卒多亡出塞，北走俺答诸部"❶。嘉靖三十三年（1554年），白莲教的吕鹤、赵全（雁北地区白莲教教主）等率部众逃往漠南土默川，加入进驻漠南的中原人行列。正如毛宪❷上疏："臣又闻虏中多半汉人。此等或因饥馑困饿，或因官司剥削，或因失事避罪，故投彼中以离此患。"❸阿勒坦汗利用明朝的社会矛盾，争取了大量移民。在漠南建立了以大板升城为政治中心的政权，到隆庆义和时（1571年），土漠川已有汉族人5万余；到万历十一年（1583年），"板升夷人，众至十万"❹，开启了漠南南部地区游牧经济向农耕经济过渡的脚步。

　　来此的农民将世代畜牧的草原变为农田，"明嘉靖初，中国叛人逃出边者，

❶ [清]谷应泰.明史纪事本末：卷六十[M].上海：上海古籍出版社，1994：234.
❷ 毛宪(1469—1535)，字式之，号古庵，武进(今江苏省常州市武进区)人，正德六年(1511年)进士，官刑部给事中.
❸ [明]毛宪.毛给谏文集·陈言边患疏：卷一百九十[M]//[明]陈子龙.明经世文编：第三册[M].北京：中华书局，1962：1972-1973.
❹ [明]明神宗实录：卷一百四十一[M].台北："中央研究院"历史语言研究所，1962：2635.

升板筑墙，盖屋以居，乃呼为板升，有众十余万。南至边墙，北至青山，东至威宁海，西至黄河岸，南北四百里，东西千余里，一望平川，无山陂溪涧之险。耕种市廛，花柳蔬圃，与中国无异，各部长分统之。"❶中原农民在出边开垦土地的同时，将包括服饰在内的农耕文化带到漠南地区，蒙汉文化的交汇使得服饰也在发生改变。归化城（今呼和浩特）的很多汉族人蒙古化，他们取蒙古名、说蒙古话、着蒙古装，逐渐融入了蒙古族社会，如赵全的堂弟赵龙的几个儿子就分别取蒙古族名：火泥计、窝兔、瓦十兔、簿合兔、宁安兔❷，可见在蒙古地区生活的赵龙已经吸收了很多蒙古文化。反过来，三娘子也特别喜欢着汉族服装，每逢年节都要穿明朝皇帝所赐之服："三娘子亦岁时服汉皇帝所赐五彩服，甚艳丽。"❸实际上，阿勒坦汗及其蒙古贵族在受封、受赏时，除获得大量衣料外，还得到明代朝廷赏赐的服饰，这些服饰应为汉式。如封阿勒坦汗为顺义王时"赏大红五彩纻丝蟒衣一袭，彩段八表里"❹，但明代朝廷更多的是以面料形式的给赐和回赐，这样就可以按照蒙古族的需求缝制服饰。到万历二十二年（1594年）《北虏风俗》成书时，"今观诸夷耕种，与我塞下不甚相远。其耕具有牛，有犁；其种子有麦，有谷，有豆，有黍，此等传来已久，非始于近日。"❺此时汉族民众来漠南耕种已非常普遍，蒙汉之间的生活交融成为文化交流的基础。随着人口的增加，各种人才也随之大量涌入，促使漠南地区尤其是美岱召至归化城一带的经济迅速发展。

4. 氅衣

美岱召壁画《三娘子图》中三娘子穿着一件黄色披风，对襟翻领，袖长至腕，袖口宽大，基本传承中原氅衣的形制。氅衣是中原汉族传统服饰，也称作

---

❶ [明]顾祖禹.读史方舆纪要：卷四十四[M].上海：商务印书馆，1937：1845.

❷ [明]佚名.赵权谳牍[M]//薄音湖，王雄.明代蒙古汉籍史料汇编：第二辑.呼和浩特：内蒙古大学出版社，2006：116.

❸ [明]瞿九思.万历武功录：卷九[M]//薄音湖.明代蒙古汉籍史料汇编：第四辑.呼和浩特：内蒙古大学出版社，2007：143.

❹ [明]方孔炤.全边略记：卷二[M]//王雄.明代蒙古汉籍史料汇编：第三辑.呼和浩特：内蒙古大学出版社，2006：90.

❺ [明]萧大亨.北虏风俗[M]//薄音湖，王雄.明代蒙古汉籍史料汇编：第二辑.呼和浩特：内蒙古大学出版社，2006：243.

鹤氅或大氅。氅衣先为无袖披风，到明代发展出有袖的形制。刘若愚解释"氅衣，有如道袍袖者，近年陋制也。旧制原不缝袖，故名曰氅也，彩素不拘。"❶这种氅衣在元代已为生活在中原的蒙古族所借鉴，宫廷服饰中也有使用，如天寿节寿星队完全承续前朝的形制，乐队、礼官等服饰均依汉制，其中执圭女官就穿着鹤氅，"引队礼官乐工大乐冠服，并同乐音王队。次二队，妇女十人，冠唐巾，服销金紫衣，铜束带。次妇女一人，冠平天冠，服绣鹤氅，方心曲领，执圭，以次进至御前，立定，乐止，念致语毕，乐作，奏长春柳之曲。"❷中原流行的氅衣的多为直领，镶边简单，风格朴素、大方。三娘子穿着的氅衣由褐色貂皮镶边，并用黑色嵌条进行装饰。翻领是元代很少见的结构形式，明代逐步增多。壁画中扯力克所穿氅衣的袖口较中原的广袖窄一些，这是逐步适应蒙古族的生活所改制而成。这件氅衣相当质朴，没有任何装饰，露出里面红色袍服的棕色貂皮马蹄袖和围颈，这种领型在塞外寒冷季节具有很好的保暖作用。用各种珍贵毛皮做镶边不仅可以装饰、保暖，更有实用性："膝以下可尺许，则为小襞，积以虎豹水獭貂鼠海獭诸皮为缘。缘以虎豹，不拈草也；缘以水獭，不渐露也；缘以貂鼠海獭，为美观也。衣以皮为之。近奉贡胜谨，我恒赐之金段文绮，故其部夷亦或有衣锦服绣者，其酋首愈以为荣也。"❸萧大亨记述新婚夫妇"归时，妇披长红衣"❹应该也是指这种氅衣。在《三云筹俎考》桦门堡外"兀慎朝台吉守口夷人住牧"的画面中，可以清楚地看到兀慎朝台吉在直身袍外穿了一件氅衣，上面还着一件这个时期非常流行的硬质披领（云肩）（图4-35）。

5. 部落特点的显现

虽然美岱召壁画只能代表漠南土默特部的生活状态，《三云筹俎考》也只是记载漠南至山西的长城沿线蒙古族的生活情况，但对于蒙古各部的朝贡和回

---

❶ [明]刘若愚.酌中志·内臣佩服纪略：卷十九[M].北京：北京古籍出版社，1994：171.

❷ [明]宋濂.元史·礼乐五：卷七十一[M].北京：中华书局，1976：1774.

❸ [明]萧大亨.北虏风俗[M]//薄音湖，王雄.明代蒙古汉籍史料汇编：第二辑.呼和浩特：内蒙古大学出版社，2006：244–245.

❹ 同❸238.

三娘子　　　　　　　　　扯力克　　　　　　　　《三云筹俎考》

美岱召壁画

《明代蒙古汉籍史料
汇编》
内蒙古大学出版社 2009

图4-35　氅衣

赐的记载却涵盖了多数蒙古部落，蒙古族所获得的物品，尤其是服饰面料、服装等并没有什么区别。但长期的内部矛盾，隔断了蒙古族各部落之间的紧密联系，虽然北方草原的自然环境和生活方式相似，但在不同地域生活的部落，还是有一定差别。部落之间的各种隔阂使得各部落开始重视自身文化的发展，并关注与其他部族的不同之处，当然包括最能体现部族标识的服饰。明代这个对于蒙古族来说的特殊时期，促成了各自部落文化的发展，同样服饰也开始显现不同的文化特征和地域特色，为清代蒙古族部落服饰的形成及发展奠定了基础。

　　总之，明时期的蒙古族服饰缺少了元代的奢侈、华丽，向实用、大方的方向发展。装饰减少、面料多样、款式进一步丰富，是一个较为平稳的发展阶段，服饰的部落特点开始萌芽。

清代蒙古族服饰除传承古老的服饰传统外，也受到了社会变革的影响。各部落在明代已出现服饰特点萌芽的基础上，在清代朝廷的对蒙政策、生产方式的改变以及受周边民族服饰影响等因素下，形成了具有显著特点的部落服饰。其中，清朝政府的对蒙政策成为这些因素中最重要的一环。

第一节　清代朝廷对蒙古族的政策是部落服饰形成的基础

庞大的清帝国建立伊始，满族统治者对蒙古族的态度就非常微妙，他们非常清楚北方边疆的巩固还需要依靠蒙古族的力量，但对当年成吉思汗及其子孙勇猛、强大的气场还有所忌惮。因此，清代朝廷除对蒙古族各部实施加爵封赏、联姻、推广藏传佛教等拉拢手段外，还实施了限制各部落往来的盟旗制。这些措施对蒙古社会的发展和蒙古族宗教信仰的成熟起到重要作用，但也给蒙古社会的传统政治、文化造成了很大影响。清代朝廷的这些措施都是防范和笼络蒙古族的重要手段，从后来的效果看，达到了目的，形成了满蒙关系的平稳发展，使蒙古族成为北部边疆最好的守护者。

一、盟旗制的确立

天命元年（1616年，万历四十四年），建州女真部首领努尔哈赤❶建立后金政权，天聪九年（1635年，崇祯八年）皇太极❷改族名女真为满洲，次年（崇德元年，1636年）皇太极去汗称帝，改国号"清"。顺治元年（1644年）清世祖❸入关，迁都北京，成为统治中华大地的又一个北方草原民族。

---

❶ 努尔哈赤(1559—1626)，万历四十四年(1616年)建立后金政权，在赫图阿拉(今辽宁省抚顺市新宾县)称汗，割据辽东，天命十年(1625年)迁都沈阳，次年去世。年号天命，庙号太祖，谥承天广运圣德神功肇纪立极仁孝睿武端毅钦安弘文定业高皇帝。

❷ 皇太极(1592—1643)，努尔哈赤第八子，天聪元年(1627年)登后金大汗位，崇德元年(1636年)改后金为清，称皇帝。年号天聪、崇德，庙号太宗，谥应天兴国弘德彰武宽温仁圣睿孝敬敏昭定隆道显功文皇帝。

❸ 清世祖(爱新觉罗·福临，1638—1661)，清代第一位皇帝，1643—1661年在位，年号顺治，庙号世祖，谥体天隆运定统建极英睿钦文显武大德弘功至仁纯孝章皇帝。

明代两百多年的统治，对蒙古族各部采取了武力打击、经济封锁、物质拉拢（主要为各种赏赐）等政策。同时，蒙古族各部之间的矛盾、征战，使蒙古族的力量削弱许多；明代后期朝廷对蒙古族的政策相对宽松，使蒙古族各部经济有了一定恢复。同为马上民族的女真族（满族）再次进入中原地区，将大漠南北的草原纳入大清的版图，蒙古族从此走上了一条发展之路。清代朝廷首先对蒙古贵族进行大量的加爵、封赏，以拉拢和稳定人心，起到一定作用。联姻虽对巩固满蒙联盟起到重要作用，但蒙古族内部的各派势力并不满足。清初，为加强对蒙古族各部的控制，除以上措施外，还颁布了一系列封禁令，严格划旗定界，在蒙古族各部实行了盟旗制，禁止越界游牧，施行控制蒙古族的"分而治之"的政治制度。蒙古族牧民不得在广阔的草原上自由迁徙，只能在本盟旗流动。盟旗制是清代治理蒙古地区的基本政治策略，对满蒙关系和蒙古族的政治生活产生了深远影响。盟旗制编旗划界，施行分割统治，限制了蒙古族各部之间的正常往来，将世代在北方草原上游牧的蒙古族各部落禁锢在相对固定的土地上，蒙古封建主、贵族纷纷建立王府，成为在草原上定居的蒙古人。清代朝廷还主张和提倡各部之间的服饰差异，以服饰强调各部落之间的不同。由此可以看出，清代朝廷对联姻这一重要手段后的蒙古族各部的忠诚仍没有信心，才会采取更多的措施加以防范，以巩固统治。

明代两百多年对蒙古族的打压以及蒙古民族的内部矛盾，使得各部之间的关系特别微妙，各部之间由于明蒙关系的对立而更显紧张。另外，蒙古族各落之间相距甚远，各种原因使得部落文化开始向着不同方向发展，服饰同样出现差异的萌芽。在此基础上，清代又受到朝廷的各种外力作用，蒙古族各部服饰向着不同方向发展，形成了具有特色的蒙古族部落服饰。实际上，清代这些外部因素中最重要的就是盟旗制，由于人为地割裂了蒙古各部之间的许多联系，使相邻部落的服饰也具有不同之处，相距更远部落的服饰则差异更大，并且这些服饰特点受到清代朝廷鼓励。

二、满蒙联姻制度

万历四十年（1612年）努尔哈赤娶蒙古科尔沁部贝勒明安之女博尔济吉特氏，万历四十三年（1615年）又娶科尔沁部孔果尔贝勒之女；万历四十二年（1614年）努尔哈赤的二子巴图鲁娶蒙古内喀尔喀部钟嫩之女及察哈尔部林丹汗二妹为妻，拉开了满蒙上层联姻的序幕。满族入关前，两族上层之间的联姻达八十多次❶，二者建立了较为深厚的关系，在后金与明军的争战中蒙古族发挥了重要作用。满蒙联姻持续了三百余年，是两族政治关系的重要组成部分，维系了双方长期稳定而亲谊的关系，为满蒙文化关系的发展起到了一定推动作用。满蒙作为居住在相邻地域的民族，通婚是必然的，不论皇室还是民间，联姻对两族文化的进步都起到一定作用，尤其是以科尔沁、喀喇沁、敖汉等部为主的东北蒙古族各部，受到满族的影响更大。清代《玉蝶》❷记录了清皇室与蒙古族近六百次联姻，涉及科尔沁、阿霸垓（阿巴嘎）、扎鲁特、阿鲁科尔沁、浩齐特、喀喇沁、奈曼、敖汉、翁牛特、巴林、土默特、察哈尔、郭尔罗斯、苏尼特、喀尔喀、阿拉善等部，尤其在清早期，这种以政治考量的通婚更为典型，皇太极在册后妃15人中有7人是蒙古族，顺治帝19位在册后妃中5人为蒙古族❸。嫁入清宫的蒙古族中有多位登上皇后、太后的宝座（表5-1）。

表5-1　登上清皇后、太后宝座的蒙古人❹

名号　姓名 生卒年	下嫁时间	父亲	册封时间
孝端文皇后 哲哲 1599—1649年	万历四十二年（1614年）与皇太极大婚生三女	博尔济吉特氏蒙古科尔沁部贝勒莽古思之女	皇太极侧福晋（万历四十二年，1614年）→大福晋（天命十一年，1626年）→皇后（崇德元年，1636年）→母后皇太后（顺治元年，1644年） 谥孝端正敬仁懿哲顺慈僖庄敏辅天协圣文皇后

❶ 杨强. 清代蒙古族盟旗制度[M]. 北京：民族出版社，2004：126.
❷《玉蝶》：中国历代皇族族谱。清代《玉蝶》记录了顺治十八年(1661年)至民国十年(1921年)间的皇室家谱。
❸ 赵尔. 清史稿·后妃：卷二百十四[M]. 北京：中华书局，1977：8901-8910.
❹ 根据《清史稿》整理。

名号 姓名 生卒年	下嫁时间	父亲	册封时间
孝庄文皇太后 庄妃（孝庄） 1613—1688年	天命十年（1625年）与皇太极大婚。生一子福临（顺治帝）、三女	博尔济吉特氏 蒙古科尔沁贝勒寨桑次女 孝端文皇后侄女	皇太极侧福晋（天命十年，1625年）→永福宫庄妃（崇德元年，1636年）→皇太后（崇德八年，1643年）→圣母太后（顺治八年，1651年）→太皇太后（康熙元年，1662年）。谥孝庄仁宣诚宪恭懿至德纯徽翊天启圣文皇后
宸妃 海兰珠 1609—1641年	天聪八年（1634年）与皇太极大婚 生一子	博尔济吉特氏 蒙古科尔沁贝勒寨桑长女 孝庄皇后姊	崇德元年（1636年）封大福晋、关雎宫宸妃，众妃之首，地位仅次于中宫皇后。谥敏惠恭和元妃
顺治废后 静妃 生卒年不详	顺治八年（1651年）与顺治大婚	博尔济吉特氏 蒙古科尔沁部卓礼克图亲王吴克善之女 孝庄文皇后侄女	顺治第一任皇后（顺治八年，1651年）→静妃（顺治十年，1653年，废后）无谥号
孝惠章皇后 1641—1718年	顺治十一年（1654年）与顺治大婚	博尔济吉特氏 蒙古科尔沁部贝勒绰尔济之女 孝庄文皇后侄孙	顺治第二任皇后（顺治十一年，1654年）→皇太后（顺治十八年，1661年）谥孝惠仁宪端懿慈淑恭安纯德顺天翼圣章皇后
孝静成皇后 1812—1855年	道光皇贵妃 生三子一女	博尔济吉特氏 刑部员外郎花良阿之女	静贵人→静嫔（道光六年，1826年）→静妃（道光七年，1827年）→贵妃（道光十四年，1834年）→皇贵妃（道光二十年，1840年），由于皇后薨，道光帝决定不再立后，因此博尔济吉特氏成为后宫不挂名皇后。谥孝静康慈懿昭端惠庄仁和慎弼天抚圣成皇后
孝哲毅皇后 1854—1875年	同治十一年（1872年）与同治大婚	蒙古正蓝旗阿鲁特氏，户部尚书崇绮之女	同治皇后（同治十一年，1872年）→佳顺皇后（同治十三年，1874年）谥孝哲嘉顺淑慎贤明恭端宪天彰圣毅皇后

　　清朝皇室将公主、格格下嫁蒙古族王公、贵族，主要目的在于对蒙古族的怀柔与拉拢；而清皇室娶蒙古族女子，则是为维护中央集权统治，加强满蒙联盟，重要的是稳定北部边疆。也就是说，清皇室与蒙古族互相联姻的目的并非单纯的家族通婚，而是与政治、军事局势紧密相关。从努尔哈赤、皇太极到顺治、康熙这四朝是清朝公主下嫁最多、最集中的时期，也是嫁入清皇室的蒙古

第五章　清代蒙古族服饰

族女子地位最高的时期。对北部边疆的统治稳定之后，这种联姻关系就发生了很明显的变化。虽然满蒙联姻成为"北不断亲"的国策，但从康熙朝直到清末的两百多年中，只有同治皇帝立过一位蒙古族皇后，而清朝皇帝所娶蒙古族女子的数量也逐渐减少。这些都与清朝统治的时局有很大的关系，说明了满蒙联姻在政治上的实用性。

蒙古族以骁勇善战举世闻名，清朝统治早期迫切希望与蒙古族攀亲，通过联姻加强对蒙古族各部的笼络和控制，这种联姻的政策起到相当重要的作用。联姻虽然是政治的需要，也是一种情感的联络。在民族通婚过程中，不仅民族文化之间的交流更加直接，影响也更加深入，与皇室攀亲代表炫耀资本的扩大，站在这个台级顶端的人可以成为部落政治与文化的掌舵人，他们的一举一动都代表着部落文化的前沿。从服饰文化方面讲，随着清朝公主、格格下嫁到蒙古族各部落、家族，这些人的服饰自然成为众人效仿的对象。服饰作为民族文化的重要特征之一，最容易受到外来文化的影响，而这种影响开始只是表面的、不需加工的模仿，随着时间的推移便逐步成为自己文化的一部分。虽然清代皇家女子下嫁的蒙古族部落遍布草原东西，但最终在服饰上受到满族文化影响的只有满族入关前生活在同一地区的蒙古族部落。首先，这些蒙古族部落与建州女真生活在邻近地区，文化上本身就有一些相似的地方，对接受满族服饰文化有一定基础；第二，这些也是两族联姻次数最多的部落，受满族服饰文化的影响自然也最深，因此这些蒙古族部落在服饰款式和装饰等方面具有明显的满族风格。嫁到清朝皇室的蒙古族女子在宫廷服饰制度的约束下，进京即脱掉蒙古装、换着满装。由此可以看出，上攀、下嫁的两族女子对服饰的影响并不是对等的。

在清代近三百年的时间里，满蒙联姻政策是清朝重要的边疆政策之一，贯穿于清王朝发展始终。通过结成姻盟，为巩固清朝边疆起到了积极的作用。清代朝廷对蒙古族的政治策略和联姻制度等对蒙古各部的文化产生了重要影响，同样也使满蒙联姻较多的蒙古族部落的服饰发生了巨大变化，从而促成了蒙古族部落服饰的形成。

第二节 部落服饰的形成与发展

清代蒙古族在各种外因的影响下，在明代已出现部落服饰特点萌芽的基础上形成各自的特点，"生活在不同地区的蒙古女人，衣装打扮也各不相同，因而很难找出她们在服饰方面所持有的共同标准。"❶在艰苦的北方草原，服饰是在长久生活环境中经过优胜劣汰而胜出的结果，它们以实用性取胜，成为民族文化的重要组成部分。

清代蒙古部落众多，不同时期变化较大，按照《清史稿》中清代所属行政区划和所列条目，主要有❷：

哲里木盟：杜尔伯特、郭尔罗斯、扎赉特、科尔沁

昭乌达盟：扎噜特（札鲁特）、阿鲁科尔沁、巴林、翁牛特、喀尔喀左翼、敖汉、克什克腾、奈曼

卓索图盟：喀喇沁、土默特

锡林郭勒盟：乌珠穆沁、浩齐特、阿巴噶、阿巴哈纳尔、苏尼特

察哈尔：察哈尔

归绥六厅：土默特

乌兰察布盟：四子、喀尔喀右翼、茂明安、乌喇特

伊克昭盟：鄂尔多斯

阿拉善厄鲁特旗：阿拉善厄（额）鲁特

额济纳土尔扈特旗：额济纳土尔扈特部

黑龙江呼伦贝尔总管辖区：新巴尔虎、厄鲁特、陈巴尔虎、布里亚特

乌里雅苏台及贝加尔湖周边：杜尔伯特、明阿特、新土尔扈特、唐努乌梁海、阿尔泰乌梁海、阿尔泰淖（诺）尔乌梁海，新和硕特、札哈沁、科布多额鲁特、札哈沁、喀尔喀车臣汗部，喀尔喀土谢图汗部，喀尔喀赛因（三音）诺

---

❶ [俄]普尔热瓦尔斯基.荒原的召唤[M].王嘎,张友华,译.乌鲁木齐:新疆人民出版社,2000:35.

❷ 赵云.清史稿:卷五十七、卷六十、卷七十六、卷七十七、卷七十八、卷五百一十八～五百二十四[M].北京:中华书局,1977.

颜部，喀尔喀札（扎）萨克图汗部等，布里亚特、巴尔虎

新疆：旧土尔扈特（东、南、西、北四路）、中路和硕特

青海厄鲁特所属：和硕特、绰罗斯、辉特、土尔扈特、喀尔喀

一、传统服饰的传承与新款式的出现

清代蒙古族服装有官服和民服之分，在朝为官的蒙古人穿着官服，普通民众穿着蒙古族服饰。清代朝廷为笼络蒙古族，还封部分蒙古贵族以闲官，也有相应官服，因此，在北方草原穿着官服的比例比较大。民间服饰受一系列清代朝廷对蒙古族的政策、官服以及周边民族服饰的影响发生了较大变化，但传统直身袍仍作为蒙古族服饰的主流继续传承。

1. 传统服饰的传承

直身袍和褡忽是蒙古族服饰中使用最为悠久和变化最小的服装类型。自古，直身袍都是蒙古族袍服的主流，它是在长期草原生活中胜出的款式，并深深烙印在每个蒙古族人民的文化记忆中。到清代，男袍和多数女袍仍采用这种结构形式，虽不同部落的直身袍在领型、前襟、开衩、镶边装饰等方面各有特点，但其衣身的形制和总体风格并没有大的改变（图5-1）。草原上生活的蒙古族离不开长长的腰带，它是牧人健康的重要保障。"男人及未出嫁的女子束着长长、宽宽的腰带，腰带能将腰环绕好几周。出嫁的妇女不系腰带"❶，这种系宽阔腰带的习俗自古一直传承至今，除实用性外，还兼备礼仪和审美的功能。

在草原寒冷的冬季，只穿着一件皮袍并不能平安度过严冬，保暖是一项重要的任务："塞北无论冬夏日，狂飙怒号，惊沙扑面，即五六月，烦歊绝少，一昼夜间，而四时气备。大抵晨则衣裘，午则易絺縠，午余即挟纩，而夜则被毳革焉。炎夏如此，穷冬沍寒，凛冽更复何如。"❷所以褡忽就是草原上人们所必需的御寒衣物，到今天仍是草原牧民冬季必备的衣着，其形制自古传承至今

---

❶ [瑞典]Frans August Larson. Larson Duke of Mongolia[M]. Little Brown And Company，1930：49.

❷ [清]马思哈. 塞北记程[M]//毕奥南. 清代蒙古游记选辑三十四种：上册. 北京：东方出版社，2015：77.

图5-1　传统直身袍的传承

《荒原的召唤》新疆人民出版社2000

基本没有改变，老羊皮、狗皮、狼皮等都是制作褡忽的材料，当然社会地位高和经济条件好的人家会使用狐皮、貂皮等贵重皮张制作（图5-2）。在清代《皇朝礼器图式》的插图中有清代帝王、皇族、侍卫等的端罩式样❶（图5-3），这些端罩与蒙古族的褡忽在款式上基本相同，表明在同一地域生活的人们在穿着上具有相似的形制。

　　蒙古族的袍服、坎肩等服装的缝制以及镶边、刺绣和靴帽的制作是靠主妇来完成。普尔热瓦尔斯基在《荒原的召唤》中对蒙古族妇女的缝纫技术表示出了赞赏："蒙古妇女的针线活大都做得十分精细，并且非常雅致。"❷蒙古族女性除精工细缝家里人穿着的衣着外，从她们缝制的结实的靴、帽可以看出蒙古

❶ [清]皇朝礼器图式·冠服一：卷四[M]//景印文渊阁四库全书：第656册．台北：台湾商务印书馆，1986：195–238.

❷ [俄]普尔热瓦尔斯基．荒原的召唤[M]．王嘎，张友华，译．乌鲁木齐：新疆人民出版社，2000：47.

蒙古国国家博物馆藏

紫貂褡忽

内蒙古博物院藏

图5-2 清代蒙古族褡忽

清代皇帝端罩

《皇朝礼器图式》台湾商务印书馆1983

清代　万国来朝图（局部）

北京故宫博物院藏　故宫博物院网站

图5-3　清代端罩（褡忽）

族妇女的勤劳特性，旅行家古伯察❶也看到"鞑靼女子都以女红针线活的灵巧而久负盛名。正是她们制造靴子、帽子，才制成一整套蒙古人着装的衣服。她们缝制的皮靴的款式实际上并不雅致，但相反却令人难以置信地结实。我们不明白她们使用如此粗糙和如此不完备的工具，如何能够成功地制造永远坏不了的产品"❷。大草原的生活简单而孤寂，女红是调节女性生活最好的方式和精神寄托，她们把对生活的愿望和期许绣在服饰上，这些技艺也受到了古伯察的赞赏："鞑靼女子善于刺绣，其成品在一般情况下都具有能激起赞赏的风格、精细和品种。我们可以肯定，大家甚至在法国的任何地方，都找不到像我们有幸在鞑靼人中见到的那样漂亮和那样绝妙的刺绣。"❸蒙古族女性在刺绣或缝制衣服时，持针的方法与汉族不同，汉族是拇指与食指持针，自右向左横向行针，

❶ 古伯察（Régis-Evariste Huc，1813—1860），法国遣使会传教士，1839年8月入华。1841年6月17日与遣使会长秦噶哔（Joseph Gabet，1808—1853）从北直隶西湾子（今河北省崇礼县）出发，经过热河、蒙古诸旗、鄂尔多斯、宁夏、甘肃、青海、西康地区，历时18个月的艰苦旅行，于1846年10月中旬到达澳门，完成环中国的长途旅行。

❷ [法]古伯察.鞑靼西藏旅行记[M].耿升，译.北京：中国藏学出版社，2006：74.

❸ 同❷.

图5-4 蒙古族纵向持针

环形顶针戴在中指；而蒙古族是拇指与中指纵向持针，针尖向里，自上而下行针，帽式顶针戴在食指尖上，用食指尖顶针缝纫（图5-4）。古伯察也注意到了这一点不同："在鞑靼地区，人们使针的方式与汉地不同。汉人缝东西时，是从下向上穿针，鞑靼人相反则是从上往下引针。在法国可能与这两种方式都不同，如果我们的记忆力好的话，那就似乎觉得法国人是从右向左横着飞针走线。"❶这里说汉族人"是从下向上穿针"并非事实，可能是观察者的错觉或记录错误。

2. 新款式的出现

虽然比肩在明代仍有穿着，但明显已呈减少的趋势，而无袖的坎肩开始出现。坎肩在清代的流行与蒙古族生活条件的改善不无关系。有清一代，北方草原与内地的联系加强，蒙古族的社会地位较前朝有了很大提高，多数人的生活有所改善，人们开始注重袍服的装饰，马蹄袖的应用也更加广泛。而坎肩即可以保暖，又可露出袍服完整的袖子，使坎肩与袍服成为完美的组合。因此，实用而具有装饰性的坎肩在清代迅速流行开来，尤其是已婚"妇女御袍，多喜加背心，俗名'坎肩'"❷。蒙古族几十个部落，不论男女都穿着坎肩。男子只穿着短坎肩，而已婚女性"上身通常还另外套一件无袖坎肩"❸，且有长短之分。

短坎肩的前襟形式很丰富，多数为大襟，其次有对襟、琵琶襟、一字襟等开襟形式（图5-5）。男子坎肩镶边简单、大方，甚至没有任何装饰。长坎肩是已婚女性的专利，具有较强的礼仪象征，在正式、隆重的场合穿着长坎肩可以体现女性的庄重和富贵。长坎肩有对襟和大襟两种形式，多使用织锦或团花缎等高档面料缝制，镶边复杂，代表着一家之主的经济实力和主妇的女红水

---

❶ [法]古伯察. 鞑靼西藏旅行记[M]. 耿升，译. 北京：中国藏学出版社，2006：74.

❷ 绥远通志馆. 绥远通志稿·民族·卷五十一：第七册[M]. 呼和浩特：内蒙古人民出版社，2007：148.

❸ [俄]普尔热瓦尔斯基. 荒原的召唤[M]. 王嘎，张友华，译. 乌鲁木齐：新疆人民出版社，2000：35.

"厂"字大襟短坎肩

ДЕКОРАТИВНО-ПРИКЛАДНОЕ
ИСКУССТВО МОНГОЛИИ
ГОСИЗДАТЕЛЬСТВО,
УЛАН-БАТОР 1987

一字襟短坎肩

鄂尔多斯博物馆藏

琵琶襟短坎肩

MONGOL COSTUMES
Academy of National
Costumes research,
Ulaanbaatar, Mongolia 2011

对襟短坎肩

内蒙古大学博物馆

图5-5 短坎肩

平。直身型长坎肩多为大襟结构，由于下摆较小，为方便活动两侧开衩。断腰型长坎肩为对襟款式，"袍纽扣在胸前，有类洋装，这种装束，颇奇特，亦甚美观"❶，如果断腰形长坎肩的下摆加褶、放大，则无开衩；若下摆部分并无放褶，则需增加开衩以便活动；开衩有两侧开衩和前后左右四开衩（前开衩即开襟）等形式。女式坎肩不论长短多数都有宽大的镶边和刺绣装饰，复杂而艳丽，成为蒙古族服饰的视觉焦点（图5-6）。

察哈尔郭

内蒙古大学民族博物馆藏

科尔沁部

内蒙古大学民族博物馆藏

阿巴嘎部

内蒙古博物院藏

图5-6

❶ [民国]马鹤天.内外蒙古考察日记[M]//亚洲民族考古丛刊:第六辑.台北:南天书局有限公司,1987:32.

第五章 清代蒙古族服饰

土尔扈特部

蒙古国国家博物馆

内蒙古之王公夫人

《内外蒙古考察日记》南天书局有限公司 1932

图5-6　已婚女性的长坎肩

　　清代蒙古族的帽子更加丰富多彩，有些帽子在继续传承，有些则消失不见，还发展出一些新的款式，这些都是为适应草原生活的需要和社会性、礼仪性而发生的变化，笠帽就是不适合草原生活而逐步消失的帽型。元代笠帽主要是在中原地区和草原城市中生活的蒙古族中流行的款式，其目的是遮阳和礼制功能。但在牧区，虽然艳阳高照的时间很长，但骄阳似火的日子却很少。牧民们祖祖辈辈生活在广阔草原，风吹日晒已习以为常，并不需要刻意遮挡阳光；并且在骑马飞奔时，笠帽会因兜风而无法戴用，可以说，笠帽在草原牧民生活中的实用性非常低。因此，不论哪个历史时期，牧民的服装及配饰都是适应草原生活而产生和成熟的，它们的实用性必须是第一位，受到外界因素的影响很小。而明代后回到草原的蒙古贵族的生活有翻天覆地的变化，他们原本在中原的生活习俗被完全打乱，骑马飞驰时，宽檐大帽既兜风又很难固定，无法挽回被淘汰的命运，到清代已经很少看到宽檐笠帽的身影，只可见少数窄檐笠帽的形象。清朝末年，由内地传往草原的毡或毛料、棉布的礼帽大受蒙古族男子的欢迎，可见对祖先笠帽的审美仍主导着草原牧人。

　　戴帽是蒙古族的传统习俗，既然笠帽无法满足马上生活，但将帽檐上翻或下折，既可以解决兜风的问题，又能保证寒冷天气下的保暖。明代已逐步发展起来的立檐帽，清代后发展得非常迅速，此时立檐帽几乎代表了蒙古族帽子最典型的形式，还发展出固定立檐、可翻折立檐及四耳等款式，并传承至今。立檐帽不分男女均可佩戴,且女子"帽鞿与男子同"❶。一些部落的已婚女性在复杂、华丽的头饰上往往还需佩戴小巧的立檐帽,才可构成一套完整的首服。清代蒙古族的部分部落还有一种无檐小帽,少女帽简单、大方,很少装饰,而少妇的帽子则依经济条件装饰得比较华丽(图5-7)。延续明代"只可覆顶"形制的帽式并不具有实用功能,它们是传统民俗、社会性和礼仪性的体现,在正式场合,成年人戴帽是重要的礼制和对主人尊重的表现。

喀尔喀部女孩的无檐夏帽

蒙古国国家博物馆藏

鄂尔多斯部立檐帽

内蒙古博物院藏

土尔扈特部　镶珊瑚宝石的无檐女帽

阿拉善博物馆藏

黑绒宝石顶立檐帽

内蒙古博物院藏

图5-7　清代帽子

暖帽的形制从古至今并没有大的变化,遮风、保暖是其主要功能。北方草原冬季非常寒冷,有些地方春夏季节也离不开护耳、挡风的帽子。制作暖帽的材料有毡、棉和毛皮等保暖材料,护耳可上下翻折,是牧人日常生活的必需品(图5-8)。

❶ [清]张鹏翮.奉使俄罗斯行程录(漠北日记)[M].北京:中华书局,1991:7.

喀尔喀部暖帽
蒙古国国家博物馆藏

内蒙古博物院藏

红宝石顶冬季官帽
内蒙古博物院藏

图5-8 暖帽

　　蒙古族对色彩的爱好仍遵循着古老的传统，以高明度、高饱和度的色彩表达广阔草原上纯净的色调。蒙古族对色彩的喜好源于他们生活的天地之间，蓝天、白云、绿草是他们依托，白色的羊毛和奶食品代表着蒙古族的生活，这些成为色彩审美的心理基础，也反映出他们在服饰上的审美观。红色系传承了自古至今蒙古族在色彩上的实用性。在地广人稀的辽阔草原上，红色是最具识别性的颜色，是辨别远处亲人和来客的最重要的色彩信息。红色还代表着太阳和火，是人类生存的源泉和基础。蒙古族服饰"各旗虽不一致，以赤紫黄色为最普通，外衣颇长，解束带则达地，故就寝之际，往往可用代被，着时须提上，用带紧束腰部，故其胸背摺襞，甚为显著，……靴则革制，或布制，常戴帽"❶。此外，蓝色、绿色是蒙古族男子服饰最常用的色彩，老年男子则喜欢象征土地的棕色。

3. 部落特点的出现及成熟

　　经过明代的战乱、动荡，蒙古各部落之间时而联合、时而意见重重，使部落的联系减少，为不同部落文化的发展提供了机会。清代朝廷对蒙古族各部落采取分而治之、禁止越界游牧的盟旗制政策，人为隔绝蒙古族各部之间的紧密联系，

---

❶ 陈玉甲.绥蒙辑要[M].北京：北京图书馆出版社，2007：30.

使明末已经出现萌芽的各部落服饰特点更加强化，同时受到周边民族服饰的影响，逐步形成各自的特点，到清末成熟并定型。

由于清代朝廷对蒙古族的政治导向，使民间服饰受到一系列政策和官服的影响，发生了非常重要的变化，这种影响主要集中在已婚女装上，男装和童装多数延续传统服饰特点，变化相对较小。按照已婚女性袍服的结构和头饰特点，蒙古族部落服饰可以分为三个类型，第一类是以乌珠穆沁、鄂尔多斯、土默特、乌拉特等部落为代表的宽松、肥大的直身袍类型，是传统蒙古族袍服的代表。老年妇女均不系腰带，中青年女性则视具体情况而定，外出时多数要系腰带。这些部落的妇女头饰以珠串式为其普遍特点。第二类是与满族通婚及接触较多地区的科尔沁、巴林、喀喇沁等部落，这些部落的妇女服饰吸收了满族服饰的特点，形成了地区特色和独特风格。袍服是较为合体的直身结构，为方便活动，两侧开衩，袍身及直身结构长坎肩的绣花具有浓重的满族风格，不论年龄，均不系腰带。头饰为簪钗式。第三类是以布里亚特、巴尔虎、喀尔喀、明安特等部落为代表的断腰袍类型。这些部落的妇女袍服继承了蒙古族传统的断腰袍形制，有袖箍的灯笼袖是受俄罗斯服饰文化影响的结果，是蒙古族服装中最具特色的结构类型，头饰以仿生为特点，巴尔虎部和喀尔喀部的牛角型头饰极具视觉吸引力。到清朝末年，蒙古族各部袍服及妇女头饰已经发展成熟（图5-9）。

簪钗式（科尔沁部）
内蒙古博物院藏

珠串式（察哈尔部）
内蒙古博物院藏

仿生式（喀尔喀部）
Монгол костюмс XXKны
музейн үзмэр, цуглуулагч
Б.Сувд藏

图5-9　蒙古族妇女头饰的三个类型

二、满族服饰对东部地区蒙古族服饰的影响

在努尔哈赤统一女真各部以及与明朝争斗的过程中，部分蒙古族部落为其取得最后的胜利给予了极大支持。在这个时期，满蒙之间的特殊关系主要来自联姻而结成的纽带。

互来互往的近六百次满蒙联姻不仅是两个民族之间婚姻的缔结，更是两族文化的传递与交流。不论是嫁还是娶，除婚姻关系的当事人外，还会有大量的仆从随行，成为传播文化的重要力量。嫁到清皇室的蒙古族姑娘在满族文化圈中生活，其原有文化会逐步被同化，尤其是服饰必须按照清朝的服饰制度穿戴，在嫁入清皇室的同时蒙古族服饰即被放弃。而来到蒙古族部落的皇族公主、格格带来的满族文化在所嫁的家族、部落传播，其中最为典型的即是服饰。

1591年努尔哈赤统一女真诸部，建立八旗制度，满八旗人称为旗人，所穿袍服即称旗装。满族女子旗袍下摆较小，为便于行走两侧开衩，圆领窝、右衽，大襟曲线圆润，镶边简单、大方。满身绣花是清代后妃和贵族妇女服饰的重要特征，绣品内容既有满族的民族文化特征，又融入了中原传统图案特点，规整、精致、对称。这种满身绣花的服饰风格从宫廷逐步影响到贵族，最后到平民阶层，成为满族服饰的典型特征。下嫁蒙古族各部落的清公主、格格们将这种服饰风格传播到所在的蒙古家庭，乃至整个部落，为家族文化的象征和基因纽带。这成为与清皇室联姻较多且在清朝发祥地附近生活的蒙古族部落妇女服饰的典型风格，如科尔沁、喀喇沁、巴林、敖汉、奈曼、翁牛特等部落，这些是与清皇室联姻最多的部落，因而受到满族文化影响也最深，形成了有别于蒙古族其他部落的服饰特点（图5-10）。

图5-10　科尔沁部红罗地绣蝴蝶花卉纹女袍
内蒙古博物院藏

三、俄罗斯服饰对生活在贝加尔湖周边的蒙古族部落服饰的影响

自古，蒙古族的众多部落游牧在广大北方草原地区，其中，在贝加尔湖周边驻牧的布里亚特、喀尔喀、巴尔虎、明安特等部除传承蒙古族传统文化外，在清朝后还受到俄罗斯文化的影响，尤其是已婚女性袍服所受影响最大，成为有别于蒙古族其他部落服饰结构的类型，男子及儿童服饰较好地保留了蒙古族传统直身袍。

布里亚特、巴尔虎、喀尔喀等部落故地位于贝加尔湖周围，布里亚特的祖先原游牧于外贝加尔地区，曾经向西发展到叶尼塞河与勒拿河之间的广阔草原；巴尔虎是蒙古族最古老的部落之一，生活在贝加尔湖东的巴尔古津河流域，并因此得名；喀尔喀部则世代生活在贝加尔湖以南的广大地区。

在俄罗斯妇女服饰的影响下，贝加尔湖周边的蒙古族部落妇女袍服的结构在逐步改变，但变化的过程持续了较长时间。由于"长期受俄罗斯等西方文化的熏陶，表现出强烈的西方文化色彩。可以说，这种特殊的历史环境，使西伯利亚的文化成为东、西方文化的结合部和交汇点"❶。这种交汇、碰撞与融合使生活在这里的蒙古族妇女袍服的特点更加突出。蒙古族作为东方民族，对人体，尤其是女性人体的态度非常含蓄而低调，审美观与西方文化有巨大差异，宽袍、大袖不会显露腰身是自古的传统，连袖结构成为中国传统服饰的典型特征。在与俄罗斯人杂居的过程中，西方服饰文化对这些蒙古族有潜移默化的影响，袍服在衣身部分保留了蒙古族传统断腰袍的结构，腰节以上部分较其他部落女装合体许多，但却逐步接受了俄罗斯妇女服饰的装袖结构，成为具有独特外观的蒙古族已婚妇女袍服（图5-11）。

---

❶ 徐景学. 西伯利亚史[M]. 哈尔滨：黑龙江教育出版社，1991：27.

捡拾干粪的蒙古妇女　　　　　　　喀尔喀贵妇　　　呼和浩特固伦恪靖公主府藏

《荒原的召唤》新疆人民出版社2000

图5-11　喀尔喀部服饰

四、农耕生产对蒙古族服饰的影响

从明中期开始，山西、陕西、河北等地农民开始经过长城的各个关口进入漠南蒙古地区，开垦草原为农田，使漠南蒙古大片草场成为最早被开发的土地之一。到清代，由于清朝统治者在内地实行圈地令，不少农民失去土地，加之沉重的赋税以及灾荒，内地农民不顾朝廷禁令，经过长城各个关口涌入地广人稀的漠南地区觅地耕种，同时来到关口外的还有大量中原手工业者、商贾等，史称"走西口"。

1. 漠南蒙古及东北地区的农业发展

漠南地区的农业生产"自清康熙末年，山、陕北部贫民由土默特渡河而西，私向蒙人租地垦种，而甘省边氓亦复逐渐辟殖，于是，伊盟七旗境内，凡近黄河、长城处所在，有汉人足迹"❶。有一些牧民开始学习新的生存技能，自己开垦草场，学习种植庄稼。但如俄罗斯旅行家普尔热瓦尔斯基从鄂尔多斯到磴口沿途所看到的："在去往盐海子的途中，我们还曾路过乌尔衮淖尔湖。它的湖畔如同与之毗连的黄河谷地一样，也到处是人口相当密集的汉人定居点。除了汉人，这里也有不少蒙古人，他们大部分居住在毡包里，少数人住的是汉式土坯房。这些蒙古人当中有个别人以种庄稼为生，但是田间劳作远非游牧民族的长项。因而，一眼望去，就能将蒙古人和汉人所耕种的农田区分开

---

❶ 潘复. 调查河套报告书[M]. 北京：京华书局，1923：219.

来。"[❶] 为安设漠北军用台站之事，范昭逵随兵部尚书范时崇[❷]在康熙五十八年（1719年）离京西行，七月十五日（8月30日）至麦大力庙（即麦达里庙，美岱召）时看到"有陕人于此种地，献瓜茄葱蒜等物，如在故乡"[❸]。

除漠南草原中西部外，东北也有同样的情况。明末的战乱使中原动荡不堪，为逃避战乱，有些人开始尝试走向东北，成为来到东北草原的中原农民。清军入关后，出关的流民逐步增多，对世代畜牧在这片丰美草原的各族牧民的生活习俗产生了很大影响。为维护东北固有风俗和保护八旗生计，清代朝廷于乾隆五年（1740年）颁布封禁令，禁止内地民众出关。到清后期，黄河下游连续四次大溃决[❹]，破产农民不顾禁令，冒险"闯"关东。在各种压力之下，清光绪二十三年（1897年）不得已全部开禁，大量流民进入东北，开垦土地，使当地蒙古族、满族等游牧民族的生活和文化受到一定冲击。此时东北和漠南草原已经形成相对稳定的农业区、半农半牧区和牧业区的三种经济和生产形态，正如普尔热瓦尔斯基看到的那样："蒙古东南边缘的部落，很早就与汉人比邻而居，因而在各方面所受的外来影响也最为明显。尽管一个游牧民族很难同其他定居的农耕民族相融合，但是在千百年的历史演进过程中，却不可避免地要受到来自文明世界的潜移默化的影响。"[❺]

2. 农业生产对蒙古族服饰的影响

中原汉族的进入使漠南及东北地区的蒙古族文化与服饰都发生一定变化。"蒙古疆域辽阔，人种不一，风俗因有异同，然其专专畜牧，见异不迁。勇悍耐劳，守常安故，质朴无机械，如循蜚因提之民，则皆然也。惟长城附近及安兴岭间，所居汉蒙杂种，则异于蒙古，颇类汉人……"[❻]在这些农耕地区，传统牧业生产所穿的长款袍服已不适应农耕生产的需要，服饰的改变不可避免。"男子衣服

---

❶ [俄]普尔热瓦尔斯基. 荒原的召唤[M]. 王嘎，张友华，译. 乌鲁木齐：新疆人民出版社，2000：134.
❷ 范时崇(1663—1720)，字自牧，号苍岩，汉军镶黄旗人。官至福建浙江总督、左都御史、兵部尚书。
❸ [清]范昭逵. 从西纪略[M]. 台北：广文书局，1958：628.
❹ 清末，黄河在道光二十一年至二十三年(1841—1843年)和咸丰元年(1851年)连续发生了4次大的溃决。
❺ 同❶33.
❻ [清]姚明辉. 蒙古志·风俗：卷三[M]. 台北：成文出版社，1968：345.

与汉人同，多为短衣。稍富者始著长袍，束腰带；女则均穿长袍，外加紫红色坎肩，其质料无论男女多用棉织品，富者方用绸类，购自邻近各县。"❶这虽然指伊克昭盟准格尔境内，但却代表着广大农业及半农半牧地区蒙古人的穿着情况。在这些地区，蒙古族改变了世代游牧的生产方式，开始学习耕种，男人们为适应农业生产的需要改变传统蒙古族长袍为短衣，而富有者和妇女不需要从事农业生产劳动，因此依然穿着传统长袍。实际上，这些人也会在大环境的影响下，在较短的时间内改变传统服饰。因此，人们称改变游牧习俗而从事农业生产的蒙古族为"短袍蒙古"，仍保持传统的游牧生产方式的蒙古族叫"长袍蒙古"。内蒙古五原地区的蒙古族"衣服与汉人大同小异，著窄袖之长褂，以布带结束腰间，烟袋燧石等，皆配系其上。贫用棉布，富用绢帛，冬时概著羊裘。……其衣服之式，各因其地，大概妇人比男子稍华美，长褂之外，著皮背心，其用带与男子同。"❷到清末民初，土默特部男子服装"概与汉族无异"❸。来到关外、口外的中原汉族，不论出身、地位，也不论是破产的流民、寻找生计的自耕农或者是来此做买卖的生意人，都是在中原文化的熏陶下世代成长起来，因此，经过明代两百多年封锁所导致的长城以北与中原文化的断裂，使这些漠南农业地区的蒙古族自然会向来此的人学习生产、生活方式，并逐步接受他们带来的文化及服饰。所以在这些与来自中原汉族接触较多的地区，蒙古族文化及服饰被汉化的速度相对较快。

服饰的发展走过漫长的岁月，反映了历史的印记，折射出不同的地域特点、生产方式与文化背景。服饰反映了民族的心理和审美观念，反过来对勤劳勇敢、富有创造力的蒙古民族千百年来的生活起了重要作用。蒙古族服饰既有草原民族粗犷、自然的特点，又有不同文化的影响，更有中原农耕文化和周边民族文化的融入，形成绚丽多姿、特点突出的蒙古族服饰。清代是蒙古族服饰部落特色的形成期，经过两百多年的发展，到清末，蒙古族袍服及饰品的各部特点已定型。蒙古族各部落服饰深刻而独特的文化内涵反映出民族进步的轨迹和品格，并在众多文化的共同发展中进步。

❶ 绥远通志馆.绥远通志稿·民族：卷五十一：第七册[M].呼和浩特：内蒙古人民出版社，2007：149.
❷ 同❶146.
❸ 同❶151.

第三节　蒙古族部落服饰的特点

具有广泛包容性的蒙古族在历史发展的每个时期是相互依存于各文化之中，既保留本民族的文化特点，又接纳其他文化之所长，使服饰表现得更为丰富且精彩，形成了多元的文化特质。蒙古族传统服饰在传承历史文化信息的基础上不断发展与创新，每个历史时期的文化都留下了时代的印迹。在清代朝廷的各种政策以及受周边民族服饰的影响下，蒙古族各部落服饰形成自己的特点，并具有不同的文化特征，更加凸显部落的文化内涵和艺术特点。男装和未婚女装多保持蒙古族传统直身袍的结构特点，但已婚女装受到外界的影响较大，形成风格各异的款式，从服装结构的角度和头饰特点分为三大类。

一、传承传统直身袍的部落服饰

蒙古族各部落男装和未婚女装多保持蒙古族传统直身袍的结构特点，已婚女装继续传承传统直身袍的部落多数生活在北方草原中西部地区，主要有察哈尔、四子、茂明安、鄂尔多斯、苏尼特、土默特、乌拉特、阿巴哈纳尔、阿巴噶、乌珠穆沁、准噶尔、克什克腾、浩齐特、和硕特等部落。传统直身袍经过清代两百多年时间，衣身基本保持了传统结构，改变最大的只有领型和前襟的形式。

1. 传承与创新

清代，蒙古族男装、未婚女装及生活在北方草原中西部的各部落已婚女装仍然保持传统直身袍特点，其形制继续传承"十字形"连袖结构以及右衽、窄袖、镶边装饰的特点，宽松肥大的袍身，多数无开衩。清代以前，蒙古族袍服多为交领，有清一代的南北大统一，使蒙汉交流增多，中原汉族在明代已经出现的立领结构（图5–12）逐步被蒙古族所接受并应用到袍服中，大襟的结构也随之改变，形成直角的"厂"字形外观。虽然不同部落的直身袍在形制上基

明益宣王朱翊铟夫妇墓出土立领

江西省博物馆藏
《江西明代藩王墓》文物出版社2010

明代妇人像

《中国织绣服饰全集4 历代服饰卷下》
天津人民美术出版社2004
安徽博物院藏

图5-12 明代立领

本相同，但仍有自己的风格和特点，主要区别为装饰风格、镶边的宽度和形式、盘扣数量、领型（个别部落为翻领）以及是否有马蹄袖和气口等，这些都成为区分不同部落服饰的标志。马蹄袖原本是代替蒙古族传统超长袖子而出现的袍服配件，但有些部落超长袖子的审美特征并没有因为马蹄袖的产生而消失，而是两者并存发展，马蹄袖则成为单纯的审美而存在。

虽然清代蒙古族的地位有所提高，生活有了很大改善，但贫富差距也在增大，从服饰上可以清楚地看出这一点。《绥远通志稿》中载清末乌盟各旗："王公官员皆戴红、蓝、白色顶帽、花翎、朝珠，长袍、马褂，略无更易。不论男女老幼，富贵贫贱。足必踏靴，身必着袍，腰必束带。富衣绸，贫衣布。气候偏寒，盛夏亦须夹袍，冬则一律皮袍，皮袍之四周，多用布或库金缘边，袖特长，遮手，过膝，袖头作马蹄形。袍之左右不开岔，用带束之。"❶库金（即库锦）镶边是元代纳石失的传承，清织造局织造的库金在机头织有"真金库金"字样以区别民品。王公贵族的服装多使用库金进行镶边装饰，金光灿灿的库金使袍服华丽无比，成为蒙古族服饰的特色。这种库金镶边至今仍是蒙古族袍服和坎肩的主要装饰形式。此外还可以用各色绸缎、倭缎、棉布镶边并增加刺绣，也是重要的装饰方法。准格尔袍服"台吉用锦缎为之，上饰以绣。宰桑❷

---

❶ 绥远通志馆.绥远通志稿·民族：卷五十一：第七册[M].呼和浩特：内蒙古人民出版社，2007：147.
❷ 宰桑：明代蒙古官号，袭元代，为汉语"宰相"的转音。

则丝绣丝绖罽㲩为之，贱者多用绿色及杂色，御冬则以驼毛为絮，名库绷❶。亦有止衣羊皮者，右衽，袖平不镶，四围皆连纫。台吉宰桑之妇，衣用锦绣，两袖两肩及交襟续衽，镶以金花，或以刺绣，民人妇女襟绣衣衽，俱用染色皮镶之"❷，此处的"罽㲩"指传统毛织物，而非藏族服饰所使用的彩条罽㲩。由此还可以看出准格尔袍服是"袖平不镶"，即没有马蹄袖，且是没有开衩的"四围皆连纫"。这些文献都对当时王公贵族穿绫罗绸缎、平民百姓衣白茬皮袍和棉布袍情况的真实反映，已婚女袍的装饰相对多一些。英国旅行家宓吉❸看见"蒙古人都非常注意穿着及行为举止。他们内着裤子，腰间紧束着腰带，外面穿着飘逸的长袍，这些衣服都是棉制品。长袍大都是蓝色。夜晚或是寒冷的天气，他们通常身着羊皮制的长袍。尽管在炎热的天气里，他们在帐篷外也不褪去长袍"❹。自古除羔皮袍外，蒙古族的羊皮袍很少加吊面，马鹤天在民国十五年十一月三日（1926年12月7日）由甘肃张掖至内蒙古额济纳的路上看见"有一蒙古少年骑马来。问之，年十六岁，但身高如十七八岁，面貌清秀。穿无面羊皮袍，有蓝布边两道，马蹄袖，皮靴便帽，俱花丽。据说，靴价十余元，帽五元，俱由包头购买。拖发辫，腰有刀箸。内穿柳黄斜纹布小袄，红领绿边，不类普通蒙古人。问其职业，始知为额济纳贝勒侍役"❺。无吊面皮袍即粉皮袍，自古就是草原民族的保暖之服。元代优裕的生活可以满足用各种优质纺织品吊面的需求，但明代动荡、缺衣少穿的生活，使草原上蒙古人的皮袍无法再满足吊面的奢侈装饰，而白茬皮袍和逐步发展起来的防蛀、耐脏的熏皮袍成为广大普通蒙古人的衣着（图5-13）。

---

❶ 库绷：蒙语xöböng，棉花。内蒙古大学蒙古学研究院蒙古语文研究所. 蒙汉词典[M]. 呼和浩特：内蒙古大学出版社，1999：696。清时，一些地区将棉袍中所絮的材料都叫做库绷，这些材料包括棉花、羊毛和驼毛等，有时将几种材料还可以混合使用。

❷ [清]傅恒. 钦定皇舆西域图志·服物一：卷四十一[M]. 台北：文海出版社，1970：238.

❸ 亚历山大·宓吉(Alexander Michie, 1833—1902)，英国商人兼报人，咸丰三年(1853年)来华，在上海经商。光绪九年(1883年)迁居天津，任伦敦《泰晤士报》驻华通讯员。1863年宓吉由上海出发，途经南京、天津、北京、张家口、库伦、恰克图、伊尔库兹克、鄂木斯克到达圣彼得堡旅行，写成《从北京到彼得堡的西伯利亚路线》。

❹ [英]亚历山大·宓吉. 从北京到彼得堡的西伯利亚路[M]. 伦敦，Murrar，1864：189.

❺ 马鹤天. 内外蒙古考察日记[M]. 北京：中国青年出版社，2012：25.

西乌珠穆沁贵妇人　　　西乌珠穆沁男女　　　　内蒙古包头五当召壁画

《蒙古旅行》商务印书馆2018

康熙私访明月楼

内蒙古呼和浩特市大昭寺（原画藏内蒙古博物院）

图5-13　直身袍

　　到民国初年（1912年），草原深处的蒙古族服饰基本没有什么改变，仍延续清以来的形制。但贵族及有钱人家对改朝换代比较敏感，清代只有皇室使用的纹样，此时只要有钱便可使用，如龙凤纹样、海水江崖纹等都可成为民国时期蒙古贵族服饰的装饰内容，并逐步影响了普通蒙古族牧民服饰的装饰风格。"乌森芒努嘎"是20世纪30年代乌珠穆沁部布登诺尔布为其妹诺尔玛定做的嫁妆。"乌森芒努嘎"仿清代孔雀羽织蟒袍制作❶，袍面为棕红色，全身绣制九蟒、八仙和海水江崖纹（图5-14），绣工精致、细腻，具有清代宫廷袍服的风格，但其结构仍为典型乌珠穆沁部传统袍服的形制，袍身肥大，右衽、窄袖、翻领及"厂"

---

❶ 东乌珠穆沁旗乌珠穆沁服饰协会. 乌珠穆沁服饰[M]. 呼和浩特：内蒙古教育出版社，2008：13.

图 5-14　20 世纪 30 年代乌珠穆沁新娘袍服 "乌森芒努嘎"

《乌珠穆沁服饰》内蒙古教育出版社 2008

字大襟。可见，封建王朝覆灭后，代表几千年封建等级制度的宫廷服饰仍是许多人所效仿的对象。并且有钱人的绸缎衣服 "用锦缎金丝做里，最好的绸缎做面[1]，有珍珠扣儿，衣边用金丝线绣花，因此一件衣服价值万两白银"[2]。

2. 妇女头饰特点

蒙古族妇女头饰华丽而贵重，体现着特殊生活状态下家庭财产的守护方法。传统直身袍部落已婚女性的头饰为珠串型，由银饰、珍珠、红珊瑚、玛瑙、松石等名贵材料组合的众多部件配套而成（图 5-15）。归化城 "妇人则以珊瑚玛瑙相累，作坠环悬耳，锐其下，长寸余"[3]。作为草原民族，随着季节迁徙是基本的生活方式，便于拆装的蒙古包和简单轻便的家具都可以带走，"水草随时选牧场，去留曾不隔星霜。全家迁徙无离别，白首何人认故乡。"[4] 而女主人则是全家财产的主要保护者，因此家庭财产需要价值高、携带方便才可适

---

❶ 应为：锦缎金丝做面，最好的绸缎做里。

❷ 罗布桑却丹. 蒙古风俗鉴[M]. 沈阳：辽宁民族出版社，1988：12.

❸ [清]钱良择. 出塞纪略[M]. 北京：中华书局，1991：12.

❹ 同❸16.

察哈尔部妇女头饰

蒙古国国家博物馆

鄂尔多斯部妇女头饰

内蒙古博物院藏

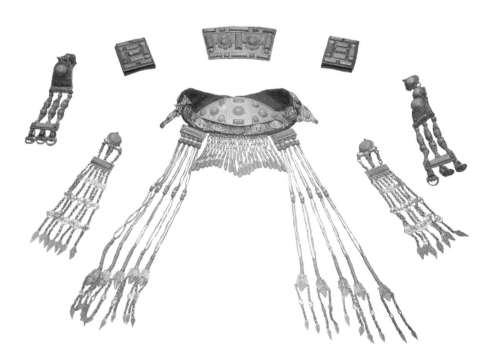

察哈尔部蒙古王妃银镶珊瑚头饰

北京服装学院民族服饰博物馆藏

鄂尔多斯部妇女头饰　　　　　　　　　阿巴嘎部妇女头饰
内蒙古博物院藏　　　　　　　　　　锡林郭勒盟博物馆藏

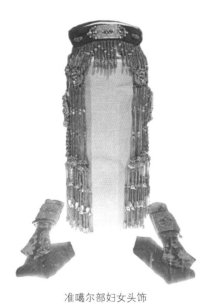

土默特部妇女头饰　　　　　准噶尔部妇女头饰　　　　四子部妇女头饰
美岱召藏　　　　　　　　　　美岱召藏　　　　　　内蒙古博物院藏

图5-15

察哈尔部妇女头饰

乌兰察布市博物馆藏

图5-15 清代传统直身袍部落的珠串型头饰

应迁徙的生活，其中最为贵重和值钱的财产便是女主人的头饰。华丽头饰的背后反映着游牧民族的艰辛生活。

不同部落的珠串形头饰形制各有特点，多数都繁复、华丽，有些则简单、朴实。但发袋是多数部落妇女头饰中均有的部件。茫茫草原风狂沙大，草原牧民迎风冒雪，头发很容易脏污，所以蒙古族妇女将发辫用布包裹，逐步形成独特的头饰部件——发袋。清代的发袋仍延续明代以来的风格，但更注重装饰效果。发袋用黑色大绒、棉布、绸缎等材料制作，呈圭形，上面多装饰花绦、库锦、刺绣及银饰。张鹏翮❶康熙二十七年（1688年）随清使团前往雅克萨途径归化城时见到"妇人辫发为两缕双垂，而以帛束其末"❷。范昭逵在《从西记略》中记述康熙五十八年七月十一日（1719年8月26日）在哈达马尔附近看到四五

---

❶ 张鹏翮（1649—1725），字运青，号宽宇、行一，四川遂宁（今属四川省遂宁市蓬溪县）人。康熙九年（1670年）进士，身仕康熙、雍正二朝。官历兵部侍郎、刑部尚书、两江总督、河道总督、文华殿大学士。康熙二十七年（1688年）时任兵部总督时，随内阁大臣索额图等赴色楞格河与俄罗斯和谈，途遇准噶尔战争而返。日记汇集《奉使俄罗斯行程录（漠北日记）》。谥文端。

❷ [清]张鹏翮.奉使俄罗斯行程录（漠北日记）[M].北京：中华书局，1991：7.

个蒙古族女子"颜色凝脂，发辫为两缕，分垂于胸前，以帛裹之"❶。马鹤天在内蒙古额济纳看到妇人"红袍，扣在胸前正中，头有两辫甚大，盛布套，垂胸左右，带瓜皮便帽，有红缨，皮靴上有云花，手指上有戒指，上镶红玉"❷，所描述的是典型额济纳土尔扈特部的衣着。马鹤天进一步记录了额济纳妇女"耳环长二寸，上钿红玉，头上银饰五六件，亦各有红玉，紫袍红纽，可知此妇家中必有钱财。……两发辫垂胸，知为已嫁之妇，因蒙古风俗，姑娘仅一辫在脑后，两辫在前者，必为妇人也"❸，准格尔旗境内的蒙古族妇女头饰"富者珠饰价值千元，普通者值十余元"❹，可见贫富差别极大。

二、受满族服饰影响的蒙古族部落妇女服饰

清代满族贵族女装的满身绣是最重要的特点，这种具有独特韵味的女装随着满蒙联姻，带到了相关的蒙古族部落，尤其对联姻较多的蒙古族部落的妇女服饰产生了重大影响，这些部落是以科尔沁部为主的生活在昭乌达盟、哲里木盟和卓索图盟一带的蒙古族部落，有科尔沁、巴林、阿鲁科尔沁、扎鲁特、喀喇沁、奈曼、翁牛特、敖汉、扎赉特等部落，以服饰款式特点的角度称为科尔沁系。这种蕴含满族宫廷女装特点的袍服及长坎肩成为这些蒙古族部落女装的典型。

1. 袍服特点

清代昭乌达盟、哲里木盟和卓索图盟等地的蒙古族部落与建州女真生活在邻近地区，彼此接触较多、关系密切，也是与女真族及后来的满族通婚的主要部落，通婚使这些部落已婚妇女袍服的形制逐步满族化。罗布桑·却丹也说过清代"蒙古接近东部省份，在内蒙古，人们效仿满族穿戴的不少"❺。

❶ [清]范昭逵. 从西纪略[M]. 哈尔滨：黑龙江教育出版社，2014：103.
❷ 马鹤天. 内外蒙古考察日记[M]// 亚洲民族考古丛刊：第六辑. 台北：南天书局，1987：20.
❸ 同❷32.
❹ 绥远通志馆. 绥远通志稿·民族：卷五十一：第七册[M]. 呼和浩特：内蒙古人民出版社，2007：149.
❺ 罗布桑却丹. 蒙古风俗鉴[M]. 沈阳：辽宁民族出版社，1988：12.

从表面上看，这些部落的已婚女性袍服与满族旗袍非常相似：袍服较为合体，两侧开衩，但袖子装饰、大襟形状和镶边却大相径庭。科尔沁系的各部落妇女袍服多为假两袖，也就是袖子由不同面料和色彩装饰为两层甚至三层结构，刺绣与花缘结合使用，形成丰富的装饰效果；而满族妇女袍服的袖子则是不同面料拼接为一个整体的装饰特征（图5-16）。科尔沁系袍服为立领，大襟角度硬朗、直率；满族袍服则多为无领片造型，大襟的曲线圆润，领圈装饰顺势而下。在镶边装饰上，两族女装也有较大的区别；满族袍服多数为领圈、大襟和袖有镶边装饰，而科尔沁系妇女袍服的垂襟、下摆、开衩都有宽阔、华丽的镶边，开衩镶边顶头为如意云头，且镶边多为黑底绣花与浅色花缘结合组成完整的装饰。长坎肩的精致刺绣和宽阔、华丽的镶边成为妇女服饰中最为重要的、具有仪式感的服装，在隆重场合，不论主宾，已婚女性必须穿着长坎肩、佩戴整套头饰才构成完整的装束。

科尔沁部　袍服与长坎肩

内蒙古博物院藏

绿提花绸镶边立领挽袖女长袍

北京服装学院民族服饰博物馆藏

图5-16　科尔沁系已婚女性袍服的假两袖

蒙古族服装绣花工艺常使用在大襟、垂襟、下摆、开衩、领口、袖口以及马蹄袖等处，只有受满族服饰影响的科尔沁系的众部落才使用满身绣。绣花图案的内容和题材非常广泛，构图严谨、配色讲究、风格华丽。绣花题材寓意深刻，有的体现富贵和祝福，有些表示吉祥和健康。其中有蒙古族原生态的花草纹、云纹、犄纹，还有从中原传入的鸳鸯、蝙蝠、牡丹、桃花、梅、菊等，抽象图案如盘肠纹、卍纹、回纹、哈木尔纹、卷草纹等，藏传佛教中的传统宗教符号也是蒙古族服饰上常使用的纹样。这些不同题材的组合，构成优美的图案，形成独特风格，并具有一定的象征意义。有些图案加入了艺术化的内容，运用比喻、夸张、概括的手法，使其形态更加优美。花卉可以打破花叶枝干的正常比例，一个花枝上可以同时绣制不同形态和种类的花朵，形成百花盛开、繁荣昌盛的景象。花叶可以进行较大程度的变化，枝蔓可以根据装饰的需要弯曲，互相搭配，但并不是杂乱无章。这些巧妙的设计、线条的粗细都具有规律性。受满族刺绣的影响，多种风格融合，形成独特的艺术特色。蒙古族刺绣不像江南刺绣那样纤细、秀丽，而具有草原民族的凝重、质朴的特色，罗布桑·却丹说过，早期蒙古族"在衣服上也绣各种花样，但都不那么细"[1]。到清代，科尔沁系的蒙古族刺绣受到满族和中原刺绣的影响较多，逐步形成较为细腻的风格，匀称的针法、鲜明的色彩对比，给人以饱满、充实之感。刺绣针法与中原刺绣针法基本相同，经过几百年的丰富、积累，形成了独特的灵气和风格。

2. 头饰特点

科尔沁系部落的头饰为簪钗型，已婚女性盘发并以各种簪钗固定、装饰。相对于蒙古族其他部落复杂而繁复的头饰而言，这些部落的发型和头饰较为简洁、大方，反映了这些部落的审美特征（图5-17）。

图5-17

---

[1] 罗布桑却丹.蒙古风俗鉴[M].沈阳:辽宁民族出版社,1988:125.

第五章　清代蒙古族服饰

459

图5-17 科尔沁部头饰

内蒙古博物院藏

三、受俄罗斯服饰影响的部落服饰特点

服饰作为识别一个民族或一个部落的重要依据，在发展过程中会受到政治、经济、文化及周边其他民族文化的影响，这些都成为民族服饰发展的推动力，形成了不同历史时期最直接、最显性的服饰特征。在蒙古族各部落的服饰中，这种特质最典型地反映在已婚女装上。生活在贝加尔湖周边的蒙古族布里亚特、巴尔虎和喀尔喀等部落❶，在女装袍服上既传承了蒙古族传统断腰袍结构，又受到俄罗斯服装装袖结构的影响，成为最具辨识度的蒙古族服饰的典型。

1. 男袍及童装特点

蒙古族各部男装均为直身袍，传承了传统袍服的形制。生活在贝加尔湖周边的蒙古族部落的男装及童装几乎没有受到俄罗斯服饰的影响，"北部喀尔喀蒙古人依旧穿原来的蒙古族衣服"❷。巴尔虎、喀尔喀等部落的男袍和童袍与其

❶ 到清末，这些部落的生活区域除俄罗斯的贝加尔湖周边外，主要集中在乌里雅苏台及呼伦贝尔总管辖区。

❷ 罗布桑却丹.蒙古风俗鉴[M].沈阳:辽宁民族出版社,1988:12.

他蒙古部落的直身袍结构基本相同，袍身肥大，不论老少，袍服均不开衩。立领和"厂"字大襟是清代形成的典型结构形式，装饰只有窄窄的镶边，款式简单、大方。袍服面料因其阶级地位的高低而有所不同。康熙二十八年（1689年）《尼布楚条约》签订后，清使团一行在归程中接见了喀尔喀部车臣汗，车臣汗"是个年仅二十多岁的小伙子。……他与台吉们都身穿中国金银织锦缎袍，镶有黑色毛皮的边，脚着缎靴，头戴一顶略呈灰色的白狐皮之类制成的皮帽"❶。车臣汗和其他贵族的袍服虽然使用各种高档面料，但镶边只有一条黑色毛皮，可见喀尔喀男袍的装饰特别简洁。

布里亚特部的男袍及未婚女性袍服的前襟镶边装饰不同于蒙古族其他部落，袍服在"厂"字大襟的基础上，有蓝、黑、红三道装饰镶边，它们分别象征天空、土地和火焰，这三者是布里亚特部人赖以生存的基础。布里亚特部少女穿着连袖结构的断腰袍，是未婚女孩唯一穿着断腰结构的蒙古族部落。

2. 已婚女性袍服特点

中国传统服装体现着传统文化对人体的含蓄表达方式，十字结构使衣身与袖相连，前片与后片相连，肩线呈水平状，形成连袖结构，也是多数蒙古族传统袍服的结构特征。而西方服装结构更符合人体的曲面特点，衣片分为前片、后片及两袖四部分，肩线与人体肩斜相同呈倾斜状，袖子与衣身分开裁制，成为装袖结构，这样的结构更符合人体曲面，穿着合体、平整。从审美角度讲，16世纪中叶至19世纪欧洲女装在装袖的基础上又将袖山抽褶，形成灯笼状袖型，这种灯笼袖女装的审美观念随着俄罗斯对西伯利亚地区的渗透，逐步传向生活在这个地区的蒙古族。蒙古族已婚女性在家庭中有更多的自主权，尤其是年轻媳妇在审美上更容易受到外来文化的影响。布里亚特、喀尔喀、巴尔虎、明安特等部落已婚女装很快接受了这种装袖并抽褶的灯笼袖造型。袖山部分放出褶量，形成膨大或高高翘起的袖山，与下部分合体型袖筒相结合，接缝处用花绦、库锦等装饰，形成多段式结构的袖型，这些都成为有别于蒙古族其他部

---

❶ [法]张诚. 张诚日记[M]. 陈霞飞，译. 北京：商务印书馆，1973：51.

第五章 清代蒙古族服饰

461

落服饰的最具特色的类型。对襟长坎肩的断腰、抽褶结构也是这些部落服饰的特色。布里亚特妇女还穿着对襟短坎肩，不论长短，坎肩的袖笼奇大，可使同样大的袍服袖笼露出，具有鲜明的特点。

　　这些部落已婚女性的袍服在断腰结构上非常相似，喀尔喀妇女"多衣布袍，领袖镶皮，腰间细褶"❶（图5-18）；布里亚特部的袍服款式较为简单，断腰处抽褶，各边缘只有窄窄的镶边装饰，质朴而大气；巴尔虎部和喀尔喀部女袍的镶边宽大、华丽，三部袍服均在断腰处增加横襕，具有明显的装饰效果。这些部落的袍服虽都为装袖、抽褶形制，但其结构与外观却有很大区别。喀尔喀部袍服的装袖为翘肩款式，袖山外形扁而高，为使其成型，在其间放入羊毛、棉花等物进行支撑。马鹤天在民国十五年（1926年）看到喀尔喀妇女"着红袍，长及足面，马蹄袖，长与身等。胸下腰上，有长方袋状的花形。两肩处，特别耸起，成新月状，高三寸许，如鸟之两翼，内系用棉花等填塞，下有色瓣数道，足着牛皮靴"❷。巴尔虎部袍服的装袖呈圆形抽褶，饱满而圆润，袖山有棉花夹层，并用绗线固定（图5-19）。布里亚特部袍服的袖笼奇大，后片袖笼直到肩胛骨附近，袖山抽褶，但不加支撑物，所以布里亚特妇女袍服的袖子只有膨大的造型，而没有翘起的外观（图5-20）。

喀尔喀部女袍

私人收藏

喀尔喀部妇女长坎肩

私人收藏

图5-18　喀尔喀部已婚女装

❶ [清]张鹏翮.奉使俄罗斯行程录(漠北日记)[M].北京：中华书局，1991：12.
❷ 马鹤天.内外蒙古考察日记[M]//亚洲民族考古丛刊：第六辑.台北：南天书局，1987：93.

巴尔虎部妇女装束

蒙古国国家博物馆藏

巴尔虎部妇女袍服

《蒙古民族服饰文化》文物出版社2008

图5-19　巴尔虎部已婚女装

布里亚特部妇女装束

蒙古国国家博物馆藏

布里亚特部已婚妇女的长坎肩

私人收藏

土尔扈特部女袍

内蒙古博物馆藏

图5-20　布里亚特部和土尔扈特部已婚女装

　　蒙古族有给久病的孩子穿特殊服装的古老传统，他们相信这种袍服能使孩子恢复健康，并保护孩子快乐成长。在喀尔喀部，家长会为男孩穿着已婚妇女的断腰、装袖、翘肩袍服，并将裁剪时领窝部分的余料缝制在衣身后片的领窝

处，表示人生的完整，无病、无灾。如果是女孩，妈妈会从各家搜集到裁制袍
服所余领窝的圆形布料，将其缝制成百家衣，共同祝福女孩健康成长。汉族也
有同样的习俗，认为小孩吃百家饭、穿百家衣可健康无病，因此有集各家碎布
缝制"百衲衣"的传统民俗（图5-21）。

男孩服装

蒙古国国家博物馆藏

女孩服装

蒙古国国家博物馆藏

清代　暗花绸百衲右衽女衫

清华大学艺术博物馆藏

图5-21　久病孩子的特殊服装

3. 头饰特点

动物崇拜是游牧民族的共同特性，因为他们的生活完全依靠牧养的牲畜以及草原上自然生长的动物，所以对这些动物有特殊的情感，它们的形象深深印刻在牧民生活的方方面面。喀尔喀部和巴尔虎部将牛角作为崇拜对象，非常庄重地表现在已婚妇女的头饰上，以表达对世代养育他们的这些牲畜的情感。为使发辫整齐、服帖或呈牛角状，许多部落的妇女们都有用胶水固定头发的习俗："妇女则续辫二条，垂于左右，饰以珊瑚、珠玉等物。若已嫁者，则发辫惟一，头戴珊瑚银板，以别于处女。其发不恒理，理则必刷以胶。"❶尤其是喀尔喀部和巴尔虎部的庞大牛角状发型的固定是一件非常复杂而细心的工作，头发必须经过胶水的固定方可定型。在做头发的当天晚上只能坐着睡觉，待胶水干透、定型后，用银夹固定，下面的头发放入银质发筒，发梢放入长长的黑色圭形发袋中。整套头饰的金属部分均为银子錾刻而成，上面有各种吉祥纹样，并镶嵌红珊瑚、玛瑙、松石和珍珠。喀尔喀部和巴尔虎部妇女的这种非常独特的牛角造型的发式成为蒙古族头饰文化的典型。马鹤天在民国十五年十二月十七日（1927年1月20日）在塔米尔河（鄂尔浑河支流）时看见喀尔喀妇人穿着"旧式装束，非常怪异。头上发结成湾，恰似两个牛角，系将发从脑后分成两半，梳作扁形，宽四寸左右，先用胶水粘成一片，再用十余竹板夹之，使成湾状，高约六寸共长约二尺，几到肩上。下成辫形，垂胸前，绳端系铜钱数枚。湾垂处，有银制首饰，方板状有花，上镶红玛瑙。额上有一大银制首饰，形如银冠，又似古盔，上镶许多红玛瑙，脑后也有一块。带黄尖帽，前后有带"❷。这段文字将喀尔喀妇女的头饰、发型描述得十分详尽，从中可以很好地了解喀尔喀服饰的完整形态，体现了蒙古族妇女的审美及手工艺人的精湛技艺（图5-22）。明安特部、达里干嘎部的发式略简单，布里亚特部妇女只在脑后装饰很小的银夹，日常生活中则梳两辫垂于双肩（图5-23）。

---

❶ 绥远通志馆.绥远通志稿·民族:卷五十一:第七册[M].呼和浩特:内蒙古人民出版社,2007:149.
❷ 马鹤天.内外蒙古考察日记[M]//亚洲民族考古丛刊:第六辑.台北:南天书局,1987:93.

蒙古国国家博物馆

鎏金镶宝石喀尔喀头饰

锡林郭勒盟博物馆藏

图5-22 喀尔喀部妇女牛角型头饰

布里亚特部妇女头饰

明安特部妇女头饰

达里干嘎部妇女头饰

蒙古国国家博物馆藏

蒙古族巴尔虎部贵妇银镶珊瑚头饰

北京服装学院民族服饰博物馆藏

图5-23　其他部落的妇女仿生头饰

四、一件清代女式蟒袍的研究

　　蒙古族与清代皇室之间的联姻频繁，对于下嫁蒙古贵族家庭的清皇室女子来说，穿着保持清代皇室相应等级的袍服是必然的选择，但长期在蒙古草原生活，这些女子的服饰渐渐融入蒙古族服饰特点，成为满蒙服饰文化融合的象征。此处所探讨的是一件蒙古国 Монгол костюмс XXKны музейн үзмэр，цуглуулагч Б.Сувд 收藏的清代女袍，具有典型的满族皇室袍服的特征，装饰九蟒、暗八仙及海水江崖纹样刺绣，同时立领、"厂"字大襟及镶边结构又显示了蒙古族袍服的特点，是两个民族服饰文化融合的典型。

1. 款式特征

袍服较为完整，但品相一般，虽然如此，也为研究清代满蒙联姻对蒙古族服饰的影响提供了很好的样本（图5-24）。

袍服原应为朱红色，由于年代久远，色彩现已呈灰红色。窄袖、立领，领缘有黑底刺绣饰边，垂襟及下摆为黑色丝绒，左袖接缝石青色绫，右袖面料缺失，只留里料，袖口推测应为马蹄袖。

袍服长139厘米，通袖长176厘米，下摆宽117厘米，领宽4厘米，领缘饰边宽8厘米。直身结构，立领、右衽、"厂"字大襟。衣身绣九蟒、暗八仙纹、海水江崖纹以及领缘饰边装饰行蟒等刺绣图案，袍服的整体图案风格与清代蟒袍形制极为相似。这款袍服是清代蟒袍与蒙古族传统袍服融合后的产物，是为清代嫁入蒙古部落的特殊群体女袍的形制。

2. 织物分析

袍服采用朱红色绫为主料，袖接石青色绫，领缘刺绣底料为黑色绢，领子、大襟及垂襟是黑色丝绒面料，原下摆的黑色丝绒镶边缺失，后人用黑色毛呢接补。

朱红色主料下摆最宽处为55厘米，袍服中线至袖子拼接处宽53.5厘米，按照我国平面十字裁剪结构来看，主面料幅宽应该为57厘米左右。清代裁衣尺长合35.55厘米❶，该袍服面料幅宽约合清尺一尺六寸。

朱红色主料为双经并丝的四枚斜纹绫，纱线Z捻。袖子石青色部分是三枚斜纹绫，纱线Z捻。领缘刺绣部分的黑色底料为二上二下纬重平纹组织，纱线捻度较小，质地厚实。袍服里料为白色平纹棉布，由于时间久远，白布已泛黄，并且有大面积染色（图5-25）。领子及大襟部分的黑色丝绒保存较好，绒面均匀、厚实，但垂襟磨损严重，绒面保留极少，基底断裂。由此推测下摆原也为丝绒镶边，但早已破损，被后人换成黑色毛呢面料。在丝绒镶边面料的反面可清楚地看到面浆糊黏糊的痕迹，这也符合蒙古族服饰在制作过程中为使镶

---

❶ 国家计量总局, 中国历史博物馆, 故宫博物院. 中国古代度量衡图集[M]. 北京: 文物出版社, 1984: 38.

图5-24 蒙古族蟒袍

朱红色主料

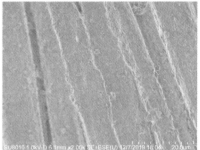

石青色袖子面料

白色棉布里料　　　　　　　　　领缘黑色底料

图5-25　面料与里料

边平整、挺括，经常用面浆糊进行黏糊的习俗，这种方法至今仍保留、传承着（图5-26）。刺绣部分虽保存得不理想，但从现状来看，绣线色彩纯正。戳金绣蟒纹使用的捻金线直径0.4毫米，芯线为红色丝线，Z捻（图5-27）。

3. 装饰纹样

袍服为满身绣，衣身为九蟒戳金绣，捻金线的线芯及纸底金箔均为Z捻，

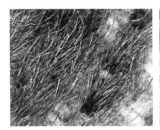

图5-26　黑色丝绒

彩色绣线

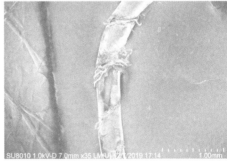

蹙金绣蟒纹中的捻金线

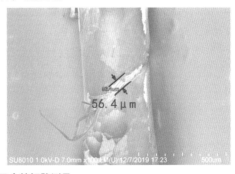

捻金线直径及金箔间隙测量

图5-27　绣线

九蟒中的前胸、后背是正蟒，肩袖、下摆、里襟均为行蟒，蟒的形象逼真、威武，与清代蟒袍形制相似。领缘及大襟刺绣行蟒，气势恢宏。

袍身还刺绣八仙纹样。八仙纹是以道教中八仙各自所持之物代表各位神仙，也称暗八仙。暗八仙以扇子代表汉钟离，宝剑代表吕洞宾，葫芦和拐杖代表李铁拐，阴阳板代表曹国舅，花篮代表蓝采和，渔鼓（或道情筒和拂尘）代表张果老，笛子代表韩湘子，荷花或笊篱代表何仙姑。八仙纹是清代宫廷服饰常使用的纹样，流行于整个清代。

袍服下摆的海水江崖纹中的立水纹样磨损严重，但在边缘还保留少数绣线；山崖纹样较为完整，显示出立于海水之边、江山巍然永固的气势。此外，在这些主题纹样之间还穿插着红蝠、仙鹤、祥云等辅助纹样。满身绣袍服的纹样显示出不同文化的交流、碰撞与融合，与蒙古族袍服结构相结合，可见满蒙联姻的文化交融结果（图5-28）。

从总体上讲，清代是蒙古族部落服饰特色的形成期，经过二百多年的发展，到清末，蒙古族袍服及饰品的各部落特点已经定型。

服饰反映了民族的心理和审美，反过来对勤劳勇敢、富有创造力的蒙古民族在千百年来的文化和生活起到了重要作用。服饰的发展走过漫长的历程，反映了历史的印记，折射出不同时期的文化背景。蒙古族服饰既有游牧民族粗犷、自然的特点，又有域外文化的注入，更有中原农耕文化的影响和周边民族文化的融入，形成绚丽多姿的蒙古族服饰。其深刻而独特的文化内涵，反映出一个民族进步的轨迹和品格，并在众多文化的共同发展中更加进步。

前胸正蟒　　　　　　　　后背正蟒　　　　　　　　底襟行龙

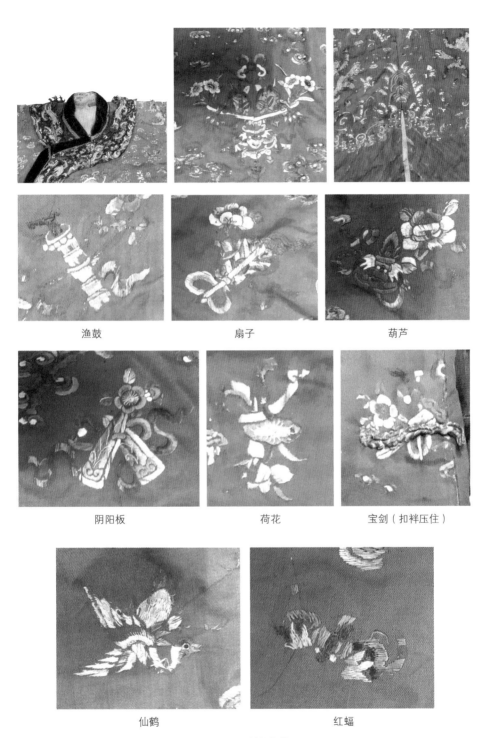

渔鼓　　　　　　　　　扇子　　　　　　　　　葫芦

阴阳板　　　　　　　　荷花　　　　　　　宝剑（扣襻压住）

仙鹤　　　　　　　　　红蝠

图5-28　刺绣纹样

参考文献

[1] 刘向. 说苑·景印文渊阁四库全书[M]. 台北:台湾商务印书馆,1986.

[2] 萧子显. 南齐书[M]. 北京:中华书局,1972.

[3] 司马迁. 史记[M]. 北京:中华书局,1983.

[4] 沈括. 梦溪笔谈校证[M]. 胡道静,校证. 上海:上海古籍出版社,2015.

[5] 桓宽. 盐铁论[M]. 上海:上海人民出版社,1974.

[6] 班固. 汉书[M]. 北京:中华书局,1975.

[7] 范晔. 后汉书[M]. 北京:中华书局,1982.

[8] 脱脱. 辽史[M]. 北京:中华书局,1974.

[9] 刘昫. 旧唐书[M]. 北京:中华书局,1973.

[10] 脱脱. 金史[M]. 北京:中华书局,1975.

[11] 脱脱. 宋史[M]. 北京:中华书局,1977.

[12] 黎靖德. 朱子语类[M]. 北京:中华书局,1997.

[13] 欧阳修,宋祁. 新唐书[M]. 北京:中华书局,1973.

[14] 彭大雅. 黑鞑事略·丛书集成初编[M]. 上海:商务印书馆,1936.

[15] 多桑. 多桑蒙古史[M]. 冯承钧,译. 北京:中华书局,2004.

[16] 绥远通志馆. 绥远通志稿[M]. 呼和浩特:内蒙古人民出版社,2007.

[17] 志费尼. 世界征服者史[M]. 何高济,译. 呼和浩特:内蒙古人民出版社,1981.

[18] 道润梯步. 新译简注《蒙古秘史》[M]. 呼和浩特:内蒙古人民出版社,1979.

[19] 鲁不鲁乞. 鲁不鲁乞东游记·出使蒙古记[M]. 北京:中国社会科学出版社,1983.

[20] 约翰·普兰诺·加宾尼. 蒙古史·出使蒙古记[M]. 北京:中国社会科学出版社,
    1983.

[21] 宋濂. 元史[M]. 北京:中华书局,1976.

[22] 章炳麟. 訄书详注[M]. 徐复,注. 上海:上海古籍出版社,2017.

[23] 大元通制条格[M]. 北京:法律出版社,2000.

[24] 沈刻元典章[M]. 北京:中国书店出版社,1985.

[25] 何乔新. 椒邱文集·景印文渊阁四库全书[M]. 台北:台湾商务印书馆,1983.

[26] 马可波罗行纪[M]. 冯承钧,译. 上海:上海书店出版社,2001.

[27] 孙承泽. 春明梦余录[M]. 北京:北京古籍出版社,1992.

[28] 拉施特. 史集[M]. 余大钧,周建奇,译. 北京:商务印书馆,1983.

[29] 郝经. 立政议·元文类[M]. 上海:上海古籍出版社,1993.

[30] 熊梦祥. 析津志辑佚[M]. 北京: 北京古籍出版社, 1983.

[31] 柯九思. 辽金元宫词[M]. 北京: 北京古籍出版社, 1988.

[32] 王祎. 王忠文集[M]. 上海: 上海古籍出版社, 1991.

[33] 周伯琦. 近光集·元诗选[M]. 北京: 中华书局, 1987.

[34] 叶子奇. 草木子[M]. 北京: 中华书局, 1959.

[35] 虞集. 道园学古录·景印文渊阁四库全书[M]. 台北: 台湾商务印书馆, 1986.

[36] 赵孟頫. 松雪斋集[M]. 北京: 中国书店出版, 1991.

[37] 赵珙. 蒙鞑备录·丛书集成初编[M]. 上海: 商务印书馆, 1939.

[38] 钦定元史语解·景印文渊阁四库全书[M]. 台北: 台湾商务印书馆, 1986.

[39] 火原洁. 华夷译语[M]. 北京: 国家图书馆出版社, 2011.

[40] 鄂多立克. 鄂多立克东游录[M]. 何高济, 译. 北京: 中华书局, 1981.

[41] 陶宗仪. 南村辍耕录[M]. 北京: 中华书局, 1959.

[42] 杨瑀. 山居新话·山房随笔[M]. 北京: 中华书局, 1991.

[43] 王恽. 宪台通纪[M]. 杭州: 浙江古籍出版社, 2002.

[44] 张德辉. 岭北纪行足本校注·姚从吾先生全集[M]. 台北: 正中书局, 1982.

[45] 本尼迪克特. 波兰人教友本尼迪克特的叙述·出使蒙古记[M]. 北京: 中国社会科学出版社, 1983.

[46] 王恽. 秋涧集·景印文渊阁四库全书[M]. 台北: 台湾商务印书馆, 1986.

[47] 陆翙. 邺中记·丛书集成初编[M]. 上海: 商务印书馆, 1936.

[48] 魏徵. 隋书[M]. 北京: 中华书局, 1973.

[49] 洪皓. 松漠纪闻·丛书集成初编[M]. 上海: 商务印书馆, 1936.

[50] 张廷玉. 明史[M]. 北京: 中华书局, 1974.

[51] 孛兰肹. 元一统志[M]. 北京: 中华书局, 1966.

[52] 大元毡罽工物记·民国文献资料丛编[M]. 北京: 国家图书馆出版社, 2008.

[53] 郑思肖. 郑思肖集[M]. 上海: 上海古籍出版社, 1991.

[54] 胡助. 纯白斋类稿·景印文渊阁四库全书[M]. 台北: 台湾商务印书馆, 1986.

[55] 明会典·景印文渊阁四库全书[M]. 台北: 台湾商务印书馆, 1983.

[56] 解缙. 永乐大典[M]. 北京: 中华书局, 1986.

[57] 胡敬. 胡氏书画考三种[M]. 杭州: 浙江人民美术出版社, 2015.

[58] 萧大亨. 北虏风俗·明代蒙古汉籍史料汇编: 第二辑[M]. 呼和浩特: 内蒙古大学出版社, 2006.

[59] 宋应星. 天工开物[M]. 广州: 广东人民出版社, 1976.

[60] 沈括. 梦溪笔谈[M]. 上海: 上海古籍出版社, 1987.

[61] 高承. 事物纪原[M]. 北京: 中华书局, 1989.

[62] 王士祯. 居易录·景印文渊阁四库全书[M]. 台北：台湾商务印书馆，1986.

[63] 皇朝礼器图式·景印文渊阁四库全书[M]. 台北：台湾商务印书馆，1986.

[64] 陈元龙. 格致镜原·景印文渊阁四库全书[M]. 台北：台湾商务印书馆，1986.

[65] 孔齐. 静斋至正直记·续修四库全书[M]. 上海：上海古籍出版社，1996.

[66] 宋濂. 文宪集·景印文渊阁四库全书[M]. 台北：台湾商务印书馆，1986.

[67] 魁本对相四言杂字[M]. 洪武辛亥年金陵勤有书堂，东京学艺大学图书馆望月文库藏本.

[68] 陈元靓. 新编纂图增类群书类要事林广记·续修四库全书[M]. 上海：上海古籍出版社，2002.

[69] 王世贞. 觚不觚录·景印文渊阁四库全书[M]. 台北：台湾商务印书馆，1986.

[70] 沈德符. 万历野获编[M]. 北京：中华书局，1959.

[71] 郑麟趾. 高丽史[M]. 奎章阁图书.

[72] 唐慎微. 大观经史证类备急本草[M]. 合肥：安徽科学技术出版社，2002.

[73] 陈元靓. 事林广记[M]. 北京：中华书局，1999.

[74] 陈元靓. 纂图增新类聚事林广记[M]. 元至顺年间西园精舍新刊本.

[75] 陈元靓. 群书类要事林广记[M]. 明弘治五年詹氏进德精舍刊本.

[76] 李延寿. 北史[M]. 北京：中华书局，1973.

[77] 贝凯. 柏朗嘉宾蒙古行纪[M]. 耿昇，译. 北京：中华书局，1985.

[78] 魏收. 魏书[M]. 北京：中华书局，1974.

[79] 李志常. 成吉思汗封赏长春真人之谜[M]. 北京：中国旅游出版社，1988.

[80] 隋树森. 全元散曲[M]. 北京：中华书局，1964.

[81] 朱彝尊. 明诗综[M]. 北京：中华书局，2007.

[82] 蒙古秘史校勘本[M]. 额尔登泰，乌云达赉，校勘. 呼和浩特：内蒙古人民出版社，1980.

[83] 俞琰. 席上腐谈·丛书集成初编[M]. 上海：商务印书馆，1936.

[84] 杨允孚·滦京杂咏·丛书集成初编[M]. 上海：商务印书馆，1936.

[85] 令狐德棻. 周书[M]. 北京：中华书局，2000.

[86] 司马光. 资治通鉴[M]. 北京：中华书局，1956.

[87] 陆游. 陆游集[M]. 北京：中华书局，1976.

[88] 岳珂. 桯史[M]. 西安：三秦出版社，2004.

[89] 战国策集注[M]. 程薆初，集注. 上海：上海古籍出版社，2013.

[90] 乐史. 太平寰宇记[M]. 北京：中华书局，2007.

[91] 崔溥. 漂海录——中国行记[M]. 北京：社会科学文献出版社，1992.

[92] 钱良择. 出塞纪略·奉使俄罗斯行程录[M]. 北京：中华书局，1991.

[93] 叶隆礼. 契丹国志[M]. 上海：上海古籍出版社, 1985.

[94] 何孟春. 余冬序录摘抄[M]. 北京：中华书局, 1985.

[95] 廼贤. 廼贤集校注[M]. 郑州：河南大学出版社, 2012.

[96] 李焘. 续资治通鉴长编[M]. 北京：中华书局, 1985.

[97] 庄绰, 张端义. 鸡肋篇[M]. 上海：上海古籍出版社, 2012.

[98] 张可久. 张可久集[M]. 杭州：浙江古籍出版社, 1995.

[99] 全辽诗话[M]. 蒋祖怡, 张涤云, 整理. 长沙：岳麓书社, 1992.

[100] 克拉维约. 克拉维约东使记[M]. 杨兆钧, 译. 北京：商务印书馆, 1985.

[101] 朱彧. 萍洲可谈[M]. 北京：中华书局, 1985.

[102] 元好问. 遗山集·景印文渊阁四库全书[M]. 台北：台湾商务印书馆, 1986.

[103] 马祖常. 石田先生文集[M]. 郑州：中州古籍出版社, 1991.

[104] 袁桷. 清容居士集·丛书集成初编[M]. 上海：商务印书馆, 1937.

[105] 火者·盖耶速丁. 沙哈鲁遣使中国记[M]. 何高济, 译. 北京：中华书局, 1981.

[106] 方以智. 物理小识[M]. 上海：商务印书馆, 1937.

[107] 方以智. 通雅·景印文渊阁四库全书[M]. 台北：台湾商务印书馆, 1986.

[108] 吕毖. 明宫史·景印文渊阁四库全书[M]. 台北：台湾商务印书馆, 1986.

[109] 郝经. 陵川集·元诗选[M]. 北京：中华书局, 1987.

[110] 徐一夔. 明集礼·景印文渊阁四库全书[M]. 台北：台湾商务印书馆, 1986.

[111] 王圻, 王思义. 三才图会[M]. 明万历三十七年刊本.

[112] 俞汝楫. 礼部志稿·景印文渊阁四库全书[M]. 台北：台湾商务印书馆, 1986.

[113] 史玄. 旧京遗事 旧京琐记 燕京杂记[M]. 北京：北京古籍出版社, 1986.

[114] 王同轨. 耳谈类增[M]. 郑州：中州古籍出版社, 1994.

[115] 蒋一葵. 长安客话[M]. 北京：北京古籍出版社, 1982.

[116] 查慎行. 人海记[M]. 清末小娜嬛山馆刻本.

[117] 尹直. 謇斋琐缀录·丛书集成初编[M]. 北京：中华书局, 1991.

[118] 王世贞. 觚不觚录·说库[M]. 扬州：广陵书社, 2008.

[119] 查继佐. 罪惟录[M]. 杭州：浙江古籍出版社, 1986.

[120] 于慎行. 穀城山馆诗集·景印文渊阁四库全书[M]. 台北：台湾商务印书馆, 1986.

[121] 王世贞. 弇山堂别集[M]. 北京：中华书局, 1985.

[122] 顾清. 正德松江府志·中国地方志集成[M]. 南京：凤凰出版社, 2014.

[123] 周晖. 金陵琐事[M]. 南京：南京出版社, 2007.

[124] 顾起元. 客座赘语[M]. 北京：中华书局, 1987.

[125] 李东阳. 大明会典[M]. 扬州：江苏广陵古籍刻印社, 1989.

[126] 彭时. 彭文宪公笔记[M]. 北京：中华书局, 1985.

[127] 刘若愚. 酌中志[M]. 北京：北京古籍出版社, 1994.

[128] 刘若愚. 明宫史[M]. 北京：北京古籍出版社, 1982.

[129] 柳馨远. 磻溪随录[M]. 首尔：东国文化社, 1958.

[130] 戴良. 九灵山房集·丛书集成初编[M]. 上海：商务印书馆, 1936.

[131] 魏焕. 九边考·明代蒙古汉籍史料汇编：第六辑[M]. 呼和浩特：内蒙古大学出版社, 2009.

[132] 姚士观. 明太祖文集·景印文渊阁四库全书[M]. 台北：台湾商务印书馆, 1986.

[133] 方孔炤. 全边略记·明代蒙古汉籍史料汇编：第三辑[M]. 呼和浩特：内蒙古大学出版社, 2006.

[134] 峨岷山人. 译语·明代蒙古汉籍史料汇编：第一辑[M]. 呼和浩特：内蒙古大学出版社, 2006.

[135] 俺答. 北狄顺义王俺答谢表·明代蒙古汉籍史料汇编：第二辑[M]. 呼和浩特：内蒙古大学出版社, 2006.

[136] 瞿九思. 万历武功录·明代蒙古汉籍史料汇编：第四辑[M]. 呼和浩特：内蒙古大学出版社, 2007.

[137] 郭造卿. 卢龙塞略·明代蒙古汉籍史料汇编：第二辑[M]. 呼和浩特：内蒙古大学出版社, 2006.

[138] 王士琦. 三云筹俎考·明代蒙古汉籍史料汇编：第二辑[M]. 呼和浩特：内蒙古人民出版社, 2006.

[139] 严从简. 殊域周咨录·明代蒙古汉籍史料汇编：第二辑[M]. 呼和浩特：内蒙古大学出版社, 2006.

[140] 明实录[M]. 台北："中央研究院"历史语言研究所, 1962.

[141] 郑洛. 抚夷记略·明代蒙古汉籍史料汇编：第二辑[M]. 呼和浩特：内蒙古大学出版社, 2006.

[142] 天水冰山录·明太祖平胡录(外七种)[M]. 北京：北京古籍出版社, 2002.

[143] 王崇古. 王鉴川文集·明经世文编：第二册[M]. 北京：中华书局, 1962.

[144] 谷应泰. 明史纪事本末[M]. 北京：中华书局, 1977.

[145] 甘熙. 白下琐言[M]. 南京：南京出版社, 2007.

[146] 陈作霖. 金陵琐志九种[M]. 南京：南京出版社, 2008.

[147] 曹昭, 王佐. 格古要论[M]. 北京：金城出版社, 2012.

[148] 文震亨. 长物志[M]. 南京：广陵书社, 2016.

[149] 韩邦奇. 大同纪事·明代蒙古汉籍史料汇编：第一辑[M]. 呼和浩特：内蒙古大学出版社, 2006.

[150] 王士贞. 北虏始末志·明代蒙古汉籍史料汇编：第二辑[M]. 呼和浩特：内蒙古大学

出版社, 2006.

[151] 姚士麟. 见只编·丛书集成初编[M]. 上海: 商务印书馆, 1936.

[152] 张岱. 夜航船[M]. 杭州: 浙江古籍出版社, 1987.

[153] 马鹤天. 内外蒙古考察日记·亚洲民族考古丛刊: 第六辑[M]. 台北: 南天书局,
      1982.

[154] 萨囊彻辰. 蒙古源流[M]. 呼和浩特: 内蒙古人民出版社, 1981.

[155] 卫匡国. 鞑靼战纪·清代西人见闻录[M]. 戴寅, 译. 北京: 中国人民大学出版社,
      1985.

[156] 毛宪. 毛给谏文集·明经世文编: 第三册[M]. 北京: 中华书局, 1962.

[157] 顾祖禹. 读史方舆纪要[M]. 北京: 中华书局, 2005.

[158] 赵权谦牍·明代蒙古汉籍史料汇编: 第二辑[M]. 呼和浩特: 内蒙古大学出版社,
      2006.

[159] 赵尔. 清史稿[M]. 北京: 中华书局, 1977.

[160] 普尔热瓦尔斯基. 荒原的召唤[M]. 王嘎, 张友华, 译. 乌鲁木齐: 新疆人民出版社,
      2000.

[161] Frans August Larson. Larson Duke of Mongolia[M]. New York: Little Brown And
      Company,1930.

[162] 马思哈. 塞北记程·清代蒙古游记选辑三十四种: 上册[M]. 北京: 东方出版社,
      2015.

[163] 利玛窦. 利玛窦书信集[M]. 罗渔, 译. 台湾: 光启出版社, 1986.

[164] 古伯察. 鞑靼西藏旅行记[M]. 耿升, 译. 北京: 中国藏学出版社, 2006.

[165] 张鹏翮. 奉使俄罗斯行程录(漠北日记)[M]. 北京: 中华书局, 1991.

[166] 陈玉甲. 绥蒙辑要[M]. 北京: 北京图书馆出版社, 2007.

[167] 潘复. 调查河套报告书[M]. 北京: 京华书局, 1923.

[168] 范昭逵. 从西纪略[M]. 台北: 广文书局, 1958.

[169] 姚明辉. 蒙古志[M]. 台北: 成文出版社, 1968.

[170] 罗布桑却丹. 蒙古风俗鉴[M]. 沈阳: 辽宁民族出版社, 1988.

[171] 甘肃省博物馆. 武威磨咀子三座汉墓发掘简报[J]. 文物, 1972(12).

[172] 山东邹县文物管理所. 邹县元代李裕庵墓情理简报[J]. 文物, 1978(4).

[173] 甘肃省博物馆, 漳县文化馆. 甘肃漳县元代汪世显家族墓群[J]. 文物, 1982(2).

[174] 重庆市博物馆. 四川重庆明玉珍墓[J]. 考古, 1986(9).

[175] 苏州市文物保管委员会, 苏州博物馆. 苏州吴张士诚母曹氏墓清理简报[J]. 考古,
      1965(6).

[176] 王炳华. 盐湖古墓[J]. 文物, 1973(10).

[177] 焦作市文物工作队, 焦作市博物馆. 焦作中站区元代靳德茂墓道出土陶俑[J]. 中原文物, 2008(1).

[178] 朱晓芳, 王进先. 山西长治市南郊元代壁画墓[J]. 考古, 1996(6).

[179] 长治市博物馆. 山西省长治县郝家庄元墓[J]. 文物, 1987(7).

[180] 山西省考古研究所, 太原文物考古研究所. 太原北齐徐显秀墓发掘简报[J]. 文物, 2003(10).

[181] 山西省考古研究所, 等. 山西屯留县康庄工业园区元代壁画墓[J]. 考古, 2009(12).

[182] 辽宁省博物馆, 凌源县文化馆. 辽宁凌源富家屯元墓[J]. 文物, 1985(6).

[183] 内蒙古文物考古研究所, 阿拉善盟文物工作站. 内蒙古黑城考古发掘纪要[J]. 文物, 1987(7).

[184] 刘善沂, 王惠明. 济南市历城区宋元壁画墓[J]. 文物, 2005(11).

[185] 项春松, 王建国. 内蒙古昭盟赤峰三眼井元代壁画墓[J]. 文物, 1982(1).

[186] 周富年, 康秋明. 古交市上白泉村元代石室墓发掘简报[J]. 文物世界, 2019(4).

[187] 内蒙古克什克腾旗博物馆. 内蒙古克什克腾大营子辽代石棺壁画墓[J]. 文物, 2015(11).

[188] 西安市文物保护考古所. 西安南郊潘家庄元墓发掘简报[J]. 文物, 2010(9).

[189] 乔今同. 甘肃漳县元代汪世显家族墓葬[J]. 文物, 1982(2).

[190] 阿·敖其尔, 勒·额尔敦宝力道. 蒙古国布尔干省巴彦诺尔突厥壁画墓的发掘[J]. 萨仁毕力格, 译. 草原文物, 2014(1).

[191] 内蒙古文物考古研究所, 哲里木盟博物馆. 内蒙古库伦旗七、八号辽墓[J]. 文物, 1989(7).

[192] 山西省考古研究所, 长治市外事侨务与文物旅游局, 长子县文物旅游局. 山西长子南沟金代壁画墓发掘简报[J]. 文物, 2017(12).

[193] 景李虎, 王福才, 延保全. 金代乐舞杂剧石刻的新发现[J]. 文物, 1991(12).

[194] 解廷琦. 大同市元代冯道真、王青墓清理简报[J]. 文物, 1962(10).

[195] 王敏英. 河南焦作元代散乐杂剧砖雕[J]. 中原文物, 2012(2).

[196] 韩炳华, 霍宝强. 山西兴县红峪村元至大二年壁画墓[J]. 文物, 2011(2).

[197] 西安市文物保护考古所. 西安南郊元代王世英墓清理简报[J]. 文物, 2008(6).

[198] 陕西省考古研究院. 元代刘黑马家族墓发掘报告[M]. 北京: 文物出版社, 2018.

[199] 阳泉市文物管理处, 阳泉市郊区文物旅游局. 山西阳泉东村元墓发掘简报[J]. 文物, 2016(10).

[200] 陕西省考古研究所. 陕西蒲城洞耳村元代壁画墓[J]. 考古与文物, 2000(1).

[201] 福建省博物馆, 将乐县文化局 将乐县博物馆. 福建将乐元代壁画墓[J]. 考古, 1995(1).

[202] 山西省考古研究所. 山西运城西里庄元代壁画墓 [J]. 文物, 1988(4).

[203] 陕西省考古研究所, 等. 陕西横山罗圪台村元代壁画墓发掘简报 [J]. 考古与文物, 2016(5).

[204] 山西省考古研究所, 山西博物院. 山西兴县麻子塔元代壁画墓发掘简报 [J]. 江汉考古, 2019(2).

[205] 山西省文物管理委员会, 山西省考古研究所. 山西文水县北峪口的一座古墓 [J]. 考古, 1961(3).

[206] 房道国, 史云. 济南千佛山元代壁画墓清理简报 [J]. 华夏考古, 2015(4).

[207] 新疆文物考古研究所, 吐鲁番地区博物馆. 新疆鄯善县苏贝希遗址及墓地 [J]. 考古, 2002(6).

[208] 内蒙古文物考古研究所, 乌兰察布博物馆, 四子王旗文物管理所. 四子王旗城卜子古城及墓葬 [A]. 魏坚. 内蒙古文物考古文集: 第二辑 [C]. 北京: 中国大百科全书出版社, 1997.

[209] 乌兰察布博物馆, 察右后旗文物管理所. 察右后旗种地沟墓地发掘简报 [J]. 内蒙古文物考古, 1997(1).

[210] 田广金. 四子王旗红格尔地区金代遗址和墓葬 [J]. 内蒙古文物考古, 创刊号.

[211] 魏坚. 镶黄旗乌兰沟出土一批蒙元时期金器 [A]. 李逸友, 魏坚. 内蒙古文物考古文集: 第一辑 [C]. 北京: 中国大百科全书出版社, 1994.

[212] 内蒙古文物考古研究所, 包头市文物管理处, 达茂旗文物管理所. 达茂旗木胡儿索卜嘎墓群的清理发掘 [A]. 魏坚. 内蒙古文物考古文集: 第二辑 [C]. 北京: 中国大百科全书出版社, 1997.

[213] 辽宁省博物馆等. 法库叶茂台辽墓记略 [J]. 文物, 1975(12).

[214] 张家口市文物事业管理所, 张家口市宣化区文物保管所. 河北宣化下八里辽金壁画墓 [J]. 文物, 1990(10).

[215] 大同市博物馆. 山西大同市金代徐龟墓 [J]. 考古, 2004(9).

[216] 潘行荣. 元集宁路故城出土的窖藏丝织物及其他 [J]. 文物, 1979(8).

[217] 西安市文物保护考古研究院. 西安曲江缪家寨元代袁贵安墓发掘简报 [J]. 文物, 2016(7).

[218] 商彤流, 解光启. 山西交城县的一座元代石室墓 [J]. 文物季刊, 1996(4).

[219] 卢桂兰, 师晓群. 西安北郊红庙坡元墓出土一批文物 [J]. 文博, 1986(3).

[220] 济南市文化局文物处. 济南柴油机厂元代砖雕壁画墓 [J]. 文物, 1992(2).

[221] 项春松. 内蒙古赤峰市元宝山元代壁画墓 [J]. 文物, 1983(4).

[222] 固原县文物工作站. 宁夏固原北魏墓清理简报 [J]. 文物, 1984(6).

[223] 河北省文物研究所, 张家口市文物管理处, 宣化区文物管理所. 河北宣化辽张文藻

壁画墓发掘简报[J]. 文物, 1996(9).

[224] 吉林省博物馆, 哲里木盟文化局. 吉林省哲里木盟库仑旗一号辽墓发掘简报[J]. 文物, 1973(8).

[225] 河北省文物研究所, 保定市文物管理处 涿州市文物管理所. 河北涿州元代壁画墓[J]. 文物, 2004(3).

[226] 洛阳市第二文物工作队. 洛阳伊川元墓发掘简报[J]. 文物, 1993(5).

[227] 马志祥, 张孝绒. 西安曲江元李新昭墓[J]. 文博, 1988(8).

[228] 西安市文物保护考古研究院. 西安航天城元代墓葬发掘简报[J]. 文博, 2016(3).

[229] 延安市文化文物局, 延安市文管所. 延安虎头峁元代墓葬清理简报[J]. 文博, 1990(2).

[230] 西安市文物保护考古研究院. 西安曲江缪家寨元代袁贵安墓发掘简报[J]. 文物, 2016(7).

[231] 咸阳地区文物管理委员会. 陕西户县贺氏墓出土大量元代俑[J]. 文物, 1979(4).

[232] 陕西省文物管理委员会. 西安曲江池西村元墓清理简报[J]. 文物参考资料, 1958(6).

[233] 西安市文物保护考古研究院. 西安曲江元代张达夫及其夫人墓发掘简报[J]. 文物, 2013(8).

[234] 乌兰察布文物工作站. 察右前旗豪欠营第六号辽墓清理简报[J]. 文物, 1983(9).

[235] 张家口市宣化区文物保管所. 河北宣化辽代壁画墓[J]. 文物, 1995(2).

[236] 刘宝爱, 张德文. 陕西宝鸡元墓[J]. 文物, 1992(2).

[237] 山东省博物馆. 发掘明朱檀墓纪实[J]. 文物, 1972(5).

[238] 江苏省淮安县博物馆. 淮安县明代王镇夫妇合葬墓清理简报[J]. 文物, 1978(3).

[239] 泰州市博物馆. 江苏泰州明代刘鉴家族墓发掘简报[J]. 文物, 2016(6).

[240] 泰州市博物馆. 江苏省泰州明代刘湘夫妇墓清理简报[J]. 文物, 1992(8).

[241] 上海市文物保管委员会. 上海市郊明墓清理简报[J]. 考古, 1963(11).

[242] 泰州市博物馆. 江苏泰州市明代徐蕃夫妇墓清理简报[J]. 文物, 1986(9).

[243] 江西省文物工作队. 江西南城明益宣王朱翊鈏夫妇合葬墓[J]. 文物, 1982(8).

[244] 南京市文物保管委员会, 南京市博物馆. 明徐达五世孙徐俌夫妇墓[J]. 文物, 1982(2).

[245] 北京市文物队. 北京南苑苇子坑明代墓葬清理简报[J]. 文物, 1964(11).

[246] 苏州市博物馆. 苏州虎丘王锡爵墓清理纪略[J]. 文物, 1975(3).

[247] 韩儒林. 穹庐集[M]. 上海: 上海人民出版社, 1982.

[248] 中山茂. 清代蒙古社会制度[M]. 潘世宪, 译. 北京: 商务印书馆, 1987.

[249] 李莉莎. 社会生活的变迁与蒙古族服饰的演变[J]. 汉文版. 内蒙古社会科学,

2010(2).

[250] 周良霄. 论忽必烈[A]. 朱耀廷. 元世祖研究[C]. 北京：燕山出版社，2006.

[251] 薛磊. 元代宫廷史[M]. 天津：百花文艺出版社，2008.

[252] 李莉莎. 质孙服考略[J]. 内蒙古大学学报，2008(2).

[253] 李幹. 元代社会经济史稿[M]. 武汉：湖北人民出版社，1985.

[254] 李莉莎. "质孙文化"与蒙元社会[A]. 马永真锐白亚光. 论草原文化：第八辑. 呼和
浩特：内蒙古教育出版社，2011.

[255] 王青. 石赵政权与西域文化[J]. 西域研究，2002(3).

[256] 尚刚. 古物新知[M]. 北京：生活·读书·新知 三联书店，2012.

[257] 尚刚. 纳石失在中国[J]. 东南文化，2003(8).

[258] 袁宣萍 赵丰. 中国丝绸文化史[M]. 济南：山东美术出版社，2009.

[259] 上海市纺织科学研究院，上海市丝绸工业公司文物研究组. 长沙马王堆一号汉墓出
土纺织品的研究[M]. 北京：文物出版社，1980.

[260] 赵丰. 天鹅绒[M]. 苏州：苏州大学出版社，2011.

[261] RICHARD N. FRYE. THE HISTORY OF BUKHAR[M]. MASSACHUSETTS：
Markus Wiener Pub, 1954.

[262] 赵丰. 中国丝绸通史[M]. 苏州：苏州大学出版社，2005.

[263] 袁宣萍，赵丰. 中国丝绸史[M]. 济南：山东美术出版社，2009.

[264] 韩博文. 甘肃丝绸之路文明[M]. 北京：科学出版社，2008.

[265] 隆化民族博物馆. 洞藏锦绣六百年　河北隆化鸽子洞洞藏元代文物[M]. 北京：文物
出版社，2015.

[266] 勒内·格鲁塞. 草原帝国[M]. 蓝琪，译. 北京：商务印书馆，1998.

[267] Ц.Төрбат　У.Эрдэнэбат. ТАЛЫН МОРЬТОН ДАЙЧДЫН ӨВ СОЁЛ[M]. шинжлэх
ухааны академи археологийн хүрээлэн, Улаанбаатар. 2014.

[268] 呼日勒苏和. 蒙古国境内岩洞墓研究[J]. 草原文物，2015(2).

[269] 夏荷秀，赵丰. 达茂旗大苏吉乡明水墓地出土的丝织品[J]. 内蒙古文物考古，
1992.

[270] 范文澜. 中国通史[M]. 北京：人民出版社，1995.

[271] 党小娟，郭金龙，柏柯，等. 新疆山普拉墓地出土金线结构形貌与材质特征研究[J].
文物保护与考古科学，2014(3).

[272] 杨军昌，于志勇，党小娟. 新疆库车魏晋十六国墓(M15)出土金线的科学分析[J]. 文
物，2016(9).

[273] 杨军昌，张静，姜捷. 法门寺地宫出土唐代捻金线的制作工艺[J]. 考古，2013(2).

[274] 路智勇. 法门寺地宫出土唐代捻金线的捻制工艺研究[J]. 华夏考古，2018(2).

[275]陕西省考古研究院,等.法门寺考古发掘报告[M].北京:文物出版社,2007.

[276]郝思德.黑龙江省阿城金代齐国王墓出土织金锦的初步研究[J].北方文物,1997(4).

[277]赵评春,迟本毅.金齐国王墓出土服饰研究[M].北京:文物出版社,1998.

[278]李零.入山与出塞[M].北京:文物出版社,2004.

[279]盖山林.阴山汪古[M].呼和浩特:内蒙古人民出版社,1992.

[280]甘肃省博物馆.汪世显家族出土文物研究[M].兰州:甘肃人民美术出版社,2017.

[281]常沙娜.中国织绣服饰全集[M].天津美术出版社,2004.

[282]赵丰,尚刚.丝绸之路与元代艺术 国际学术讨论会论文集[C].香港:艺纱堂/服饰出版,2005.

[283]黄镇伟.沧浪亭五百名贤像赞[M].苏州:古吴轩出版社,2004.

[284]魏坚.蒙古高原石雕人像源流初探——兼论羊群庙石雕人像的性质与归属[J].文物,2011(8).

[285]Б. СУВД У. ЭРДЭНЭБАТ А. САРУУЛ. МОНГОЛ ХУВЦАСНЫ НУУЦ ТОВЧОО Ⅱ [M]. Ундэстний Хувцас Судлалын Академи Улаанбаатар хот, Монгол улс, 2015.

[286]刘未.尉氏元代壁画墓札记[J].故宫博物院院刊,2007(3).

[287]崔跃忠,安瑞军.山西沁源县正中村金代砖室墓壁画临摹考[J].中国国家博物馆馆刊,2020(8).

[288]杜文.试析元代磁州窑绘画枕上的蒙元人物形象[J].收藏家,2015(2).

[289]B. Suvd A. Saruul. MONGOL COSTUMES[M]. Ulaanbaatar: Academy of National Costumes research, 2011.

[290]娄淑琦.浅谈元代缂丝缘大袖袍的工艺和修复[J].文物修复研究,2009.

[291]贾汀,杨淼.浅谈元代织金锦袍服残片的修复及保护[J].文物修复与研究,2014.

[292]孙慧君.隆化鸽子洞元代窖藏[M].石家庄:河北人民出版社,2010.

[293]石钊钊.别样的御容——黄金织造的华丽肖像[J].湖南博物院院刊,2019(12).

[294]郭智勇.山西兴县牛家川元代石板壁画解析[J].文物世界,2015(1).

[295]赵丰,薛雁.明水出土的蒙元丝织品[J].内蒙古文物考古,2001(1).

[296]浙江大学中国古代书画研究中心.宋画全集[M].杭州:浙江大学出版社,2003.

[297]浙江大学中国古代书画研究中心.元画全集[M].杭州:浙江大学出版社,2013.

[298]拉西.内蒙古蒙古语言文学历史研究室整理.二十一卷本辞典[M].呼和浩特:内蒙古人民出版社,1977.

[299]沈卫荣.西域历史语言研究集刊:第二辑[C].北京:科学出版社,2009.

[300]高春明.中国服饰名物考[M].上海:上海文化出版社,2001.

[301] 赵丰. 蒙元龙袍的类型及地位 [J]. 文物, 2006(8).

[302] 于颖, 王博. 新疆鄯善耶特克孜玛扎墓地出土元代光腰线袍研究 [J]. 文物, 2021 (7).

[303] 赵丰. 千缕百衲: 敦煌莫高窟出土纺织品的保护与研究. 香港: 艺纱堂/服饰工作队, 2014.

[304] 沈从文. 中国古代服饰研究 [M]. 上海: 上海书店出版社, 1997.

[305] 赵丰, 王淑娟, 王乐. 莫高窟北区 B121 窟出土元代丝绸研究 [J]. 敦煌研究, 2021(4).

[306] 杨平. 从元代官印看元代的尺度 [J]. 考古, 1997(8).

[307] 山西省博物馆. 宝宁寺明代水陆画 [M]. 北京: 文物出版社, 1958.

[308] 陕西省考古研究院. 蒙元世相——陕西出土蒙元陶俑集成 [M]. 北京: 人民美术出版社, 2018.

[309] 江上波夫. ユウラシア北方文化の研究 [M]. 东京: 山川出版社, 1951.

[310] 金启琮. 故姑考 [J]. 内蒙古大学学报・哲学社会科学板, 1995(2).

[311] 王炳华. 新疆古尸: 古代新疆居民及其文化 [M]. 乌鲁木齐: 新疆人民出版社, 2001.

[312] 富育光. 萨满教与神话 [M]. 沈阳: 辽宁大学出版社, 1990.

[313] 满都夫. 蒙古族美学史 [M]. 沈阳: 辽宁民族出版社, 2000.

[314] 魏良弢. 西辽史研究 [M]. 西宁: 宁夏人民出版社, 1987.

[315] 许全胜.《西游录》与《黑鞑事略》的版本及研究——兼论中日典籍交流及新见沈曾植笺注本 [J]. 复旦学报, 2009(2).

[316] 白鸟库吉. 高麗史に見えたる蒙古語の解釋・白鸟库吉全集 [M]. 东京: 岩波书店, 1970.

[317] 伯希和. 高丽史中之蒙古语・西域南海史地考证译丛续编 [M]. 冯承均, 译. 上海: 商务印书馆, 1934.

[318] 胡洪庆, 李季莲. 高昌艺术研究 [M]. 上海: 上海古籍出版社, 2014.

[319] 彭金章, 王建军. 敦煌莫高窟北区石窟 [M]. 北京: 文物出版社, 2004.

[320] У.ЭРДЭНЭБАТ. МОНГОЛ ЭХНЭРИЙН БОГТАГ МАЛГАЙ[M]. УЛААНБААТАР, 2006.

[321] 苏东. 一件元代姑姑冠 [J]. 内蒙古文物考古, 2001(2).

[322] 魏坚. 元上都 [M]. 北京: 中国大百科全书出版社, 2008.

[323] 丁勇. 苏尼特左旗恩格尔河元代墓葬的再认识 [J]. 草原文物, 2011(2).

[324] 尚刚. 蒙、元御容 [J]. 故宫博物院院刊, 2004(3).

[325] 西安市文物保护考古所. 西安韩森寨元代壁画墓 [M]. 北京: 文物出版社, 2004.

[326] 宁夏固原博物馆. 固原北魏墓漆棺画 [M]. 宁夏人民出版社, 1988.

[327] 姬翔月. 陕西榆林发现元代壁画 [J]. 文博, 2011(6).

[328] 山西省博物馆. 宝宁寺明代水陆画[M]. 北京：文物出版社, 1985.

[329] 李德仁. 山西右玉宝宁寺元代水陆画论略[J]. 美术观察, 2000(8).

[330] 太原市文物管理委员会, 山西晋祠文物保管所. 晋祠[M]. 北京：文物出版社, 1981.

[331] W. M. 麦高文. 中亚古国史[M]. 章巽, 译. 北京：中华书局, 1958.

[332] 河北省文物研究院. 宣化辽墓壁画[M]. 北京：文物出版社, 2001.

[333] 冯承钧. 西域南海史地考证译丛续编[M]. 上海：商务印书馆, 1934.

[334] 吴凤珍. 嘉兴地区明代墓葬及相关问题研究[J]. 荣宝斋, 2016(4).

[335] 吕健, 阮浩. 舆服别等列 威仪序尊卑——山东博物馆馆藏鲁荒王墓出土冠服[J]. 春秋, 2019年第4期.

[336] 山东省博物馆, 山东省文物考古研究所. 鲁荒王墓[M]. 北京：文物出版社, 2014.

[337] 王善才, 湖北省文物考古研究所. 张懋夫妇合葬墓[M]. 北京：科学出版社, 2007.

[338] 顾苏宁. 明代缎地麒麟纹曳撒与梅花纹长袍的修复与研究[J]. 四川文物, 2005(5).

[339] 黄炳煜. 江苏泰州西郊明胡玉墓出土文物[J]. 文物, 1992(8).

[340] 邵磊, 骆鹏. 明宪宗孝贞皇后王氏家族墓的考古发现与初步研究[J]. 东南文化, 2013(5).

[341] 南京大学元史研究室. 内陆亚洲历史文化研究——韩儒林先生纪念文集[C]. 南京：南京大学出版社, 1996.

[342] 中山茂. 清代蒙古社会制度[M]. 潘世宪, 译. 北京：商务印书馆, 1987.

[343] Б. Я. 符拉吉米尔佐夫. 蒙古社会制度史[M]. 刘荣焌, 译. 北京：中国社会科学出版社, 1980.

[344] 达力扎布. 中国边疆民族研究：第三辑[C]. 北京：中央民族大学出版社, 2010.

[345] E. H. Blair & J. A. Robertson, The Philippine Islands 1493—1898. Cleveland, 1903, vol.6.

[346] 中国社会科学院考古研究所, 定陵博物馆, 北京市文物工作队. 定陵[M]. 北京：文物出版社, 1990.

[347] 张海斌. 美岱召壁画与彩绘[M]. 北京：文物出版社, 2010.

[348] 施加农. 西晋青瓷胡人俑的初步研究[J]. 东方博物, 2006(1).

[349] 杨强. 清代蒙古族盟旗制度[M]. 北京：民族出版社, 2004.

[350] 徐景学. 西伯利亚史[M]. 哈尔滨：黑龙江教育出版社, 1991.

[351] 亨利·塞瑞斯. 明代蒙古朝贡使团 中国边疆民族研究(第三辑)[C]. 北京：中央民族大学出版社, 2010.

后记
POSTSCRIPT

　　自从2013年国家社会科学基金项目《蒙古族服饰文化史研究》申报成功后便开始本书的写作，转眼快8年了。

　　本书虽属学术性著作，但仍力求照顾到更多关心、关注蒙古族服饰发展及服饰文化的读者，因此对于书中所涉及的人名、地名、事件等尽可能给予简单的解释，使广大读者更易理解内容，可以对某一特定历史阶段的蒙古族服饰有较为整体的认识。古代的地名和一些服饰的名称在不同阶段往往有很大变化，由于才学有限，有时为了搞清一个名称，往往需要几天时间。所以8年的时间对于本人来说仍是非常紧张的学习、研究、写作的过程，今天终于完成全稿的写作和修改。

　　在研究和撰写本书的过程中涉及不同领域的内容，许多朋友给予了很好帮助。首先在本人的请求下，中国丝绸博物馆的赵丰馆长在百忙之中为拙作写序，非常感动，深表感谢；中国人民大学的魏坚教授在考古方面给予了很多指导；内蒙古自治区功能材料物理与化学重点实验室给予了很大支持，在内蒙古师范大学宋志强博士的帮助下顺利完成出土和传世丝织品的鉴定工作。本书有非常多的精美插图，在我的研究生贾晓磊的认真付出下呈现在各位读者的面前。蒙古国 Монгол костюмс ХХКны музейн үзмэр，цуглуулагч Б.Сувд 的 Судлаач доктор 和 профессор Б.Сувд 两位老师、中国民族博物馆的郑茜副馆长以及一些收藏元代织物的朋友为本书无私提供了所收藏的实物，为科技考古研究提供了第一手材料。在本书写作过程中，还得到蒙古国国立大学 Ц.Төрбат

教授、内蒙古师范大学李少博教授、英国伦敦艺术大学张旭、我的蒙古国留学生Мөнхцэцэг以及内蒙古锡林郭勒盟博物馆的刘兴旺馆长和杨振给予了很大帮助。在文字翻译上，内蒙古师范大学的青青老师和蒙古国教育大学的博士生刘海兰、乌日柴呼两位同学在蒙古文的翻译上给予了很大帮助。

在此，对以上朋友、老师、同学的无私帮助表示深深的感谢！

李莉莎

2021.2.11除夕夜